普通高等教育“新工科”系列精品教材

化工制图

（第二版）

张立军 主编

化学工业出版社

·北 京·

内容简介

化工制图是化工制药类专业的基础课程。为适应新时期工艺绿色化、制造智能化的需求，依据教育部高等学校工程图学课程教学指导分委员会最新修订的教学基本要求，参考最新国家标准、行业标准，对第一版进行了再版修改，使本教材更具时代性、实用性和指导性。本次修订首先在各章适当位置增加了计算机制图指导性内容，以突出精确制图在零部件图、装配图、化工工艺制图中的应用和数字化交互；其次，在适当位置有机融入了课程思政元素，以强化制图中的工匠精神和创新意识培养；最后，根据更新后的内容修订了课后习题，增加了设计性习题内容。本书除绪论外共分七章，包括化工制图基本规定和制图工具、化工设备制图基础、化工设备零部件图、化工设备装配图、化工工艺流程图、设备布置图、管道布置图，并在每章结尾配置了适合大作业的习题，供教学使用。此外，本书还配置演示视频、附录、习题答案和教学课件，读者可扫码获取，使学习更高效。

本书适用于化工与制药等相关工程专业的教学，也可作为相关工程技术人员的参考用书。

图书在版编目（CIP）数据

化工制图/张立军主编. —2 版. —北京：化学工业出版社，2024.7

普通高等教育“新工科”系列精品教材

ISBN 978-7-122-45449-2

Ⅰ.①化… Ⅱ.①张… Ⅲ.①化工机械-机械制图-高等学校-教材 Ⅳ.①TQ050.2

中国国家版本馆 CIP 数据核字（2024）第 075745 号

责任编辑：吕 尤 杜进祥　　文字编辑：胡艺艺
责任校对：刘 一　　装帧设计：史利平

出版发行：化学工业出版社
（北京市东城区青年湖南街 13 号 邮政编码 100011）
印 装：三河市双峰印刷装订有限公司
787mm×1092mm 1/16 印张 14½ 字数 376 千字
2024 年 9 月北京第 2 版第 1 次印刷

购书咨询：010-64518888　　售后服务：010-64518899
网 址：http://www.cip.com.cn
凡购买本书，如有缺损质量问题，本社销售中心负责调换。

定 价：45.00 元

《化工制图》（第二版）编写人员名单

主　　编　张立军

副 主 编　陈　瑜　王立成

前 言

党的二十大描绘了以中国式现代化全面推进中华民族伟大复兴的宏伟蓝图，为全国人民指明了全面建设社会主义现代化国家的奋斗目标，也为工程教育指明了发展方向。为此，本版修订基于时代发展特征，以培养创新型设计思维为主线，以智能化、工程化为目标，对第一版内容进行了较多修改，使之侧重于创新型设计思维下的数字化制图能力的培养，特别是突出设备制图、工艺制图的特点，尽量减少不必要的机械制图理论，力求言简意赅、通俗易懂、图文并用、清晰直观。在编写过程中，结合多年来本科教学实践经验，进一步丰富了CAD 绘图方法，增加了设计型习题，并针对化工和制药类专业的培养方向，重新编排了各个知识环节，使之难易适中、循序渐进，注重知识的典型性、启发性、实用性和先进性。

依据化学工程的特点和本课程大纲的要求，本版仍将内容分为化工设备制图和化工工艺制图两部分，前者包括化工设备零部件图和装配图的绘制，后者主要包括工艺流程图、设备布置图、管道布置图等重要的工艺类制图；但在内容安排上进行了调整，除了突出两者并重的特点之外，更利于知识的衔接，从而更加有利于工艺类专业技术人才的培养。在化工设备制图部分，从工程制图基础知识开始，从易到难、由简入繁地讲述化工设备零部件图、化工设备装配图的制图规范和画法，并随时融入计算机制图技术，增强学生的软件应用能力，提高制图的精准度和数字化水平。在化工工艺制图部分，从相关标准规定开始，分类讲述每一类图纸中组成要素的绘制原则和方法，结合计算机制图技术，提高工艺类图纸的绘制效率和质量。为了提高学生的工程创新和工程设计能力，在各章习题中，增加了自拟设计（创新）型习题，争取做到每人一题，在提高作业质量的同时，增强学生的工程创新意识，提高其工程设计能力。

此外，为了使读者更高效地学习和掌握化工制图的知识和技巧，本书还配置了丰富的数字资源，即网络增值服务，包括演示视频、附录、习题答案和教学课件。读者可以扫码获取。

全新利、刘旭光教授对书稿进行了审阅，陈瑜、王立成、李钰波、王美颖、常钰睿参加了本书部分章节的设计和编写工作。北京理工大学陈甫雪教授、黎汉生教授对本书提出了宝贵意见和建议，在此表示衷心感谢。

本教材获得“天津理工大学教材建设基金”资助，特此表示感谢。

由于编者水平所限，书中难免存在疏漏和不足之处，敬请读者批评指正。

编 者

2024 年 3 月

目录

扫码获取
本书附录

绪　论

一、化工制图课程简介

制图是工程技术人员表达设计思想、进行工程技术交流及指导生产等必备的技能，通过制图获得的工程图样被称为工程界的“技术语言”，无论是设计人员还是制造人员，都必须懂得工程图样。在本科教学中，已经将工程制图作为公共基础课引入教学体系，旨在提高学生的工程设计能力，但工程制图课程教学侧重于制图学基础，远远不能满足化工类专业设计的要求。在化工制图中，工程技术人员往往面对的是具有化工生产特点和较大宏观尺寸的化工设备、厂房建筑物和生产线，在制图表达上受一系列制图标准和规范的约束，和机械制图具有较明显的区别，因此，化工类专业人员必须学好化工制图课程。

化工制图研究利用正投影的图样表达方式，将化工设备、化工工艺过程按照国家标准、行业标准的要求进行图示、描绘，用于化工设备、化工生产线的设计、建造、运行及维护。

二、本课程学习的基本要求

本课程的目的是培养学生对化工设备和生产工艺的制图及读图能力，使其掌握化工设备、化工工艺的表达方式和特点，培养绘制和阅读化工设备、化工工艺图样的能力，培养和发展空间想象力与空间思维能力，培养严肃认真的工作态度、耐心细致的工作作风和科学的工作方法。

（一）教学方法

本课程以学生的学习为中心，采取教、学、做三位一体相结合的模式，即：课堂讲授—现场演练—课后作业。

（二）学习方法

① 练——亲自动手练习绘图的技能和技巧，提高空间分析能力和空间想象能力；
② 勤——勤于预习，勤于动脑，勤于复习，勤于演练；
③ 严——严于标准，严格要求，不断提高学习质量；
④ 细——细致、认真地完成每次作业或练习，要精益求精、一丝不苟。

（三）注意事项

① 化工制图必须依据国家标准（GB）和行业标准，大到图样整体，小到每一条线段、每一个符号，都要规范化。

② 制图学科实践性很强，只有通过不断地动手练习，才能加深理解，学会并掌握绘图、读图基本技能。

第一章

化工制图基本规定和制图工具

时代发展，需要大国工匠；迈向新征程，需要大力弘扬工匠精神。不论是传统制造业还是新兴产业，工业经济还是数字经济，工匠始终是产业发展的重要力量，工匠精神始终是创新创业的重要精神源泉。作为紧密围绕生产特点和制图标准，并与计算机辅助技术相结合的化工制图课程，旨在培养技术精湛、敢于创新，具有不浮躁、不敷衍、注重细节、精益求精工匠精神的工程技术人才。本章在此思想指引下，给出制图的规范化和制图工具的现代化应用。

第一节　化工制图国家标准

化工制图既涉及设备制图，也涉及工艺过程制图，采用计算机辅助制图时，还要遵守计算机辅助设计（Computer Aided Design，CAD）制图的有关规定，因此，涉及的文件标准较多，包括技术制图篇、机械制图篇、CAD 制图篇、CAD 文件管理篇四类。本书结合几类标准的适用范围，侧重于计算机制图，将基本要求总结如下。

一、技术制图投影法（GB/T 14692—2008）

正投影法是平行投影法的一种（另外一种为斜投影法），是指投影线与投影面垂直时得到的形体投影。标准规定，技术图样应采用正投影法绘制，并优先采用第一角画法，必要时（如按合同规定等），允许使用第三角画法。新体制中两种画法的选用有先后主次之分，有十分明确的投影识别符号规定。

第一角投影（第一角画法/E 法）：空间分为八个分角（图 1-1），将物体置于第一分角内，并使其处于观察者与投影面之间而得到的多面正投影［图 1-2（a）］。简称 E 法。采用国家有中国、俄罗斯、英国、法国、德国等。

第三角投影（第三角画法/A 法）：将物体置于第三分角内，并使投影面处于观察者与物体之间而得到的多面正投影［图 1-2（b）］。简称 A 法。采用国家有美国、日本、加拿大、澳大利亚等。

第一角、第三角画法基本视图配置见图 1-2（c）和图 1-2（d），包括 A——主视图、B——俯视图、C——左视图、D——右视图、E——仰视图、F——后视图，从配置图中可以看出：两种画法的主视图和后视图是一致的，仰视图、俯视图、左视图、右视图的位置互换。

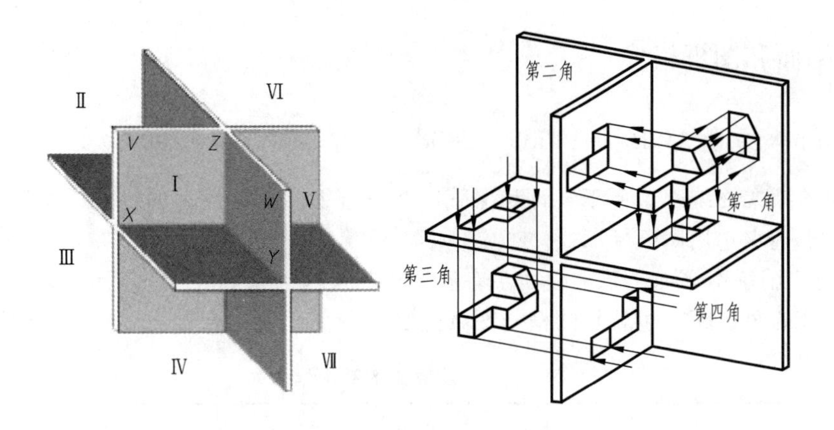

图 1-1　空间八个分角和第一角、第三角投影

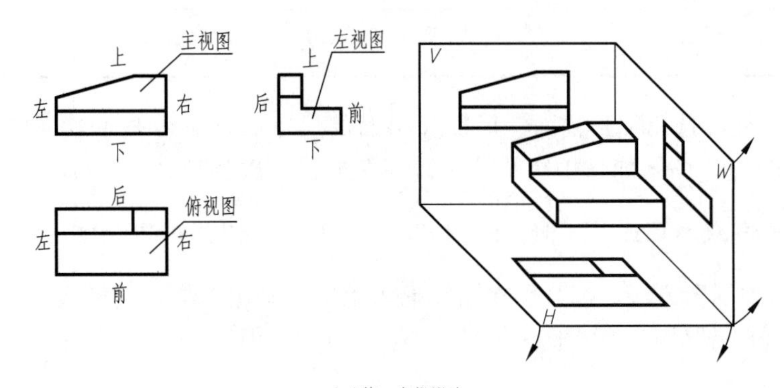

(a)第一角投影法

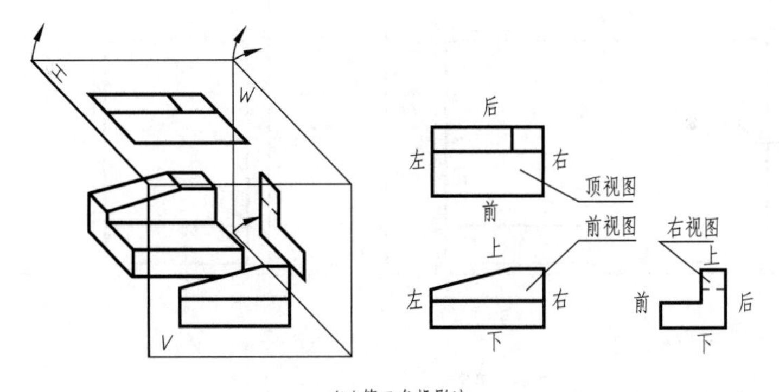

(b)第三角投影法

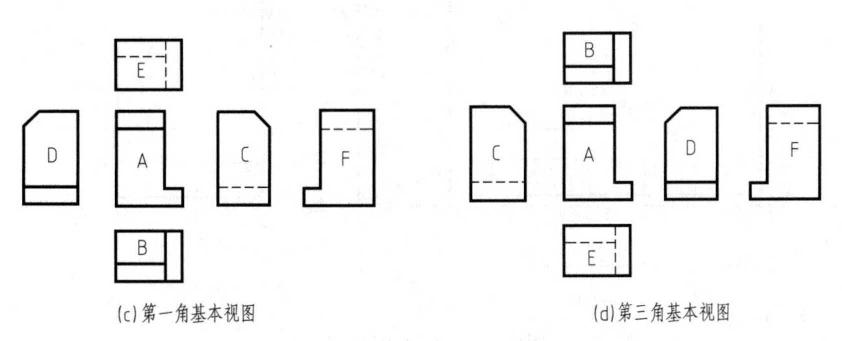

(c)第一角基本视图　　(d)第三角基本视图

图 1-2　两种投影法视图间的关系

二、图纸幅面和图框格式

（一）图纸幅面（GB/T 14689—2008，GB/T 18229—2000）

为了使图纸幅面统一，便于装订和保管以及符合缩微复制原件的要求，在绘制技术图样时，应按以下规定选用图纸幅面。

① 优先选用基本幅面。基本幅面共有五种，其尺寸关系如表 1-1 所示。表中的 c、e、a 代号代表图纸的页边距，也就是图框与图纸边缘的距离，要结合幅面大小和图框格式选用。

表 1-1　绘图图纸的基本幅面　　单位：mm

幅面代号	A0	A1	A2	A3	A4
$B \times L$	841×1189	594×841	420×594	297×420	210×297
c	10			5	
e	20		10		
a	25				

② 必要时，允许选用加长幅面。但加长幅面的尺寸必须是由基本幅面的短边成整数倍增加后得出。如：A4 图纸加长 1 次就是 A3，A3 加长 1 次就是 A2，以此类推。

（二）图框格式（GB/T 14689—2008，GB/T 18229—2000）

无论采用哪种制图方法，都必须在图纸上用粗实线画出图框，其格式分为留装订边［图 1-3（a）、（b）］和不留装订边［图 1-3（c）、（d）］两种，但同一产品的图样只能采用一种格

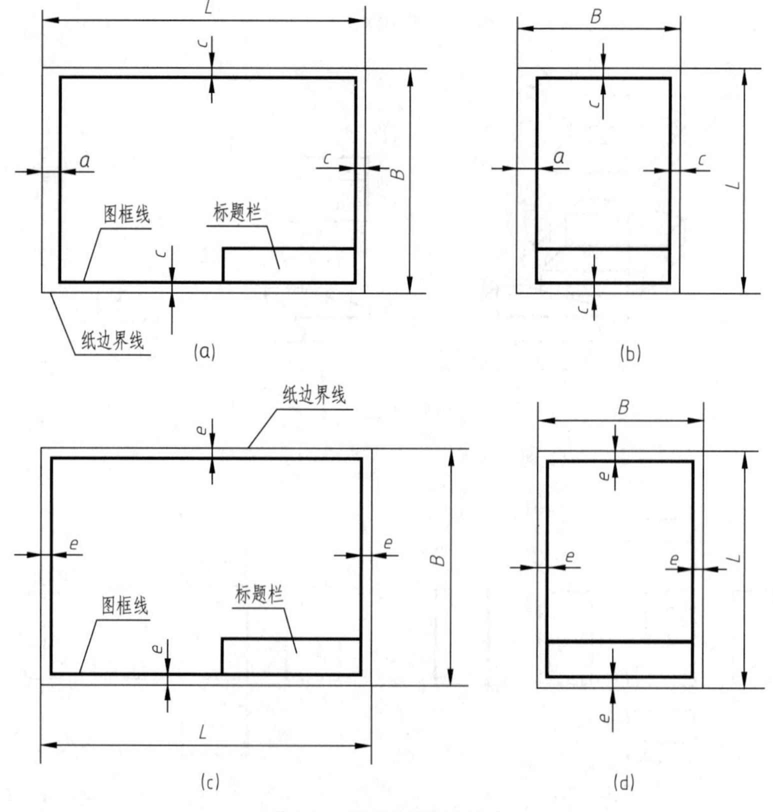

图 1-3　图纸的图框格式

式，尺寸规定见表 1-1。

（三）标题栏的方位及格式

每张图纸都必须画出标题栏，其格式和尺寸要符合 GB/T 10609.1—2008 的规定。此栏一般位于图纸的右下角，如图 1-4 所示，应使标题栏的底边与下图框线重合，使其右边与右图框线重合，标题栏中的文字方向通常为看图方向。

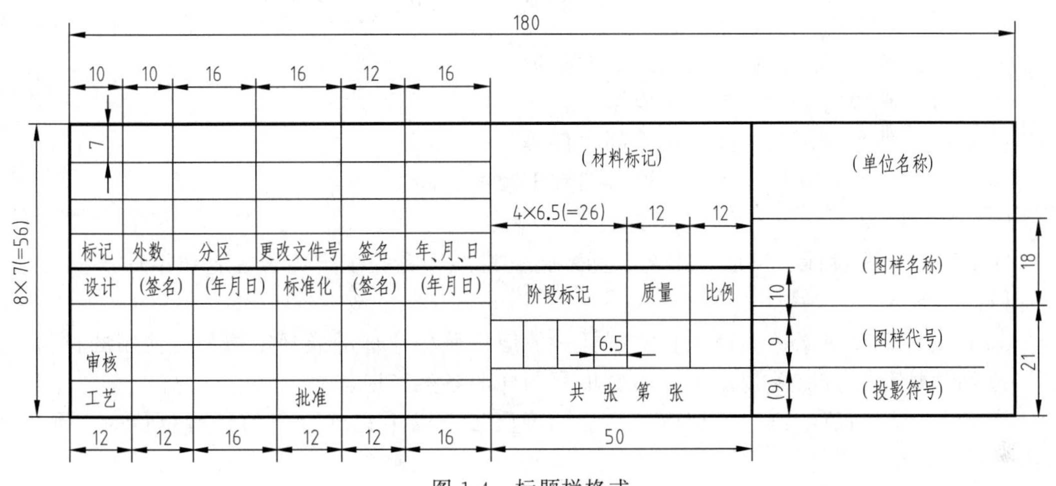

图 1-4 标题栏格式

以下重点说明标题栏的填写要求。

1. **投影符号**

新国标中在标题栏增加了投影符号项，用于说明制图的投影所在象限和方向，其格式见图 1-5。

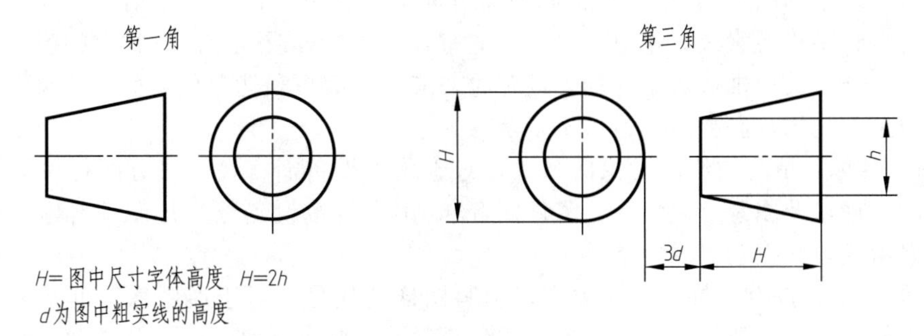

图 1-5 投影符号

2. **区域划分**

标准栏一般由更改区、签字区、其他区、名称及代号区组成，见图 1-6。也可按实际需要增加或减少。

3. **各区说明**

(1) 更改区

更改区中的内容应按由下而上的顺序填写，也可根据实际情况顺延，或放在图样中其他的地方，但应有表头。

① 标记：按照有关规定或要求填写更改标记；

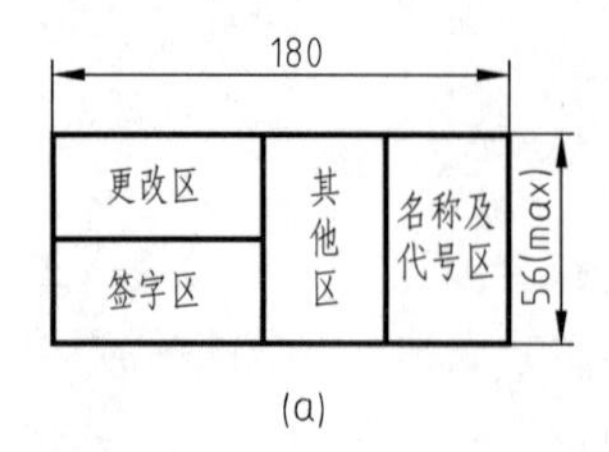

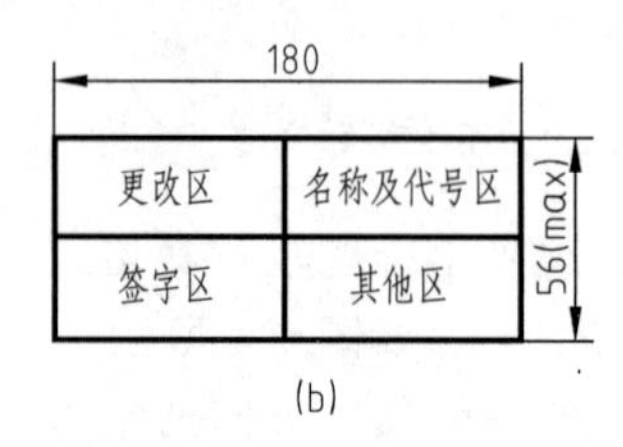

图 1-6　标准栏区域划分

② 处数：填写同一标记所表示的更改数量；

③ 分区：必要时，按照有关规定填写；

④ 更改文件号：填写更改所依据的文件号；

⑤ 签名和年月日：填写更改人的姓名和更改的时间。

(2) 签字区

签字区一般按设计、审核、工艺、标准化、批准等有关规定签署姓名和年月日。

(3) 其他区

① 材料标记：对于需要该项目的图样一般应按照相应标准或规定填写所使用的材料；

② 阶段标记：按有关规定由左向右填写图样的各生产阶段；

③ 质量：填写所绘制图样相应产品的计算质量，以千克（kg）为计量单位时，允许不写出其计量单位；

④ 比例：填写绘制图样时所采用的比例；

⑤ 共　张第　张：填写同一图样代号中图样的总张数及该张所在的张次。

(4) 名称及代号区

图样必须按照现行国家标准如《技术制图》《机械制图》等及其他相关标准或规定绘制，达到正确、完整、统一、简明。采用 CAD 制图时，必须符合 GB/T 14665—2012 及其他相关标准或规定；采用的 CAD 软件应经过标准化审查。因此，图样上术语、符号、代号、文字、图形符号、结构要素及计量单位等，均应符合有关标准或规定。图样上的产品及零、部件名称，应符合有关标准或规定。如无规定时，应尽量简短表达单位名称：填写绘制图样单位的名称或单位代号，必要时，也可不予填写。

① 图样名称：填写所绘制对象的名称，对于化工设备而言，一般分两行填写，第一行填设备名称、规格及图别（装配图、零件图等），第二行填设备位号；设备名称由化工名＋设备结构名组成，如聚乙烯反应釜。

② 图样代号：按有关标准或有关规定填写图样的代号。对于通用件，也就是产品设计时继承已有的零部件，能够扩大产品的通用化系数，可显著提高设计工作效率，缩短产品设计、试制和生产的周期，确保质量，降低成本。因此，在产品设计和改进时，应尽量采用通用件。如设备图中的图号格式见图 1-7。用短杠线将设备分类号、设备顺序号及图纸顺序号隔开，设备分类号需要在相关标准中查找编制，设备顺序号一般由本单位依据工序顺序和车间内设备的顺序进行编排，前面两部分组成了设备的文件号。最后

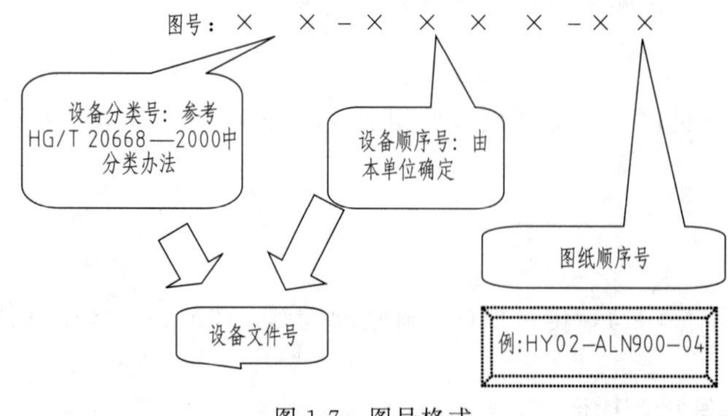

图 1-7　图号格式

指明图纸的顺序号，则完成图号的编制。

4. 尺寸与格式

标题栏中各区的布置见图 1-6（a），也可采用图 1-6（b）所示形式。当采用前者形式配置标题栏时，名称及代号区中的图样代号和投影符号应放在区的最下方（见图 1-4）。在学生制图作业中，可以采用简易标题栏格式，见图 1-8。

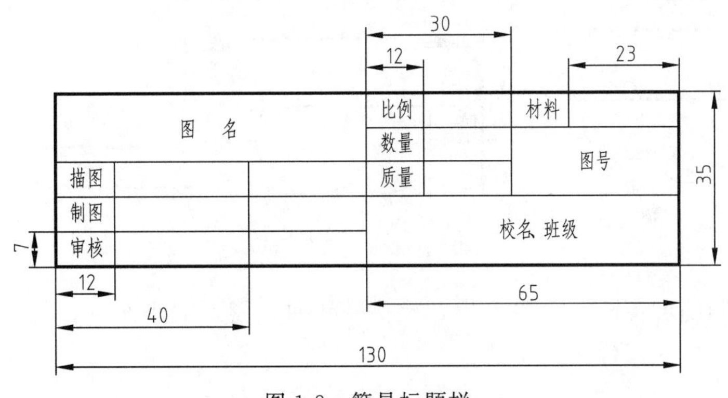

图 1-8 简易标题栏

（四）图纸使用方式

标题栏的长边置于水平方向并与图纸的长边平行时，构成 X 型图纸；若标题栏的长边与图纸的长边垂直时，则构成 Y 型图纸，如图 1-9 所示。使用者应该依据自身要求选择图纸的使用方式。

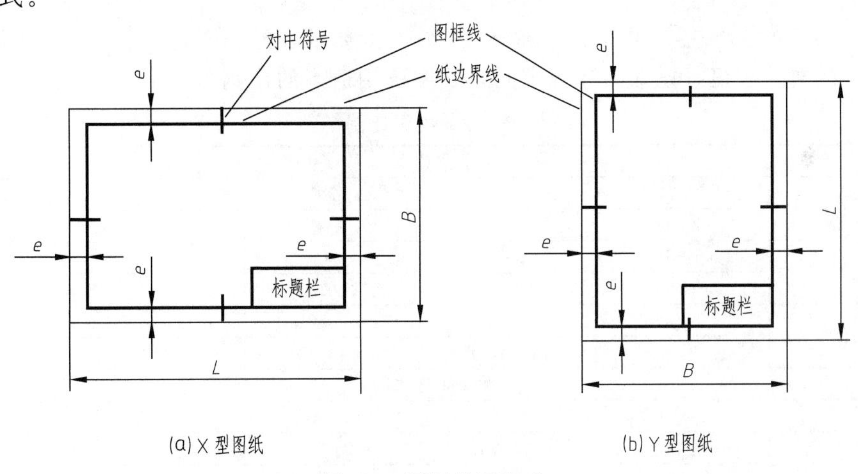

图 1-9 图纸使用方式

（五）对中符号、方向符号、剪切符号、米制参考分度符号

为了使图纸复制和缩微摄影时定位方便，对基本幅面（含部分加长幅面）的各号图纸，均应在图纸各边的中点处分别画出对中符号，见图 1-10（a）。方向符号见图 1-10（b），剪切符号可用图 1-10（c）中所示的两种形式，图 1-10（d）为米制参考分度符号。

三、比例

技术图样中图形与实物相应要素的线性尺寸之比，称为图样的比例。图 1-11 中为使用

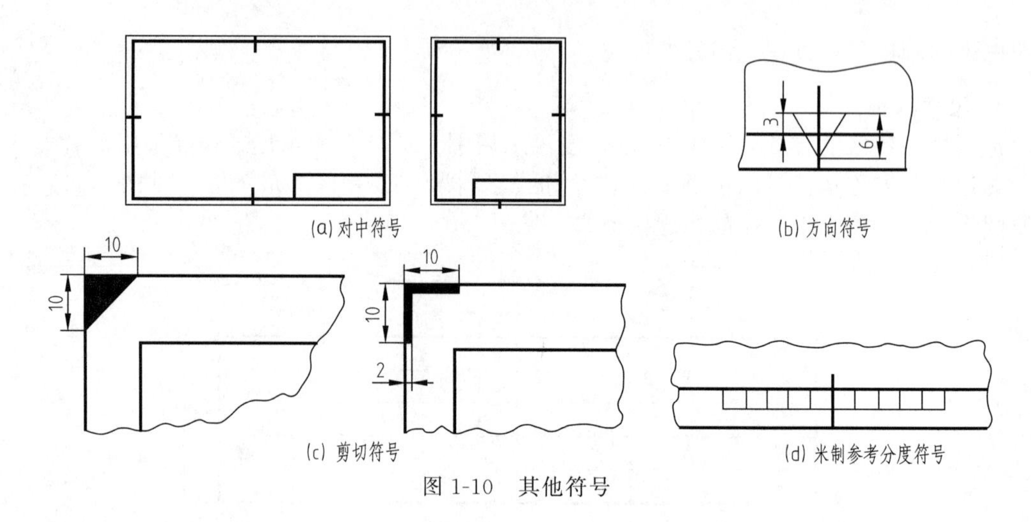

图 1-10　其他符号

两种不同比例绘制的设备图。可以看出，比例变化时，图形大小改变，但标注的内容（包括尺寸数字、字高、尺寸线样式）不变。

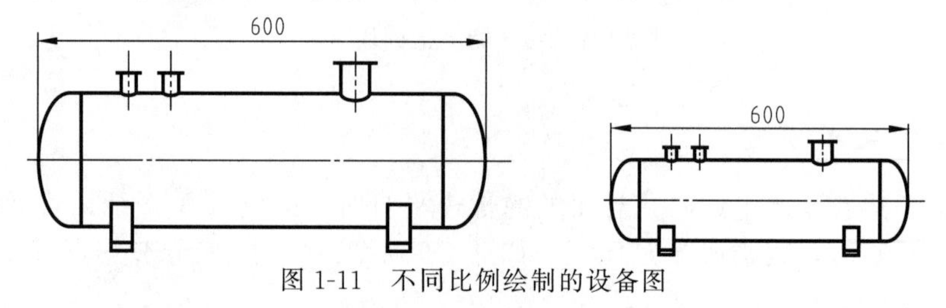

图 1-11　不同比例绘制的设备图

按照 GB/T 14690—93 和 GB/T 18229—2000 的要求，绘制图样时，应根据图样的用途与所绘图形的复杂程度，从表 1-2 规定的系列中选用适当的比例。

表 1-2　绘图比例

优先比例					
种类	比例				
原始比例	1∶1				
放大比例	5∶1	2∶1			
	5×10^n∶1	2×10^n∶1	1×10^n∶1		
缩小比例	1∶2	1∶5	1∶10		
	1∶2×10^n	1∶5×10^n	1∶1×10^n		
第二可选比例					
种类	比例				
放大比例	4∶1	2.5∶1			
	4×10^n∶1	2.5×10^n∶1			
缩小比例	1∶1.5	1∶2.5	1∶3	1∶4	1∶6
	1∶1.5×10^n	1∶2.5×10^n	1∶3×10^n	1∶4×10^n	1∶6×10^n

注：n 为正整数。

四、字体

（一）手工绘图字体（GB/T 14691—93）

1. 基本要求

① 图样中书写的汉字、数字和字母，都必须做到“字体工整、笔画清楚、间隔均匀、

排列整齐”。

② 字体高度（用 h 表示）的公称尺寸系列为：1.8mm，2.5mm，3.5mm，5mm，7mm，10mm，14mm，20mm。字体高度代表字体的字号。

③ 汉字应写成长仿宋体字，并应采用国家正式公布的简化字。汉字的高度不应小于 3.5mm，其字宽一般为 $h/\sqrt{2}$。

书写长仿宋体字的要领：横平竖直、注意起落、结构匀称、填满方格。

④ 字母和数字分 A 型和 B 型。A 型字体的笔画宽度（d）为字高（h）的 1/14，B 型字体的笔画宽度（d）为字高（h）的 1/10。在同一图样上，只允许选用一种形式的字体。

⑤ 字母和数字可写成斜体和直体（正体）。斜体字字头向右倾斜，与水平基准线成 75°。

2. **字体示例**

(1) 长仿宋体汉字书写示例

10号字：字体工整笔画清楚

5号字：横平竖直注意起落结构匀称填满方格

3.5号字：汉字应写成长仿宋体字并应采用国家正式公布的简化字

(2) 字母、数字书写示例

I II III IV V VI VII VIII IX X

（二）计算机绘图字体（GB/T 14665—2012）

① 计算机制图的字体，无论汉字、数字还是字母，要求端正、清晰、整齐、间隔均匀，一般用正体输出，小数点应占一个字位。

② 汉字要采用规范的简化字，CAD 工程图中字体的选用范围见表 1-3。

表 1-3 CAD 工程图中字体的选用范围

汉字字型	国家标准号	字体文件名	应用范围
长仿宋字	GB/T 14691—93	HZCF	图中标注或说明的汉字、标题栏、明细栏等
单线宋体	GB/T 13844—92(仅供参考)	HZDX	大标题、小标题、图册封面、目录清单，标题栏中设计单位的名称、图名、工程名，地形图，等等
宋体	GB/T 14245.1—2008;GB/T 6345.1—2010;GB/T 12041.1—2010	HZST	
仿宋字	GB/T 14245.4—2008;GB/T 6345.4—2008;GB/T 12041.4—2008	HZFS	
楷体	GB/T 14245.3—2008;GB/T 6345.3—2008;GB/T 12041.3—2008	HZKT	
黑体	GB/T 14245.2—2008;GB/T 6345.2—2008;GB/T 12041.2—2008	HZHT	

③ 标点符号除破折号、省略号为两个字位外，其余均占一个字位。

④ 字号与图纸幅面之间的选用关系见表 1-4。

表 1-4　字号与图纸幅面之间的选用关系

<table>
<tr><td rowspan="3">字符类型</td><td colspan="5">图幅</td></tr>
<tr><td>A0</td><td>A1</td><td>A2</td><td>A3</td><td>A4</td></tr>
<tr><td colspan="5">字体高度 h/mm</td></tr>
<tr><td>字母与数字</td><td colspan="3">5</td><td colspan="2">3.5</td></tr>
<tr><td>汉字</td><td colspan="3">7</td><td colspan="2">5</td></tr>
</table>

注：h＝汉字、字母、数字的高度。

⑤ 字与字间的最小距离为 1.5mm，各种线与汉字字符的间距应不小于 1mm，汉字行距不小于 2mm；数字、字母字符间的距离应在 0.5mm 以上，行距为 1mm 以上。

⑥ AutoCAD 中字体的调用：字体字型可以进行矢量化编译，产生 .SHX 文件，放置到 AutoCAD 的 Fonts 目录下，形成可以调用的字体。

在命令行键入 STYLE 命令，或在主菜单选择 FORMAT-TEXT STYLE，在弹出的对话框中选择 USE BIG FONTS，再选择所要加载的形文件，即可将所需的形文件设为当前标注所需的字体。

五、图线

机械图样中的图形是用各种不同粗细和形式的图线绘成的，不同的图线在图样中表示不同的含义。绘制图样时，应采用表 1-5 中规定的图线形式来绘图。

表 1-5　图线的分层、基本线型、宽度、颜色和用途

<table>
<tr><td>分层标识号</td><td>图线名称</td><td>图例</td><td>图线宽度</td><td>颜色</td><td>主要用途或说明</td></tr>
<tr><td>01</td><td>粗实线</td><td></td><td>b</td><td>白</td><td>可见轮廓线、可见棱边线</td></tr>
<tr><td rowspan="3">02</td><td>细实线</td><td></td><td>b/2</td><td rowspan="3">绿</td><td>尺寸线、尺寸界线、剖面线、指引线和基准线、重合断面的轮廓线、网格线、短中心线、螺纹牙底线等</td></tr>
<tr><td>波浪线</td><td></td><td>b/2</td><td>断裂处边界线；视图与剖视图的分界线</td></tr>
<tr><td>双折线</td><td></td><td>b/2</td><td>断裂处边界线；视图与剖视图的分界线（同一图样中与波浪线之间选用一个）</td></tr>
<tr><td>03</td><td>粗虚线</td><td></td><td>b</td><td>白</td><td>允许表面处理的表示线</td></tr>
<tr><td>04</td><td>细虚线</td><td></td><td>b/2</td><td>黄</td><td>不可见轮廓线；不可见棱边线</td></tr>
<tr><td>05</td><td>细点画线</td><td></td><td>b/2</td><td>红</td><td>轴线、对称中心线、分度圆（线）、孔系分布的中心线、剖切线</td></tr>
<tr><td>06</td><td>粗点画线</td><td></td><td>b</td><td>棕</td><td>限定范围表示线</td></tr>
<tr><td>07</td><td>细双点画线</td><td></td><td>b/2</td><td>粉红</td><td>可动零件极限位置的轮廓线、相邻辅助零件的轮廓线、成形前轮廓线、中断线、轨迹线、特定区域线等</td></tr>
<tr><td>08</td><td>尺寸线及界线</td><td>96±1</td><td>b/2</td><td></td><td>依据细实线的规定绘制</td></tr>
<tr><td>09</td><td>参考圆及引出线</td><td></td><td>b/2</td><td></td><td>依据细实线的规定绘制</td></tr>
</table>

续表

分层标识号	图线名称	图例	图线宽度	颜色	主要用途或说明
10	剖面符号	//////	$b/2$		依据细实线的规定绘制
11	文本(细)	ABCD			一般文字
12	文本(粗)	**ABCD**			标题或强调性文字
13、14、15	用户选用图层				依据用户的需要自行确定

1. 线型和宽度（GB/T 4457.4—2002，GB/T 14665—2012）

表 1-5 给出了图线的分层（CAD 制图）、基本线型、宽度、颜色（CAD 制图）和用途。一般在图样中采用粗、细两种线宽，它们之间的比例为 2∶1，在绘图时，粗实线的宽度 b 据图形的大小和复杂程度而定：图形小且复杂时 b 应取小些；图形大且简单时 b 应取大些，机械图样中的 b 为 0.7～2.0mm，推荐的粗线宽度（mm）为 2.0、1.4、1.0、0.7、0.5 五组，用于粗实线、粗虚线、粗点画线，则细实线、细虚线、细点画线、细双点画线、双折线、波浪线宽度（mm）应对应采用 1.0、0.7、0.5、0.35、0.25。

2. 图线的画法注意事项

① 同一图样中同类图线的宽度应基本一致，并保持线型均匀，颜色深浅一致。

② 虚线、点画线及双点画线的线段长度和间距应各自大致相等。

③ 点画线、双点画线的首末两端应是线段，而不是短画。点画线、双点画线的“点”不是点，而是一个约 1mm 的短画线。

④ 绘制圆的中心线，圆心应为线段的交点。

⑤ 在较小的图形上绘制点画线或双点画线有困难时，可用细实线代替。

⑥ 虚线与虚线相交、虚线与点画线相交，应以线段相交；虚线、点画线如果是粗实线的延长线，应留有空隙；虚线与粗实线相交，不应留空隙；点画线应以长画与粗实线相交。线与线相交时的规定画法见图 1-12。

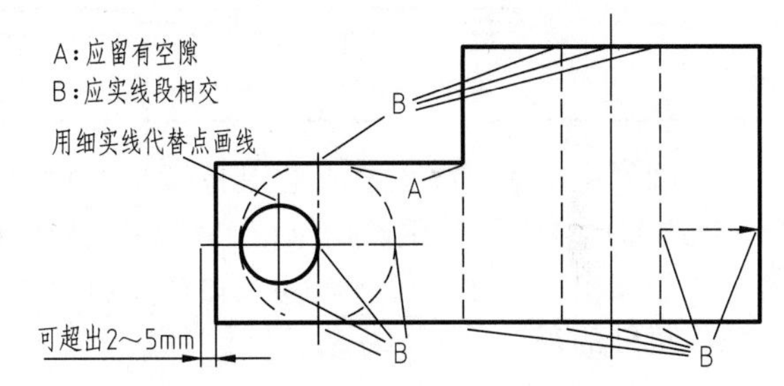

图 1-12　线与线相交时的规定画法

⑦ 重合图线的优先顺序（GB/T 14665—2012）：遇到不同类型的图线重合时，应遵循以下优先顺序。

可见轮廓线和棱线（粗实线）—不可见轮廓线和棱线（细虚线）—剖切线（细点画线）—轴线和对称中心线（细点画线）—假想轮廓线（细双点画线）—尺寸界线和分界线（细实线）。

⑧ 一些图线画法尺寸：无论手工绘图还是机械绘图，对一些特殊线型的绘制尺寸不能随意确定，要依据统一的标准要求。表 1-6 给出了特殊图线的绘制尺寸要求，在绘制或选用时加以注意。

六、尺寸标注

在制图中绘制的图形只能反映物体的结构形状，物体的真实大小要靠所标注的尺寸来决定（GB/T 4458.4—2003）。

（一）标注尺寸的基本原则

① 机件的真实大小，应以图样上所注的尺寸数值为依据，与图形的大小（即所采用的

比例）和绘图的准确度无关。

表 1-6　特殊图线画法尺寸表（GB/T 14665—2012）

名称	尺寸限定	说明
双折线	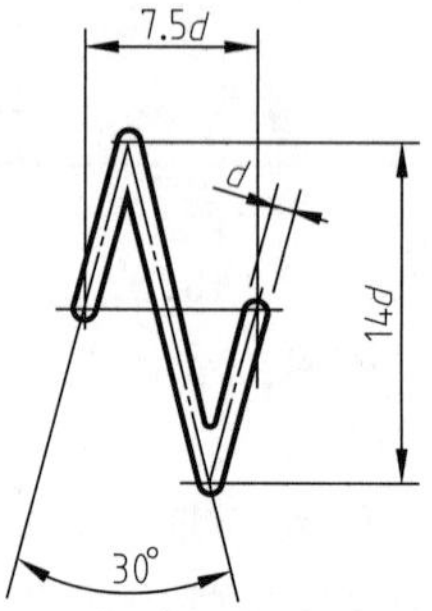 7.5d；d；14d；30°	d 为细实线宽度，mm。 当被剖断面宽度 $l \leqslant 10d$ 时，采用如下 Z 形画法，即画在外部 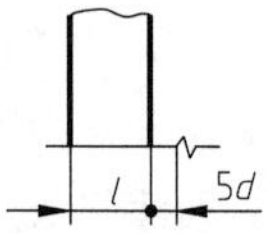 l；5d
虚线	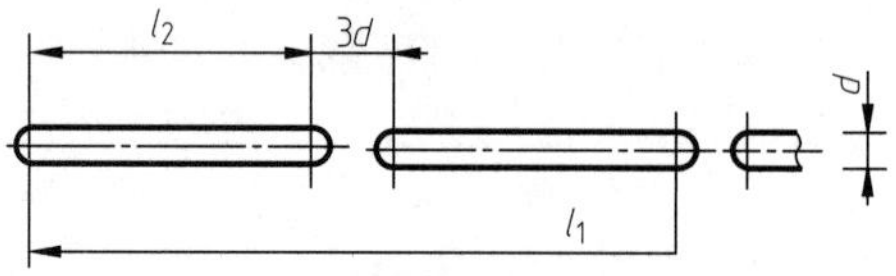 l_2；3d；d；l_1	d 为细实线宽度，mm。 l_2 一般为 $12d$，总长 l_1 最小为 $27d$，即两段线段组成
点画线	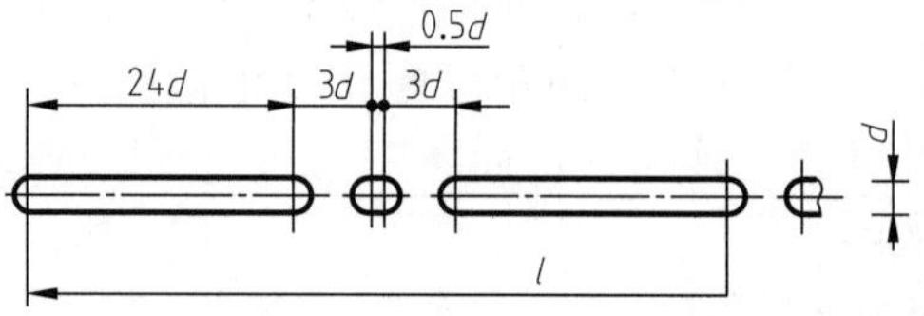 0.5d；24d；3d；3d；d；l	d 为细实线宽度，mm。 最小长度 l 为两段线段加一个点，即 $54.5d$
双点画线	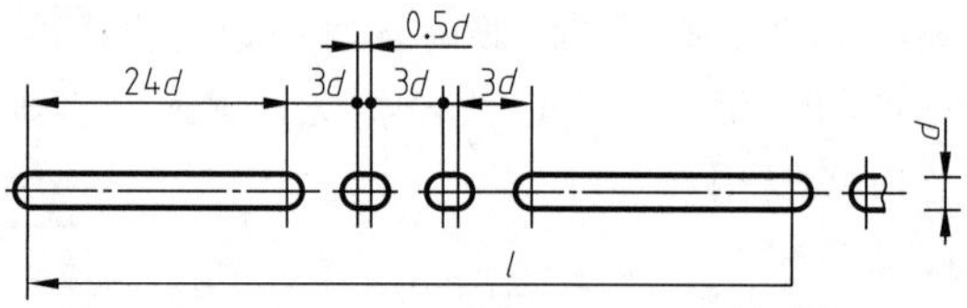 0.5d；24d；3d；3d；3d；d；l	d 为细实线宽度，mm。 最小长度为两段线段加两个点，即 $58d$

② 图样中（包括技术要求和其他说明）的尺寸，以毫米为单位时，不需标注计量单位的符号或名称。如果采用其他单位，则必须注明相应的计量单位的符号或名称。

③ 图样中所标注的尺寸，为该图样所示机件的最后完工尺寸，否则应另加说明。

④ 机件的每一尺寸，一般只标注一次，并应标注在反映该结构最清晰的图形上。

（二）尺寸标注的形式

1. 链式

后一尺寸以它邻接的前一个尺寸的终点为起点（基准），同一方向的几个尺寸依次首尾相接，称为链式标注。链式可保证所注各段尺寸的精度要求，但由于基准依次推移，使各段尺寸的位置误差累加。因此，当阶梯状零件对总长精度要求不高而对各段的尺寸精度要求较高时，或零件中各孔中心距的尺寸精度要求较高时，适于采用链式尺寸注法（见图 1-13）。

2. 坐标式

零件同一方向的几个尺寸由同一基准出发进行标注，称为坐标式。坐标式标注中各段尺寸其精度只取决于本段尺寸加工误差，精度互不影响，不产生位置累加。因此，当需要从同一基准定出一组精确的尺寸时，适于采用这种尺寸注法（见图 1-13）。

3. 综合式

零件同一方向的多个尺寸，既有链式又有坐标式，是这两种形式的综合，称为综合式，综合式具有链状式和坐标式的优点，既能保证一些精确尺寸，又能减少阶梯状零件中尺寸误差积累，因此，综合式注法应用较多。

（三）尺寸三要素

标注一个尺寸，一般应包括尺寸界线、尺寸线和尺寸数字三个部分，称为尺寸的三要素，如图 1-13 所示。

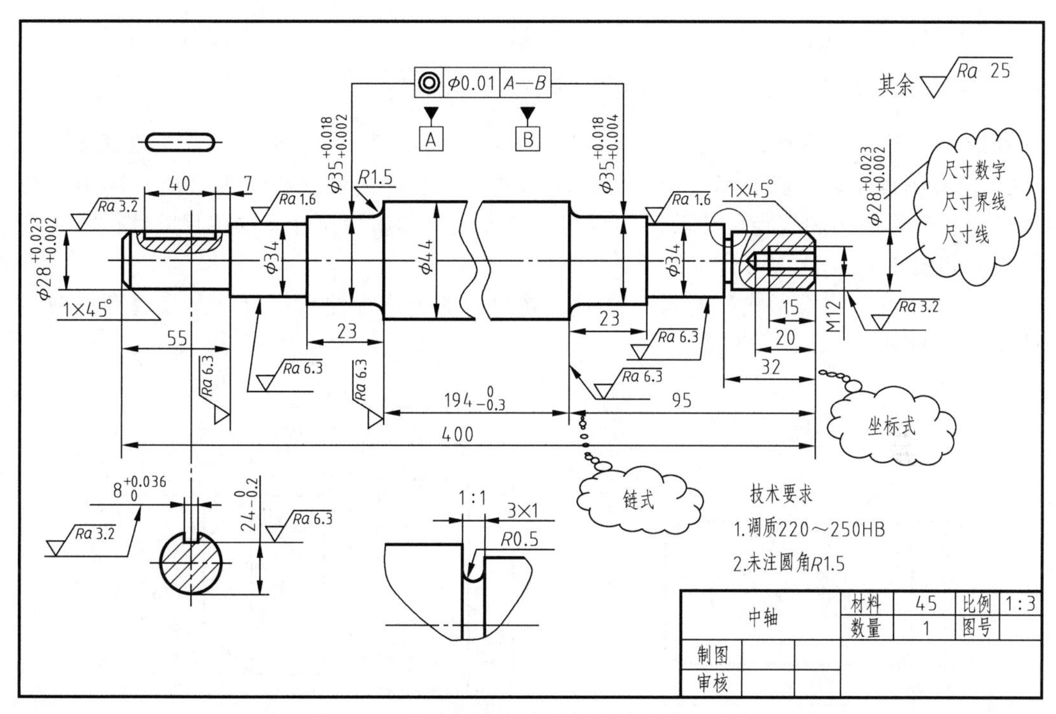

图 1-13　尺寸标注方式示例和尺寸的三要素

1. 尺寸界线

尺寸界线用来限定尺寸度量的范围。绘制的原则是：①尺寸界线用细实线绘制，由图形的轮廓线、轴线或对称中心线引出。也可利用图形的轮廓线、轴线或对称中心线作尺寸界线。②尺寸界线一般应与尺寸线垂直。必要时才允许倾斜，如图 1-14 中的 $\phi70$ 和 $\phi24$ 尺寸的界线是倾斜的。③ 在光滑过渡处标注尺寸时，必须用细实线将轮廓线延长，从它们的交点处引出尺寸界线。

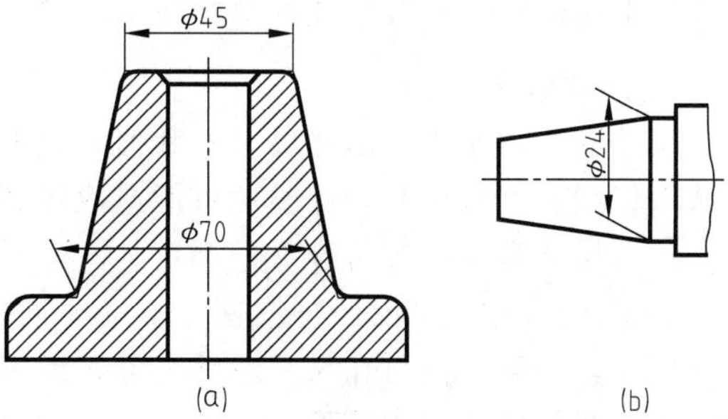

图 1-14　特殊的尺寸界线

2. 尺寸线

尺寸线用来表示所注尺寸的度量方向，在绘制时要注意的内容包括：

① 尺寸线用细实线绘制，在手工绘图时尽量采用终端有箭头和斜线的两种形式。a. 箭头终端：适用于各种类型的图样，箭头的形状大小见图 1-15（a）所示。b. 斜线终端：必须在尺寸线与尺寸界线相互垂直时才能使用，该终端用细实线绘制，方向以尺寸线为准，逆时针旋转 45°画出，见图 1-15（b）。在 CAD 制图中尺寸线的终端形式，可以采用图 1-15（c）

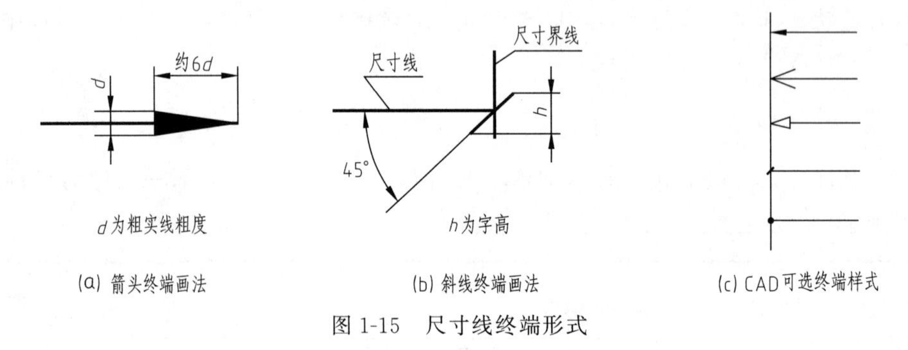

图 1-15　尺寸线终端形式

的五种形式，但这五种形式的选用应该遵循自上而下的顺序，即优先选用箭头形式。

② 同一图样中，一般只能采用一种终端形式。但当采用斜线终端形式时，图中圆弧的半径尺寸、投影为圆的直径尺寸及尺寸线与尺寸界线呈倾斜的尺寸，这些尺寸线的终端应画成箭头，如图 1-16（a）所示。

③ 当采用箭头终端形式，遇到位置不足够画出箭头或标注数字时，允许用圆点或斜线代替箭头，如图 1-16（b）所示。

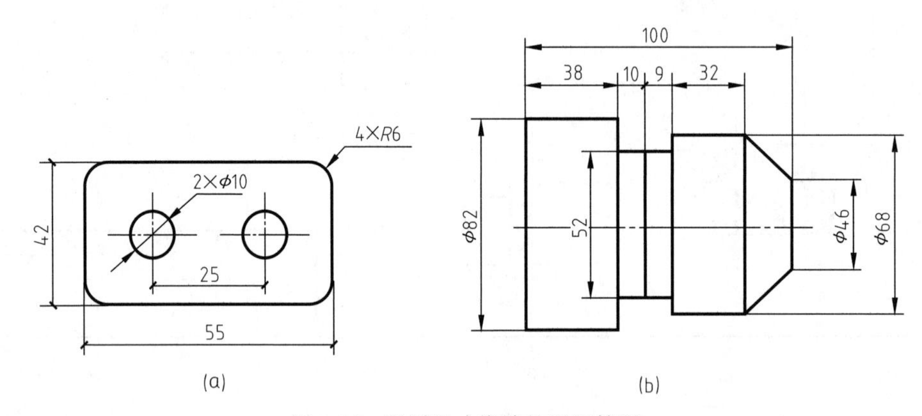

图 1-16　不同尺寸终端的混用情况

④ 尺寸线必须单独画出，不能用其他图线代替。一般也不得与其他图线重合或画在其延长线上。同时，在标注线性尺寸时，尺寸线必须与所标注的线段平行。

3. 尺寸数字

尺寸数字用来表示所注尺寸的数值，是图样中指令性最强的部分。要求注写尺寸时一定要认真仔细、字迹清楚，应避免可能造成误解的一切因素。

注写尺寸数字时应符合下列规定。

① 线性尺寸数字的注写位置：水平方向的尺寸，一般应注写在尺寸线的上方；铅垂方向的尺寸，一般应注写在尺寸线的左方；倾斜方向的尺寸，一般应在尺寸线靠上的一方，也允许注写在尺寸线的中断处，如图 1-17（a）所示。

② 线性尺寸数字的注写方向：有两种注写方法。

方法一：水平尺寸的数字字头向上；铅垂尺寸的数字字头朝左；倾斜尺寸的数字字头应有朝上的趋势，见图 1-17（b）。应尽可能避免在铅垂 30°内标注尺寸，若不能避免，可以引出标注尺寸数字，见图 1-17（c）。

方法二：对于非水平方向的尺寸，其尺寸数字可水平注写在尺寸线的中断处［字体直立，见图 1-17（d）］。一般应尽量采用方法一注写。在不致引起误解时，允许采用方法二注写。

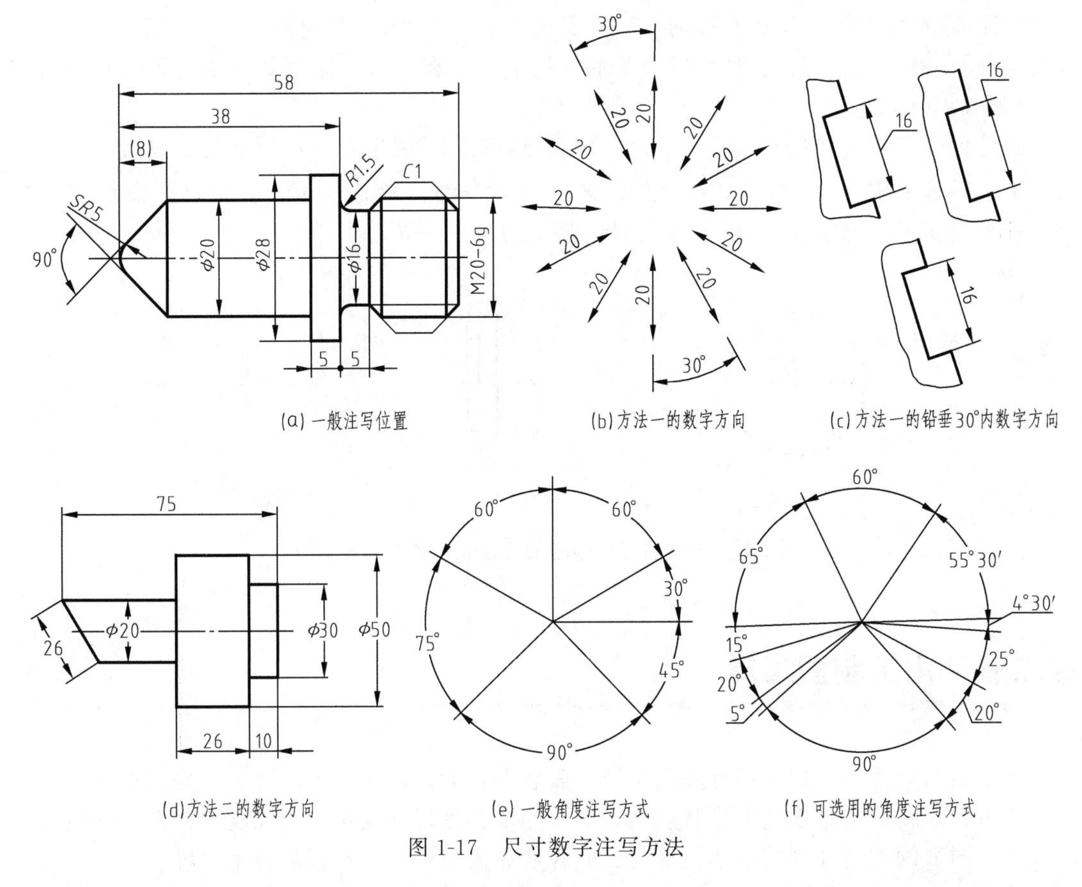

(a) 一般注写位置　(b) 方法一的数字方向　(c) 方法一的铅垂30°内数字方向

(d) 方法二的数字方向　(e) 一般角度注写方式　(f) 可选用的角度注写方式

图 1-17　尺寸数字注写方法

③ 角度的数字一律写成水平方向，即数字铅直向上。一般注写在尺寸线的中断处如图 1-17（e）所示；必要时，也可注写在尺寸线的附近或注写在引出线的上方，如图 1-17（f）所示。

④ 尺寸数字要符合书写规定，且要书写准确、清楚。要特别注意，任何图线都不得穿过尺寸数字。当不可避免时，应将图线断开，以保证尺寸数字的清晰，见图 1-17 中的尺寸。

⑤ 当尺寸界线间的距离较小时，尺寸线箭头可以标在界线的外侧，同一方向的连续尺寸尽量共用一条直线，可以节省空间和使标注清晰。圆的尺寸可以用界线引出标注直径的长度，此时尺寸前不写直径符号。圆角标注方式可以灵活运用，见图 1-18。

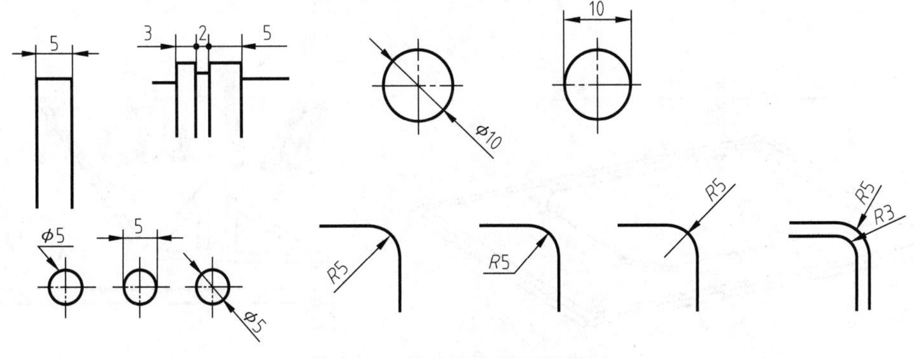

图 1-18　尺寸标注的特殊说明

⑥ 标注直径时，应在尺寸数字前加注符号“ϕ”；标注半径时，应在尺寸数字前加注符

号“R”；标注球面的直径或半径时，应在符号“ϕ”或“R”前再加注符号“S”［图 1-19（a）、（b）］。对于轴、螺杆、铆钉以及手柄等的端部，在不致引起误解的情况下可省略符号“S”［图 1-19（c）］。

其他标注符号常用的还有：厚度 t、均布 EQS、45°倒角 C、正方形□、深度↧、沉孔或锪平⌴、埋头孔⌵、弧长⌒、斜度∠、锥度◁、展开长 O→、型材截面形状符号（按 GB/T 4656.1—2000）等，这些符号的高度为一个字高。

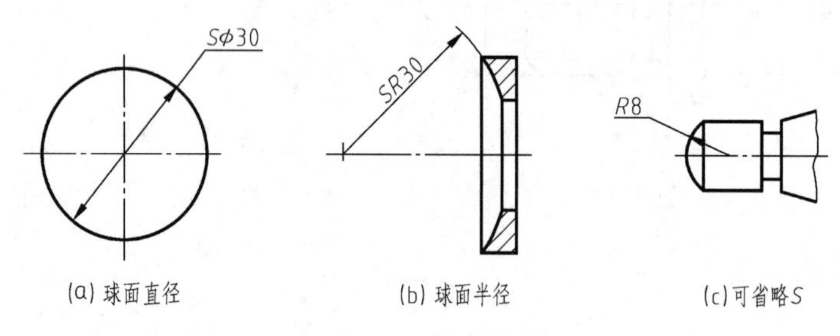

图 1-19 球面直径与半径的标注及可省略 S 的标注

第二节 化工制图工具

化工制图分为手工制图和计算机制图，前者存在设计性强、灵活性大、表达思想直接等特点，后者存续性强、表达的形状规则、尺寸标准、处理速度快。功能越来越强大的绘图软件提高了图纸的质量和制图效率，目前已成为从业人员所必须掌握的技术手段。

手工绘图为尺规作图法，常用的绘图工具包括：①图板。如图 1-20 所示，用来固定图纸，一般用胶合板制作，四周镶硬质木条。图板的规格尺寸有：0 号（900mm×1200mm）；1 号（600mm×900mm）；2 号（450mm×600mm）。②丁字尺。又称 T 形尺，为一端有横档的“丁”字形直尺，是画水平线和配合三角板作图的工具，多用木料或塑料制成，一般有 600mm、900mm、1200mm 三种规格。③绘图三角板。一般由 45°和 30°（60°）两块组成，与丁字尺配合，可以画垂直线、从 0°开始间隔 15°的倾斜线及其平行线。④圆规。是绘图仪器中用来画圆及圆弧的工具，一般有大圆规、弹簧圆规和点圆规等三种。使用时，应先调整针脚，使针尖略长于铅芯，且插针和铅芯脚都与纸面大致保持垂直。另外还有分规、比例尺、曲线板、铅笔等作图工具（其用法请初学者自查网络资源，在此不再赘述）。

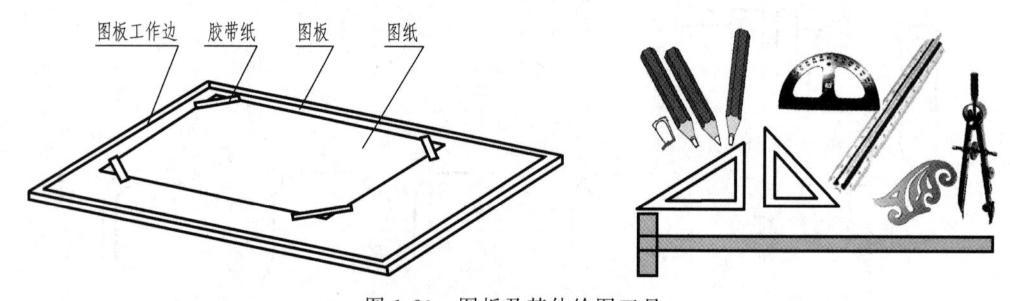

图 1-20 图板及其他绘图工具

CAD 绘图为工程制图最常用技术，发展较快（见图 1-21），从二维到三维，再到实体、同步建模，为设计者带来手工绘图无法比拟的效果。2008 年，Siemens PLM Software 推出的同步建模技术在交互式三维实体建模中是一个成熟的、突破性的飞跃，是三维 CAD 设计历史中的一个里程碑。新技术在参数化、基于历史记录建模的基础上前进了一大步，同时与先前技术共存。同步建模技术实时检查产品模型当前的几何条件，并且将它们与设计人员添加的参数和几何约束合并在一起，以便评估、构建新的几何模型并且编辑模型，无须重复全部历史记录。

自动计算机辅助设计软件（Auto Computer Aided Design，AutoCAD），出现于 1982 年，由 Autodesk（欧特克）公司首次开发用于二维绘图、详细绘制、设计文档和基本三维设计，现已经成为国际上广为流行的绘图工具。AutoCAD 具有良好的用户界面，可以通过交互菜单或命令行方式进行各种操作，具有简单易学、高效、高适应性等特点，可以在各种操作系统支持的微型计算机和工作站上运行，已广泛用于机械、电子、建筑、化工、制造、轻工及航空航天等领域，用户可以使用它来创建、浏览、管理、打印、输出、共享及准确应用富含信息的设计图形。本节重点讲述 AutoCAD 制图软件的应用，为完成后续章节的电子版作业奠定基础。

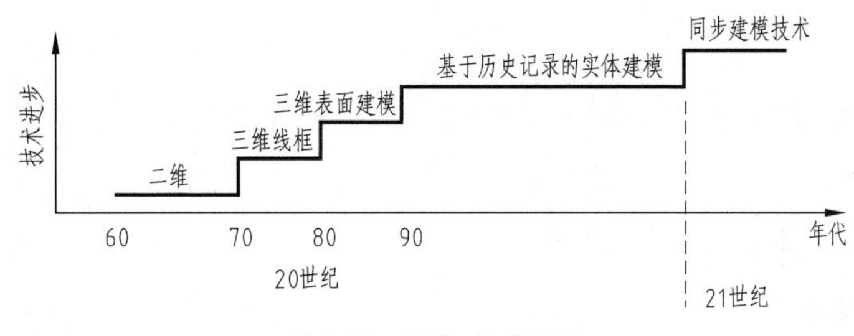

图 1-21　CAD 技术演变

一、AutoCAD 基本功能

作为使用最广泛的计算机辅助绘图与设计软件之一，AutoCAD 具备以下基本功能：

① 绘制与编辑图形　AutoCAD 能以多种方式创建直线、圆、椭圆、多边形、样条曲线等基本图形，并协同正交、对象捕捉、极轴追踪、捕捉追踪等绘图辅助工具以及强大的移动、复制、旋转、阵列、拉伸、延长、修剪、缩放对象等编辑功能，达到精确绘图目的。

② 标注图形尺寸　AutoCAD 可以创建多种类型标注样式，可设定注释性文字的字体、倾斜角度、宽度比例等属性，能在图形的任何位置、沿任何方向进行注释。

③ 渲染三维图形　AutoCAD 可创建 3D 实体及表面模型，能对实体本身进行编辑和渲染。

④ 输出与打印图形　AutoCAD 提供了多种图形图像数据交换格式及相应命令，可以在网络上发布而实现数据交换。

另外，AutoCAD 允许用户定制菜单和工具栏，并能利用内嵌语言 AutoLisp、Visual Lisp、VBA、ADS、ARX 等进行二次开发。从 AutoCAD 2024 版本开始，新增加了建议的块，丰富了块库的数据并利用机器学习自动分析从而快速给出推荐，结合最新的大模型技术无缝助力工程师高效作业。

二、AutoCAD 界面组成

AutoCAD 一般为用户提供了“二维草图与注释”“三维建模”“三维基础”“自定义”多种工作空间模式。在默认状态下，打开的是“二维草图与注释”工作空间，如图 1-22 所示，其界面主要由快速访问工具栏、功能区面板、绘图窗口、命令行、状态栏等元素组成，

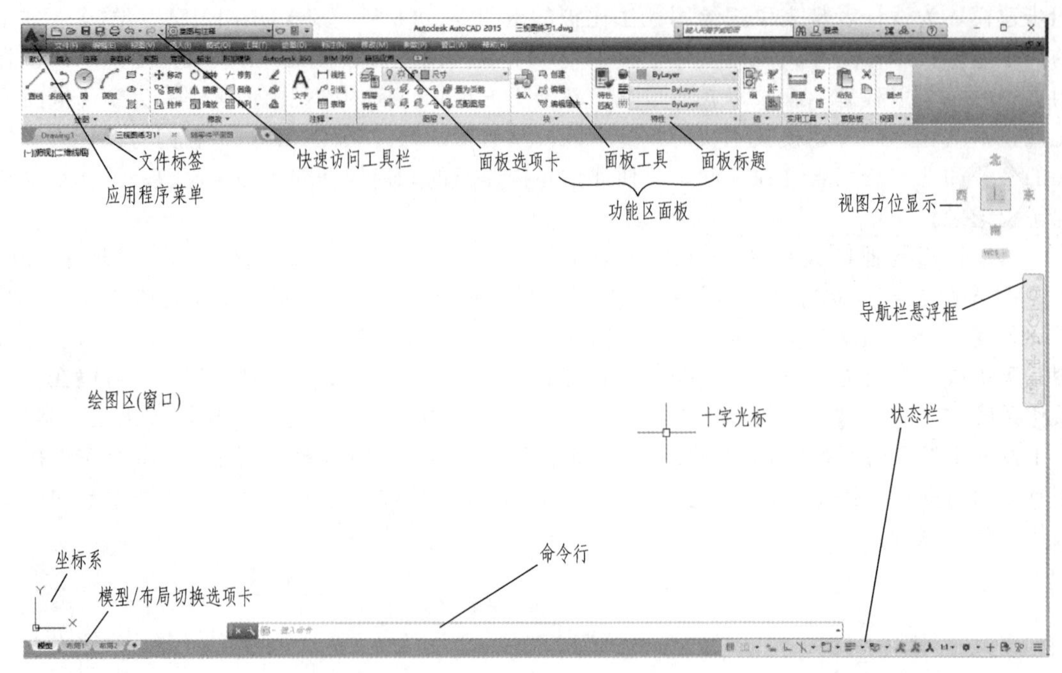

图 1-22　AutoCAD“二维草图与注释”工作空间

以下给出其中较重要部分的基本说明和设置。

1. 应用程序菜单

单击最左上角的应用程序图标，在打开的菜单中可以进行：①创建、打开或保存文件；②输出为其他格式文件，包括 DWF、DGN、PDF、图块（DWG）、图元（WMF）、位图（BMP）等；③打印、发布图纸；④调用图形实用工具，包括核实、修理、清理文件等；⑤打开“选项”对话框，“选项”是 AutoCAD 重要的设置菜单，实现对文件、显示、打开和保存、打印和发布、系统、三维建模、选择集等的参数控制，常用来进行窗口明暗、显示精度、光标大小、捕捉及其标记大小、拾取框、夹点等设置；⑥关闭当前图形或全部图形文件，或退出应用程序。

2. 快速访问工具栏设置和调用菜单栏

快速访问工具栏在程序左上角第一行，点击右侧下拉三角，即可在弹出的菜单中选择要使用的快捷命令工具，用户可以根据自己的需要自定义快速访问工具栏，将最常用的功能添加到工具栏中。在弹出菜单中点击“显示菜单栏”，则在快速访问工具栏下方出现一行菜单栏，方便用户使用。

3. 调整功能区面板占用的空间

功能区面板汇集了常用功能的工具，使用方便。若其占据空间较大，用户可以点击功能区选项卡后的上三角▲进行最小化切换，也可以用后面的下三角▼设定为“最小化选项卡”、“最小化为面板标题”或“最小化为面板按钮”。

4. 调用“工具选项板”

为了绘图方便，可以打开“工具选项板”调用各种图块，方法是：依次选菜单栏/工具/选项板/工具选项板，或者在命令行输入“toolpalettes”前几个字母/选择，就可以打开多个行业常用的动态块，使用十分方便，也可以将自己常用的块新建到工具选项板中。

5. 绘图窗口设置

绘图窗口是创建、显示和编辑图形的区域，是一个虚拟的三维空间，反映所有绘图的结果。窗口默认深色背景，用户更改背景的方法：在命令行输入“options”，也可以单击最左上角的应用程序图标菜单/选项或菜单栏的工具/选项，单击打开选项对话框，在显示/窗口元素区，单击“颜色…”，在打开的对话框中选择不同的颜色，预览后，确认并关闭对话框。为扩大绘图区，可以根据需要关闭其周围和悬浮的各个工具栏。

6. 命令行

命令行位于绘图窗口的底部，用于接收输入的命令，并随时显示 AutoCAD 提示信息。在 AutoCAD 2008 以上版本中，“命令行”窗口可以拖放为浮动窗口。命令行具有很强的联想功能，一般输入单词的前一两个字母，即可选择对应的命令（后面所述输入命令 XXX，均指输入前一两个字母）；在命令执行过程中，命令行会给出下一步的提示。

7. 状态栏

状态栏在程序右下角，是某些常用绘图辅助工具的快速访问栏，除了下拉三角有选项外，主要是开关式的命令按钮。状态栏的显示条目如图 1-23 所示，由最右侧的“自定义”按钮控制，单击该图标将打开选项菜单，用户可从中勾选常用的命令。用户可以关闭或打开状态栏，在命令行输入 STATUSBAR 并输入 0，则关闭状态栏，同样若输入 1，则打开状态栏。

状态栏中主要工具说明：①捕捉模式。点开“捕捉模式”下拉三角，出现栅格捕捉、极轴捕捉、捕捉设置三个选项，默认栅格捕捉，若采用极坐标绘图，应该勾选极轴捕捉模式；当绘制轴测图时，单击“捕捉设置”，出现“草图设置”对话框，勾选捕捉类型中的“等轴测捕捉”。②正交限制。是作图时绘制水平线、铅垂线时最常启用的命令。③等轴测限制。绘制等轴测草图时，从其下拉三角选择不同的坐标方向，配合正交限制命令，用来限定光标在不同的假想立体面上移动。④二维对象捕捉。为最常用的辅助工具，用来捕捉图形中的特征点（圆心、中点、端点、交点、最近点等）或特殊关联，确保图线相交或成某种几何关系，用户可以从下拉三角中勾选或取消某种捕捉方式；⑤线宽。用来控制窗口中的图线是否显示宽度差别。⑥注释状态区。启用“注释可见性”控制注释性的要素在当前比例下是否可见，利用“自动缩放”实时一键调整注释性要素的显示大小，“注释比例”是可以点选的某确定比例，单击该位置将打开一个比例选择菜单，供用户选择一个存在的比例，也可以单击“自定义”，添加其他比例。⑦切换工作空间。单击此处出现选项菜单，可以直接切换到其他模式空间（三维基础、三维建模或自定义空间）。

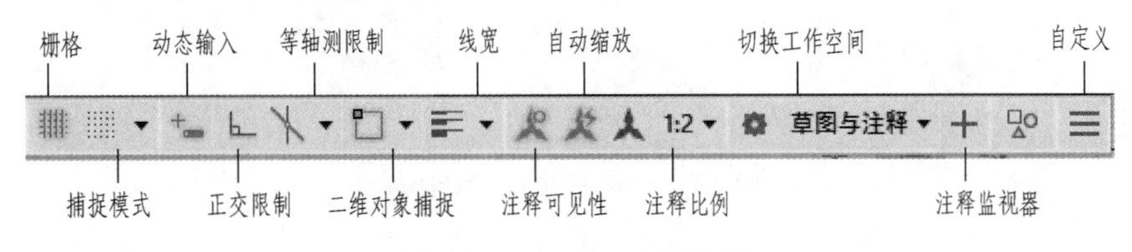

图 1-23 AutoCAD 状态栏

“三维建模”工作界面：在 AutoCAD 中，点击快速访问工具栏的“工作空间”，或依次打开菜单栏的工具/工作空间/三维建模，或在状态栏的“切换工作空间”选择“三维建模”，都可以快速切换到“三维建模”工作界面。该界面在“草图与注释”界面基础上增加了建模、实体编辑等功能区。

三、图形文件管理

在 AutoCAD 中，图形文件管理一般包括创建新文件、打开已有的图形文件、保存文件、加密文件及关闭图形文件等。

在创建新图形文件时，选择“文件”/“新建”命令（NEW），或单击“标准注释”工具栏中“新建”按钮，可以创建新图形文件，此时将打开“选择样板”对话框，用户选择一个样板（如 acadiso. dwt）即可。用户产生的文件一般通过“保存”、“另存为”保存为 DWG 图形格式文件（建议保存为低版本格式，便于与低版本 AutoCAD 交互），也可以保存为 DWT 模板文件，便于下次调用而直接使用自己的参数设置。AutoCAD 还提供了 DXF 类型文件，其内部为 ASCⅡ码，这样不同类型的计算机可通过交换 DXF 文件来达到交换图形的目的。

四、绘图环境设置

1. 图形界限设置

在 AutoCAD 下方的命令行输入 limits 或点击菜单“格式”/“图形界限”，命令行提示：“指定左下角点或［开（ON）/关（OFF）］<0. 0000，0. 0000>：”，这时可以输入图形的左下角起始位置，或直接按 Enter 键采用默认值。紧接着命令行将提示“指定右上角点：”（用户指定图形界限的右上角位置）。用户可通过此命令的“ON”或“OFF”打开或关闭这种限制，在“ON”的状态下，界限外无法绘制图形。

2. 图形单位格式设置

调用命令“UNITS”，或点击“格式”/“单位”，弹出“图形单位”对话框，见图 1-24。可以分别设置长度类型和精度、角度类型和精度等。左键单击“方向（D）…”可以弹出“方向控制”对话框，以东为 0°时则不必修改。

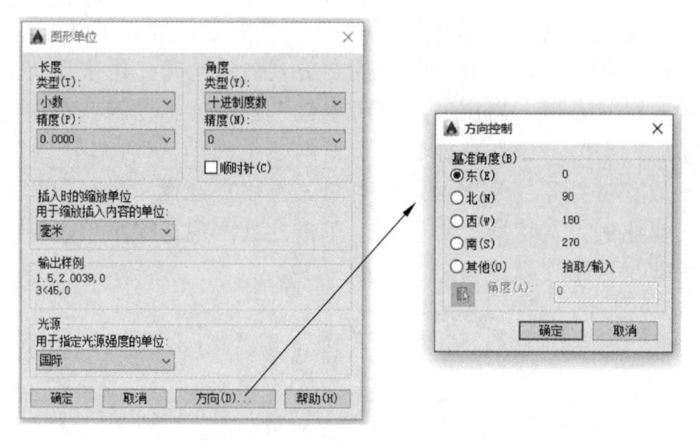

图 1-24 “图形单位”对话框

3. 图层（包括线型、线宽、颜色等）设置

调用命令“LAYER”，或单击“格式”/“图层”，或在图层功能面板直接点击“图层特性”，出现“图层特性管理器”对话框，如图 1-25 所示。单击第二行新建图层图标，依据标准规定建粗实线、细实线、中心线、虚线、尺寸标注、文字等的图层，最好用英文表示图层的名称，确定每层的颜色、线型（点击线型处加载进行选择）、宽度等。注意事项：Au-

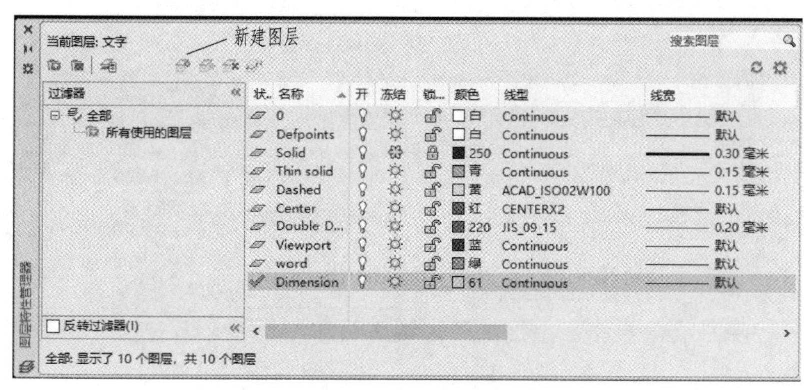

图 1-25 “图层特性管理器”对话框

toCAD 存在系统图层，即 0 图层和 Defpoints 图层，均不能被删除，但可以更改其特性如颜色、关闭、锁定等。0 图层具有随层属性，可以被打印，一般用于制作图块，这样调用时该图块具有随当前图层的特性；Defpoints 图层依附于 0 图层，是随着标注而产生的（放置各标注的基准点），用于系统存储，不被打印，因此用户不需要修改该图层。

AutoCAD 中图层的关闭、冻结、锁定、打印功能图标均为开关式：①关闭图层。单击图层列表第三列的灯泡状图标可以关闭对应图层，则该图层中的对象不再显示，也不会被鼠标框选选中，但一些特殊命令仍可以选择并编辑该图层中的对象，关闭的图层不被打印。②冻结图层。单击对应图层的太阳状冻结图层图标，则该层不可见、不被编辑和修改，也不被打印，AutoCAD 运行时忽略该图层，因此提速。③锁定图层。单击对应图层的锁定图层图标，该图层被锁定，仍可见并可新增图形，但不能修改原来的实体，不影响打印。④打印图层。在管理器对话框中向右拉动图层列表窗口下方的滚动条，找到打印机符号，单击可以关闭（则该图层不打印），再次单击则打开（将打印该图层），如视口线所在的图层常设置为不打印（当然已经关闭或冻结图层时，具有不打印功能，则不必再设置为不打印）。在图层面板区可以直接对图层进行关闭/打开、冻结、锁定等操作。

4. 线型比例因子设置

调用命令“LTSCALE”，命令行提示“LTSCALE 输入新线型比例因子＜1.0000＞:”，输入比例值，回车。或输入命令“lt（LINETYPE）”，或单击菜单栏“格式”/“线型”，在“线型管理器”对话框中输入“全局比例因子”控制整个图形中的非连续线间隔，还可以设置“当前对象缩放比例”控制此后绘制的非连续线间隔。

5. 字体设置

在 AutoCAD 中点击“格式”/“文字样式”或工具栏中的图标，或者在命令行键入“STYLE”，或者从注释功能面板的下拉三角找到“管理文字样式”，出现“文字样式”对话框［图 1-26（a）］。左侧样式框内显示了已存在的文字样式，可见“Standard”有底色，为当前样式状态。左下窗口为预览，右侧为字体的名称、样式、字高、宽度、角度等的修改栏。

提倡在“Standard”样式基础上新建自己要使用的样式。左键单击对话框右侧的“新建（N）...”，出现“新建文字样式”对话框，键入国标文字或其他自定义名称，点击“确定”，在样式表中显示了新建样式的名称，见图 1-26（b）。接下去，从“字体”下拉菜单中选择“gbenor.shx”或“gbeitc.shx”符合国标的字体，前者是直体，后者是斜体，都可用于注写字母或数字；当需要输入汉字时，需要在“字体”下方勾选“使用大字体（U）”，然后在

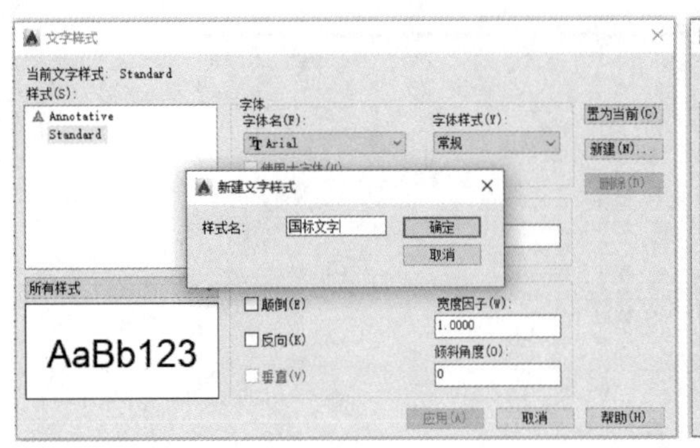

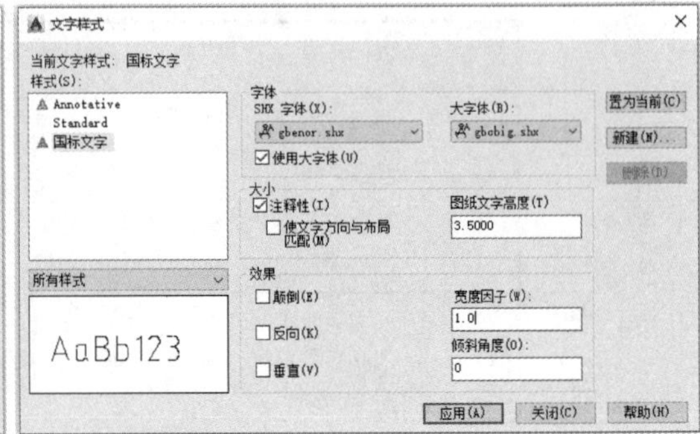

(a)　　　　　　　　　　(b)

图 1-26　“文字样式”对话框及其设置

右侧“大字体（B）”下方选择“gbcbig.shx”。另外，用户可以从已有汉字体“仿宋_GB2312”设置长仿宋体，将“宽度因子”设为“0.7”（过程见图 1-27：单击“新建（N）”→输入样式名“长仿宋体”→点击“确定”→在“字体”栏下方选择“仿宋_GB2312”→勾选“注释性（I）”并在“宽度因子（W）”下方输入“0.7000”→单击“应用（A）”→单击“关闭（C）”则关闭对话框，完成设置）。

说明：①在样式对话框“大小”一栏中，提倡勾选“注释性（I）”，这样在模型空间使用文字时，便于用状态栏的比例一键调整文字显示的大小，也便于布局出图精确控制字高；②设置的图纸文字高度应采用国标规定值，宽度因子和倾斜角度依据需要设置；③点击对话框下方的“应用（A）”就完成了该字体的设置，右上方的“置为当前（C）”，指的是使之成为当前样式便于马上使用，也可以在使用前从注释面板上选择；④注释性要素被选中时，如果同时显示历史比例下的对象，可以通过输入命令“Selectiondisplay”并将其值设置为“0”，则不再显示历史注释性比例下的对象。

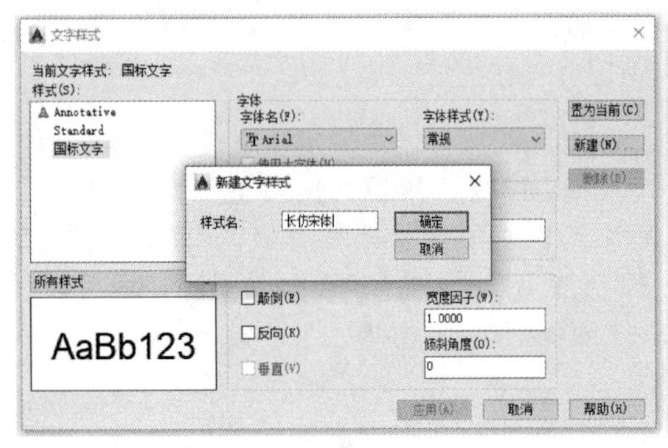

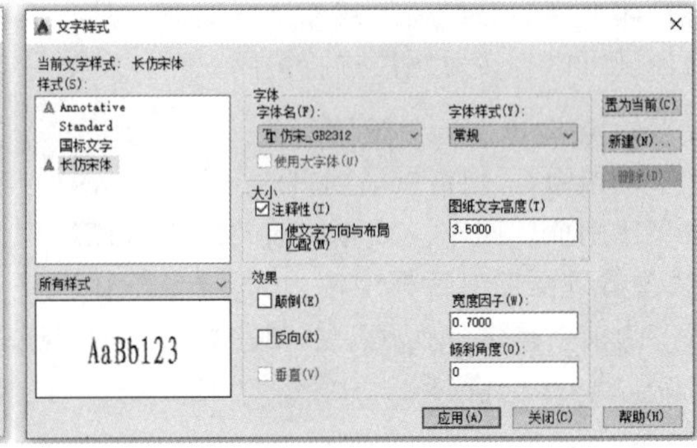

图 1-27　利用字体“仿宋_GB2312”设置长仿宋体

6. 标注样式设置

在“注释”选项面板，单击“标注”栏下沿的调用箭头 ↘，或通过菜单栏/格式/标注样式，打开“标注样式管理器”，见图 1-28（a），在左侧样式表中点选“ISO-25”（在此样式基础上新建，也可以在后面的新建对话框中选择此基础样式），单击右侧的“新建（N）...”，弹出“创建新标注样式”对话框［图 1-28（b）］，自拟新样式名称如“尺寸 1”，勾选“注释性（A）”以便于控制显示比例，单击“继续”，则打开“新建标注样式：尺寸 1”对话框［图 1-28（c）］，主要修改两处：①在“新建标注样式：尺寸 1”对话框的“主单位”菜单下，修改“精度（P）”（下拉选择小数位数）和“小数分隔符（C）”（下拉列表选择句

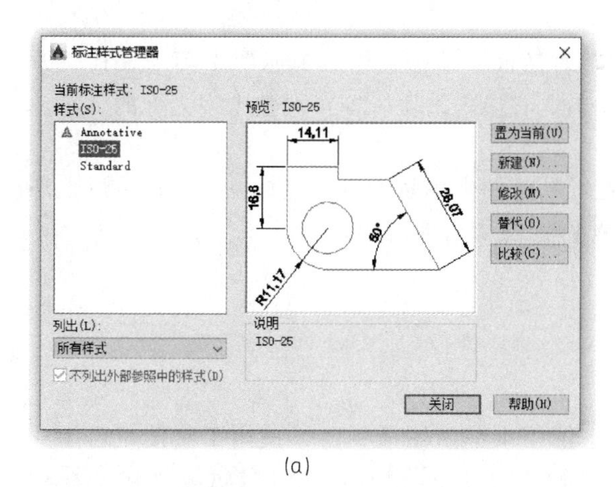

(a)

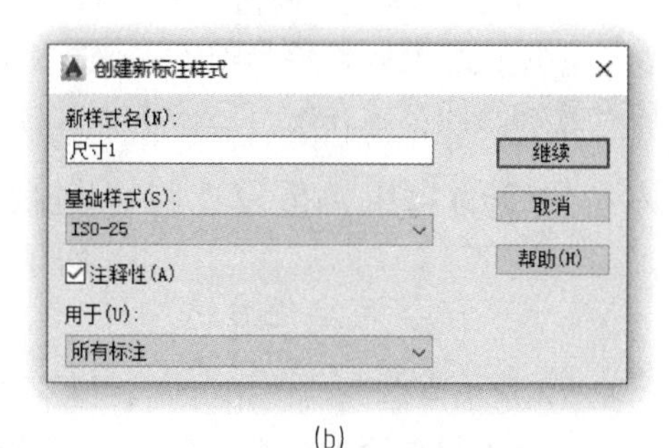

(b)

(c)

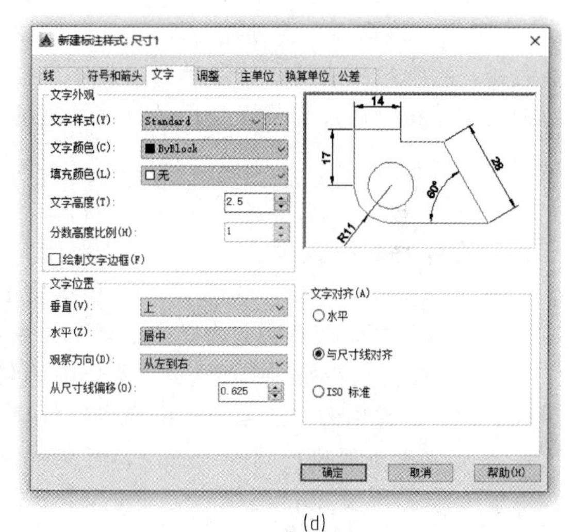

(d)

图 1-28　标注样式设置

点)，若只用整数，则精度选择“0”；菜单的中下部位有测量单位比例因子，默认值是“1”，可以按照需要修改。②在“文字”菜单的文字外观栏［图 1-28（d)］，下拉文字样式进行选择，若未预先设置好可用的文字样式，可以单击选项框后面的扩展按钮 ... ，打开“文字样式管理器”对话框，新建文字样式（设置符合国标要求的字体、字高），确定后，回到样式下拉列表中进行选择。若只标注线性尺寸，在 ISO-25 基础上修改以上两处即可满足要求。角度文字需要为水平方向，应重新创建一种样式如“角度”，并将图 1-28（d）右下方的“文字对齐”设置为“水平”。最后，单击“确定”，新标注样式设置成功，单击“关闭”退出“标注样式管理器”。在使用过程中，可在“注释”选项板随时切换标注样式。

7. 点样式设置

点（Point）在 AutoCAD 中默认为“·”，在窗口中不易分辨，修改方法：菜单栏的格式/点样式，或在命令行输入 ptype，出现点样式对话框，从中选择易于辨识的点样式，并可以调整其显示大小。

五、光标设置

绘图区域中的十字光标，默认长度为屏幕大小的 5%，用户可以根据实际需要调整，步骤如下：

① 点菜单“工具”/“选项”，弹出“选项”对话框，单击框中“显示”选项卡，在“十字光标的大小”文本框中输入数值或者拖动文本框右边的滑块，即可调整十字光标的大小。

② 单击“确定”按钮，光标修改完毕。

光标在绘图区显示当前点在坐标系的设置，默认的坐标系为世界坐标系。建议将以上环境设置和光标设置存为自己的模板文件（.DWT），便于后面应用。

六、命令的启用、重复、终止与撤销

（一）命令的启用方式

AutoCAD 命令的启用方式有以下 4 种。①使用菜单启用命令。②使用工具按钮启用命令。③使用键盘输入命令，即在命令行出现【命令:】提示符时，通过键盘输入命令后按 Enter 键启用该命令（需使用英文）。④使用右键快捷菜单选择命令：在绘图窗口中单击鼠标右键，将弹出相应的快捷菜单，可从中选择；若在命令行窗口中单击鼠标右键，将弹出相应的快捷菜单，通过它可以选择最近使用过的 6 个命令。

（二）命令的重复、终止与撤销

1. 命令的重复

① 要重复执行上一个命令，可以直接按 Enter 键或空格键，或在绘图区域中单击鼠标右键，在弹出的快捷菜单中选择“重复”命令。

② 要重复执行最近使用的 6 个命令中的某一个，可以在命令行窗口或文本窗口中单击鼠标右键，在弹出的“近期使用的命令”快捷菜单中选择需要重复执行的命令。

③ 要多次重复执行同一个命令，可在命令行输入 MULTIPLE，回车，然后在命令行提示下输入需要重复执行的命令，此时 AutoCAD 将连续重复执行该命令，直到按 Esc 键为止。

2. 命令的终止

随时按 Esc 键可中止执行任何命令。

3. 命令的撤销

AutoCAD 常使用两种撤销方法：① 单击菜单“编辑”/“放弃”，或单击快速工具栏的放弃按钮，即可撤销前面执行的一个命令；② 在命令行输入 undo 命令可以放弃一个或多个操作。执行 undo 后，命令行提示：

“输入要放弃的操作数目或 [自动（A）/控制（C）/开始（BE）/结束（E）/标记（M）/后退（B）]<1>：”

此时若直接回车，将默认放弃前一个操作；若输入要放弃的操作数目，将放弃最近的多个操作。和 undo 相反，在命令行输入 redo 或点“编辑”/“重画”，将恢复撤销的操作。

（三）透明命令

不中断其他命令而可以执行的命令如“ZOOM”“GRID”“SNAP”等称为透明命令。在绘图时可以随时调用（如用鼠标滚轮缩放或平移图形、在状态栏中单击以开/关某个命令、按功能键 F7 开/关栅格、按 F8 开/关正交、按 F3 开/关对象捕捉等），不影响其他命令的执行。但要注意以下几点：

① 命令作为透明命令使用时，功能上将会有些变化。

② 在命令行提示“命令”状态下直接使用透明命令，效果不变。

③ 在输入文字以及执行 STRETCH、PLOT 等命令时，不能使用透明命令。

④ 不允许同时执行两条及两条以上的透明命令。

七、AutoCAD 常用命令和操作

1. 绘图和修改

AutoCAD 是一款用于制图、设计和建模的软件，常用的画图命令包括线段（Line）、矩形（Rectangle）、圆形（Circle）、弧线（Arc）、多边形（Polygon）、椭圆（Ellipse）、图案填充（HTCH）、样条曲线（Spline）、构造线（Xline）、多点（Point）、定数等分（Divide）、面域（Region）、云线（Revcloud）、圆环（Donut）等。常用的修改命令包括移动（Move）、旋转（Rotate）、偏移（Offset）、修剪（Trim）、延伸（Extend）、删除（Erase）、打断（Break）、复制（Copy）、缩放（Scale）、分解（Explode）、圆角（Fillet）、倒角（Chamfer）、镜像（Mirror）、阵列（Arrayrect）、合并（Join）、编辑多段线（Pedit）等。所有命令都可以从面板选取或在命令行输入对应的前一两个英文字母而调用，十分方便。使用时，各个命令都有提示，便于用户学会使用。

使用命令的原则和技巧如下。

① 调用命令前，应选好绘图的图层，养成良好的绘图习惯。

② 通常情况下鼠标左键单击代表选择该功能，在绘图区单击则确定第一点或选择一个对象，右键单击代表“回车”确认功能或弹出右键菜单/确认，大多数情况下（坐标输入除外），空格键也是确认键，等同于回车键，因此后面所提“确认”一般指的是这三种方式。

③ Esc 为取消键，点 Esc 键可以终止正在执行的命令或已执行后退出该命令。

④ 撤销或放弃前面的操作，支持无限次撤销操作，单击撤销按钮或输入 u 选择 undo 撤销前面的操作；删除是对选中的对象，直接可以用 Delete 键删除，也可以命令行输入“Erase”，调用删除功能，若输入“all”并确认，则删除绘图区所有图形。

⑤ 点选命令后，多看光标动态提示或命令框的提示，凡是提示“选择对象”时，用鼠标点选或框选对象（在屏幕上单击并向左框选将选择接触的所有要素，向右框选只选中被完全覆盖的要素）后，确认，才能进行下一步。

⑥ 状态栏工具是非常重要的辅助作图工具，作图时应做到功能面板和状态栏的高效率结合。如：绘制水平、铅垂线，应该打开状态栏的正交限制，这样只需要输入线段长度即可；如果要绘制其他角度的线段，除了输入“点坐标”方式外，常常采用在光标的动态框内输入长度、角度的方法（即输入长度后，按 Tab 键，然后输入角度值，回车确认）。

⑦ AutoCAD 程序安装后，一般默认坐标为相对坐标，因此任意确定第一个点后，直接输入坐标的数值如（200，100）即是与第一个点的相对坐标，不必输入@符号的格式如（@200，100）。若用户想使用绝对坐标（即相对于坐标系原点），则应该在命令行输入 DYNPICOORDS，将其值改为 1（若要改回相对坐标格式，则将其值改为 0）。

⑧ 平移（PAN）命令和“修改”面板的移动（MOVE）不同：按住滚轮或中键移动鼠标即执行 PAN 命令（或者在命令行输入 PAN 调用，区别在于鼠标中键为即按即用、松开即退出，非常方便，而调用的 PAN 要用确认键或 Esc 退出），可以平移显示空间，不改变对象的坐标位置。而移动命令不同，将改变对象的坐标位置。另外，常用的靠目测快速移动对象的方法还有：光标放在被选中对象的非夹点（夹点用来编辑对象）处，按住鼠标左键拖

动到其他位置，还可以采用键盘的“Ctrl”+“箭头键”微调该对象的位置。

⑨ 显示缩放和尺寸缩放，ZOOM和SCALE要区分。ZOOM是对显示空间的缩放，不改变图形尺寸，后者为“修改”面板的命令，用来改变图形的尺寸。滚动鼠标滚轮即可缩放空间显示的大小，但若细调，需要在命令行键入ZOOM命令/实时（或依次点菜单栏的“视图”/“缩放”/“实时”），鼠标变为放大镜形状，按住左键上下拖动鼠标，可以细调空间显示的大小。

⑩ 要熟练使用空格键，一个命令执行完毕，按空格键将退出该命令，若再次按空格键，则重新启用该命令，可提高作图效率。

⑪ 格式刷可以快速完成对象的属性转换，命令为MATCHPROP，用法：在“特性”面板，单击“特性匹配”图标，或者在命令行输入快捷命令MA并确认，则命令提示选择源对象，在正确的样式上单击，则命令提示选择目标对象，单击（或框选多个）要转换的对象即可，可持续对若干对象进行格式转换，直至退出该命令（退出方式和其他命令相同：Esc或按空格键、回车键、右键菜单/确认）。

⑫“直线”和“多段线”工具的区别：绘图面板中的“直线”和“多段线”工具都能绘制相连的线段，区别在于“多段线”产生的是一个整体要素，便于进行拟合、曲线化等操作；当然，“直线”绘制的连续多线段，可以通过修改面板中的“合并”（）或输入“JOIN”命令而成为多段线，而多段线可以通过“修改”面板的“分解”（）命令（EXPLODE）成为多条独立的直线段。JOIN和EXPLODE常用于要素的合并和拆分。

⑬ 草图工具“sketch”的应用：该工具用来徒手绘制一些不规则的边界，如等值线、签名等，实质上是一系列连续的直线或多段线。在命令行输入“SKETCH”前两个字母，选sketch工具，提示了类型（T）、增量（I）和公差（L）。类型（T）默认直线线段，可以改为多段线或样条曲线；增量是徒手画线段中最小线段的长度，每当光标移动的距离达到该长度，系统将临时记录这一段线段，系统默认最小线段长度为1，若将增量（I）设置为0，则不画线；公差（L）是样条曲线拟合时控制的公差，默认0.5。在屏幕上左键单击可以切换开始和暂停画线，若按Esc，则退出命令而且不保留图形，若画线后用空格键或回车确认，则命令执行完毕而且在空间中保留图形。在捕捉于空间某点和正交限制下，利用sketch能够绘制源于一点的射线簇。

⑭ 掌握图案填充技巧。首先，点击绘图功能区的“图案填充”或菜单栏“绘图（D）/图案填充（H）”，或输入命令“Bhatch”，调用图案填充，功能区出现相应工具面板，见图1-29，最左侧为填充边界的选择，默认为“拾取点”在封闭图形内部进行图案填充，若填充的范围不封闭，则应该使用“选择”，此时点击限定区域边界即可完成填充；图案栏用于选取图案类别，可下拉三角进行更多样式选择；特性栏很重要，需要对颜色、角度、填充比例进行控制，常常需要修改填充比例控制填充的疏密程度；选项栏控制填充是否随边界修改而改变（关联）、是否有注释性、与填充对象特性是否匹配，点击右下箭头，可以打开图案填充和渐变色对话框，进行更多设置，特别是选用“继承特性（I）”可以依据一个已存在的图案填充对象的特性对其他区域进行快速的重复填充（实用技巧），用法：点“继承

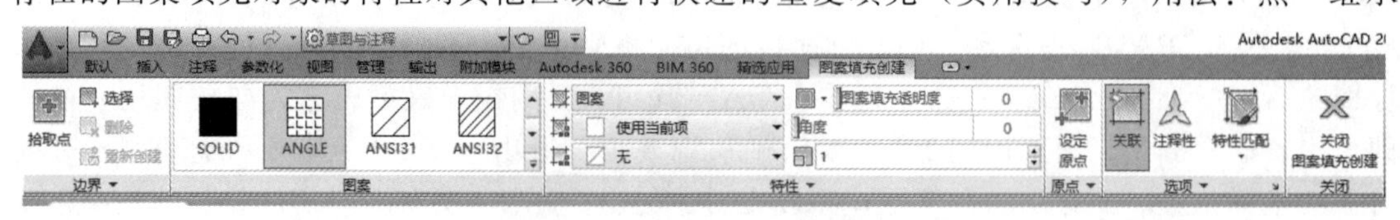

图1-29 图案填充功能面板

特性（I）”，命令提示选择图案填充对象，单击一个已有的填充，则提示拾取内部点或［选择对象（S）放弃（U）设置（T）］，在要填充的图形内部单击即完成同样图案的填充，可持续填充下去直至退出此命令。

2. 创建图“块”

AutoCAD中，“块”是一组对象的总称，可以作为一个单独的、完整的对象来操作，方便以后作图和减小文件大小。用户可根据需要将图块按给定的缩放系数和旋转角度插入到指定的任一位置，若要修改块中对象，需使用“分解”按钮 将其分解，然后再进行编辑。创建图块时应该在0图层进行，这样不但具有随层特性，而且利于后续的图层冻结、关闭、打印等操作。

通常，“块”中包含文字或图形以外的参数变量，称为属性块，其创建方法为：

① 定义属性　在0层绘制图形（如已绘制国标尺寸的粗糙度符号），在下拉的“块”功能面板点击“定义属性”，弹出“属性定义”对话框［图1-30（a）］。比如先定义一个粗糙度值，那么在对话框“属性”下方的标记框输入A（自定义，用多个字母作为标记时不要有空格），在提示框键入“输入粗糙度值”（起提示作用），设置字体、字高、对齐方式后，点“确定”，将A指定在符号下方位置［见图1-30（a）左前］；按上述过程继续定义第二个属性如加工方法，标记为C，依此可定义多个属性［见图1-30（a）左前］。

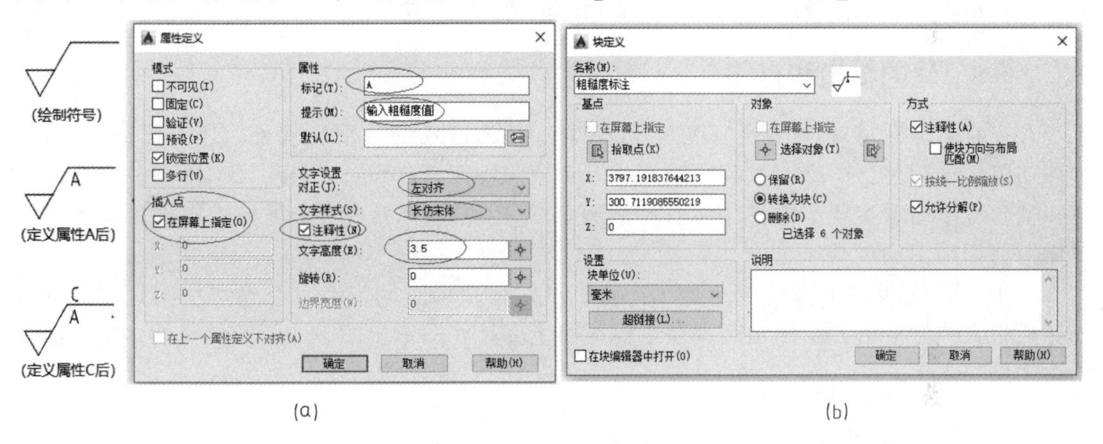

图1-30　“块”的属性定义（a）及“块”的创建（b）（左前为粗糙度符号）

② 创建“块”　点功能面板“创建”，或输入BLOCK命令，或点击菜单的“绘图”/“块”/“创建”，弹出对话框［图1-30（b）］，输入“块”的名称（自定义）；在“基点”下方，单击“拾取点（K）”图标，选符号底部顶点为基点；在“对象”下方，单击“选择对象（T）”图标，自动返回模型空间，全选粗糙度符号和属性标记，确认，自动回到对话框，勾选“注释性（A）”便于显示控制，点“确定”，关闭，完成“块”的创建。若在点“确定”之前勾选左下角的“在块编辑器中打开（O）”，则确定后，将打开块编辑器，可继续编辑参数、定义属性。

③ 写块　在命令行输入“WBLOCK”或W，弹出“写块”对话框，在“源”下方列表点选“块（B）”，在右侧下拉列表中选择已建的块，如“粗糙度标注”，在“文件和路径”中选择存储的位置，单击“确定”，则存为外部块，可被其他文件调用。这是和BLOCK的最大区别，BLOCK创建的块只能在当前文件中使用，称为内部块。“写块”命令也具有将图形转换为“块”的功能，即写块前尚未进行第①、②步时，可在“写块”对话框中选择“对象”按钮，利用“基点”和“对象”定义块；或选择“整个图形”按钮，将整个图形定

义为块。

3. 特性面板的使用

"特性"面板具有查看和修改功能，是 AutoCAD 比较重要的一类工具。

① 单一对象　当选择了某个对象后，单击"特性"面板下拉箭头，弹出"特性"对话框，显示选定对象的各种参数，有些参数可以在特性框中修改，有些则不能。比如一条直线不但显示起点和端点坐标，还会显示直线的各轴向的增量、长度和角度，可以修改起点和端点坐标，但无法修改计算值如各轴向的增量、长度和角度。对于文字，可以改动其所在图层、颜色、样式、字高、注释性、比例、坐标、文字内容；对于尺寸标注，可以改为其他存在的样式、图层、颜色、尺寸线样式、偏移距离、文字高度和位置，并通过"文字替代"更改尺寸数字等。

② 多个对象　若同时选择了多个对象，特性面板则显示这些对象的公共参数，相同的参数会直接显示名称或数值，不相同的参数则会显示*多种*，对于可以修改的参数，能够一并修改，非常便利。

③ 对齐图形　当需要多个文字或图形沿 X 轴或 Y 轴方向对齐时，全部选中这些文字或图形，修改 X 或 Y 坐标为相同的数值即可。

④ 同时调整多个图块的属性值和可见性等　选中属性块如图框、设备等，可以利用特性面板将选中的多个同名图块的属性改成相同的值。

八、AutoCAD 的输出和打印

AutoCAD 除了可以保存为 DWG、DWT、DXF 格式的数字文件外，还可以通过输出、打印功能获得图片、图纸，如利用输出命令产生 DWF、DWG、PDF、BMP 等多种格式文件，通过打印命令实现本地打印机打印或打印为 PDF、JPG、PNG 等格式文件。以下将主要学习打印出图的过程。

AutoCAD 可以在模型空间打印出图，也可以在布局空间出图。在模型空间打印简单方便，但设置不好的话，出图精确度差，也不便于多尺寸图纸出图。布局空间灵活多样，满足精确出图的需要。

（一）模型空间打印

1. 绘图策略

① 策略 A：在模型空间按 1∶1 尺寸分别绘制图形和图纸（偏移出图框），计算将图形放入图纸中应该采用的缩放比例（如 1∶20），然后将整个图形选中缩放为 1/20 后，移动到图纸中。接下来，按照该比例（1∶20），设置标注样式中的测量比例为 20（也就是尺寸放大 20 倍才是图形实际尺寸），标注尺寸和注写其他文字（如技术要求、标题栏、明细栏等，该情况下，模型空间用的是 1∶1 尺寸的图纸，文字样式不需要有注释性），准备打印。

② 策略 B：按 1∶1 绘制图纸后，依据图形尺寸计算其应采用的缩放比例，计算出图形缩放后的尺寸，使用这个尺寸直接在图纸框偏移出的图框内作图（所用比例填写到标题栏中），其他同策略 A。注：不要打印出图纸框线，推荐在 0 图层绘制图纸框并设置此图层不打印，将偏移出的图框（或修改后）改到粗实线层。

2. 模型空间打印

① 打开打印-模型对话框　从快速工具栏单击打印图标，或从程序菜单、文件菜单、命令行输入 Print（Plot）等调出打印对话框，见图 1-31。

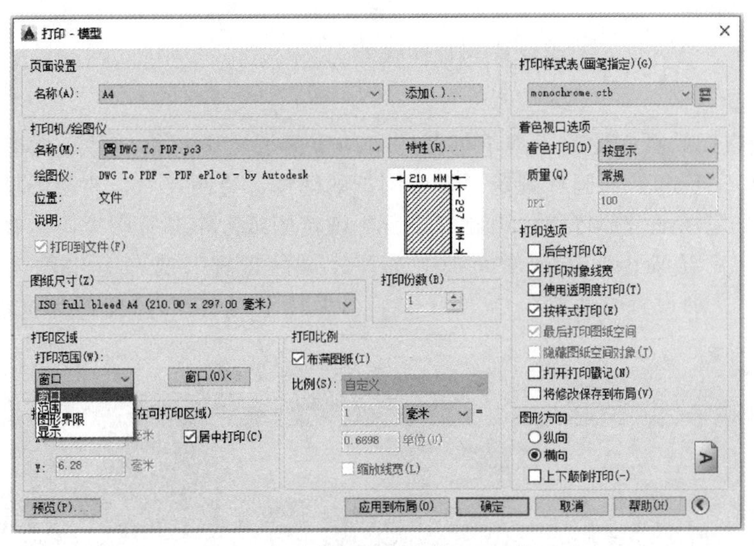

图 1-31　在模型空间打印 PDF 设置

② 选择打印机/绘图仪　可选打印机，打印为 PDF 时一般选择 DWG To PDF. pc3。

③ 选择图纸　所选图纸一定要和模型中的图纸尺寸相对应，如已在模型中绘制了 A4 图纸（横向使用），而且图框距离图纸边设置为 10 mm，因此所选图纸不能再有打印边界，否则图框和图形都会缩小，打印出来的文字高度也就不是设置的 3.5mm，那么应该选择带有 ISO full bleed（无打印边界）的 A4 图纸（见图中所示）。

④ 选择打印范围　在对话框的“打印区域”，下拉打印范围，出现“窗口”“范围”“图形界限”“显示”选项，“窗口”是回到模型窗口用鼠标框选出的打印区域，“范围”是打印空间中存在的所有图形，“图形界限”是按照开始规定的图形界限打印（栅格中的所有图形），而“显示”是对模型空间目前显示的窗口打印。为了限定打印到图纸范围，选择“窗口”，回到模型空间窗口中，用鼠标捕捉图纸边框的两个角点，则程序自动返回到原对话框，说明已经选好了打印范围。

⑤ 其他设置　勾选“居中打印（C）”“布满图纸（I）”来对齐图纸，在右上方的打印样式表中下拉选择“monochrome. ctb”则是单色打印（黑白），未选择时默认彩色打印（浅色图层上的图形可能颜色过浅，效果不佳）；选择图纸方向，在“页面设置”名称中添加一个新设置的名称如 A4，便于后面重复使用，然后点“确定”，在弹出框选择存放 PDF 文件的位置，完成打印。

（二）布局空间打印

前提说明：在模型空间 1∶1 绘制图形，标注样式设置为“注释性”。凡是在模型空间注释的内容都赋予“注释性”属性，这样既方便注写，也方便布局打印出图。当然，文字、尺寸标注也可以在布局空间进行（指的是未激活视口进行的所有注释），此时注释性比例为 1∶1（等同于无注释性）。如果需要多布局出图，则图形中的注释最好在模型空间进行。

布局空间也称为图纸空间，单击程序左下角选项卡，可以切换到布局窗口，在这个窗口中可以看到图纸（白色区域，带有默认的虚线打印界限）和中间默认的一个“视口”，内部一般显示了模型空间内的图形。

所谓“视口”，是图纸空间联系模型空间的重要窗口，其大小、形状、位置都可以编辑，删除视口后，图纸上虽然可以使用各种命令进行绘制和编辑，但已经和模型空间脱离。用户可以在布局空间开多个视口，实现对模型空间的内容进行编辑和打印设置。下面以裙座视图装配图为例，逐步说明布局中的设置和打印过程。

1. 页面设置

① 查看该布局的页面设置　由于打开的布局中图纸大小未知，页面内有较宽的页边距(虚线框，外部不打印)，而国标规定了不同图纸的图框、边距尺寸，有时图框外还可能有签署栏、会签栏，应保证全部打印，因此应该首先确定图纸大小和打印范围。在布局空间的功能区单击“布局”选项卡，在布局面板上选择“页面设置”或命令中输入“PAGESETUP”，则打开“页面设置管理器”，见图1-32，可见打印大小为A4图纸（横向），无打印设备/绘图仪。

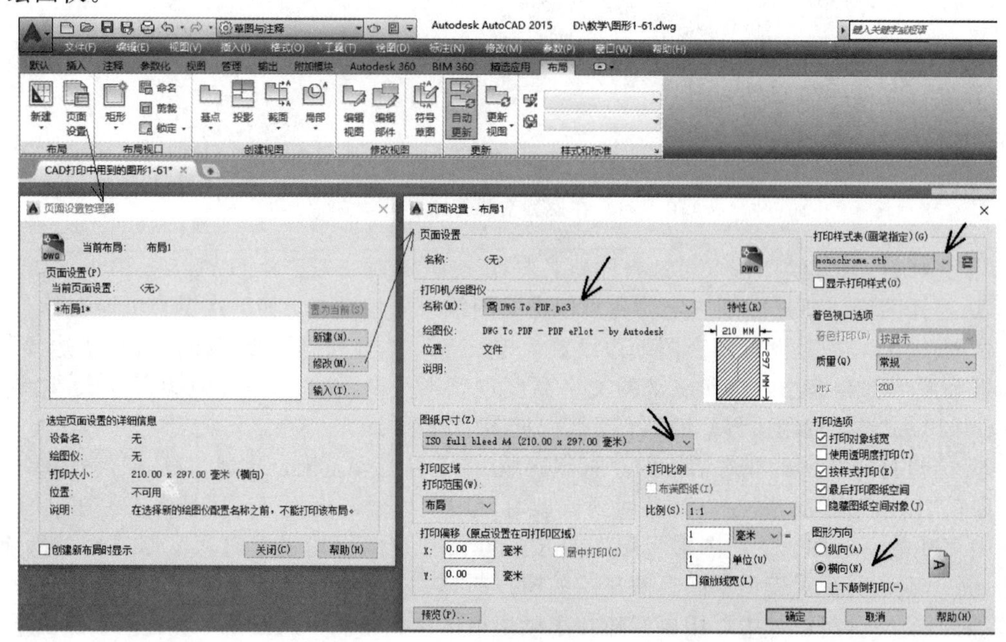

图1-32　布局选项卡的功能面板和页面设置管理器

② 重新进行页面设置　从图1-32可见，即使图纸尺寸符合要求，但因边距不合理、无打印设备等，也需要重新设置。单击“修改（M）...”图标，则弹出页面设置对话框，选择黑色箭头所示位置参数。首先选择打印机/绘图仪，常用DWG To PDF. pc3，然后，在图纸尺寸中，下拉选取ISO full bleed A4（打印区扩到图纸边），打印范围（默认布局）和打印比例（默认1∶1）不需要修改。接下去修改“打印样式表（画笔指定）（G）”为“monochrome. ctb”即单色打印（黑白），未选择时默认彩色打印（可能会造成浅色图层的图线不清晰）。依据需要选择图纸方向后，点“确定”完成修改，关闭页面设置管理器。

2. 产生图纸的图框和标题栏

途径一：如果已在模型空间绘制了图纸框、图框、标题栏，只需要全选后复制（Ctrl+C），全部拷贝（Ctrl+V）到布局中（前提是和该布局的图纸尺寸相同），对齐图纸边缘，将图纸框删除或将其所在图层设置为不打印。途径二：推荐通过插入图框和标题栏“块”的方式在布局中产生图框和标题栏（需要制作相应块或下载块文件）。图框和标题栏绘制过程：先依据图纸大小绘制图纸框（0层），对齐布局的图纸边缘，依据图纸边距规定的尺寸偏移出内部的图框（有装订边时，先偏移后分解，进一步偏移出装订边并修剪），改图框到粗实线图层，然后在右下角绘制规定尺寸的标题栏，填写常用信息，比例和图名、图号最后填写。

3. **开视口**

在图框内部开视口或调整原来存在的视口大小（选中，拉动夹点）。首先，建一个视口图层，便于设置为不打印（若需要打印，默认即可）或后期冻结，将原来的视口框（保留原视口时）改到视口图层。新开视口时，单击布局视口面板的矩形图标（见图 1-33 面板左侧），像画矩形一样，在图纸上拉出矩形视口，也可以下拉三角，选择“多边形”视口或使用“对象”工具。“多边形”视口工具选择后，用鼠标在图纸上绘制任意多边形，闭合后生成视口；“对象”工具是指定图纸中的一个封闭图形（该图形应该为一个完整要素，如利用多段线、圆、椭圆、多边形等绘制的封闭图形）为视口。这种多样化的视口形状非常有利于版面设计。

图 1-33　布局选项卡的创建视口图标

新开视口尽量不要与其他视口重叠，个数不限，视口位置可以移动或选中后拖动非夹点位置。注：图框线为一个整体要素时，可以被指定为视口，但此视口不能调整大小和位置，因其要扮演图框角色，因此应尽量避免将图框指定为视口。

4. **在视口内调整图形显示位置和大小，确认比例，打印**

先确认状态栏已经开启注释可见性、随注释比例自动缩放和视口比例，缺少时从状态栏的自定义菜单勾选。然后，进行以下过程。

① 缩放视图　当视口大小比较合适时，双击进入视口内，通过鼠标滚轮结合 ZOOM/实时调整显示大小。滚轮调大小较粗略，要利用实时缩放，在命令行输入 ZOOM，空格或回车确认，则默认是“实时”缩放，或调用菜单栏的视图/缩放/实时，上下移动鼠标，可以调整视图在视口中的大小。

② 平移视图　缩放的视图需要在视口内移动位置时，采用“平移”（PAN），只需要按住鼠标滚轮，则光标变为手形，可以移动鼠标平移视图位置；或者单击浮动框中的手形图标调用平移，或者在命令行输入 PAN，点选后可以移动视口内的图形，调好位置后，按 Esc 键退出 PAN 命令。

③ 确认显示比例　调整好图形显示的大小和位置后，在状态栏会显示此时的缩放比例（如图 1-34 所示，此时比例显示 0.033170），用 1 除以这个数值，接近 30，因此从状态栏的注释比例处单击下拉三角打开比例列表，单击选择标准比例 1∶30。选定这个比例后，会发现视口内的图形按选定比例自动进行缩放，有注释性的文字自动调整到了原设定的字高，这就是注释性属性的最大优势。这时不能再动鼠标滚轮，否则图形显示比例会再次被改变，应双击视口外，退出模型编辑状态，则完成了这个视口内图形的打印比例设置，将这个比例填

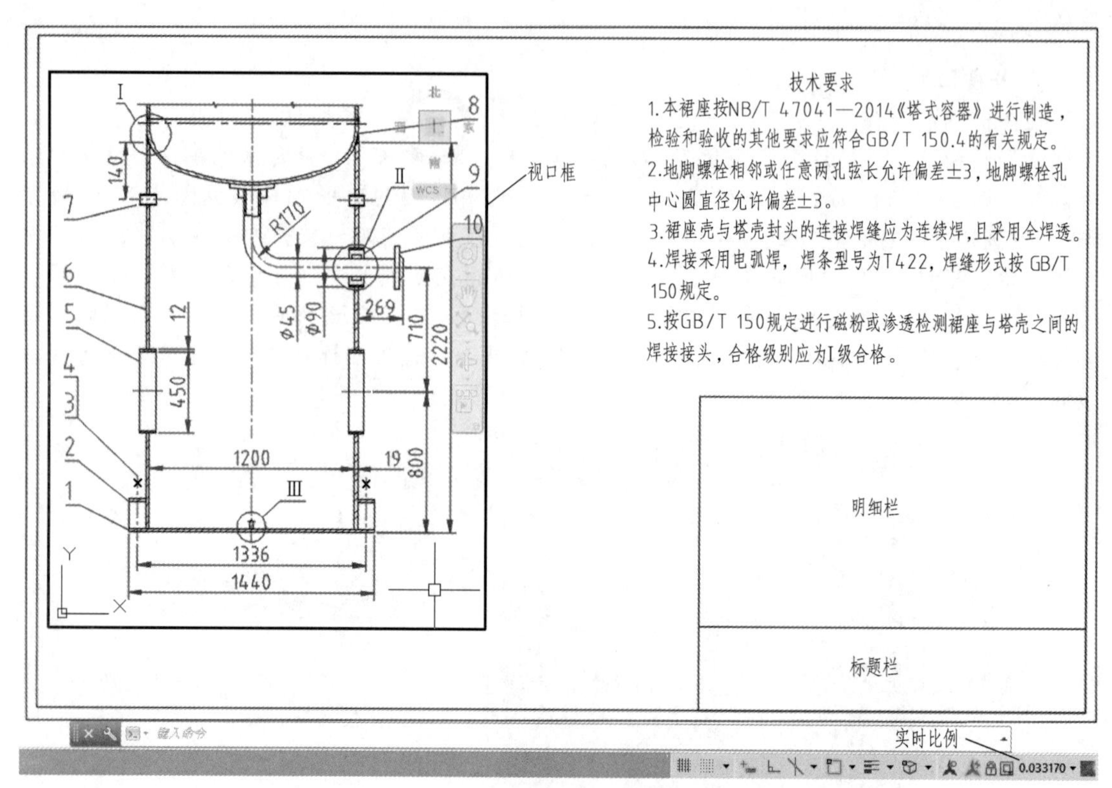

图 1-34　在布局视口内缩放图形查看注释性比例

入标题栏（相对于基本视图时）或注写在图形视口上方（相对于局部视图时）。

④ 打印　若只需要此视图，将视口线所在图层设置为不打印（在图层特性管理器中关闭其打印图标），单击面板中的打印图标，弹出“打印-布局 X”对话框，因前面已经做完页面设置，直接单击“确定”即开始打印。图 1-35 为打印后的图纸（PDF 格式）。

5. 利用布局直接生成局部视图

从图 1-35 可见，裙座某些部位的结构无法清晰显示和标注尺寸，不利于制造，需要配备一些局部视图。在布局中，每个局部视图应该单独对应一个视口，这样，后期可以很方便地改变局部视图的位置，而且局部视图都有自己的缩放比例，从而可以标注在局部视图上方。

在图纸空间可以对局部视图添加剖断线、中心线、标注等，不影响模型空间的图形。在不需要过多修改基本视图而只进行放大和标注时，利用布局直接创建局部视图，十分便利和快捷。下面以裙座装配图为例，说明局部视图的产生过程。

① 在主视图上划定需要放大的范围　采用的方法是用细实线圆圈划定要放大的部位并标注序号，见图 1-35，已圈定 3 个需要放大的部位，序号分别为 Ⅰ、Ⅱ、Ⅲ（用指引线工具标注）。

② 开视口并冻结不需要的图层　在布局的主视图视口旁，绘制三个圆（视口图层），并利用布局面板视口工具中的“对象”，将 3 个圆分别指定为视口（注：也可以开其他形状的视口）。双击进入第 1 个视口，用鼠标或 ZOOM 工具缩放，将圈定的第 1 个放大部位放大到合适大小，查看状态栏比例（如图 1-36 所示，右下角比例为 0.109108，接近 1∶10），在比例列表单击选定标准比例 1∶10（后续应将该比例连同序号注写在此视图的上方），则图形

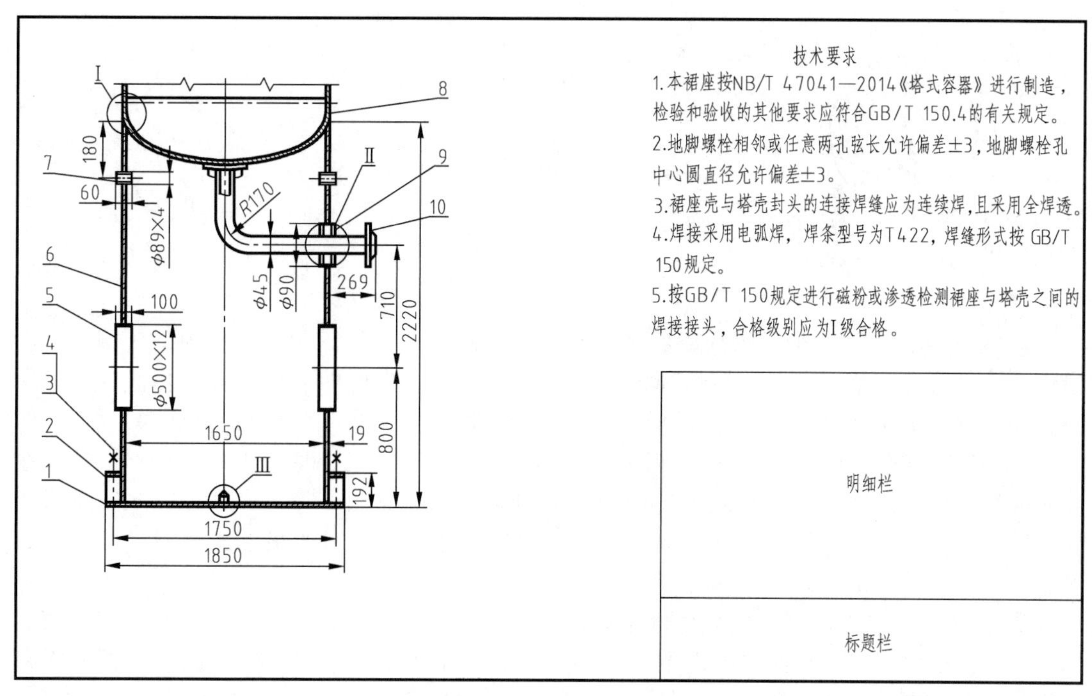

图 1-35　裙座装配图

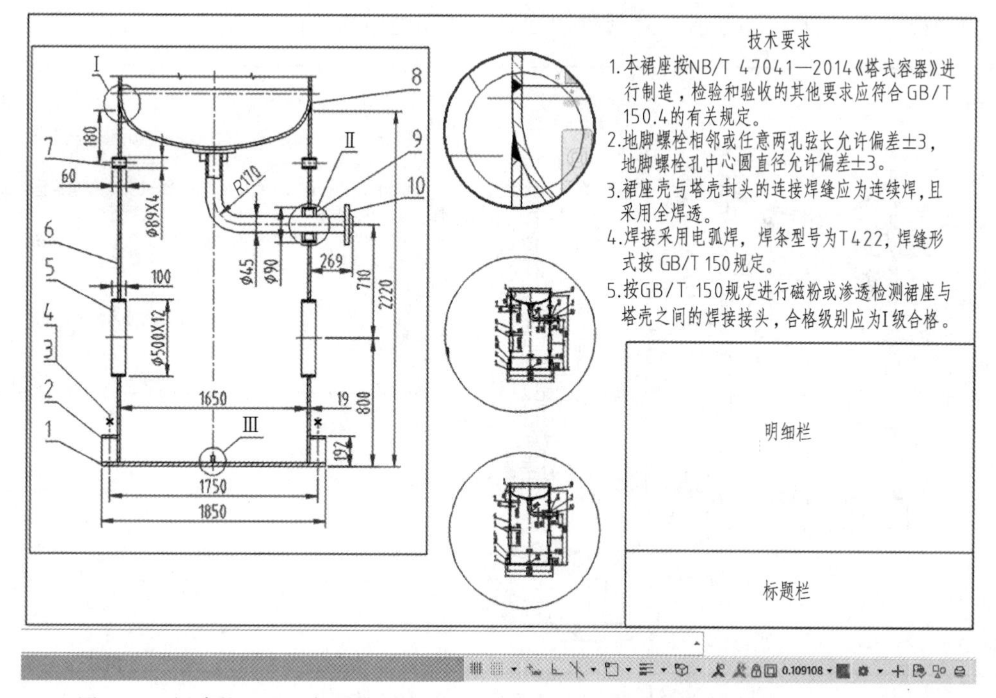

图 1-36　新建的 3 个局部视图视口（其中上面一个圆形视口处于模型空间编辑状态）

自动调整了大小。会发现，该视口内部有基本视图的圆和不全的标注线，如果删除这些线，必然也会改动基本视图。解决的办法是冻结这些不需要显示的图层。下拉图层特性窗口的图层列表，在不需要显示的图层中单击“在当前视口中冻结或解冻”图标，则此图层被冻结，见图 1-37（a）冻结了主视图中圆和标注所在图层，双击视口外退出模型。

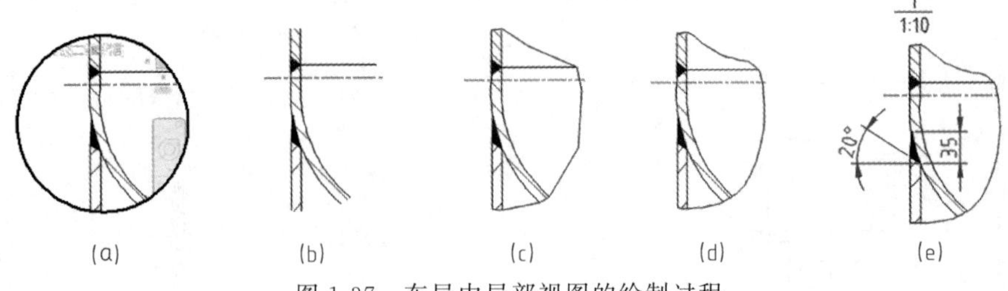

图 1-37　布局中局部视图的绘制过程

③ 锁定局部视图比例并添加图线和注释　为了防止误操作而改变视口内的比例，单击视口线，在右键菜单中选择“显示锁定（L）”/“是”，则视口内即使模型被双击激活，显示位置和比例也不会被更改（要想变动比例，则在右键菜单中选择“显示锁定（L）”/“否”即可）。为了便于绘制剖断线，在图层列表中关闭视口线所在图层，见图 1-37（b）；接着，在细实线层，用多段线捕捉连接断开部位以圈定剖切范围，见图 1-37（c）；拟合多段线为曲线，则得到剖断线，见图 1-37（d）；标注焊接坡口尺寸，并在图的正上方注写局部视图编号和比例，见图 1-37（e）。

④ 打印　按以上步骤生成另外两个局部视图，并在图的正上方注写编号和比例。需要移动某个视图位置时，在图层列表中打开视口层（因前面操作已关闭该图层），连同图纸空间附加的与之有关的图线和标注一起框选，移动位置（可以拖动或使用“移动”工具，也可以使用键盘的 Ctrl ＋ 箭头键，后者更方便），本例移动了第 3 个局部视图的位置。然后，单击打印图标，在“打印-布局 X”对话框中确定，打印的结果见图 1-38。

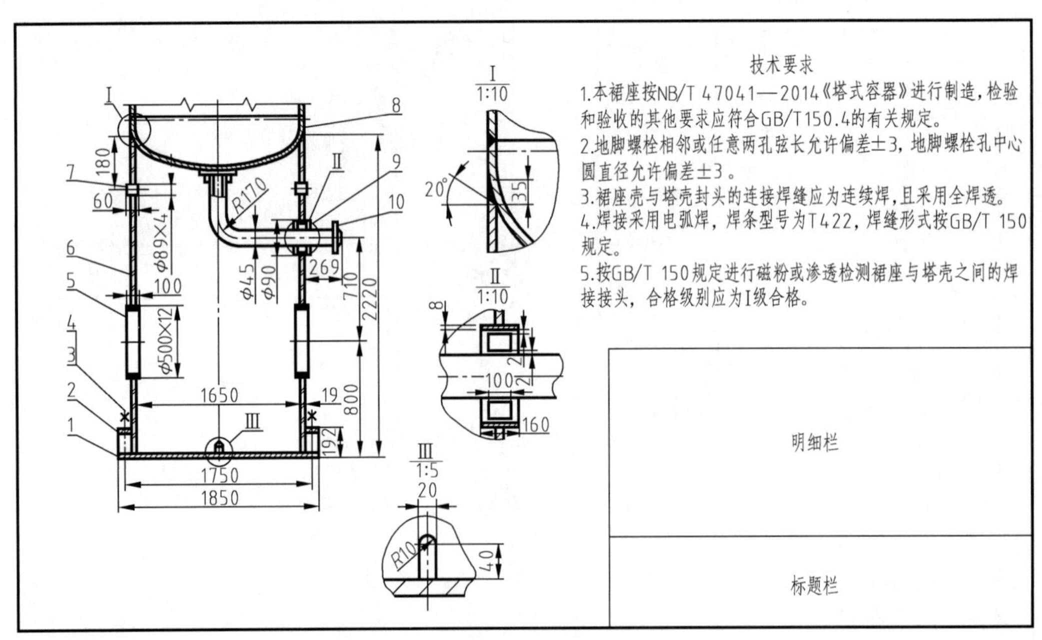

图 1-38　配置局部视图后的裙座装配图

⑤ 重要说明　生成局部视图用到了图层面板的冻结/解冻功能。在布局空间，图层特性功能面板的每一个图层对应多个开关，图层名称前面依次是开关图层、在所有视口中冻结或解冻图层、在当前视口中冻结或解冻图层、锁定图层。在局部视图的视口内双击则进入模型编辑状态，这时就可以利用这些图层控制开关处理视口内的图形，常用

到“在当前视口中冻结或解冻图层”，不影响其他视口的视图。另一个方法是启用图层管理器中的“新视口冻结”功能（列表的后列），则后面新开的视口内将冻结这些图层。比如做好需要这种标注的其他视口后，在图层管理器中启用标注层的“新视口冻结”，然后再开某局部视图的视口，则原标注在此视口内不显示，也不会被打印。

九、AutoCAD 三维建模基础

AutoCAD 用户可以创建线框模型、表面模型及实体模型。线框模型结构简单，易于捕捉和控制。打开 AutoCAD，进入模型空间，从快捷命令行中的工作空间单击“三维建模”（或从状态栏中的工作空间打开三维建模；或单击菜单栏中的工具/工作空间/三维建模），进入三维建模界面；如图 1-39 所示，在功能面板的“坐标”栏，选“UCS，世界”；在“视图”栏中，切换视觉样式为“线框”；调整视口个数以便于观察；在三维导航框选择当前的视图方向，然后即可在当前视口中绘制图形。

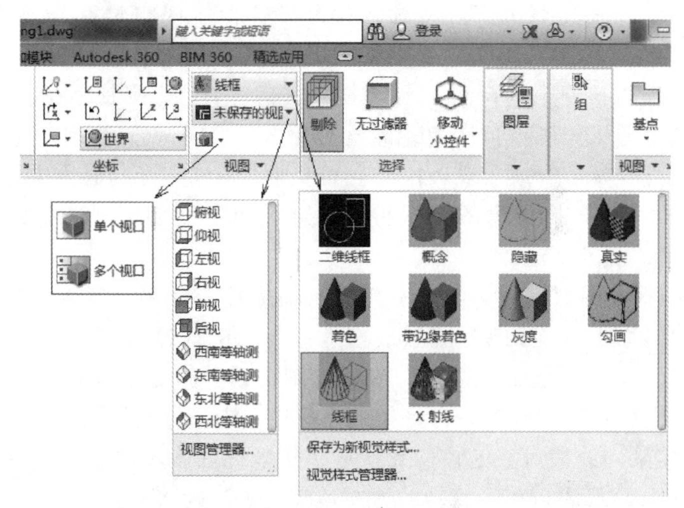

图 1-39　三维建模功能区的坐标和视图面板

除了直线、构造线、射线外，其他二维绘图命令只能在 *XOY* 平面作图，因此用户需要通过调整用户坐标系（UCS）来变更 *XOY* 平面的位置。一个调整方法是利用“坐标”面板，这里提供了 UCS 的常用编辑工具，包括绕某坐标轴旋转、显示或隐藏 UCS 坐标、改变原点位置、三点确定 UCS 位置等，单击后按提示使用；另一个方法是输入命令“UCS”，则提示“指定 UCS 的原点或［面（F）命名（NA）对象（0B）上一个（P）视图（V）世界（W）X Y Z Z 轴（ZA）］＜世界＞:”，选择需要的编辑方式即可。

除了坐标、视图面板，三维建模给出了建模工具面板、网格工具面板以及实体编辑面板，下面进行简要指导性说明。

1. 建模工具

如图 1-40 所示，在实体功能面板，包括绘制图元和实体、布尔值、实体编辑、截面等选项。图元区为基本三维实体工具，包括长方体、圆柱体、圆锥体、球体、棱锥体、楔体、圆环体、多段体，调用面板命令或输入英文词头即可依据提示进行实体绘制或将它们组合在一起，使用简单，毋庸赘述。

实体区为实体造型工具，包括拉伸、旋转、扫掠、放样、按住并拖动这五种由 2D 图形到 3D 实体的建模工具。无论采用哪种操作，这些工具创建的实体都不能出现自相交，因此造型空间必须是足够的，分述如下。

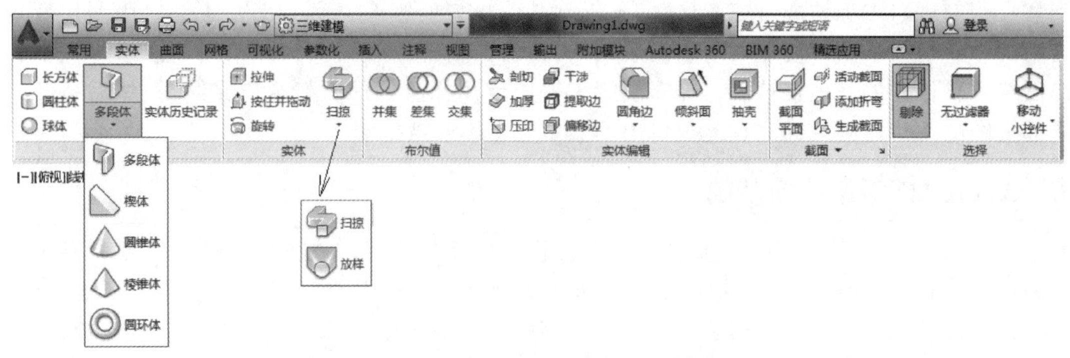

图 1-40　三维建模功能面板

① 拉伸　将一个二维图形沿着与之非共面的路径进行拉伸，得到三维实体或面。用法：单击拉伸或输入命令“EXTRUDE”，则命令提示“选择拉伸的对象”，单击二维图形，确认，则命令提示“指出拉伸的高度或［方向（D)/路径（P)/倾斜角（T)/表达式（E)］”，默认为 z 轴拉伸，输入拉伸距离即可。若选择“方向（D)”，则提示指定拉伸的起点和端点，用户在屏幕指定即可控制拉伸距离；若选择路径（P)，应先绘制一个与拉伸对象不共面的路径（可以是直线、折线或曲线，拉伸空间或曲线的曲率半径必须大于等于拉伸体的宽度)；若选择倾斜角（T)，拉伸出的截面将变大（设定角度大于 0）或变小（设定角度小于 0)。

② 旋转　三维平面图形绕一个与之不相交的轴旋转而得到实体。用法：绘制好平面图形、旋转轴后，单击面板的“旋转”工具或输入命令“REVOLVE”，提示“旋转要旋转的对象或［模式（MO)］”，框选二维图形，确定，则提示“指定轴起点或根据以下选项之一定义轴［对象（O）X Y Z］<对象>：”，指的是可以单击指定旋转轴的起点（下一步会提示确定端点)，或指定某一线段对象为轴，或指定绕某坐标轴旋转，下一步将提示输入旋转角度（可输入 0～360°)，默认 360°，旋转的方向遵守右手法则。

③ 扫掠　二维图形沿着某一路径生成三维面或实体。用法：绘制 1 个二维图形和路径（路径可以是直线、曲线)，单击“扫掠”或输入命令“SWEEP”，则提示“选择要扫掠的对象”，框选后，确定，提示“选择扫掠路径或［对齐（A）基点（B）比例（S）扭曲（T)］：”，单击扫掠路径即可。若选择对齐（A)，则是在扫掠前对齐垂直于路径的对象；基点（B）是指定扫掠时的基点位置；比例（S）控制扫掠是逐渐达到的比例，输入大于或小于 1 的比例时，实体末端与初始端不再相等，而是按比例增大或缩小，得到的图形为变形体（或面)；若选择“扭曲（T)”则提示“输入扭曲角度或允许非平面扫掠路径倾斜［倾斜（B）表达式（EX)］<0.000>：”这时可以输入扭曲角度或点选倾斜，得到扭曲的实体（或面)。

④ 放样　放样功能可以按照物体的结构来创建实体，可以做出很多复杂的形状，例如，飞机模型、船体模型、汽车模型等。如图 1-41（a）提示，是在两个以上的截面间创建实体或面（注：参与放样的截面不能共平面)。用法：绘制不同平面内的截面图形，单击面板中的“放样”工具或输入命令“LOFT”，则提示“按放样次序选择横截面或［点（PO）合并多条边（J）模式（MO)］：”，依次单击各截面，生成放样实体或面，提示“输入选项［导向（G）/路径（P)/仅横截面（C)/设置（S)］<仅横截面>：”，默认为仅横截面（C)，可以选择导向（G）则按截面间的多条导向线（需要预先绘制）进行放样；或选择路径（P)，则按照预先绘制的某一路径放样；若选择设置（S)，则弹出放样设置对话框［图 1-41

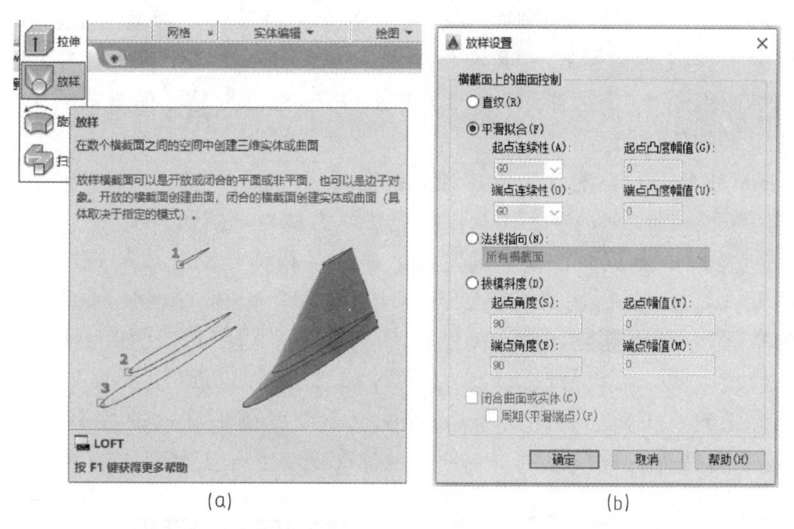

图 1-41 放样工具说明（a）及放样设置对话框（b）

(b)]，可进行平滑拟合、法线指向、拔模斜度设置，点击“确定”。

⑤ 按住并拖动 使用按住并拖动操作可以产生拉伸面或偏移面。a. 产生拉伸面：单击实体“建模”面板的“按住并拖动”，单击要拉伸的封闭区域，输入拉伸高度，确认，完成拉伸（如果向实体内部拉伸，则会减去该部分实体）。b. 生成偏移面：单击实体“建模”面板的“按住并拖动”，按住 Ctrl 键并单击三维实体对象上的面区域，移动光标来建立偏移方向，输入偏移值或在绘图区域中单击以设定偏移距离，完成偏移面的创建。“按住并拖动”工具简化了实体编辑中的拉伸后进行的并集、差集计算，见图 1-42，很容易在二维图形或三维图形基础上创建实体。

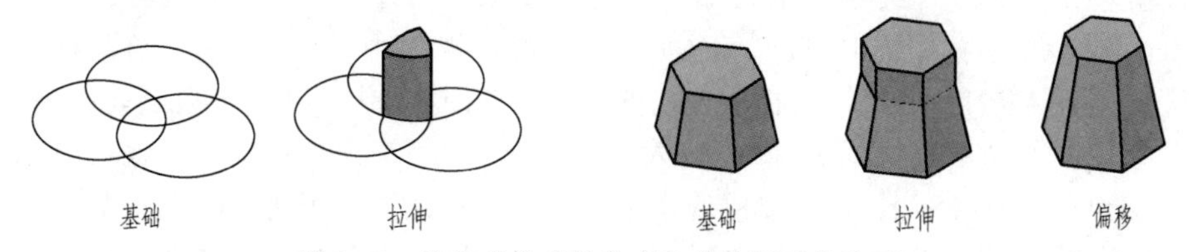

图 1-42 按住并拖动操作产生拉伸面或偏移面

2. 三维模型生成二维工程图样工具

下拉常用功能区的建模面板，底部有 3 个三维转二维视图工具图标：实体视图（Solview）、实体图形（Soldraw）、实体轮廓（Solprof）。除此之外，布局选项板的“创建视图”功能区有“基点”（Viewbase）工具（图 1-43），用来从模型空间或从 Inventor 基础视图创建工程视图，可快速实现三维到二维图形的转变。此外，该功能区还提供了“投

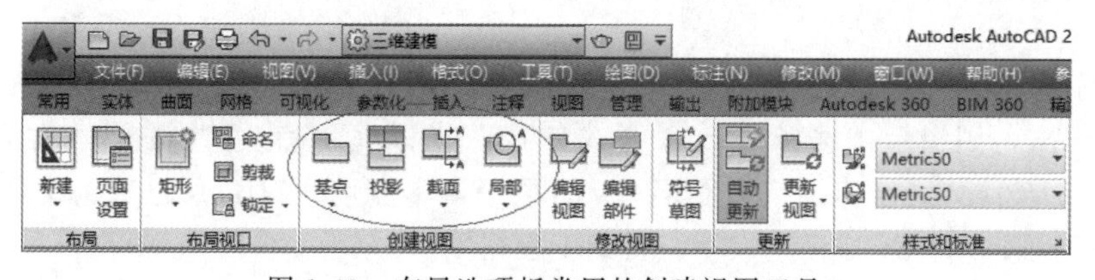

图 1-43 布局选项板常用的创建视图工具

影”工具（Viewproj，由工程视图生成正交视图或等轴测图）、“截面”工具（Viewsection，从任意工程视图生成截面视图）、“局部”工具（Viewdetail，由工程视图生成局部视图），方便用户生成不同视图。“平面摄影”（FLATSHOT）也是创建平面视图的一个方法，下面简要说明这些工具的使用过程。

(1) Solview 和 Soldraw 配合生成二维工程视图

① 在模型空间绘制 1 个三维实体（以机壳法兰为例），建视口图层。

② 进入布局空间，点页面设置，确定图纸格式，删掉自动生成的视口或将这个缩小到只占空间一部分（如 1/4，因用二维图形表达时需要多个视图，也就需要多个视口，规划好各视口占用的空间），若已删除，则在图纸右下空间开一个视口（比如大约占图纸 1/4），双击视口内进入模型空间，可以修改 UCS，这样生成二维图时可以用当前 UCS 控制视图的投影方向；在鼠标滚轮、中键、调用 ZOOM 等配合下改变图形显示的大小［图 1-44（a）右下］，在状态栏查看接近的标准比例（本例接近标准值 0.5），点选 1∶2，双击视口外退出。

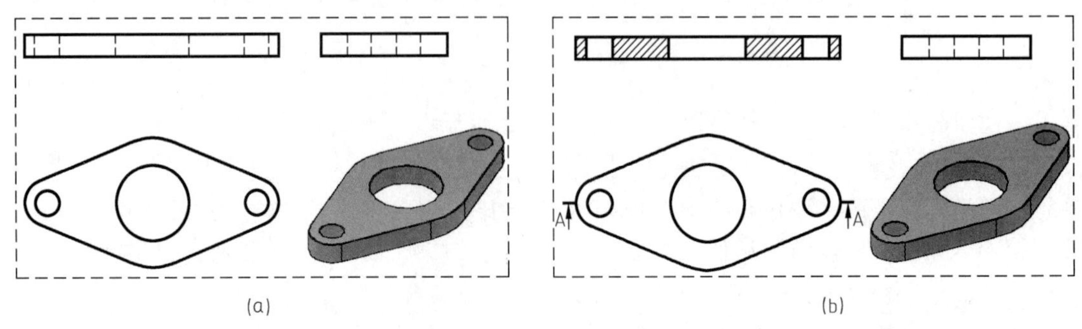

图 1-44　Solview/Soldraw 生成的二维工程图（a）及 Viewbase 生成的二维工程图（b）

③ 在功能面板单击“实体视图”图标，或在菜单栏单击“绘图/建模/设置/视图”，或在命令行输入 Solview，根据系统命令提示，点选 UCS（U）/世界（W），或选择当前 UCS，输入视图比例（此例输入 0.5，确认），按提示“指定视图中心”，在左下角俯视图位置单击，确认；提示“指定视口”，在视图左上角单击以确定视口的第一个角点，拉到对角点，得到新视口；提示“输入视图名称”，输入“俯视图”，回车确认；提示“输入选项［UCS（U）正交（O）截面（S）］:”，因要接着产生主视图，因此选“正交（O）”，则提示“指定视口要投影的那一侧”，应该从俯视图下方向主视图投影，因此单击下方视口线中点，则提示“指定视图中心”，用鼠标在俯视图视口上方空间单击，则产生一个视图，确认，提示“指定视口”，这时在视图左上角单击，确定视口的第一个角点，拉到对角点，得到新视口，提示“输入视图名称”，输入“主视图”，回车确认；提示“输入选项［UCS（U）正交（O）截面（S）］:”，仍选择“正交（O）”，按上述过程产生左视图。确认退出命令后，会发现图层管理器中产生了三视图各自的可见轮廓线图层（带-VIS 标记）、不可见轮廓线图层（带-HID 标记）、标注图层（带-DIM 标记）、剖面线图层（带-HAT 标记），但这些图层的线型、颜色应该依据需要修改，特别是 HID 图层，线型应该为虚线，才能符合二维工程图的要求。

④ 以上 Solview 得到的三视图仍处于三维状态，单击建模功能区的“实体图形”，或输入命令 Soldraw，则提示“选择对象”，单击三视图视口框，确认，则转为二维的三个基本视图，见图 1-44（a）（已冻结视口图层，VIS 层已调整宽度，HID 层已改为虚线），接下去就可以在布局添加对称线并标注尺寸，得到工程视图。

⑤ 因主视图一般需要全剖视图，那么可以继续调用 Solview，选择“截面（S）”，提示

“指定剪切平面的第一点”，在俯视图长轴一端单击后，提示“指定剪切平面的第二点”，单击长轴另一端点，提示“指定要从哪一侧看”，在剪切线下方单击，则提示“输入视图比例”，默认，确认，接下去和产生其他视图一样，按提示进行，确认，退出命令。采用 Soldraw 将其改为二维视图，修改剖面线和其他图层格式，得到全剖视图。

(2) 利用实体轮廓（Solprof）创建二维视图

该命令在当前布局视口内生成三维实体的轮廓线，与原实体线型相同，同时创建两个新的图层——PV-XX（可见线所在图层）和 PH-XX（隐藏线所在图层，用户可以修改）；该命令不改变原三维实体及图层的显示，所产生轮廓线的位置与原来的三维实体完全重合，若要去掉实体的影响，需要关闭原实体所在的图层。过程：①在模型空间创建了三维图形后，进入布局空间，进行页面设置（同前面所述）。②输入命令“VIEWPORTS”打开视口对话框，在“新建视口”中选择视口个数（按需要选择），确定，在图纸上拉出视口，则确定了视口位置和大小。当然，也可以用布局的视口工具逐个新建视口。③双击视口内进入模型空间，每个视口左上方有视图控件和视觉样式控件，点视图控件，选择需要的视图方向，如“前视”，然后，缩放图形显示大小，在状态栏确认比例；退出该视口，双击进入另一视口，同样进行编辑，安排好每个视口中视图的方向，并具有相同的注释性比例。④输入 Solprof 命令或从常用/建模面板调用“实体轮廓”，单击活动视口内的三维图形，确认，连续确认命令提出的三个问题（默认），则产生了二维轮廓线，空格重新调用 Solprof，依次转换其他视口的三维图形，得到二维轮廓线视图。⑤关闭三维实体所在图形。⑥在图层管理器中修改 PV、PH 前缀的图层，至少后者要改为虚线，完成二维图形转换，接下去是标注尺寸。注：用户应对齐基本视图的位置并确认相同的出图比例。

(3) 利用“基点”（Viewbase）、“截面”（Viewsection）工具生成二维视图

相对于 Solview，Viewbase 实时与三维模型或 Inventor 关联，生成工程视图更加快捷。单击布局面板的基点工具，或输入命令 Viewbase，选择“从模型空间创建”，在面板“方向”中选择俯视，生成俯视图，单击放在图纸左下方，继续在动态命令或命令行中点选“比例（S）”，本例输入 0.1，确认，按命令提示继续产生其他视图，在俯视图上方单击产生主视图，再到右侧单击产生左视图，确认退出命令。利用布局面板的“截面”/“全剖”可以产生全剖主视图，过程为：删除原主视图，单击“截面”/“全剖”，提示选择父视图，单击俯视图为父视图，按提示指定剖切的起点和端点，在上方空间单击放置全剖视图，如图 1-44（b）所示，主视图自带默认的剖面线，俯视图自动产生剖切符号，同时，图层中产生了 MD 前缀的新图层。用户可删除剖切符号并对图层、线型、剖面图案进行修改。至此，只需要进一步添加中心线、标注尺寸，得到二维工程图。

(4) 利用“平面摄影”（FLATSHOT）创建平面视图

输入命令 FLATSHOT，将显示“平面摄影”对话框，所有三维实体、曲面和网格的边均被视线投影到与观察平面平行的平面上。这些边的二维表达作为块插入到 UCS 的 *XY* 平面上，可以分解此块以进行其他更改。

3. 网格建模

建立网格对象，比如利用“镶嵌”选项将一个三维实体图元生成网格，往往利于空间中点的捕捉和表面优化。网格模型采用多边形（三角形或四边形）来定义三维形状的顶点、边和面组成，与实体模型不同，网格没有质量特性。但是，与三维实体建模一样，可以创建长方体、圆锥体和棱锥体等图元网格形状，还可以通过不适用于三维实体或曲面的方法来修改网格模型（例如锐化、分割以及增加平滑度）。

除了“镶嵌”选项将一个三维实体图元生成网格，还可以采用以下创建网格对象的方

法：①创建网格图元。输入命令“Mesh”，确定，提示输入形体选项，选择要创建的形体即可绘制网格图形。②从其他对象创建网格。利用 RULESURF、TABSURF、REVSURF 或 EDGESURF 创建直纹网格对象、平移网格对象、旋转网格对象或边界定义的网格对象，这些对象的边界内插在其他对象或点中。③从其他对象类型进行转换。利用 MESHSMOOTH 将现有实体或曲面模型（包括复合模型）转换为网格对象。④创建自定义网格（传统项）。使用 3DMESH 命令可创建多边形网格，通常通过 AutoLISP 程序编写脚本，以创建开口网格，使用 PFACE 命令可创建具有多个顶点的网格。

4. 实体编辑（SOLIDEDIT）

一般二维编辑命令在三维空间仍然可用（命令提示不同），按照命令提示，可以很方便地进行三维实体的编辑。实体面板工具或输入 SOLIDEDIT 命令，可以编辑三维实体对象的面、边、体，例如拉伸、移动、旋转、偏移、倾斜、复制、删除面、为面指定颜色以及添加材质、复制边以及为其指定颜色，或者对整个三维实体对象（体）进行压印、分割、抽壳、清除、检查其有效性等，但不能对网格对象使用 SOLIDEDIT 命令（如果选择了闭合网格对象，系统将提示用户将其转换为三维实体然后可以进行编辑）。

三维对象编辑还包括通过布尔工具并集、交集、差集得到复合实体，按命令提示即可进行。

所有命令的指导性步骤，请查看 AutoCAD 程序的帮助性文件“?”。

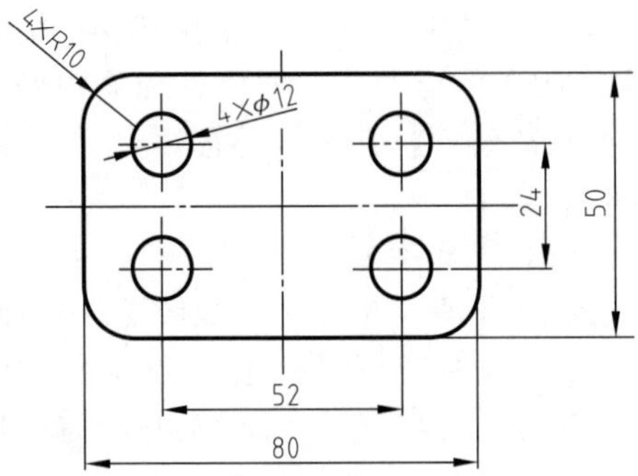

图 1-45　垫片

十、绘图基本操作实例

实例： 利用 AutoCAD 绘制某非金属垫片图，见图 1-45，并打印在 A4 图纸上。下面叙述图纸的绘制过程。

1. 设置绘图环境

打开 AutoCAD 程序，新建/图形文件，打开 acadiso. dwt 样板。按以上第“四”部分所述设置绘图环境，特别是图层、文字样式、标注样式。图层设置如图 1-46 所示。

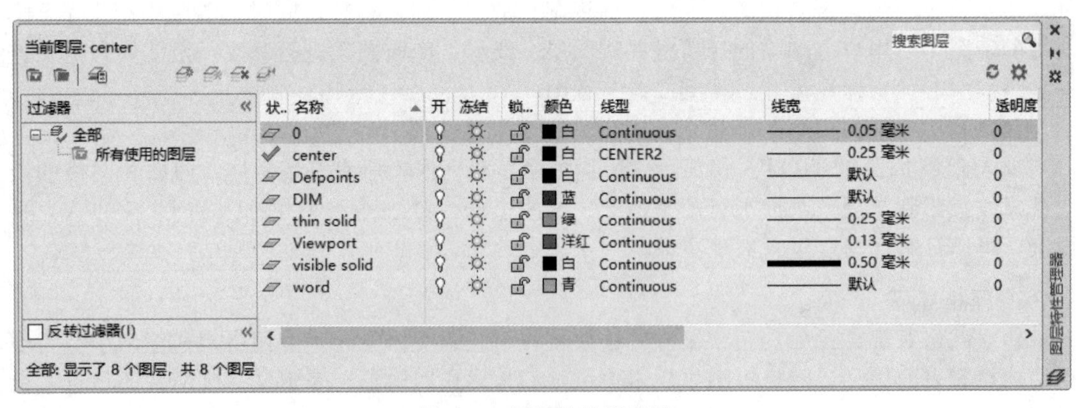

图 1-46　图层特性管理器

2. 绘制图框

图框可以在模型空间绘制，然后拷贝到布局空间，也可以出图前在布局空间绘制，当

AutoCAD 中带有扩展工具时，输入“TK”命令可以快速绘制图框。

(1) 按 1∶1 绘制图纸边框

依据出图的需要，选择在模型还是在布局中绘制图框、标题栏等。本例为示范模型打印，选择在模型空间绘制图框，过程为：在图层列表将 0 层置为当前，单击绘图面板的矩形工具，在绘图区捕捉一点开始画 A4 图框，需要在拉动矩形过程中键入坐标（210，297）（注：必须输入半角逗号；向下生成矩形时，297 数字前应加负号），或按光标动态提示，直接输入“210”，单击 Tab 键，再输入宽度“297”（或－297），确定（回车），得到 A4 图纸边框。

(2) 绘制图框

单击偏移工具，提示输入偏移值，键入“10”，回车，提示“选择要偏移对象”，单击矩形框，命令提示“指定要偏移的那一侧上的点”，在矩形内部单击，完成偏移。注意：偏移产生的对象具有原图层特性，可以单击选中后，在图层列表中改到粗实线层，完成图框绘制，见图 1-47（a）。需要带有装订边时，先向内偏移 5mm 并改到粗实线层，然后调用“分解”命令将图框分解，左边线向右偏移 20mm，最后采用“修剪”工具得到图框。

3. 绘制标题栏

① 可以直接使用直线工具绘制表格线，推荐通过偏移、修剪命令产生表格，或插入表格。如：单击“矩形”工具，捕捉图框右下角点单击，向左上方拉动鼠标，看动态坐标提示的正负数值，输入（－130，35），回车确定，得到标题栏外框线；将该框线“分解”，删除分解后的右侧和底部的框线，然后通过分解得到的另两条边框偏移出内部表格线，并利用修剪、改某些线的图层得到符合要求的表格，见图 1-47（b）。

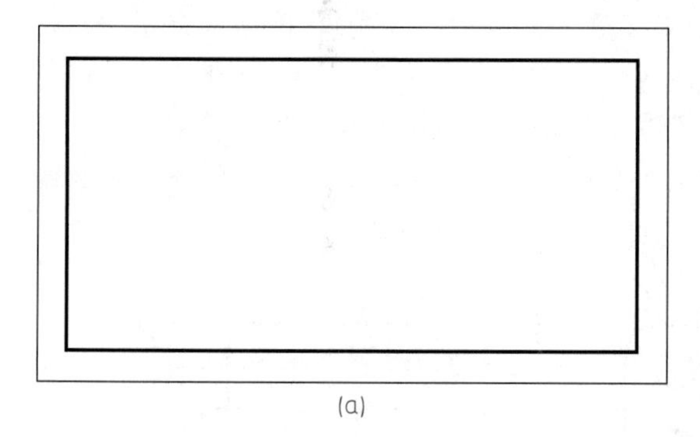

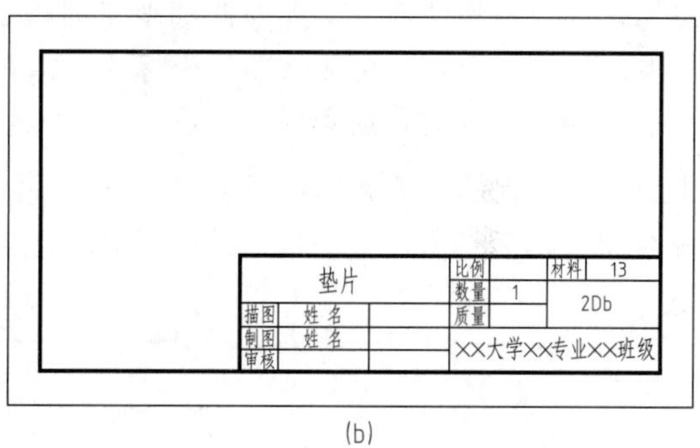

图 1-47　图框的绘制（a）及标题栏的绘制（b）

② 将文本“Word”图层置为当前，点击注释面板的文字工具，在标题栏中填写信息。注：用于标题栏的文字不需要设置有注释性（如果设置了注释性，按 1∶1 比例填写即可）。若在布局空间填写文字，不受注释性比例的影响。

③ 可以将绘制的图框和标题栏创建为“块”，方便以后绘图调用。

4. 绘制零件图

绘图策略不唯一，应依据图形特点制定更快的绘图策略，在此仅从初学角度练习偏移和镜像工具。

① 在中心线“center”图层，启用状态栏的正交限制，用直线工具绘制水平、铅垂对称线，确定视图的位置［图 1-48（a）］。

② 切换到粗实线“Visible solid”图层，启用正交限制和对象捕捉（交点、垂足），单击直线工具，光标移到中心线交点处（将显示捕捉到交点状态“×”），左移光标，将动态显示与捕捉点（交点）的距离，输入“40”，确认，则直线第一点确定，向上移动光标，输入长度数值“25”，确认，继续向右移动到竖直中心线，捕捉到垂足后单击，按空格（或Esc键）结束直线命令；在面板上点选圆角工具，输入“R”，确认；提示输入半径值，输入数值“10”，确认；这时命令提示选择对象，先后点击两条实线段，完成圆角绘制，如图1-48（b）所示。

③ 采用偏移工具，将两条中心线分别向左、向上偏移26和12，得到圆孔圆心的位置，在“Visible solid”图层点选画圆工具，按提示输入半径数值6，画出圆孔，见图1-48（c）。

④ 将圆孔两条中心线拉伸到超出轮廓线2～5mm（可以用鼠标直接拉伸夹点，也可以采用“编辑”面板的拉伸工具按提示操作，或画辅助圆修剪过长的中心线），见图1-48（d）。

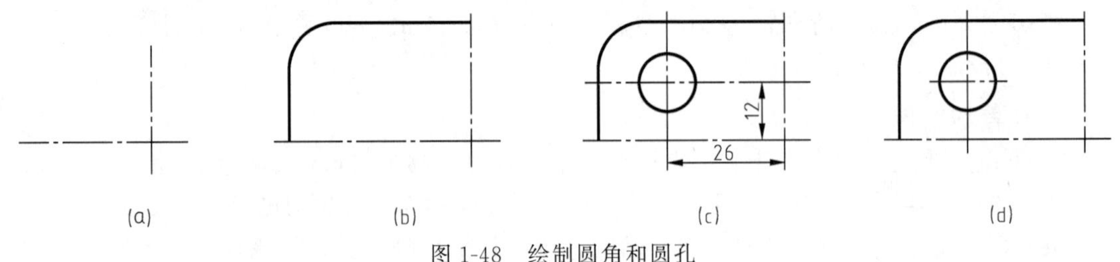

图1-48　绘制圆角和圆孔

⑤ 使用镜像工具绘制图形的另一半。点击面板的镜像图标，提示“选择对象:”，用鼠标选择要镜像的部分，此处框选画完的这1/4部分（包含孔中心线），确认，提示“指定镜像线的第一点:”，可输入点的坐标或采用鼠标捕捉，这里采用后者，单击水平中心线的任一点为第一点（需要启用捕捉最近点），提示“指定镜像线的第二点:”，在水平中心线上点击另一点，提示“要删除源对象吗？N”，系统默认不删除，直接回车或按空格确认不删除源对象，则产生另一半图形，见图1-49（a），至此完成了整个图形的1/2。

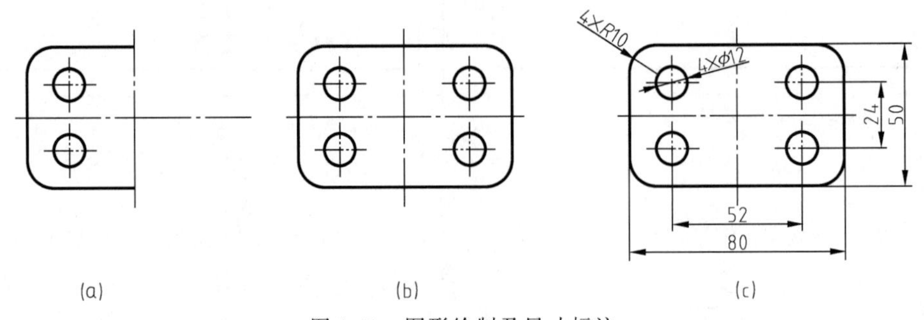

图1-49　图形绘制及尺寸标注

⑥ 继续使用镜像工具，以竖直中心线为镜像线，产生整个图形的另1/2部分，见图1-49（b），进一步标注尺寸得到图1-49（c），完成图形绘制。以上绘图主要练习了镜像操作，该图也可以由两条中心线多次偏移并进行修改而产生（如图1-50所示），或者用矩形工具绘制外轮廓线然后用圆角工具绘制出圆角，确定圆孔中心线并画圆，或者绘制外轮廓线和一个孔后阵列或复制产生相同圆孔，画法多样。

⑦ 标注尺寸：在尺寸标注“DIM”图层，使用面板上的线性标注工具标注长度尺寸，

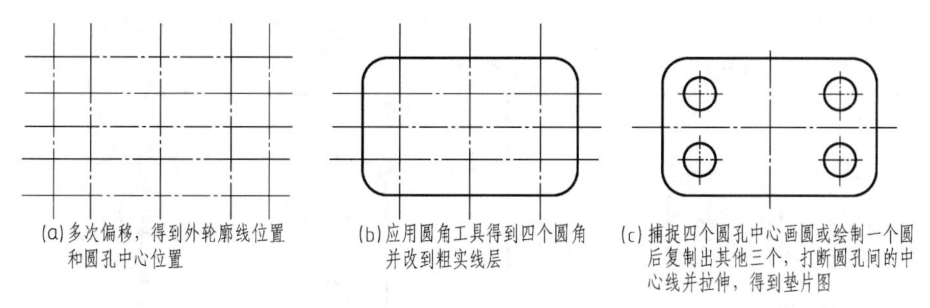
(a)多次偏移，得到外轮廓线位置和圆孔中心位置
(b)应用圆角工具得到四个圆角并改到粗实线层
(c)捕捉四个圆孔中心画圆或绘制一个圆后复制出其他三个，打断圆孔间的中心线并拉伸，得到垫片图

图 1-50　利用多次偏移绘制图形

使用圆标注工具标注 4 个孔（只需在一个上面标注），使用半径标注工具标注圆角，标注一个即可，然后双击尺寸数字分别修改为“4×ϕ12”“4×R10”，或者右键菜单选“特性”或在“特性”面板单击展开箭头，弹出特性对话框，在其中修改尺寸数字及其高度、精度等。在该对话框中，文字栏有文字替代选项，可以输入要替换的文字，如输入“4×R10”代替原来系统标注的“R10”，以表示 4 个同样的圆角，见图 1-49（c）。

⑧ 在标题栏上方空间，使用多行文字工具书写技术要求，完成图纸绘制。

5. 打印出图

(1) 在模型空间打印

该例中图形尺寸小，直接移动到或按 1∶1 绘制在 A4 图框内即可，确认状态栏的注释性比例为 1∶1 然后直接打印。在“打印-模型”对话框选择“DWG to PDF. pc3”打印机，图纸尺寸中选择“ISO full bleed A4”，纵向使用，点选“居中打印”和“布满图纸”，在打印区域选择“窗口”，回到绘图窗口，依次点击图纸框左上角和右下角，则选定打印区域，自动回到对话框，点击“确定”，则输出 PDF 文档［见图 1-51（a），为示意图纸边缘，此例打印了图纸框，可依据要求，设置图纸框所在的 0 图层不打印］。

(2) 在布局空间打印

从图 1-51（a）可见，图纸上部空白空间较大（图纸利用率差），应尽量增大图形显示以保证结构清晰。若在模型空间将图形缩放到原来的 1.5 倍，那么需要修改标注样式（测量比例因子应为 1÷1.5），也就是按不同比例出图时，图形需要进行尺寸缩放，比较麻烦，而采用布局出图，很容易做到适合不同图纸尺寸或同一尺寸图纸的不同比例出图。本例，将在 A4 图纸内按 1.5∶1 比例打印出图（本例假设 1.5∶1 符合国标规定），过程如下。

① 设置图纸尺寸和打印范围　打开一个布局空间，在布局面板打开页面设置对话框，选择“DWG to PDF. pc3”打印机和“ISO full bleed A4”图纸，纵向使用。

② 绘制图框和标题栏　在模型空间选择图纸框、图框及标题栏，复制（Ctrl＋C），回到布局空间，对齐图纸一角粘贴（Ctrl＋V）。未对齐时，可以选中后利用 Ctrl＋箭头键微调。若已将图框和标题栏一起制作成“块”，则采用插入“块”的方式。

③ 开视口并确定显示比例　在图框内靠上位置开视口或调整原视口，视口大小依据图形占用的空间大致确定，然后双击进入视口，利用鼠标滚轮或结合 ZOOM、PAN 等调整图形大小和位置，依据状态栏的注释性比例提示，选择接近的国标比例值 1.5∶1（仅为假设），双击视口外退出编辑，将 1.5∶1 填写到标题栏内的比例栏（退出视口后，视口位置可选中后拖动非夹点位置移动或用 Ctrl＋箭头键移动，也可以拉动视口框的夹点进行视口尺寸调整，内部比例不变，见前面布局出图部分的说明）。

④ 填写技术要求　将技术要求直接从模型复制到图纸空间中标题栏的上方。

⑤ 单击打印图标　从对话框确定，则打印为 PDF 文件，结果见图 1-51（b）。

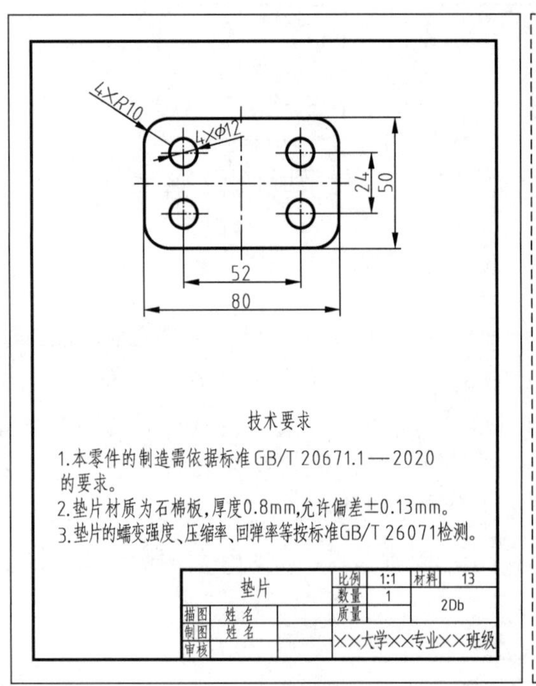

(a)

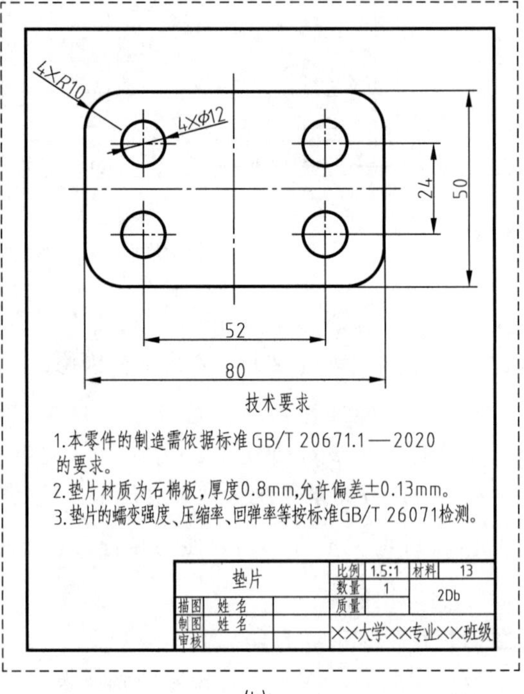

(b)

图 1-51　模型空间打印的图样（a）及布局空间打印的图样（b）

习　题　一

扫码获取
习题答案

1. 改正图 1-52 中不规范的尺寸标注。

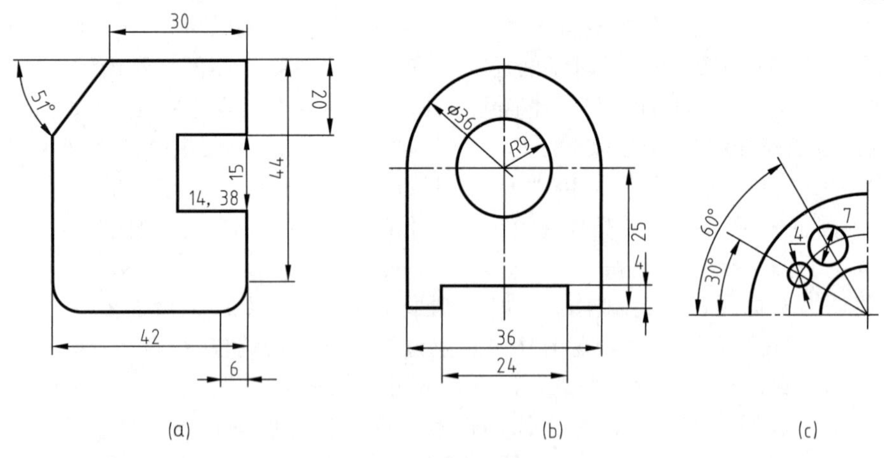

(a)　(b)　(c)

图 1-52　习题 1 图

2. 图 1-53（a）和图 1-53（b）分别给出了不同机件的两个基本视图，请按实际测量尺寸乘以一定倍数（推荐 2～30 倍，如 2、2.2、2.4、2.6、2.8、3、3.2…，依学号顺序分配，达到每人一题）设计机件的大小，绘制出第三视图，并在基本视图上标注尺寸。

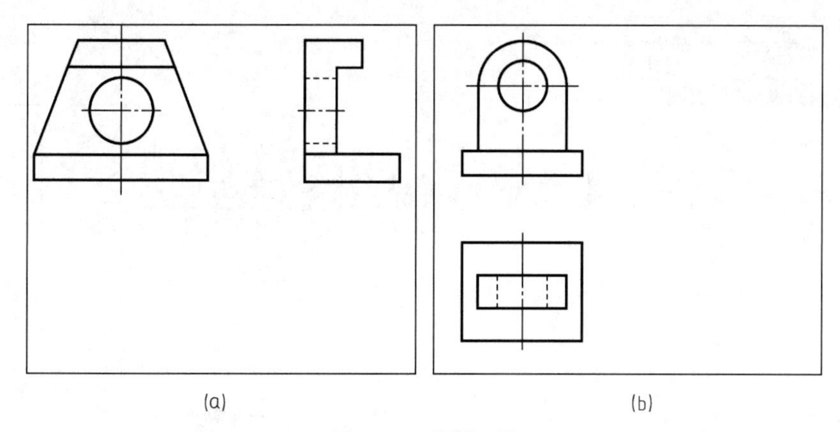

图 1-53 习题 2 图

3. AutoCAD 作图题：按照图 1-54 完成设备轮廓图（2 个基本视图）的绘制，并出图为不同图幅（A4、A3）的 PDF 文件。要求：线型、线宽要有明显区分；除标题栏标题用 5mm 字高外，所有文字高度为 3.5mm；图纸的使用方向自拟；尺寸一律采用自己学号换算（由教师依据学号特点指定算法），见图 1-54，如 L_1 为学号后三位的 10 倍，D 为学号后三位的 6 倍，椭圆形封头高度 H（不计直边）为学号后三位的 2 倍，直边高度 h 从 10～40 任选，两端封头相同，应标注设备总长度 L_2；清晰填写出图比例和相关信息。

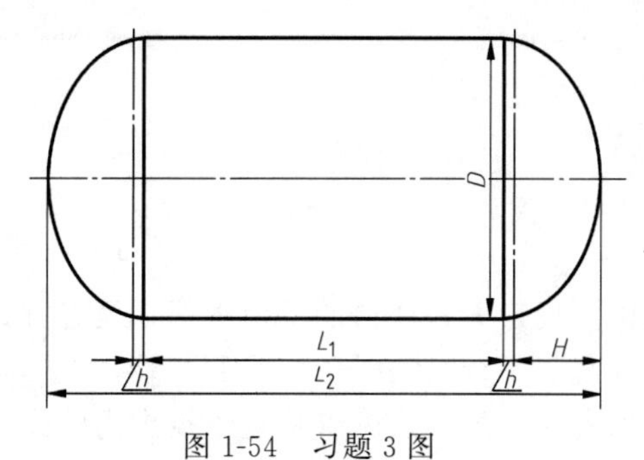

图 1-54 习题 3 图

第二章

化工设备制图基础

化工行业是国民经济的重要支柱产业之一，而化工设备是影响其技术水平、生产效率、产品质量的一个关键性因素。优化设计、创新设备结构，提高其先进性，可以大大提升化工产业的生产水平，降低生产成本，减少环境污染，增大经济效益。随着人工智能和机器人技术的不断进步，化工机械设备可以实现更高水平的自动化和智能化，生产效率和安全性进一步提升，这种发展趋势对设备的数字化设计提出了更高的要求。作为专业技术人员，认真学习制图基础知识，提高工程素养，是迎接这种挑战的前提。

第一节　形体表达基础

一、物体的三视图基础

1. 物体的投影方式

物体的视图是按照一定的投影方式获得的平面图形，投影方式可以分为两种：基于电光源的投影（中心投影法）和基于平行光的投影（平行投影法）。前者物体和投影的大小无法保持一致，度量性很差；后者又分为正投影（垂直于投影面的投影）和斜投影（与投影面成一定角度），三种投影的情形如图 2-1 所示。

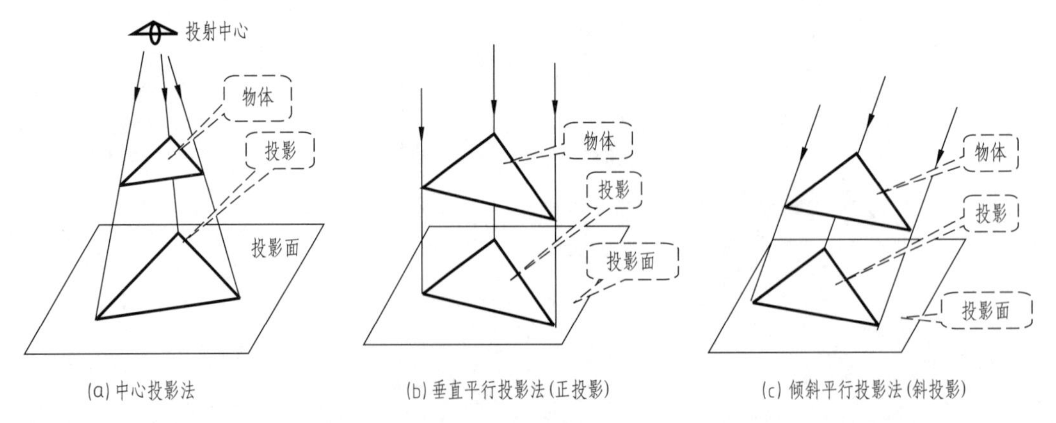

图 2-1　三种投影法物体与投影的关系

显然，正投影方式能够保持投影面与物体的形状和大小一致，因此是工程制图中采用的方式。这种投影具有三个基本特性，如图 2-2 所示，即显实性（也称存真性，平行于投影面的图形被真实表达）、积聚性（垂直于投影面的线和面会积聚于一点或一条线段）、类似性（与投影面倾斜的面和线产生变形，但有类似性）。

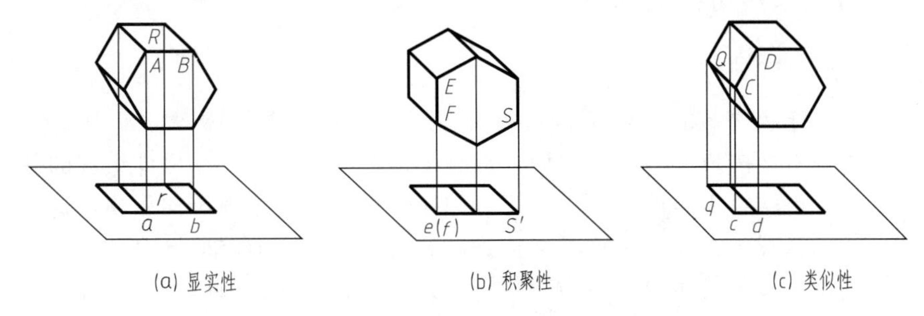

图 2-2　正投影的三个基本特性

2. 物体的三视图

由正投影在投影面上得到的图形称为物体的视图。在满足表达完整的条件下，视图的数量应该最少。一般选择三个互相垂直的投影面表达一个物体的结构。如果将空间分为八个分角（第一章所述），各分角出现三个互相垂直的平面，以这三个平面作为投影面，则形成物体的三视图。采用的分角不同，视图的类型会有所差异。我国采用第一角画法，即将物体置于第一分角内，并使其处于观察者与投影面之间，得到三面正投影视图，分别是主视图、左视图、俯视图。将三个视图在同一平面展开，得到平面图纸中的三个视图，见图 2-3。

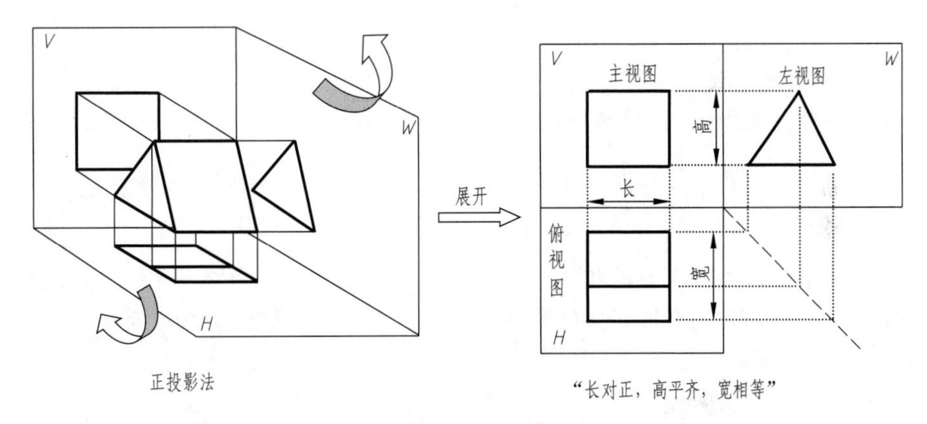

图 2-3　物体三视图及其对应关系

这三个视图在长宽高三个方向具有重要的对应关系：主俯视图在长的方向上下对正（等长），主侧视图在高度方向平齐（等高），俯左视图在宽度方向一致（等宽），简称为：“长对正、高平齐、宽相等”。依据这些对应关系，可以由两个已知视图绘制出第三个视图。

3. 三视图画法

将物体自然放平，一般使其主要表面与投影面平行或垂直，应用投影特性和三等规律绘制物体的三视图。绘制时，可见轮廓线要用粗实线，不可见轮廓线使用虚线，当虚线与实线重合时，只画实线；有对称轴的结构，用点画线绘出对称线表示对称结构。应注意俯、左视图宽相等和前、后方位关系，注意图线的格式要求（见第一章）。

二、不同形体的视图特点

（一）平面立体和曲面立体

1. 结构分析

对机械设备、建筑物等的立体结构进行分割，可得到基本形体，即平面立体和曲面立体。前者由多边形平面围成，后者由曲面或混合平面多边形围成。在机件组成的基本结构单元中，这些立体可由一个多边形平面沿一定方向拉伸得到，也称为拉伸形体，这个多边形平面成为拉伸形体的特征平面，由特征平面得到的视图称为特征视图，见图 2-4。常见的平面立体是棱柱和棱锥，常见的曲面立体为回转体，如圆柱、圆锥、圆球和圆环等。

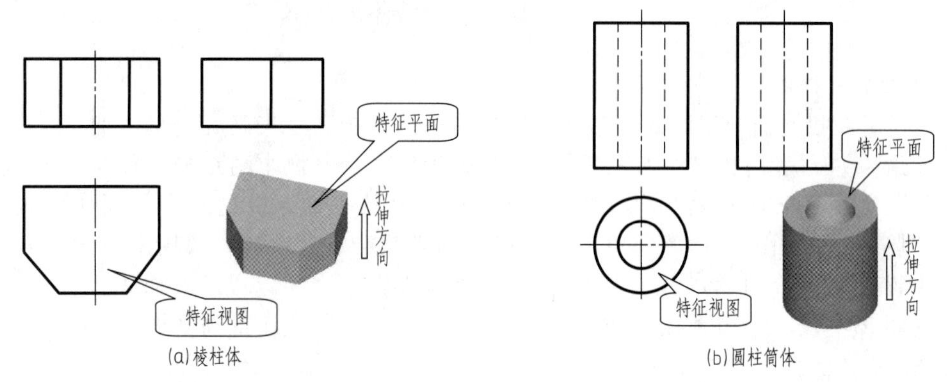

图 2-4　拉伸形体的三视图

2. 拉伸形体绘图方法

对于拉伸形体，应该确定投影方向后，首先绘制特征视图，然后依据三视图关系，绘制其他视图。

（二）组合体

通常把由基本形体组合而成的物体称为组合体，其形成方式通常分为叠加和截切两种。两回转体相交时，可称为相贯体，实际也是一种叠加后的组合体，见图 2-5。

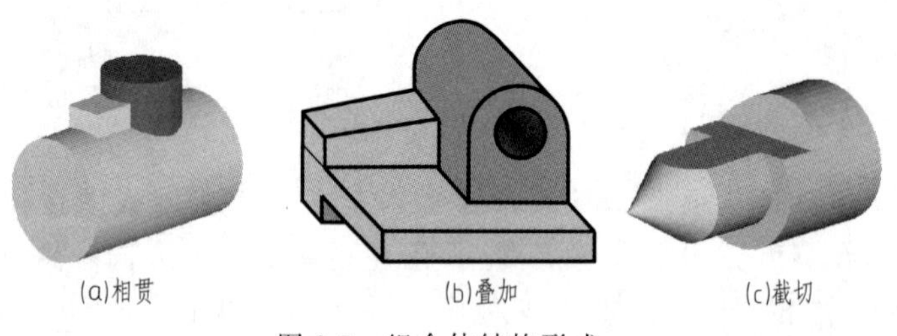

图 2-5　组合体结构形式

1. 叠加体绘图要领

根据组合体的形状，将其分解成若干部分，弄清各部分的形状和它们的相对位置及组合方式，分别画出各部分的投影，最后获得组合体视图（此过程称为形体分析法）。绘图时要先确定基准线，分清主次，分析及正确表示各部分形体之间的表面过渡关系：①叠加体表面平齐或相切时，过渡处不画线，见图 2-6（a）、图 2-6（b）、图 2-6（d）；

②两个形体表面不平齐或不相切时，应该画出交线，见图 2-6（c）、图 2-6（e），不可见的交线以虚线表达［图 2-6（b）］。

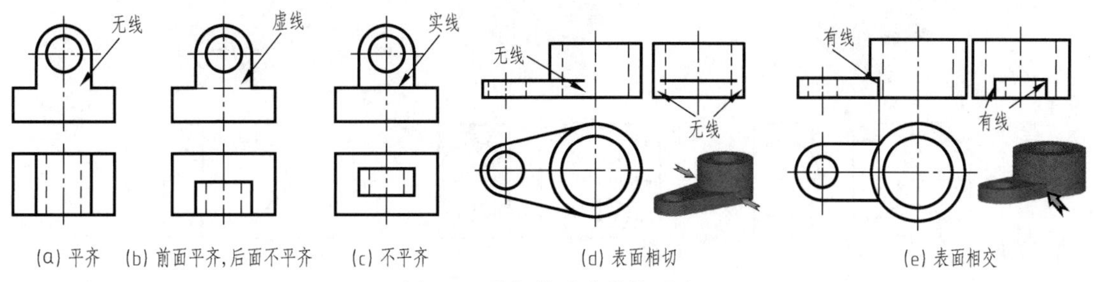

图 2-6　叠加体过渡处的画法

2. 相贯体

立体相交时组成的组合体称为相贯体，各部分接合处以相贯线体现在视图上。绘制相贯线时必须注意以下几个特点：①相贯线是相交两立体表面共有点组成的线，此线为两立体表面所共有；②一般情况下相贯线是封闭的空间曲线，特殊情况下也可以是平面曲线或直线；③相贯线的形状与两立体的形状及两立体的相对位置有关。由于平面立体与平面立体相交或平面立体与曲面立体相交，都可以理解为平面与平面立体或平面与曲面立体相交的截交情况，因此，相贯的主要形式是曲面立体与曲面立体相交。最常见的曲面立体是回转体。

（1）正交两圆柱相贯线的基本形式

两物体中心线相互垂直相交于一点时，称为正交。如图 2-7 所示为两个圆柱正交时的相贯线形式。在正交状态下，内部及外部相贯线都是封闭的曲线，在主视图上可见，曲线向直径较大的圆柱弯曲，弯曲程度与是否正交及两个圆柱的直径大小有关。当正交的两个圆柱体直径逐渐增大到 1∶1 时，相贯线过渡为两个椭圆，在主视图上显示为两条交叉的直线，见图 2-8。

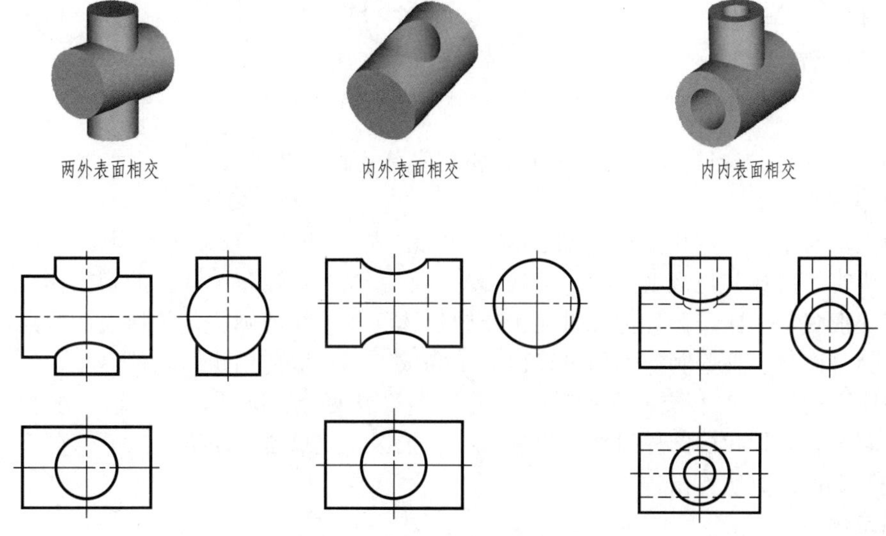

图 2-7　正交圆柱的相贯线形式

（2）非正交圆柱相贯线形式

当两个圆柱偏心相交时，主视图前后均应画出相贯线（不可见的部分画为虚线），见图 2-9。两圆柱轴线平行时，平行于轴线的相贯线为直线，俯视图上相贯线是一段圆弧（圆柱

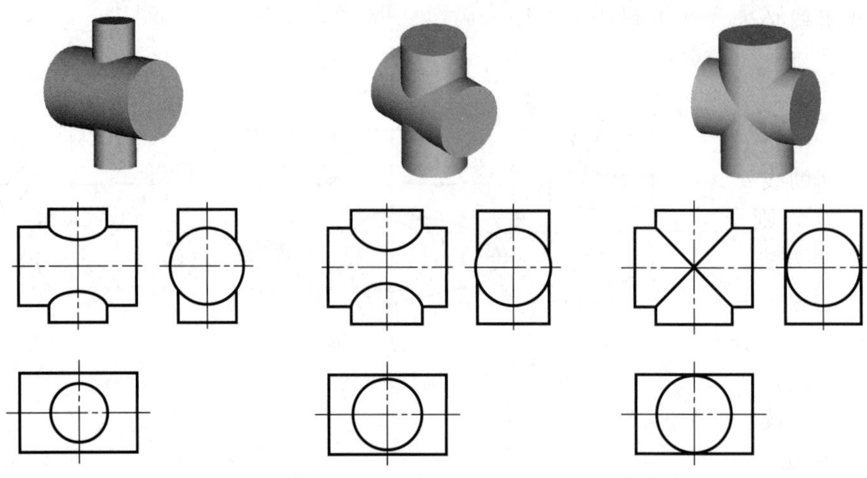

图 2-8　直径比逐渐增大到 1∶1 时正交圆柱相贯线的形式

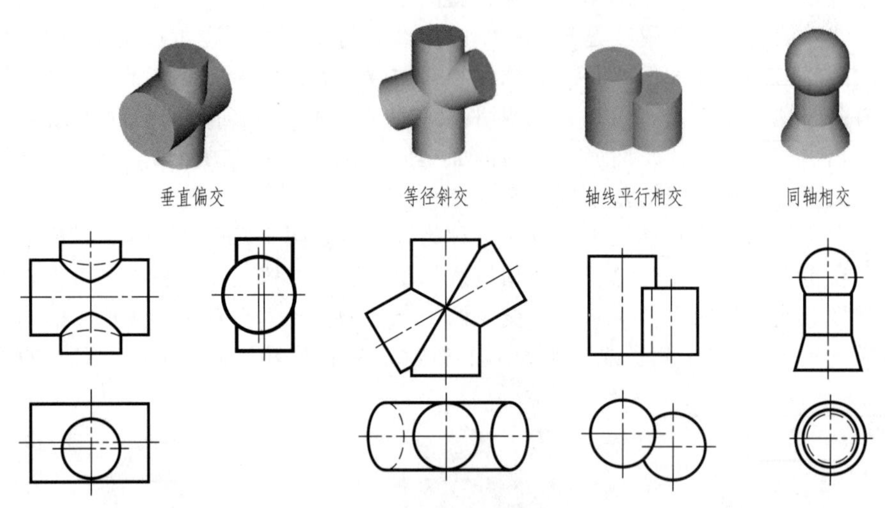

图 2-9　非正交情形的相贯线形式

外轮廓的一部分）。当回转体同轴叠加时，相贯线是垂直于轴线的圆。

(3) 相贯线的画法

平面立体与平面立体相交或平面立体与曲面立体的相贯，可以按照截切方式绘制轮廓线，一般为直线段或其他规则形状，比较容易绘制。在机械设备中常见的相贯体多是圆柱体之间的正交形式，因此，此处主要讲述正交圆柱体间相贯线的画法，包括表面取点法、辅助平面法和简易画法。这些画法不但可以由手工完成，也可以使用绘图软件。

① 表面取点法　当相交的两回转体中有一个（或两个）圆柱，且其轴线垂直于投影面时，首先利用积聚性找到圆柱面在该投影面上的投影，应该是圆轮廓线的一部分，其他投影可根据表面上取点方法作出。

绘图示例：

a. 求特殊点（如图 2-10 中的点 A、B、C、D）。由于俯视图是小圆柱体的积聚面，则相贯线为圆，且与小圆柱轮廓线重合，也就是说，将来取任何相贯线上的点，在俯视图上对应点都落在这个圆上。其中，A、B、C、D 四个点位于水平和铅垂对称轴上，是典型的特殊点，分别对应主视图的 A'、B'、C'、D'点以及左视图上的 A''、B''、C''、D''点，这样，主视图的相贯线必过 A'、B'、$C'(D')$，即找到了特殊点。

b. 求一般点（在最高点和最低点之间）。由于大圆柱体的左视图积聚为一个圆，可知圆弧 $C''A''D''$ 即是左视图的相贯线。从其上任取一点 E''（背侧对应 F'' 点），作水平辅助线 p，量取 E'' 到对称线的水平距离为 l，依据两个视图的等宽性，在俯视图上从圆心垂直量取 l 长，作水平辅助线 q，交小圆于点 E 和 F。由点 E、F 分别作铅垂辅助线 m、n，交辅助线 p 于点 E'、F'，则这两个点即是所求的相贯线上的一般点。

c. 按同样方法，可以取到多个一般点，用光滑曲线连接即得到主视图相贯线 $A''C''B''$。

② 辅助平面法　辅助平面法是假设作一个辅助平面，使其与相贯的两回转体相交，先求出辅助平面与两回转体的截交线，则两回转体上截交线的交点必为相贯线上的点。若作一系列的辅助平面，便可得到相贯线上的若干点，然后判别可见性，依次光滑连接各点，即为所求的相贯线，读者可参考某些资料自学。

③ 简易画法　当相贯的两个圆柱体截面直径相差较大时，主视图上的相贯线可近似为圆弧，画法可采用图 2-11 所示的简易画法。

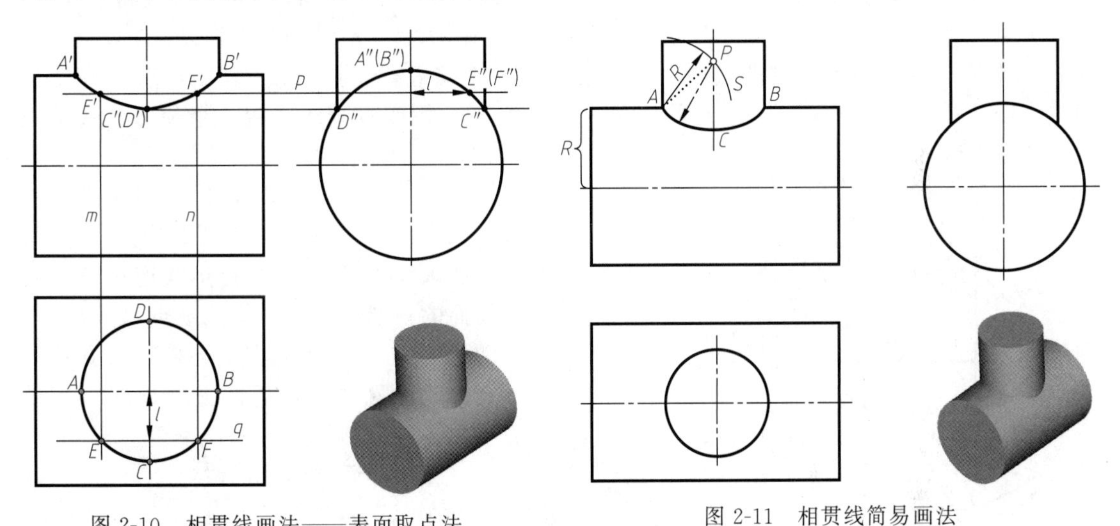

图 2-10　相贯线画法——表面取点法

图 2-11　相贯线简易画法

绘图示例： 以相贯线特殊点的 A 点或 B 点为圆心，以大圆柱体界面的半径 R 为半径，作圆弧 l，交小圆柱对称轴于点 P，再以 P 点为圆心，以 PA（PB）长度为半径，画圆弧连接 A、B 点，则弧 ACB 即为主视图的相贯线（属于可见轮廓线时，要用粗实线）。

3. 截切体

(1) 平面立体的截切

平面立体的截切比较简单，截平面为封闭的多边形，找到多边形的各个顶点，即可连接为截切平面。投射到三个投影面时，找到结合边或结合顶点的位置，绘制出截平面各方向的视图。

绘图示例：

① 如图 2-12 所示，依据截切体形状，将主视图设置为垂直于截切平面 P 的方向，则平面 P 在主视图上为一条直线，与原锥体三个棱边的交点 X'、Y'、Z' 可以直接量取获得，用粗实线连接，即获得主视图。

② 由顶点 A'、B'、C' 向下作铅垂辅助线，依据底面三角形的尺寸绘制俯视图的外轮廓线，得到三角形 ABC（注：主俯视图的绘制顺序可以相反）。

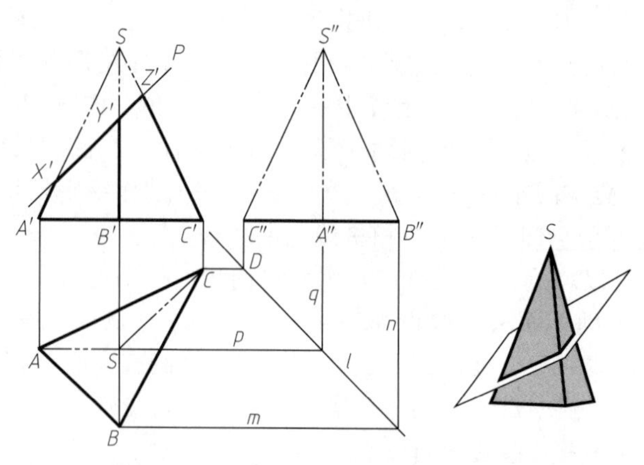

图 2-12 平面立体截切体的绘制（一）

③ 在 $A'B'$的延长线上自定左视图 C''顶点的位置，分别过点 C 和 C''作水平线和铅垂线，相交于点 D，过点 D 作直角 CDC''的外角平分线 l，过 B 点作水平和垂直辅助线 m、n，得到 B 的对应点 B''，绘制左视图底边 $B''C''$为粗实线，依据等高性质，由主视图顶点 S'在俯视图对应的 S 作辅助线 p 和 q，与 S'的等高线交于点 S''，用双点画线连接各个顶点，获得截切前的左视图。

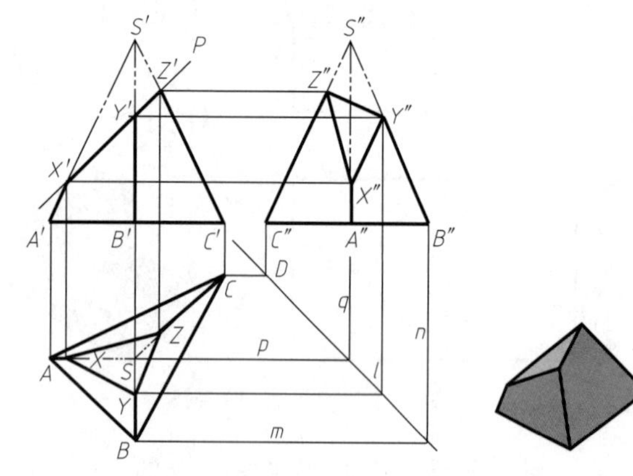

图 2-13 平面立体截切体的绘制（二）

④ 过点 X'、Y'、Z'分别向主、左视图方向作辅助线，找到对应点 X、Y、Z 和 X''、Y''、Z''，用粗实线连接得到截切面的视图，分别与其他顶点 A、B、C 和 A''、B''、C''用粗实线连接，得到整个视图的轮廓线，最后擦去辅助线，完成三视图的绘制，见图 2-13。

(2) 曲面立体的截切

曲面立体被一平面截切，截切面形状与立体的结构和截切的位置有关。规则回转体（圆柱、圆锥、圆台等）的截切面可以是矩形、圆、椭圆、三角形、双曲线、抛物线、梯形等。绘图时需要分析截切面的结构，找出截切线上的特殊点，依据三视图关系，找一些一般点的对应点，绘制截切面的轮廓线。

绘图示例：

如图 2-14 所示，过程如下。

① 使主视图投影面与截平面 P 垂直，则该平面在主视图上积聚为一条直线（仍以 P 表示），在俯视图上为圆和线段 CE，据此很容易绘制出主视图和俯视图。从这两个视图可以看出截平面的特殊点应该包括 A、B、C、D、E 及其在其他视图的对应点。因此，接下来的工作就是要依据三视图“等长、等高、等宽”的关系找到这些特殊点在左

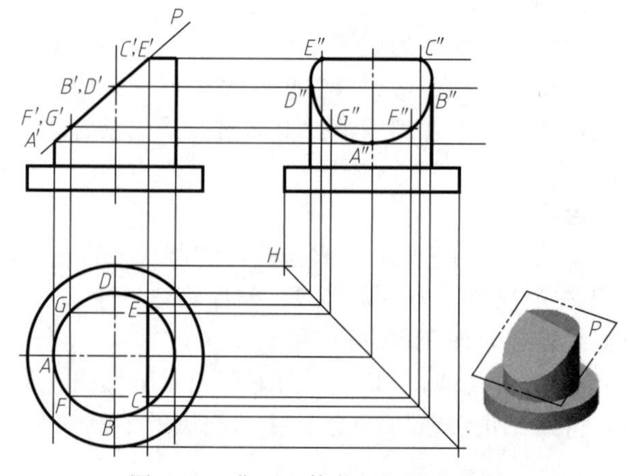

图 2-14 曲面立体截切视图的绘制

视图上的位置。

② 首先自定左视图底边线的起点，由这个起点和俯视图的最高点出发，分别画一条铅垂线和水平线，交于点 H，过 H 作直角的外角平分线 q，以此辅助线作为俯、左视图宽相等的对称线。

③ 由主视图的各个特殊点绘制水平辅助线，由俯视图各特殊点绘制以 q 线为对称轴的辅助线，找到在左视图的对应交点 A''、B''、C''、D''、E''，若截切面与水平呈 45°角，则左视图截切面是圆的一部分，依据特殊点即可绘制左视图，若不是此特殊角度，需要找一些一般点，进行光滑连接。

④ 找一般点：在主视图 A'、C'之间可以任意找一般点，如 F'、G'，用找特殊点同样的方法，在左视图找到对应点 F''、G''。同理，可以找到多个一般点，将特殊点和一般点进行连接（曲线部分需要光滑连接），加粗轮廓线，即得到左视图。

[利用 AutoCAD 绘制相贯线]

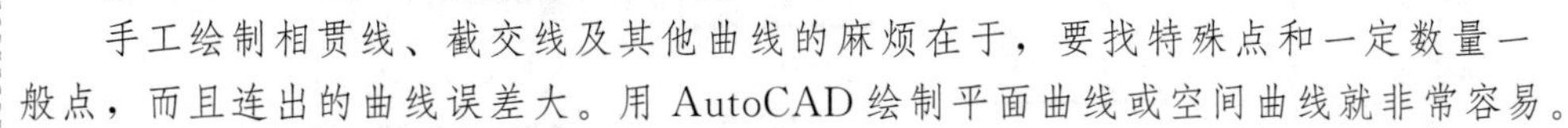

手工绘制相贯线、截交线及其他曲线的麻烦在于，要找特殊点和一定数量一般点，而且连出的曲线误差大。用 AutoCAD 绘制平面曲线或空间曲线就非常容易。

方法一：简易法绘制相贯线　正常绘制视图其他线，找到相贯的特殊点（三个），如图 2-15（a）所示，主视图相贯线的最低点是左视图引一条水平辅助线与小圆柱体轴线的交点。然后，用多段线（Pline）命令连接三个特殊点，在修改面板或右键菜单调用“编辑多段线”，或输入 Pedit 命令/拟合（或直接输入命令 Spline 进行三点的曲线拟合），可变成光滑的平面曲线［图 2-15（b）］，删除辅助线和点［图 2-15（c）］。在三维绘图中，用 3Dpoly 命令画出 3D 图形上通过特殊点的折线，然后使用 Pedit 命令中 Spline 曲线拟合，可变成光滑的空间曲线。另外，AutoCAD 也可以通过三视图关系进行多点绘制相贯线，由于正交限制命令的使用，使得多点法也很方便，过程和手动绘图过程相同（在多点连接时采用多段线/拟合或直接 Spline，准确度高于手工绘图）。当然，也可以模拟手工中的简易法（相贯线近似为圆弧），AutoCAD 用的是辅助圆或圆弧，即以 A 或 B 点为圆心，以较大圆柱截面半径为半径画圆或圆弧，交小圆柱轴线于一点，以该点为圆心，用圆弧连接 A、B 两点，删除辅助圆或圆弧，得到相贯体视图。

方法二：首先用 Solids 命令创建三维基本实体（如长方体、圆柱、圆锥、球等），再经 Boolean（布尔）组合运算，通过交、并、差和干涉等获得各种复杂实体，绘制出相贯体后，利用第一章三维图线转二维图形方法，得到相关体二维图形。

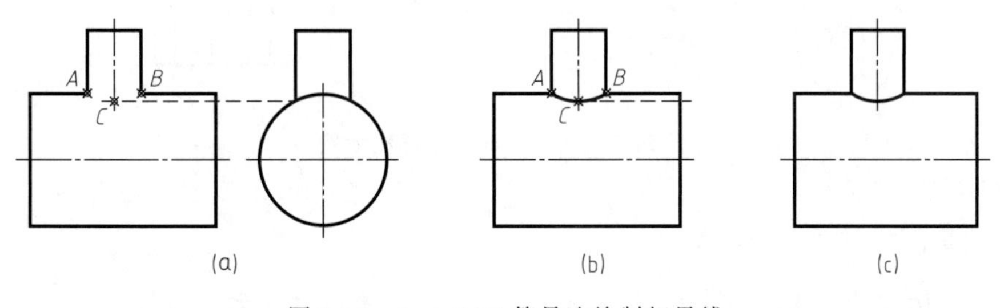

图 2-15　AutoCAD 简易法绘制相贯线

三、不同形体的尺寸标注

物体的尺寸标注是制图的重要组成部分，其基本原则是：①图样上标注的尺寸是零件的实际尺寸，与所用的比例和绘图的准确度无关；②图样上的尺寸一般是以毫米（mm）为单位，但不标出计量单位，若采用其他长度单位，则必须标清；③尺寸标注以最小化为原则，一个尺寸只能标注一次；④图样标注的尺寸是加工后的尺寸，若不是则必须特殊说明。总之，尺寸标注应该以完整、正确、清晰、合理为目标，既不可以漏标、错标，也不可以凌乱和重复标注。

（一）简单形体的尺寸标注

1. 平面立体的尺寸标注

平面立体一般标注长宽高三个方向的尺寸，标注时尽量做到尺寸分布均匀、清晰，靠近另一个相关视图，式样见图 2-16。

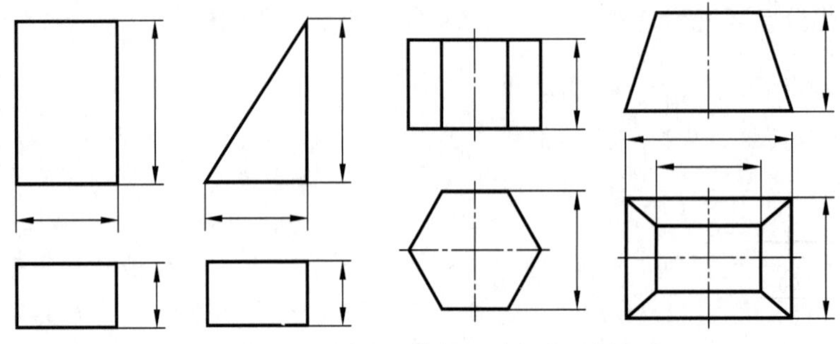

图 2-16　平面立体的尺寸标注示例

2. 曲面立体的尺寸标注

曲面立体的尺寸一般要表达出曲面的半径或直径，在尺寸前分别用 R、ϕ 表达。当表示球面的半径或直径时，符号前面要加 S，见图 2-17 示例。当需要表达的尺寸较少时，可只在一个视图上集中标注。

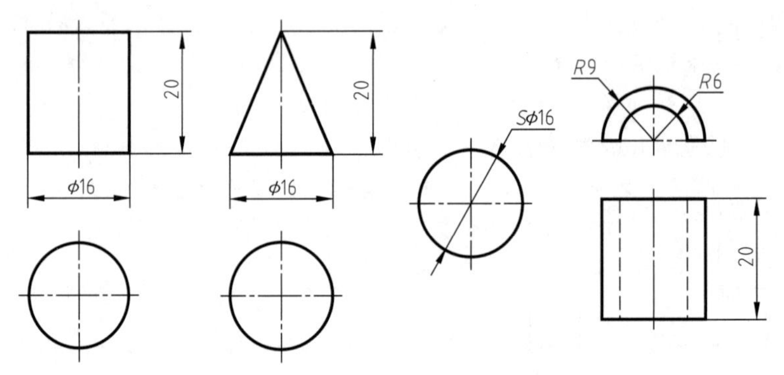

图 2-17　回转体的尺寸标注示例

（二）组合体的尺寸标注

标注组合体尺寸，需要三类尺寸，即：定形尺寸、定位尺寸和总体尺寸。三种尺寸相互结合，既要清晰，又要完整地表达一个组合体。组合体尺寸标注的步骤如下：

① 运用形体分析方法，将组合体分解为一些简单立体，以便确定出需要标注哪些定形尺寸（基本体形状和大小）；再进一步分析组合体的各组成形体之间的组合方式和相对位置，从而确定出需要标注哪些定位尺寸（即基本体之间相对位置的尺寸）。

② 选定 X、Y、Z 三个方向的主要尺寸基准，通常以机件的底面、端面、对称面和轴线作为基准。

③ 逐个标出各组成形体的定形尺寸和定位尺寸。

④ 将尺寸进行调整，标出总体尺寸，去掉多余尺寸。

⑤ 检查尺寸有无多余及遗漏，是否符合国标规定，尺寸布置是否合理，若发现问题及时修改。

当然，先标注定形尺寸还是先标注定位尺寸，结果差别不大，可根据个人习惯和形体的具体情况确定。

1. 相贯体的尺寸标注

相贯体不但需要标注各基本体的形状大小，即定形尺寸，还需要标注各基本体的相对位置，即定位尺寸，但不可以标注相贯线的尺寸，见图 2-18。

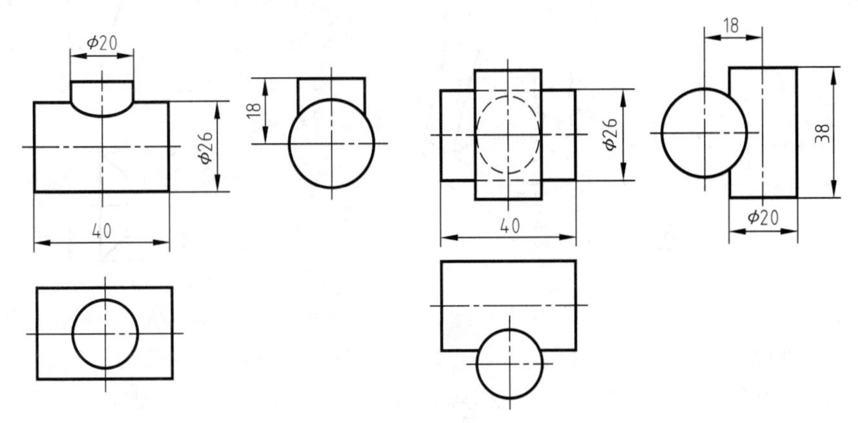

图 2-18　相贯体的尺寸标注

在图 2-18 中，处于竖直方向的圆柱体中心轴恰好是物体的对称线，因此不用标注长度方向上的定位尺寸，若非此情况，则需要标注长度方向上的定位尺寸。回转体的定位，应尽量采用其对称轴线为尺寸基准线。

2. 其他组合体尺寸标注

对于叠加体，应该标注定形尺寸、定位尺寸和总体尺寸。这三类尺寸必须标注完全，不要有遗漏，也不要出现重复标注，以免影响图面的清晰程度或造成尺寸矛盾。为保证图面所注尺寸清晰，除严格遵守机械制图国标的规定外，须注意下列几点：

① 定形尺寸应尽量注在反映形体特征明显的视图上。

② 定位尺寸应尽量注在反映形体间位置特征明显的视图上，并尽量与定形尺寸集中标注在一起。

③ 尺寸应尽量注写在视图之外，只有当视图内有足够的地方，能够清晰地注写尺寸数字时，才允许注写在视图内。

④ 同轴的圆柱、圆锥的径向尺寸，一般注在非圆视图上，圆弧半径应标注在投影为圆弧的视图上，标注基准要有所选择：高度方向的基准一般选择主视图、左视图的底边；长度方向的基准选择主视图、俯视图的右侧边；宽度方向的基准一般选择俯视图上下轮廓线或左视图的左右外轮廓线。

⑤ 在尺寸排列上，为了避免尺寸线和尺寸界线相交：同一方向并联的尺寸，小尺寸在内，靠近图形，大尺寸在外，依次远离图形；同一方向串联的尺寸，箭头应互相对齐，排在

一直线上。如图 2-19 所示。

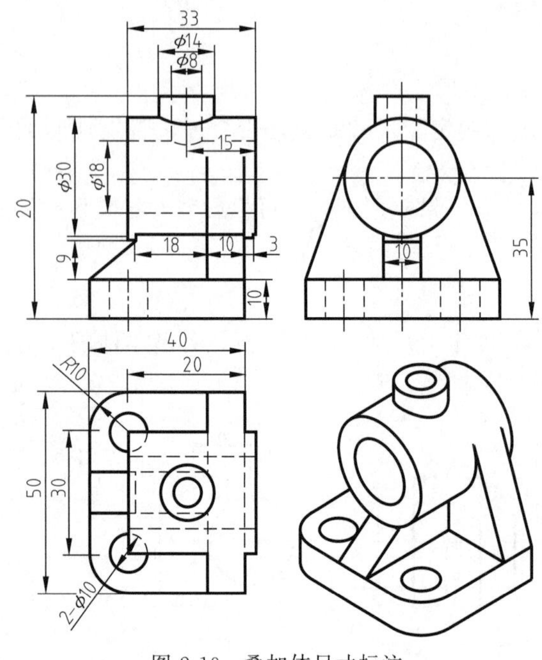

图 2-19　叠加体尺寸标注

四、轴测图

平面视图简单，尺寸清楚，但无法直观反映物体的外形。轴测图是一种单面投影图，是对平面视图的一个重要补充，能够在一个投影面上同时反映物体的三个坐标面形状，接近于人们的视觉习惯，形象逼真、富有立体感。但轴测图一般不能反映出物体各表面的实形，因而度量性差，同时作图较复杂。因此，在工程上常把轴测图作为辅助图样，来说明机器的结构、安装、使用等情况，在设计中，用轴测图帮助构思、想象物体的形状，以弥补正投影图的不足。

（一）轴测图的表达参数

把空间物体和确定其空间位置的直角坐标系按平行投影法沿不平行于任何坐标面的方向投影到单一投影面上，得到轴测图。如图 2-20 所示，为一立方体的轴测投影图。其中，由坐标轴 OX、OY、OZ 投影得到的 O_1X_1、O_1Y_1、O_1Z_1，称为轴测轴；三个轴测轴之间的夹角称为轴间角。在轴测轴上物体的线段长度除以物体坐标轴上的对应线段长度，称为轴向变形系数，分别用 p、q、r 表示。例如：O_1Y_1 轴向变形系数 $q=O_1B_1/OB$。

（二）常用的轴测图

投影方向不同，轴测图变形系数不同。按投影方向，常用的轴测图分为正轴测图和斜轴测图，其中最重要的是正等测图和斜二等测（简称斜二测）图两种，如图 2-21 所示。

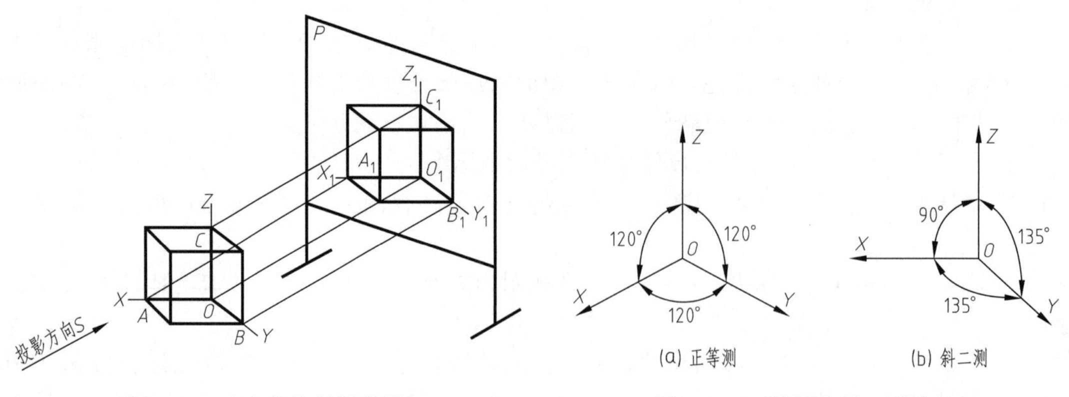

图 2-20　立方体的轴测投影　　　　图 2-21　正等测和斜二测轴间角

① 正等测图　指的是投影方向 S 垂直于投影面，这时三个轴测轴间的夹角相等，都是 120°角。轴向变形系数 $p=q=r=0.82$，为便于作图，标准规定允许取 1。

② 斜二测图　当投影方向 S 与轴测投影面不垂直且三个轴向伸缩系数中有两个相等时，

即得到斜二测。轴间角为 90°、135°、135°；轴向伸缩系数 $p=r=1$，$q=0.5$。

（三）轴测图的画法

由物体的正投影绘制轴测图，是根据坐标对应关系作图，即利用物体上的点、线、面等几何元素在空间坐标系中的位置，用沿轴向测定的方法，确定其在轴测坐标系中的位置，从而得到相应的轴测图。推荐使用计算机绘图，能够更快更准确地完成轴测图绘制。

手工绘制轴测图的方法和步骤：

① 对所画物体进行形体分析，弄清原体的形体特征，选择适当的轴测图；

② 在原投影图上确定坐标轴和原点；

③ 绘制轴测图时，先画轴测轴，作为坐标系的轴测投影，然后再逐步画出；

④ 轴测图中一般只画出可见部分，必要时才画出不可见部分。

绘图示例 1　绘制平面矩形的轴测图

如图 2-22 所示，首先建立正等侧投影坐标系，在 X 轴上截取 a 长度，得到截点 A、B；在 Y 轴上截取 b 宽度，得到截点 C、D，在轴上截取时起始点不限。过 A、B 截点作 Y 轴平行线，过 C、D 截点作 X 轴平行线，这 4 条线的交点即为矩形轴测图的四个顶点，用实线连接，去掉辅助线，完成作图。

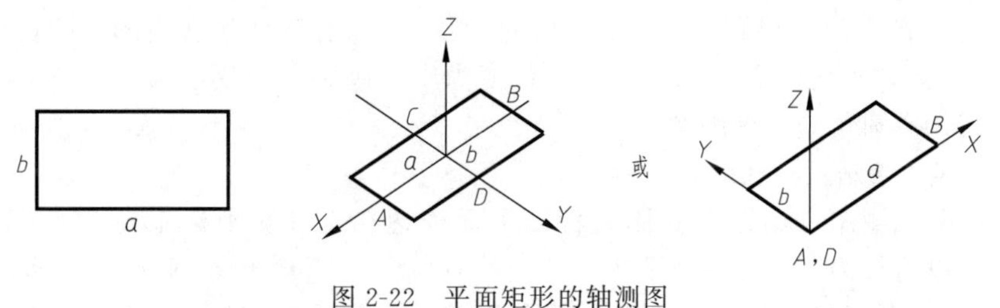

图 2-22　平面矩形的轴测图

绘图示例 2　绘制平面圆的轴测图

分析：平面圆的正等轴测图应该是个椭圆，应采用椭圆的画法。在手工绘制时，多采用辅助外接正方形的画法，见图 2-23。

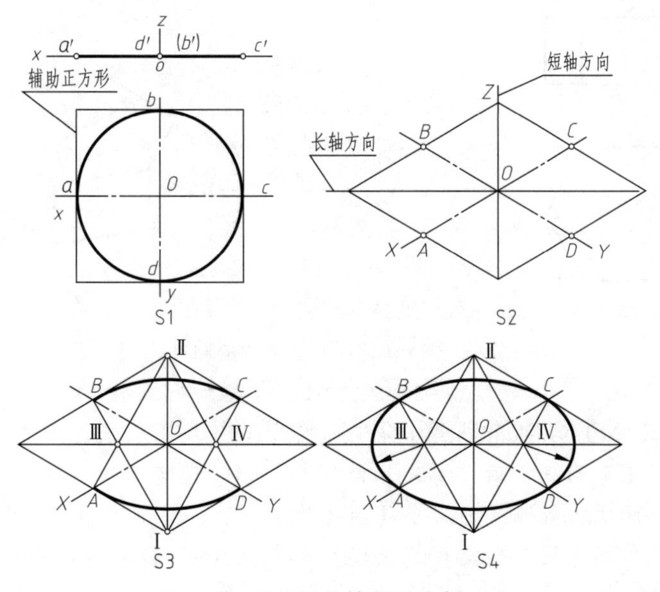

图 2-23　平面圆的轴测图绘制过程

绘图：①S1阶段，绘制圆的外接正方形，得切点 a、b、c、d。②S2阶段，按照绘图示例1的方法，绘制正等测坐标系，在 X、Y 轴测轴上截取正方形的边长，得到4个截点 A、B、C、D，与切点 a、b、c、d 是对应的，也就是说轴测图上椭圆线必过这4个截点。先过4个截点作 X、Y 轴的平行线，连接得到的交点，得到平行四边形，即为辅助正方形的轴测图。③S3阶段，椭圆短轴方向的曲线可以由四边形顶点Ⅰ和Ⅱ作圆心，以到远处切点的长度为半径绘出。④S4阶段，连接Ⅰ、Ⅲ顶点与远切点，得交点Ⅲ和Ⅳ，以这两点为圆心，以其到最近切点的长度为半径，画出长轴方向的两段圆弧，加深图线得到圆的轴测图。

绘图示例3 绘制圆角的正等测图

如图2-24所示，平面投影中圆角为正常圆的一部分，由绘图示例2可知，在正等测图上应该是椭圆的一部分，最简化的画法是：①将圆角的直边延长，交于点 e、f，先在正等测坐标系中绘制矩形的轮廓线 $AEFD$；②确定 A、B、C、D 4个切点的位置，因平面图中 a、b、c、d 为切点，因此只需要在轴测图上截取 $AE=ae$、$BE=be$、$CF=cf$、$DF=df$，得到4个切点；③过 A、B、C、D 作所在边的垂线，分别相交于点 O 和 O_1，以这两点为圆心，到对应切点长度为半径画圆弧分别连接 A、B 和 C、D，加深图线，得到带有圆角的正等测图。

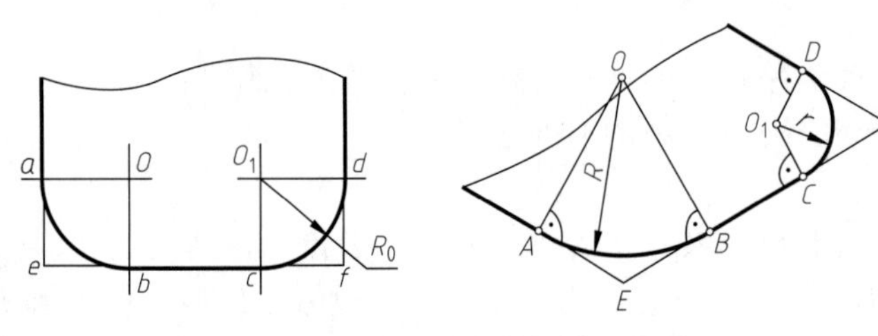

图2-24 带圆角正等测图的绘制

绘图示例4 绘制六棱柱的正等测图

绘制立体等轴测图，首先将立体的特征平面表达在正等测坐标系内，如图2-25所示，将正六边形（设边长为 a）的一个平行于某边的对角线如 $A'D'$ 放在 X 轴上，即在 X 轴上截取 $2a$ 长得到2个截点 A、D；在 Y 轴上截取两平行边的距离，得到截点 G、H，过 G、H 画平行于 X 轴的直线，在直线上截取长度 a，得到截点 B、C、E、F，接下来，只需要连接 $ABCDEF$，得到六边形的正等测图。最后，只需要从可见棱边的 A、B、E、F 作铅垂线段，使线段长度等于棱柱高，连接得到的4个顶点，加深图线，即完成绘制。

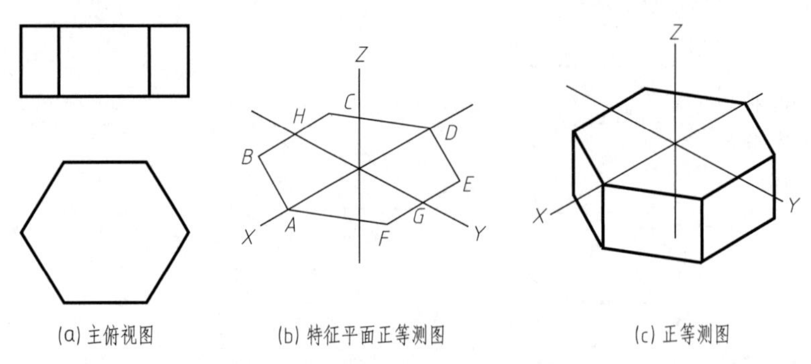

图2-25 六棱柱的正等测图绘制过程

[利用AutoCAD绘制轴测图]

一个实体的轴测投影只有顶部平面和左侧、右侧平面可见，一般将这三个面作为基准平面，并称之为轴测平面，也是制图的工作面，分别称为顶轴测面、左轴测面和右轴测面，每个工作面与两个轴测轴相关联。当在AutoCAD中激活轴测模式之后，就可以分别在这三个面间进行切换。如图 2-26 所示，在正等测体系，一个长方体在轴测图中的可见边与水平线夹角分别是 30°、90°和 150°。左视图关联 y 轴和 z 轴，俯视图关联 x 轴和 y 轴，右视图关联 z 轴和 x 轴。

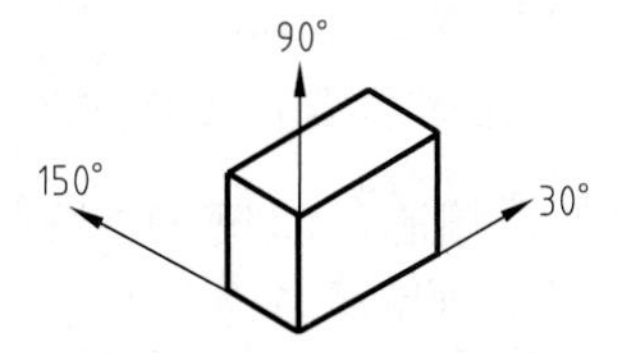

图 2-26　实体的轴测平面

绘制过程如下。

1. 调用“等轴测捕捉/栅格”模式

在 AutoCAD 中，单击启用状态栏的“等轴测草图”中的三个工具之一（、和代表不同的假想空间平面），则屏幕上的十字光标将由变为轴测样式，或者在命令行内输入命令“isoplane”，系统将提示“输入等轴测平面设置 [左 (L)/上 (T)/右 (R)]:”，可以方便地随意选择需要的视图，十字光标也依次变为、和。在绘图过程中通过以下方法切换：F5 键或 Ctrl+E 组合键，将按顺序编辑左视图、右视图、上视图（即俯视图），或命令执行完毕，再次调用前从状态栏点选切换。

2. 创建图形

通过 F8 或状态栏的“正交”按钮来选用“正交”状态，这样就可以在不同的面内画出平行于所在关联轴的线条，与平面投影上的绘图相同，从而很容易地创建等轴测图形。由于圆命令不能出现等轴测式样，除了斜二测的 xoz 为圆轮廓外，绘制侧面的圆要使用椭圆工具，输入 el，调用 ELLIPSE，则命令行出现等轴测圆 (I) 选项，点选后，配合 F5 切换椭圆式样，则可以绘制不同平面的圆。

ELLIPSE 指定椭圆轴的端点或 [圆弧(A) 中心点(C) 等轴测圆(I)]:

3. 标注

标注尺寸时，需遵循尺寸线和轮廓线平行、尺寸界线与尺寸线垂直、尺寸数字与尺寸线垂直的原则，在等轴测图上，表达垂直的坐标轴之间的夹角为 120°，因此首先要弄清夹角为 90°不能表达“垂直”关系。所以用“对齐”标注 x、y、z 3 个方向尺寸后，如图 2-27 (a) 所示，尺寸界线与相邻轮廓线方向偏离，应倾斜到相邻轮廓线所在的平面内 [见图 2-27 (b)]；图 2-27 (a) 的尺寸数字与尺寸线看似垂直，实际上在等轴测中不能表达垂直关系，只有和另外两个方向的坐标轴平行时，才表示与尺寸线垂直（要求不严格时，可以使用这种 90°的标注样式）。因为等轴测平面的轴是 30°、90°和 150°方向，需要增加设置倾斜角度分别为 30°、−30°的文字样式（东向为 0°。因文字样式管理器中倾斜角的设置范围是−85°～85°，因此用 −30°对应 150°方向），这样可使文字与所在轴测面的方向一致 [见图 2-27 (b)～(d)]。每条轮廓线尺寸标注的界线有两种可选的方向，如尺寸 80 的界线可以在顶等轴测面 [见图 2-27 (b)]，也可以在右等轴测面 [见图 2-27 (c) 和图 2-27 (d)]，应以清晰表达为原则，另外，为利于观察，纸面上的文字应避免字头倾斜朝下，

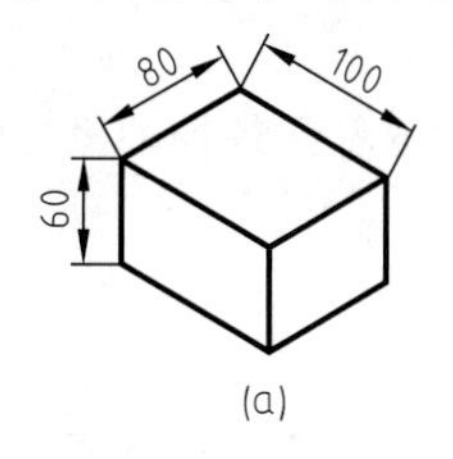

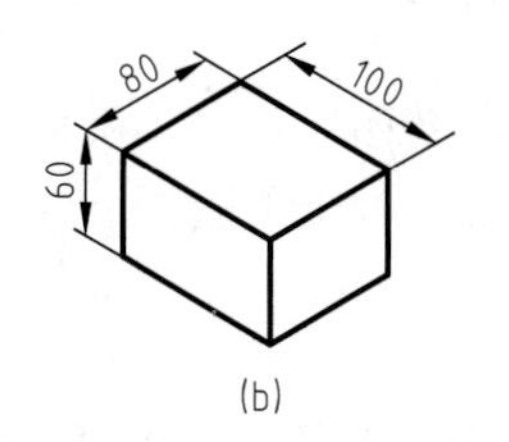

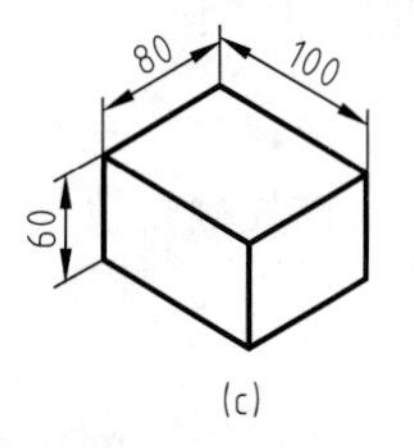

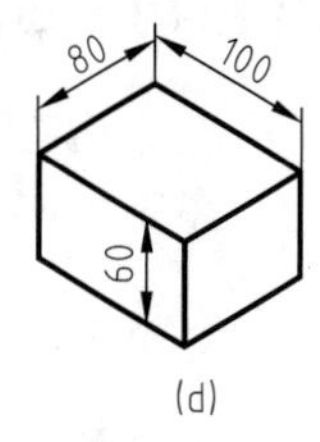

图 2-27　等轴测图的尺寸标注

图 2-27（c）中的尺寸 60 不便于读图，应采用图 2-27（b）或图 2-27（d）的标注方式。

标注步骤为：①从注释选项卡的标注面板或菜单栏的“标注”（Dimension）中选择“对齐标注”（Alignd）命令，捕捉线的端点将尺寸数值拖放到合适的位置，见图 2-28（a）。②从标注面板下拉三角展开工具中选择倾斜 ，或从菜单“标注”（Dimension）中选择“倾斜”（Oblique）命令，或从命令栏输入 Dimedit，再输入 O，调用倾斜命令，则提示选择对象，单击要倾斜的标注，确定，则命令提示输入倾斜角度。因尺寸界线应和两端的轮廓线平行，因此只需要在一条轮廓线上捕捉单击任意两点［见图 2-28（b）］，即可使尺寸界线与该轮廓线方向一致（也可以输入角度数值控制方向），见图 2-28（c）。③设置数字的倾斜角度：首先设置两种倾斜角度分别为 30°和－30°的文字样式，然后，单击要修改的标注，从“注释”功能面板下拉文字样式并单击选择（光标接触样式时即有预览），完成修改，见图 2-28（d）。修改同样方向的标注时，尽量利用格式刷（MA）修改其他文字方向，更加快捷。

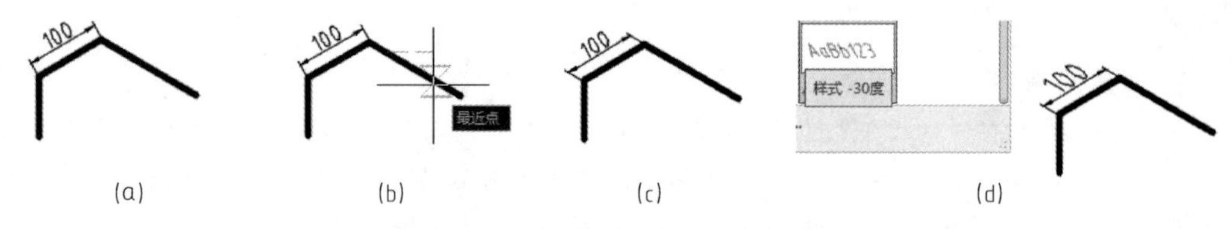

图 2-28　轴测图的尺寸标注过程

注意事项：①标注尺寸时，不必在等轴测下进行，在捕捉端点状态下直接使用对齐标注命令，再进行修改；初学者应多利用注释面板（图 2-29）的工具。②在“等轴测捕捉/栅格”模式下，自动捕捉的功能没有平面模式下那么强大。若标注点不易捕捉，可以画辅助线确定交点，避免出错。③在平面画法中的直径、半径和角度的标注方法，不再适用于等轴测图。因为等轴测图其实也是二维图形，但其角度如 90°，在二维里不是 60°就是 120°。因此，标注直径时，应该用直线画出直径，标注两个端点；标注角度时可使用文字说明。

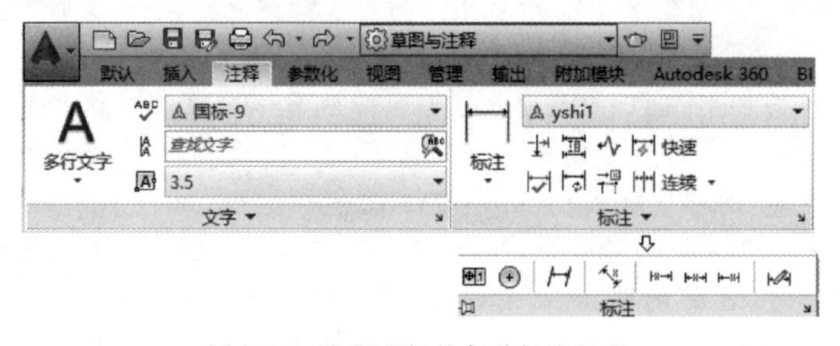

图 2-29　注释面板的各种标注工具

五、物体结构表达的视图类型

为了清晰表达物体的结构，只有三个基本视图往往是不够的，还需要各种辅助的表达方法。因此，在制图前，应该首先确定要使用哪些种类的视图。

（一）基本视图

正投影法得到的六个投影面上的视图都是基本视图［图 2-30（a）］，如主视图、左视图和俯视图，是我国常用的基本视图（第一角投影）。

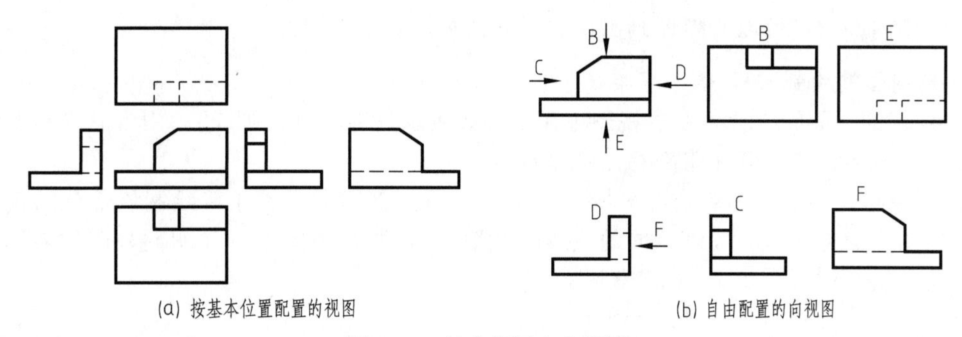

图 2-30　基本视图和向视图

（二）向视图

向视图投影方向比较自由，当某视图不能按投影关系配置时，可按向视图绘制。如图 2-30（b）所示，向视图也是基本视图的一种表达形式，只是配置的方向比较随意，因此必须在主视图（一般选择主视图）附近用箭头指明投射方向，在箭头上注明大写英文字母来区分不同的向视图，并在对应向视图的上方标注相同的字母。

（三）局部视图

局部视图只表达物体的某一部分向基本投影面投射所得的视图。因在绘制时可以放大，自由选择比例，局部视图成为表达局部结构的最常用手段。

绘制规则：①在基本视图上用带字母的箭头标记要表达的部位和投射方向，见图 2-31（a）。②在局部视图上注明相同字母表示的视图名称，与基本视图的标记一一对应。③用波浪线表示局部视图的范围，只有当表示的局部结构有完整的且封闭的外轮廓时，波浪线才可以省略。④在视图配置上，局部视图既可以遵从基本视图的配置形式，也可依照向视图的配置形式；另外，为了读图方便，局部视图可以绘制成与实体倾斜方向平行，得到的局部视图也可以称为斜视图，如图 2-31（b）中的 B 向视图所示；斜视图 B 可以旋转后按非倾斜绘制，这时，其上方的符号前应该加旋转符号并可以标注旋转的角度［图 2-31（c）］。

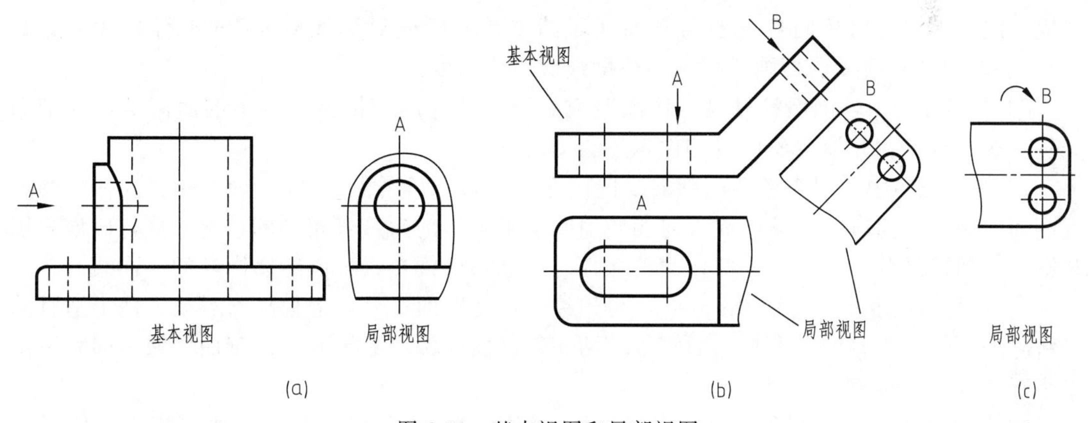

图 2-31　基本视图和局部视图

（四）剖视图（GB/T 4458.6—2002）

当内部形状较复杂时，视图上将出现较多虚线，不便于看图和标注尺寸。采用剖视图，假想用一个平面将物体剖开，则可以展示内部的结构。在图 2-32 中，用一个大的对称面剖开物体，则内部结构可以清晰地画出来，得到的视图属于剖视图。

1. 剖视图的绘制过程

① 确定剖切面的位置，在主视图上用剖切线表示（细单点长画线），用带有拐角的箭头表示剖切的方向，箭头旁注明剖切点字母符号。

② 想象移走的部分和剩余部分的剖面形状，依据剖切方向，正确绘制该部分的正投影视图，绘制剖面符号（一般以不同的线或图案填充），并在视图上方注明剖视图的名称（用剖切点符号组合注写，如 A—A、B—B 等）。

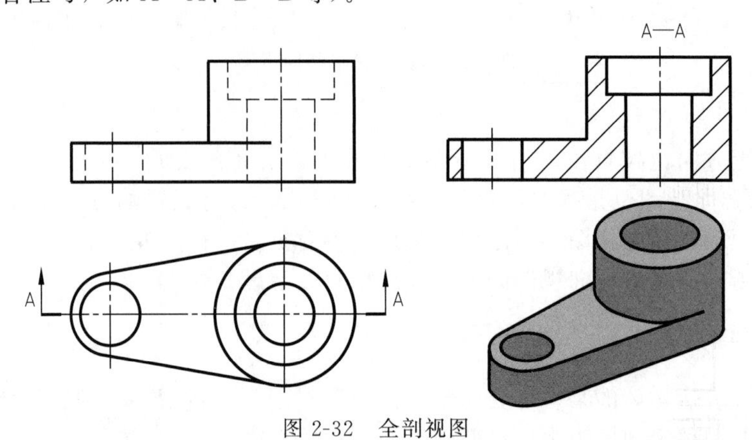

图 2-32 全剖视图

2. 注意事项

① 选择剖切平面时，尽量通过机件的对称面或轴线，而且要平行或垂直于投影面。

② 剖切只是一种假想，其他视图仍应完整画出，剖切面后方的可见部分要全部画出。

③ 在剖视图上已经表达清楚的结构，若在其他视图上的投影为虚线，则其虚线可以省略不画。但没有表示清楚的结构，允许画少量的虚线。

④ 剖面符号要依据材料的类型绘制，见表 2-1。不需在剖面区域中表示材料的类别时，剖面符号可采用通用剖面线表示。在同一金属零件的图中，剖视图、断面图中的剖面线，应画成间隔相等、方向相同且一般与剖面区域的主要轮廓或对称线成 45°的平行线（见图 2-32）。必要时，剖面线也可画成与主要轮廓线成适当角度。

⑤ 在零件图中，剖面符号可以用涂色或点阵代替；同一物体的各个剖面区域，其剖面线画法应一致；相邻辅助零件或部件，不画剖面符号。

⑥ 在装配图中，同一零件的剖面线应该方向相同、间隔相等（即疏密一致）。邻接的零件剖面线倾斜方向应该相反，或方向相同而间隔不等，剖面符号相同的材料邻接，应该采用疏密不一加以区分。但若接合件作为整体再与其他零件接合，可以绘制同样的剖面线。

⑦ 若剖面宽度小于等于 2mm 时，可用涂黑代替剖面符号，但玻璃材料或一些不适宜的材料除外，这些材料可以不画剖面符号；两相邻剖面区域均涂黑时，两剖面区域之间宜留出不小于 0.7mm 的空隙。

⑧ 剖切平面不一定只用一个，可以组合。组合时平面可以平行，也可以相交，如图 2-33 所示为两个平行剖切面得到的剖视图。图 2-34 为几个相交的剖切面得到的剖视图，在这种相交剖切面视图中，必须采用旋转画法，假想所有剖切面旋转到同一平面产生的视图。

⑨ 当肋板被剖切面通过时，不画成剖面形式。

⑩ 如仅需画出被剖切后的一部分图形，其边界又不画断裂边界线时，则应将剖面线绘制整齐。

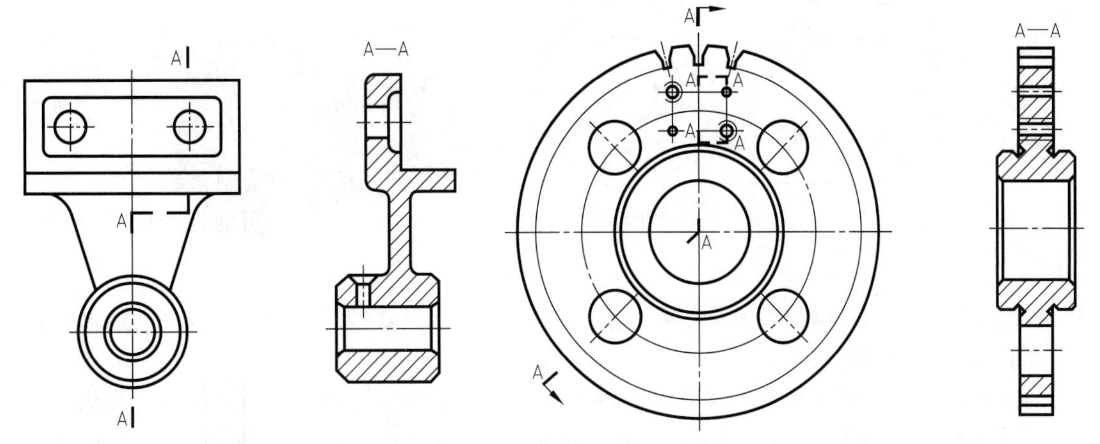

图 2-33　两个平行的剖切面获得的剖视图

图 2-34　几个相交的剖切面获得的剖视图

表 2-1　不同材料的剖面符号（GB/T 4457.5—2013）

材料种类	剖面符号	材料种类	剖面符号	材料种类	剖面符号
金属材料（已有规定剖面符号者除外）		非金属材料（已有规定剖面符号者除外）		基础周围的泥土	
线圈绕组元件		木质胶合板（不分层数）		混凝土	
转子、电枢、变压器和电抗器等的叠钢片		木材（纵断面）		钢筋混凝土	
玻璃及供观察用的其他透明材料		木材（横断面）		型砂、填沙、砂轮、陶瓷及硬质合金刀片、粉末冶金等	
格网（筛网及过滤网等）		液体		砖	

3. 剖视图的类型

图 2-32～图 2-34 都属于全剖视图，但在实际应用中，为了减少绘图工作量，对于对称性较强的结构，只需要剖切掉 1/4，这样出现的剖视图称为半剖视图，见图 2-35；另外，只剖某个局部的视图称为局部剖视图，见图 2-36。

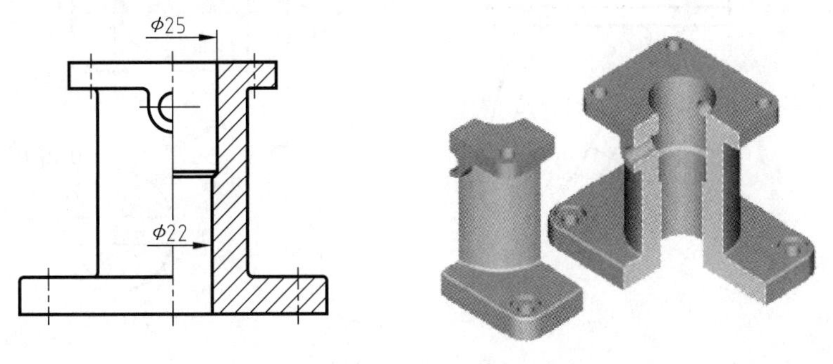

图 2-35　半剖视图

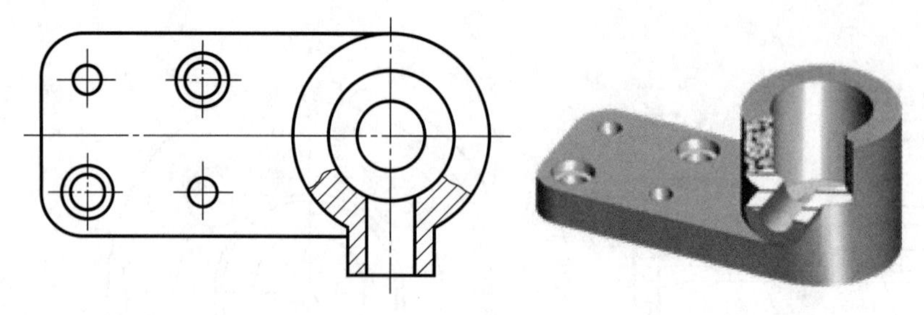

图 2-36　局部剖视图

半剖视图内部的轮廓线并不完整，在标注尺寸时采用只超过对称轴的部分尺寸线进行标注，此时只有一端存在尺寸界线。

局部剖视图用波浪线或双折线作为分界，它们不能和图样上的其他图线重合，当剖切结构为回转体时，允许使用回转体的轴线作为局部剖视与视图的分界线。另外，波浪线的起始点应该位于物体上，不能穿空而过，也不能超出视图的轮廓线。为了清晰起见，在一个视图中的局部剖视图的数量不宜过多。

（五）断面图

断面图包括移出断面图和重合断面图，是假想用剖切面将物体的某处切断，只画出该剖切面与物体接触部分（剖面区域）的图形，常用来表达肋板，轮辐，型材，带有孔、洞、槽的轴等结构的断面形状，比绘制剖视图简单。

移出断面图是将断面画在视图之外，轮廓线用粗实线绘制，往往配置在剖切线的延长线上或其他适当的位置，见图 2-37；在空间不允许的情况下，也可以配置在其他地方，但必须做好标注。非规则的形状，可以用两个或多个相交的剖切平面剖切，这时的移出断面中间一般应断开绘制，见图 2-38（a）。当剖断面遇到孔或凹坑的轴线时，断面图要按剖视图绘制，见图 2-38（b）。

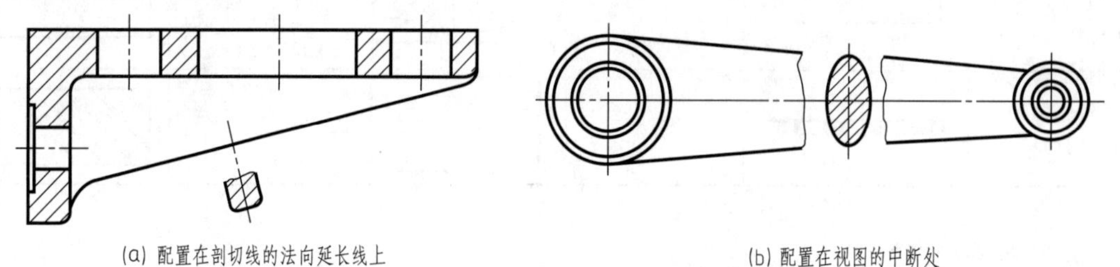

(a) 配置在剖切线的法向延长线上　　(b) 配置在视图的中断处

图 2-37　配置在不同位置的移出断面图

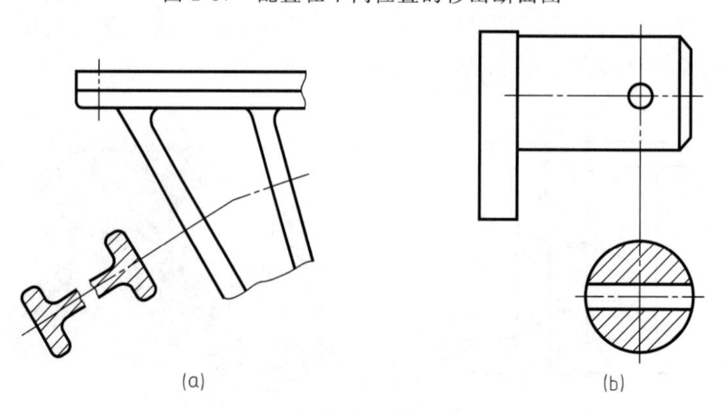

(a)　　(b)

图 2-38　特殊情况下的移出断面图

与剖视图一样，断面图的标注也采用大写的拉丁字母进行区分，见图 2-39（a）。配置在剖切符号延长线上的不对称移出断面，需要标注箭头，但不必标注字母；对于不配置在剖切符号延长线上的对称移出断面，以及按投影关系配置的移出断面，一般不必标注箭头。配置在剖切线延长线上的对称移出断面，不必标注字母和箭头［如图 2-37、图 2-38、图 2-39（a）所示］。

重合断面图画在视图之内，其轮廓线用细实线绘制。当视图中的轮廓线与断面图的图线重合时，视图中的轮廓线仍应连续画出。一般重合断面图只需指明投影方向（不对称时），不需标注符号，如图 2-39（b）所示。

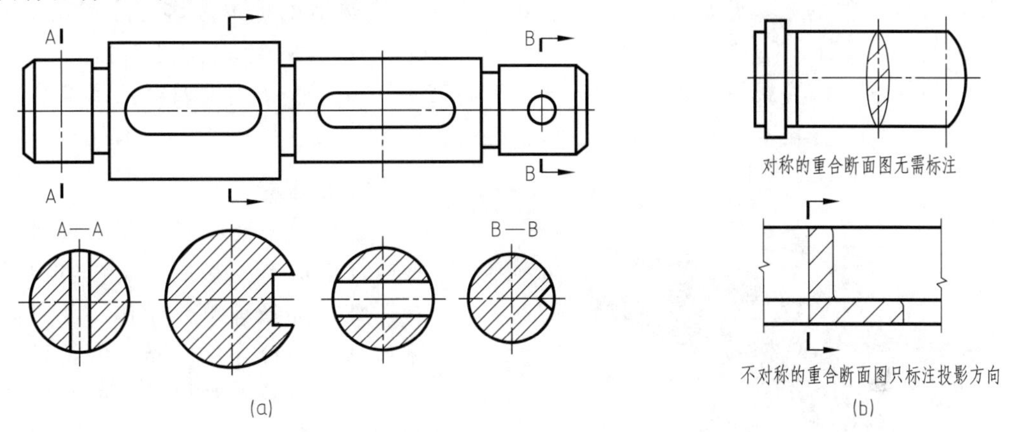

图 2-39　移出断面图和重合断面图的标注方法

第二节　化工设备的结构和特点

一、典型的化工设备

1. 容器

主要用来贮存原料、中间产品和成品等。按形状分为圆柱形、球形等，圆柱形容器应用较广，图 2-40 为圆柱形容器。化工生产中所用压力容器的设计、制造需要依据 GB/T 150.1～150.4—2011。立式圆筒形钢制焊接储罐的安全技术规范参见标准 AQ 3053—2015；钢制球形储罐的设计及制造需依据 GB/T 12337—2014。

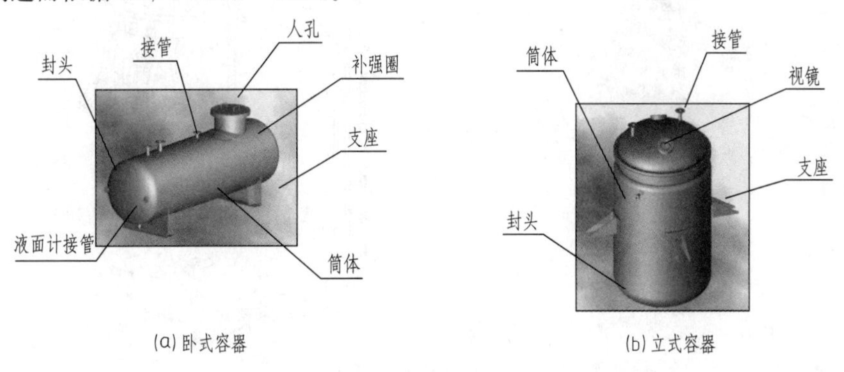

图 2-40　圆柱形容器

2. 换热器

主要用来使两种不同温度的物料进行热量交换，以达到加热或冷却之目的，按用途分为加热器、冷却器、冷凝器、蒸发器和再沸器，按冷热流体热量交换方式可分为混合式、蓄热式和间壁式。其中间壁式换热器使用十分广泛，该类换热器又可分为板式换热器、夹套式换热器、沉浸式蛇管换热器、喷淋式换热器、套管式换热器、管壳式换热器。管壳式换热器也称为列管式换热器，结构紧凑，换热效率高，经常被工业生产采用。依据构造差异，管壳式换热器又可分为固定管板式换热器、浮头式换热器、U形管式换热器、涡流热膜换热器。固定管板式换热器的基本形状如图2-41所示。管壳式换热器的标准较多，除依据GB/T 151—2014外，设计、制造者需要依据：JB/T 7356—2016《列管式油冷却器》、HG/T 3112—2011《浮头列管式石墨换热器》、HG/T 4172—2011《管壳式聚四氟乙烯换热器》、HG/T 4585—2014《化工用塑料衬里列管式换热器》。

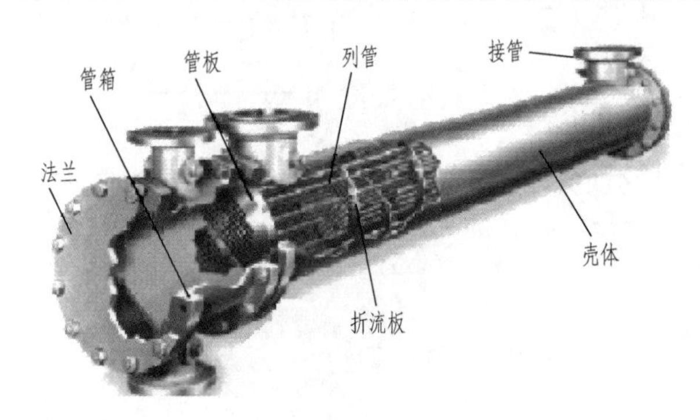

图2-41 固定管板式换热器

3. 反应器

主要用来使物料在其中进行化学反应，生成新的物质，或者使物料进行搅拌、沉降等单元操作。反应器类型包括：①管式反应器。由长径比较大的空管或填充管构成，主要用于均相的气相或液相反应。②釜式反应器。由长径比较小的圆筒形容器构成，常装有机械搅拌或气流搅拌装置，可用于均一液相反应和液-液、气-液、气-液-固等多相反应过程，用途十分广泛，图2-42即为搅拌式反应器及内部结构。③床层式反应器。气体或（和）液体通过固定的或运动的固体颗粒床层以实现多相反应过程，包括固定床反应器、流化床反应器、移动床反应器、涓流床反应器等。④塔式反应器。用于实现气液

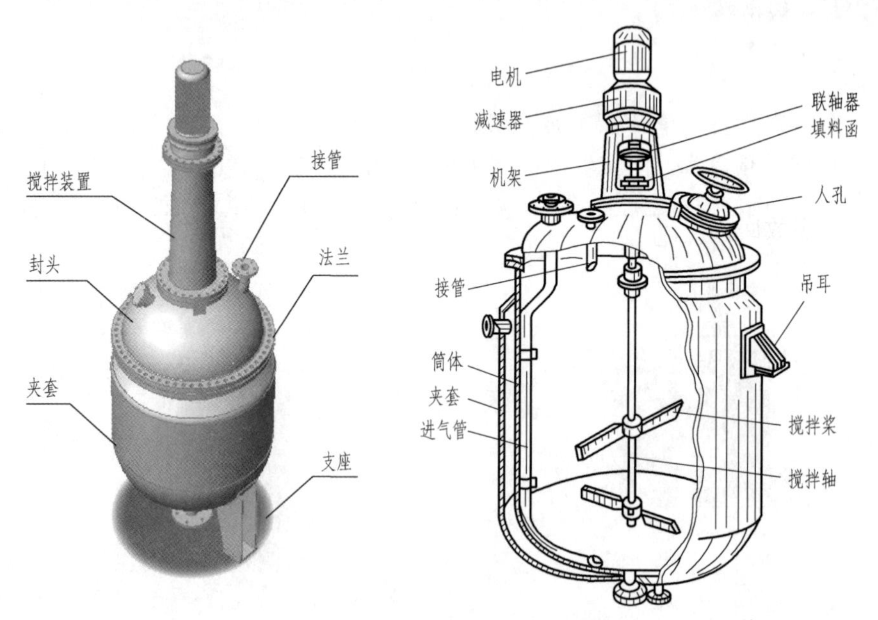

图2-42 搅拌式反应器及内部结构

相或液液相反应过程的塔式设备，包括填充塔、板式塔、鼓泡塔等。⑤喷射反应器。利用喷射器进行混合，实现气相或液相单相反应过程和气液相、液液相等多相反应过程的设备。⑥其他多种非典型反应器。如回转窑、曝气池等也称为反应罐或反应釜，有的还安装有搅拌装置。反应器的结构需要查阅相关规范，如 SH/T 3066—2017《石油化工反应器再生器框架设计规范》、HG/T 3648—2011《磁力驱动反应釜》等等。

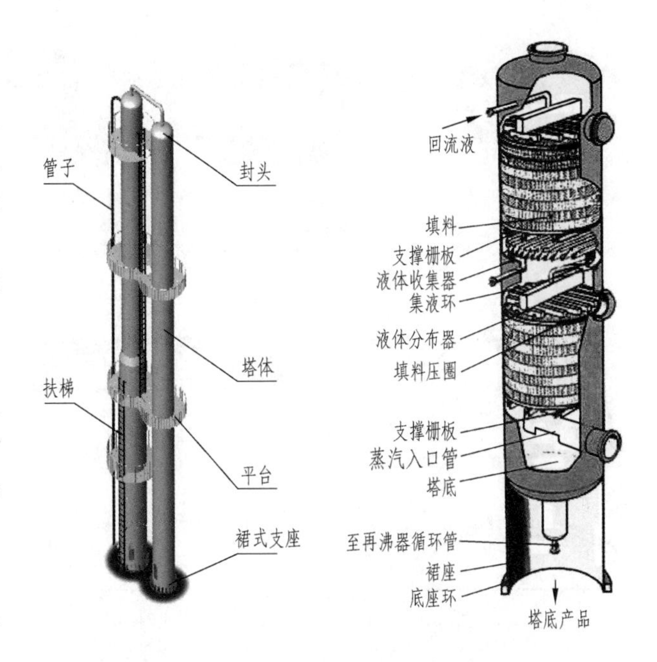

图 2-43　塔器外形图和内件图

4. 塔器

塔设备长径比较大，广泛用于吸收、洗涤、精馏、萃取等化工单元操作，多为立式设备，其断面一般为圆形，见图 2-43。根据结构，塔设备可分为板式塔和填料塔两类。板式塔依据塔板不同而进行分类，常用的有泡罩塔、填料塔、筛板塔、淋降板塔、浮阀塔、凯特尔塔（Kittel tower）、槽形塔板（S 型塔板）塔、舌型塔板塔、穿流栅板塔、转盘塔以及导向筛板塔等。填料塔的填料有环形、鞍形、环鞍形及球形，除了填料外，填料塔的内件主要有填料支承装置、填料压紧装置、液体分布装置、液体收集再分布装置等。

二、化工设备通用零部件

化工设备一般由多种零部件组装而成，除了标准连接件如螺栓、螺母等之外，其常用的零部件可分为用于表面结构的通用零部件和设备内部的零部件。

（一）设备表面结构中的通用零部件

1. 筒体

筒体是大多数回转体设备的中间部分，主要尺寸是直径、高度（或长度）和壁厚，公称直径应符合 GB/T 9019—2015 尺寸系列。

圆筒的公称直径用内径尺寸表示，其选择系列参照本书附表 1.

标记示例：公称直径 1000mm、壁厚 10mm、高 2000mm 的筒体标记为

$$DN1000 \times 10H = 2000\text{GB/T 9019—2015}$$

2. 封头

封头是封闭容器端部从而隔离内外介质的重要部件，又称端盖。常见的封头形式有椭圆形 [EHA（以内径为基准）、EHB（以外径为基准）]、碟形 [THA（以内径为基准）、THB（以外径为基准）]、锥形（CNA、CSA、CDA）、半球形（HHA）或球冠形（SDH）、平底形（FHA），如图 2-44 所示，除平底形、锥形封头外，统称为凸型封头。图 2-45 为其剖面结构。GB/T 25198—2023 规定了压力容器封头的类型、形式参数、制造、检验及验收要求。

(a) 半球形封头HHA

(b) 椭圆形封头EHA，EHB

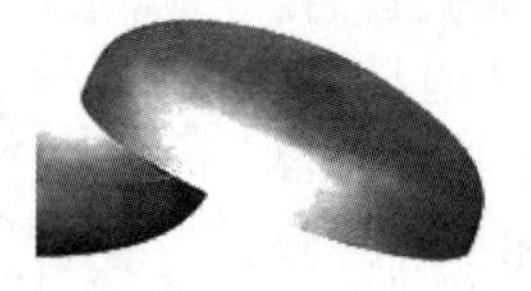

(c) 碟形封头THA，THB

(d) 锥形封头CNA，CSA，CDA

图 2-44　四类常见封头

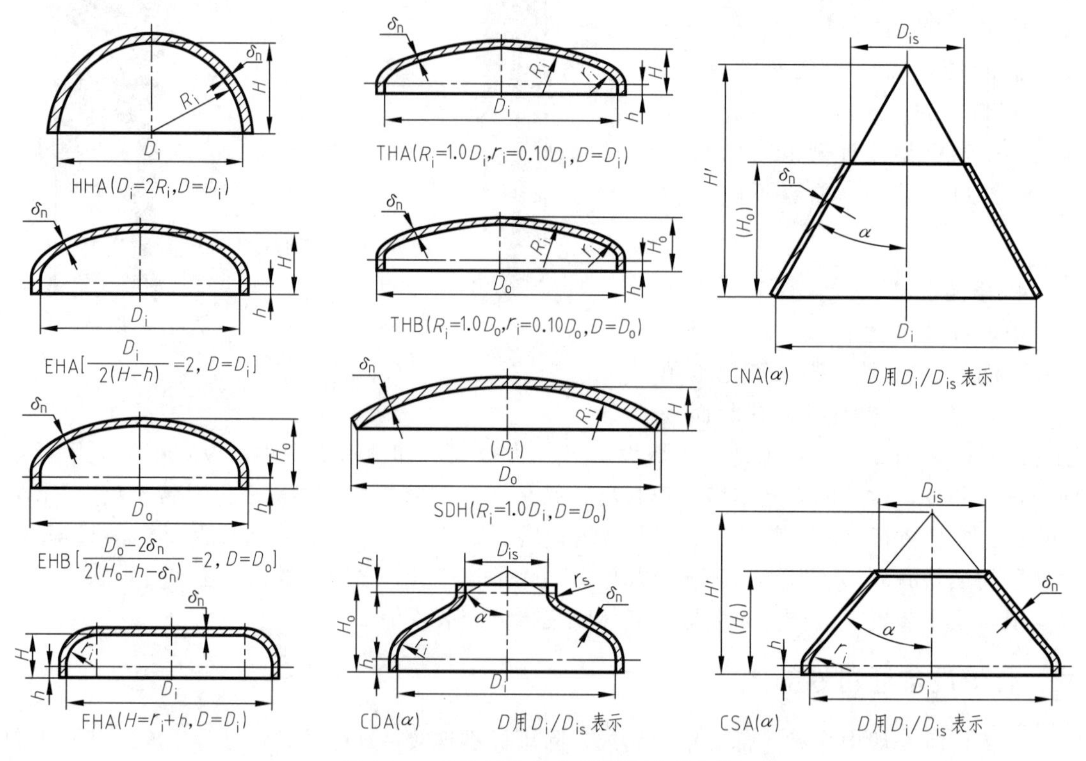

图 2-45　各类封头的主视图及形式参数

D—直径；D_i—内直径；D_o—外直径；D_{is}—锥形封头小端内圆直径；H—内径基准总深度；H_o—外径基准总深度；H'—至锥顶总高度；h—直边高度；R_i—内半径；r_i—过渡段转角半径；r_s—锥形封头小端过渡段转角半径；α—锥形封头半顶角，(°)；δ_n—封头名义厚度

封头标记格式为：

封头类型代号 公称直径D×封头名义厚度δ_n (最小成形厚度δ_{min})—投料厚度δ_s—封头材料牌号 标准号

标记示例： 公称直径 $D=325$mm、名义厚度 $\delta_n=12$mm、最小成形厚度 $\delta_{min}=10.4$mm、制造时投料厚度 $\delta_s=12$mm、材质为 06Cr13、以外径为基准的椭圆形封头，标记为

设计标记：EHB325×12(10.4)-06Cr13　GB/T 25198—2023

产品标记：EHB325×12(10.4)-12-06Cr13　GB/T 25198—2023

①半球形封头　半球形封头由半个球壳组成，尺寸（直径、壁厚）较小时可以采用整体热压成形加工技术，大尺寸的则采用分瓣冲压、焊接组合的加工技术。半球形封头有三种形式：不带直边的半球（$H=R_i$）、带直边的半球（$H=R_i+h$）和准半球（接近半球 $H<R_i$）。

② 椭圆形封头　椭圆形封头一般用于换热器、反应器等设备，是化工设备中较常用的封头，和球形相比，椭圆形封头多了直边段。较小的椭圆形封头可热压成形或铸造加工。

③ 碟形封头　碟形封头又称为带折边的球形封头。由大曲率球面、圆筒直边和小曲率过渡边组成。碟形封头为一个连续曲面，在三部分连接处，经线曲率半径有突变，与椭圆形封头相比，应力分布不如其均匀，但加工较之容易。

④ 锥形封头　锥形封头常用于立式容器的底部，利于卸料，一般直接与筒体焊接。该类封头可分为不带折边的锥形封头和带折边的锥形封头两种结构。若不带折边，与筒体焊接时将存在较大的边界应力，这时往往需要加厚。

3. 法兰

化工设备用的标准法兰有两类：管法兰和压力容器法兰（又称设备法兰）。前者用于管道的连接，后者用于设备筒体（或封头）的连接。

(1) 管法兰

① 类型与代号：管法兰按其与钢管连接方式不同，分为平焊法兰、对焊法兰、整体法兰、承插焊法兰、螺纹法兰、环松套法兰、法兰盖、衬里法兰盖等，不同类型与代号见图 2-46。

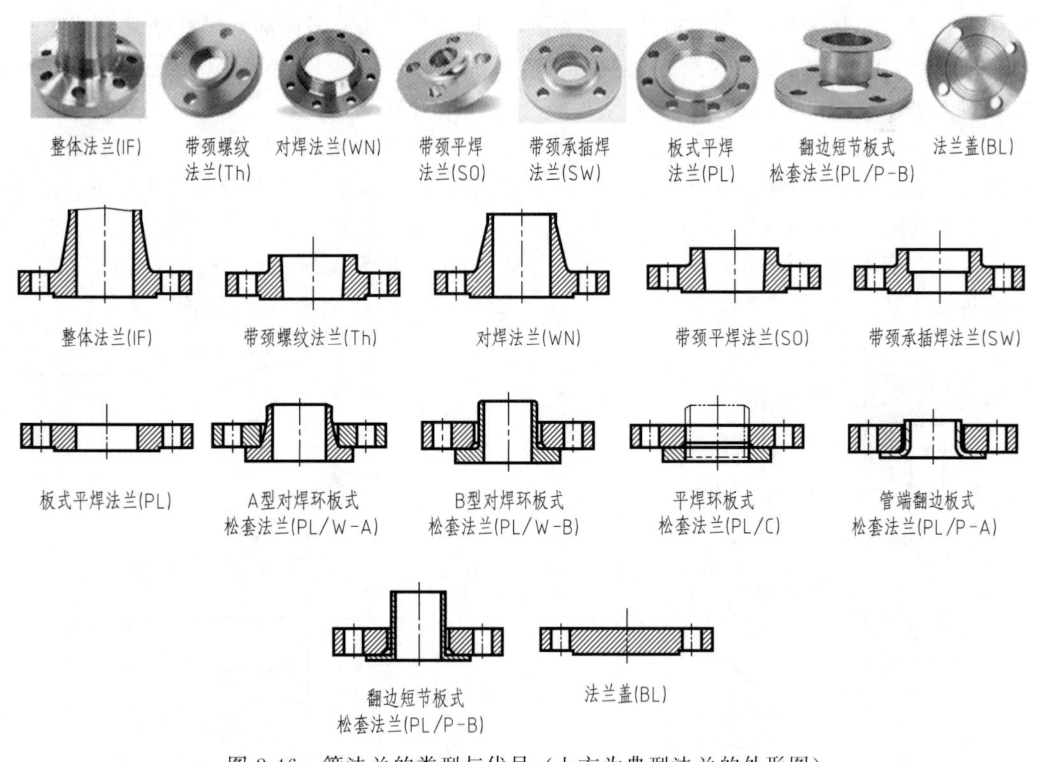

图 2-46　管法兰的类型与代号（上方为典型法兰的外形图）

② 法兰密封面形式和表面加工要求：法兰作为重要的连接件，密封要求高，其密封面主要有突面（代号 RF）、凹（F）凸（M）面（MF）、榫（T）槽（G）面（TG）、平面（FF）、O 形圈面（OSG，其中凸面 OS，槽面 OG）和环连接面（RJ）等，见图 2-47。垫片是法兰密封的一个重要零部件，配合法兰使用。法兰垫片执行标准为 NB/T 47024—2012《非金属软垫片》、NB/T 47025—2012《缠绕垫片》、NB/T 47026—2012《金属包垫片》。

法兰密封面应进行机加工，表面粗糙度 R_a 的范围应该为：FF、MF、M、RF 密封面 3.2～6.3，TG 密封面 0.8～3.2，RJ 密封面 0.4～1.6，有特殊要求时应注明。

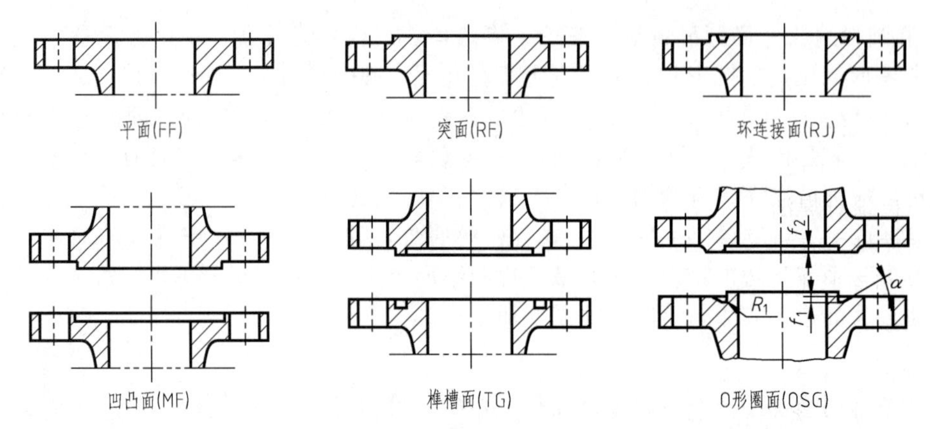

图 2-47　法兰密封面形式及其代号

③ 管法兰执行标准：管法兰绘图或设计选型需依据 GB/T 9124.1—2019《钢制管法兰 第1部分：PN 系列》、GB/T 9124.2—2019《钢制管法兰 第 2 部分：Class 系列》。在 PN 系列（欧洲标准）中，包括 *PN*2.5、*PN*6、*PN*10、*PN*16、*PN*25、*PN*40、*PN*63、*PN*100、*PN*160、*PN*250、*PN*320、*PN*400 十二个等级，Class 系列（美国标准）等级则更少一些。

④ 不同形式法兰的尺寸参数：法兰的形式尺寸参数较多，以 O 形圈接触面对焊钢制管法兰为例，如图 2-48 所示，包含了法兰焊端外径（钢管外径）A、连接尺寸（法兰外径 D、螺栓孔中心圆直径 K、螺栓孔直径 L、螺栓数量 n 和规格）、法兰厚度 C、法兰高度 H、法兰颈尺寸（法兰颈 N、颈厚度 S、直边高度 H_1、圆角 R 和 r）、O 形槽圆角半径 R_1 和槽边角度 α、法兰密封面尺寸（W、d、Y、Z、f_1、f_2、f_3、f_4）。对焊管法兰并未标注法兰内径 B，是由于其与管口的连接方式为对焊，外径 A 和壁厚 S 规定后，内径 B 是确定的；其他一些连接方式，要标注内径 B 的尺寸，如图 2-49 所示的凸面板式平焊钢制管法兰。

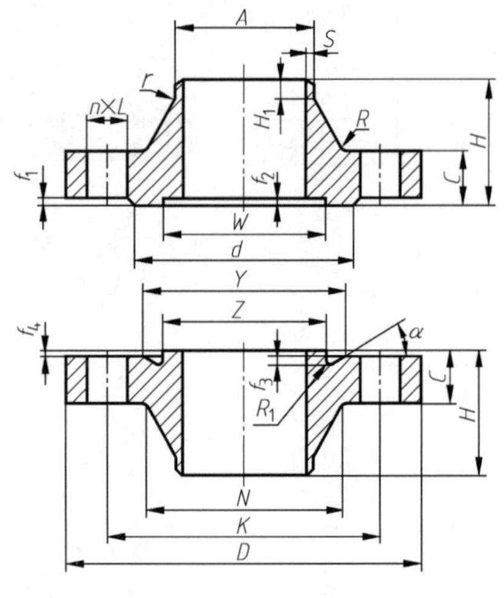

图 2-48　O 形圈接触面对焊钢制管法兰形式尺寸

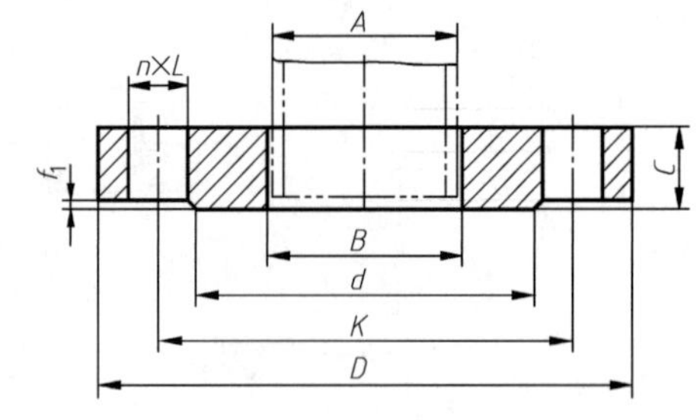

图 2-49　凸面（RF）板式平焊钢制管法兰的形式尺寸

⑤ 法兰的公称尺寸 *DN*：与连接钢管管口公称尺寸对应，但数值上不等同于钢管外径 A。

⑥ 管法兰标记格式：

公称直径-公称压力 类型代号 密封面形式代号 配管系列管表号(可省略)材料代号 标准号

标记示例： 公称尺寸 *DN*400、公称压力 *PN*25、突面（RF）对焊钢制管法兰（WN）配用米制管（系列Ⅱ），材料为 Q235A，其标记为

DN400-PN25 WN RF Ⅱ Q235A GB/T 9124.1—2019

(2) 压力容器法兰

① 类型与代号：压力容器法兰分为甲型平焊法兰（公称压力 0.25～1.60MPa，标准号 NB/T 47021—2012）、乙型平焊法兰（公称压力 0.25～4.0MPa，标准号 NB/T 47022—2012）和长颈对焊法兰（公称压力 0.60～6.40MPa，标准号 NB/T 47023—2012）三种，一般法兰无代号，有衬环时，代号为 C。

② 密封面形式：压力容器法兰有平面（RF）、榫（T）槽（G）、凹（F）凸（M）三种。

③ 执行标准：长颈对焊法兰按标准 NB/T 47020～47027—2012《压力容器法兰、垫片、紧固件》。

④ 形式尺寸参数：不同形式法兰有不同的尺寸参数要求，如图 2-50 所示，长颈对焊法兰形式尺寸由法兰焊端尺寸（筒体内径）DN、连接尺寸（法兰外径 D、螺栓孔中心圆直径 D_1、螺栓孔直径 d、螺栓数量 n 和规格）、法兰厚度 δ、法兰高度 H、法兰颈尺寸（法兰颈厚度 δ_1 和 δ_2、高度 h、圆角 R）以及密封面尺寸（D_2、D_3、D_4）等组成，并对连接的圆筒最小壁厚 δ_0 有要求。

⑤ 容器法兰的标记格式：

法兰名称与代号 密封面形式代号 公称直径-公称压力/法兰厚度-法兰高度 标准号

标记示例：公称压力 1.6MPa、公称直径 900mm 的衬环榫槽密封面乙型平焊法兰的榫面法兰，法兰厚度 48mm，法兰总高度 200mm，且考虑腐蚀裕量为 3mm（即短节厚度应增加 2mm，即 δ_t 改为 18mm），标记为

法兰 C-T 900-1.60/48-200 NB T 47022—2012

注：并在图样明细表备注栏中注明 $\delta_t=18$。

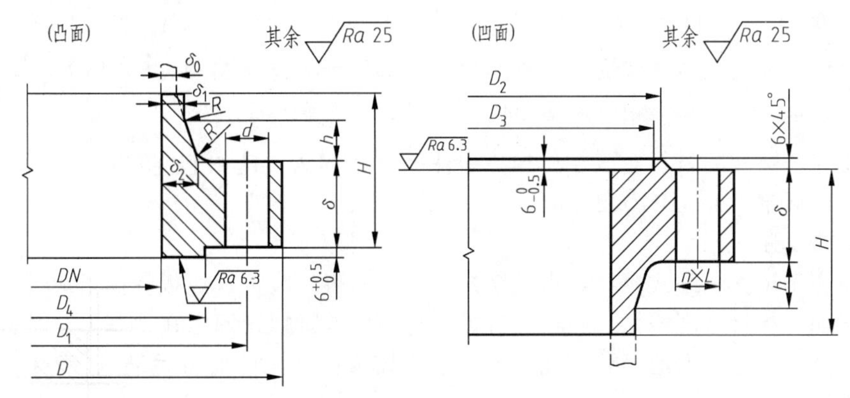

图 2-50 凹凸面长颈对焊容器法兰形式参数

4. 支座

支座是用来支承容器及设备重量，并使其固定在某一位置的压力容器附件。在某些场合还受到风载荷、地震载荷等动载荷的作用。可分为以下两类：

① 立式支座：耳式支座、支撑式支座、腿式支座、裙式支座。

② 卧式支座：鞍式支座、圈式支座、支腿支座。

不同支座的执行标准见 NB/T 47065.1～47065.5—2018。以下主要介绍耳式、鞍式、裙式支座。

(1) 耳式支座

适合于公称直径不大于 4000mm 的立式圆筒形容器，分为短臂（A）、长臂（B）、加长

臂（C）三类，绘制和选用参照标准 NB/T 47065.3—2018。耳式支座的形式尺寸包括支脚板尺寸（长 l_1、宽 b_1、厚度 δ_1）、两个肋板尺寸（高度 H、长度 l_2、上沿宽 b_4、肋板间距 b_2、下沿高 b_4、厚度 δ_2）及与筒体接触的垫板尺寸（板高 l_3、板宽 b_3、厚度 δ_3，有的无垫板）组成，图 2-51 所示为 B 型耳式支座的形式尺寸示例，其中，e、R 分别为垫板超出肋板尺寸和圆角尺寸，d 和 s_1 分别为地脚孔径和地脚位置尺寸。

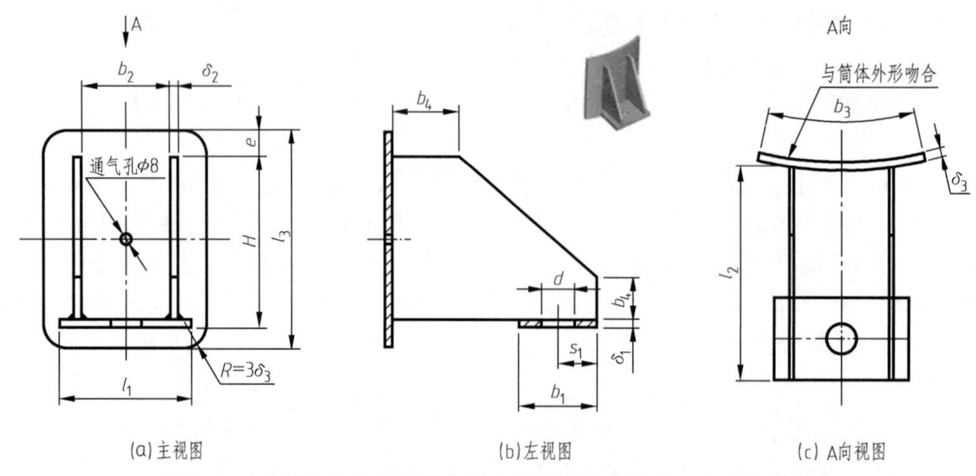

图 2-51　B 型耳式支座的形式尺寸参数（内部插图为支座外形图）

支座的材料及代号：垫板材料一般应与容器材料相同，筋板和底板材料分为 3 种，代号 Ⅰ（Q235B）、Ⅱ（S30408）、Ⅲ（15CrMoR）。

耳式支座标记格式：

NB/T 47065.3—2018，耳式支座型号(A、B 或 C)支座号(1～8)材料代号(Ⅰ、Ⅱ或Ⅲ)

标记示例： A 型 3 号耳式支座，支座材料为 Q235B，垫板材料为 Q245R，标记为

NB/T 47065.3—2018，耳式支座A3-Ⅰ

注：支座与垫板的材料应该在材料栏中注明，格式为支座材料/垫板材料。例如，上例在材料栏中应标记为 Q235B/Q245R。

(2) 鞍式支座

鞍式支座用于支承卧式容器，由马鞍式垫板、筋板、腹板、底板焊接组成，载荷增大则筋板数量增加、板材厚度增大，底板开有螺栓孔，由地脚螺栓固定在地基上。设备选用两个鞍座时，一个应该为圆形地脚螺栓孔，另一个为长圆形（允许设备滑动），确保设备在热应力下可以伸缩。

① 类型：鞍式支座分为轻型（A）和重型（B），每种类型又分为固定式（F）和滑动式（S），设计温度为－40℃～200℃。

② 形式尺寸：鞍式支座包括底板尺寸（长 l_1、宽 b_1、厚度 δ_1）、地脚尺寸（螺栓孔间距 l_2、螺栓孔尺寸 l 与 d 和位置）、肋板尺寸（高度 h、底部宽度 b_2、顶部宽度 b_3、肋板间距 l_3、厚度 δ_3）及与筒体接触的垫板尺寸（半径 $D_0/2$、板宽 b_4、超出肋板宽度 e、圆角 R 厚度 δ_4、包角尺寸 120°或 150°、排气孔尺寸，有的无垫板）。图 2-52 所示为 B 型鞍式支座的形式尺寸示例。

③ 鞍式支座标记格式：

NB/T 47065.1—2018，支座型号(A，BⅠ，BⅡ，BⅠ，BⅣ或BⅤ) 公称直径－固定式F 或滑动式S

标记示例：重型、不带垫板的弯制的固定式标准尺寸鞍式支座，*DN* 为 325mm，120°包角，支座材料为 Q345R。标记为

NB/T 47065.1—2018，鞍式支座BV325－F

注：支座和垫板材料应在设备图样的材料栏内填写，格式为支座材料/垫板材料。无垫板时只注支座材料。

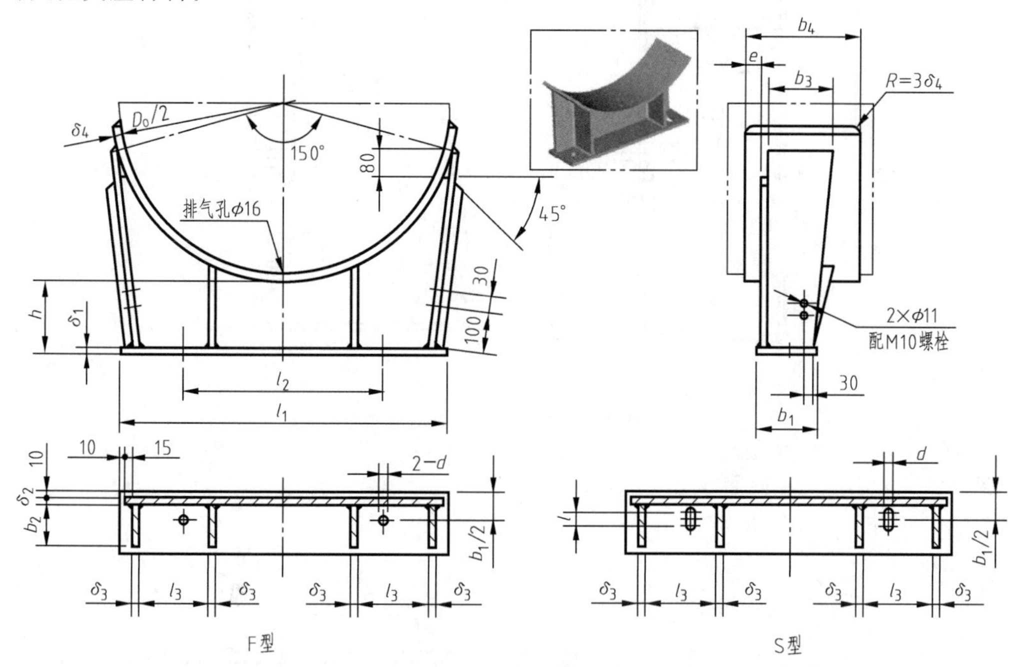

图 2-52 B型鞍式支座形式尺寸（主左视图，底部为沿底板上沿剖开的剖视图，插图为支座外形图）

(3) 裙式支座

简称裙座，由基础环、螺栓座和裙座圈组成，是塔设备的主要支承形式，也可用于立式储罐等设备。裙式支座的形式有两种：圆筒形和圆锥形。圆筒形裙座的内径与塔体封头内径相等，制造方便，应用较为广泛；圆锥形承载能力强、稳定性好，对于塔高与塔径之比较大的塔特别适用。裙式支座裙座圈上开有人孔、工艺管线引出孔和排气孔，其结构如图 2-53 所示。裙座的设计应依据标准 NB/T 47041—2014。

5. 手孔与人孔

在化工装置中，凡是需要进行内部清理、检修或有特殊加料要求的容器，必须开设手孔与人孔，其形式见图 2-54。设计、选用和制造时应该依据 HG/T 21594～21604—2014《衬不锈钢人孔和手孔》、HG/T 21514～21535—2014《钢制人孔和手孔》、HG/T 2055.2—2019《搪玻璃带视镜人孔》等相关标准文件。

按耐压情况，人孔分为常压和受压人孔；按人孔形状可以分为圆形、椭圆形；按照开启速度有普通式和快开式；按开启方式可分为回转盖、吊盖、旋柄快开式等。人孔和手孔法兰的密封面形式和代号同管法兰，参照标准 HG/T 21514—2014。

人孔和手孔作为组合件，往往由管节、法兰、垫片、手柄、轴耳、螺栓等装配而成，图 2-55 为回转盖带颈对焊法兰人孔的主视图和俯视图，由于密封面形式不同，形式尺寸的表达有所差别。

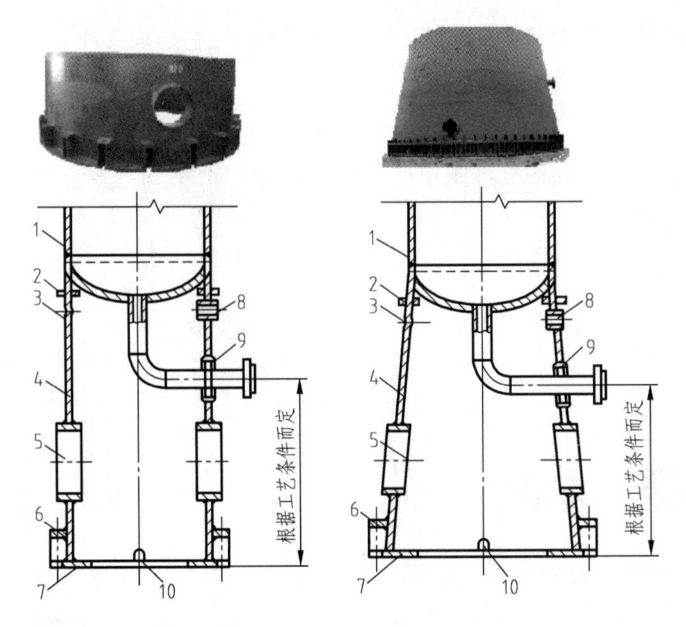

图 2-53　圆筒形和圆锥形裙座的外形和结构

1—塔体；2—保温支承圈；3—无保温时排气孔；4—裙座筒体；5—人孔；6—螺栓座；7—基础环；8—有保温时排气孔；9—引出管通道；10—排液孔

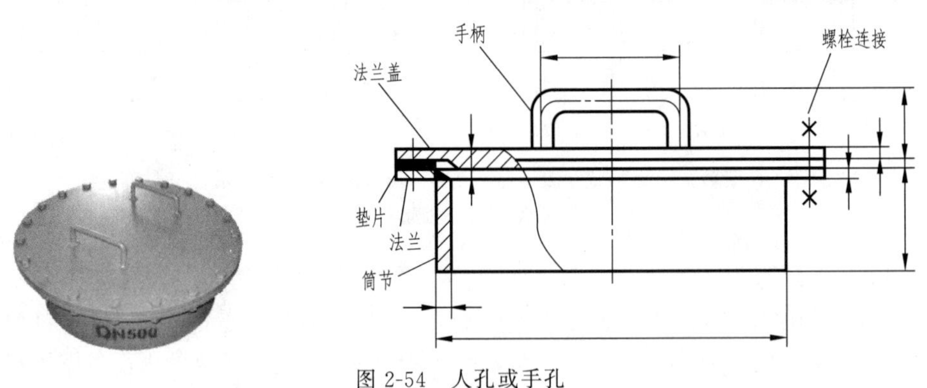

图 2-54　人孔或手孔

人孔和手孔标记格式：

名称(手孔或人孔) 密封面代号 材料类别代号 紧固螺栓(柱)代号 垫片(圈)代号 非快开回转盖人孔和手孔盖轴耳形式代号 公称直径(mm)-公称压力 非标准高度*H*(mm) 非标准厚度 *s*(mm) 标准编号(该编号可以不加年号)

标记示例 1：公称直径 *DN*450、*H*＝160、Ⅰ类材料、采用石棉橡胶板垫片的常压人孔标记符号应为

人孔Ⅰ b (A-XB350) 450 HG T 21515

标记示例 2：公称压力 *PN*6、公称直径 *DN*250，*H*＝190，Ⅰ类材料手孔，其中，采用六角头螺栓、非金属平垫（不带内包边的 XB350 石棉橡胶板）的板式平焊法手孔，标记符号应为

手孔Ⅰ b (NM-XB350) 250-6 HG/T 21529

6. 视镜

化工设备的视镜主要指的是压力容器视镜，是用来观察化工、石油、化妆、医药及其他

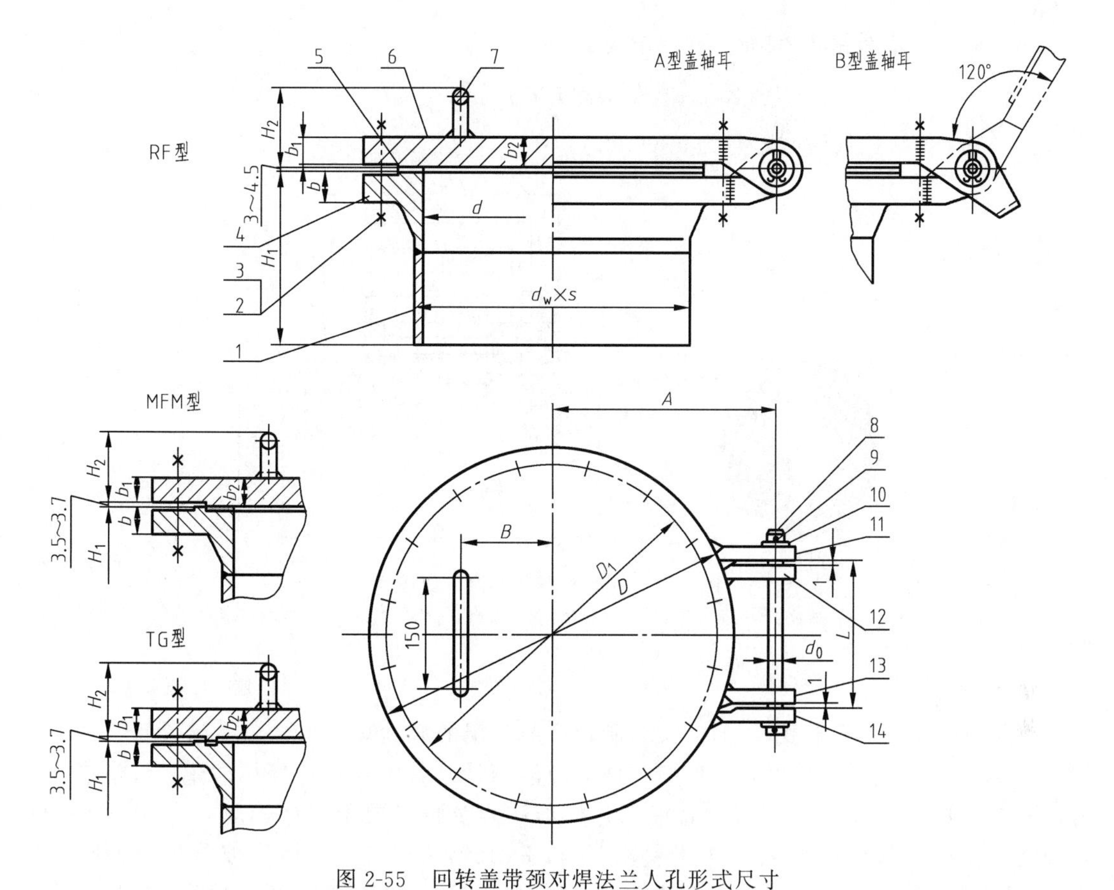

图 2-55 回转盖带颈对焊法兰人孔形式尺寸

1—筒节；2—全螺纹螺柱；3—螺母；4—法兰；5—垫片；6—法兰盖；7—把手；8—轴销；9—销；10—垫圈；11—盖轴耳（1）；12—法兰轴耳（1）；13—法兰轴耳（2）；14—盖轴耳（2）

工业设备容器内介质变化情况的一种产品。现场操作人员可以根据视镜显示的情况来调节或控制充装量，从而保证容器内的介质始终在正常范围内。液化气体储罐、槽车、气液相反应器、反应釜等容器都需要装设视镜，以防止因超装过量而导致事故或由于投料过量而造成物料反应不平衡的现象。选用视镜时依据的标准包括 NB/T 47017—2011《压力容器视镜》、HG 21505—92《组合式视镜》、HG/T 21575—94《带灯视镜》、HG/T 2144—2018《搪玻璃设备 视镜》，所用的玻璃需符合 GB/T 23259—2009《压力容器用视镜玻璃》、HG/T 4285—2011《压力容器用圆形钠钙玻璃视镜》的要求。管道视镜需符合 HG/T 3206—2009《石墨管道视镜》、HG/T 4284—2011《压力管道硼硅玻璃视镜》的要求。视镜也可以安装在手孔或人孔上，参考标准为 HG/T 2145.4—2015《搪玻璃带视镜快开手孔》、HG/T 2055.2—2019《搪玻璃带视镜人孔》。

压力容器视镜的规格中，公称直径（*DN*，mm）分为 50、80、100、125、150、200 六个系列，公称压力（*PN*，MPa）分为 0.6、1.0、1.6、2.5 四个系列，可以带（防爆）射灯或冲洗装置。视镜为标准组合部件，由视镜玻璃、视镜座、密封垫、压紧环、螺母和螺柱等组成，见图 2-56，和设备的连接方式有直接与封头或壳体焊接、配对管法兰夹持连接。

视镜标记格式：

PN(MPa)*DN*(mm)视镜材料代号(Ⅰ或Ⅱ)射灯代号(SB、SF1或SF2)冲洗代号(W为带冲洗)

其中，Ⅰ为碳钢或低合金钢；Ⅱ为不锈钢；SB 为非防爆；SF1、SF2 为防爆型。

标记示例：某不带射灯、带冲洗装置的视镜，公称压力为 2.5MPa，公称直径为

100mm，材料为不锈钢 S30408，其标记为

视镜 $PN2.5DN100$ Ⅱ-W

注：并在备注栏处注明材料为 S30408。

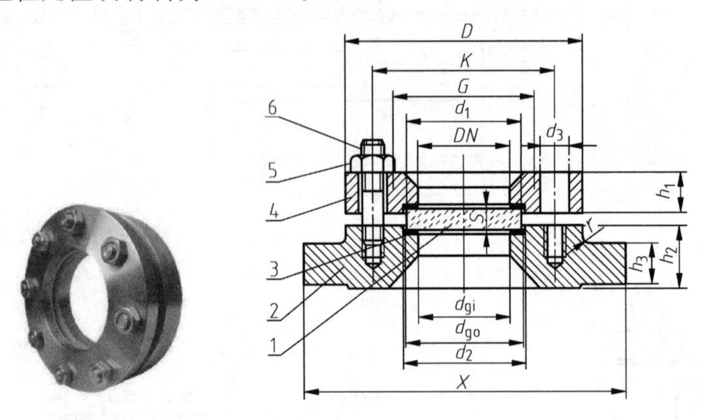

图 2-56 视镜外观图和全剖视图

1—视镜玻璃；2—视镜座；3—密封垫；4—压紧环；5—螺母；6—双头螺柱

7. 液面计

液面计结构有多种形式，如图 2-57 所示，最常用的有玻璃管（G 型）液面计、透光式（T 型）玻璃板液面计、反射式（R 型）玻璃板液面计，其中部分已经标准化，设计者在选用时请查看 HG 21592—95《玻璃管液面计标准系列及技术要求（*PN*1.6）》、HG 21588—95《玻璃板液面计标准系列及技术要求》、HG 21591.1—95《视镜式玻璃板液面计（常压）》、HG 21591.2—95《视镜式玻璃板液面计 *PN*0.6》、HG/T 2433—2016《搪玻璃液面计》等相关标准。

液面计标记样式：

液面计 法兰形式代号A(或B、C) 型号G 公称压力 材料代号Ⅰ(或Ⅱ) 结构形式代号 公称长度

标记示例：公称压力 1.6MPa、碳钢（Ⅰ）保温型（W）法兰标准为 HGJ 46（A）公称长度 $L=500$mm 的玻璃管液面计标记为

液面计 AG1.6-ⅠW-500

(a) 玻璃管式　　(b) 玻璃板式

图 2-57 玻璃液面计

8. 补强圈

补强圈是指在压力容器壳体开孔周围附加的金属环板补强元件，属于受压元件，预先加工成形后以全熔透或非全熔透焊缝与壳体、接管相焊接，用于低温压力容器的补强圈焊接接头应采用全焊透结构。

依据标准 NB/T 11025—2022，补强圈的形式按焊接接头坡口形状分为 A、B、C、D、E 五种，设计者也可以自行设计坡口形状。补强圈的材料应根据材质分别按 GB/T 150.2—2011、JB/T 4734—2002、JB/T 4755—2006、JB/T 4756—2006、NB/T 47011—2022、NB/T 11270—2023 的规定进行选用，一般用与壳体相同的材料。

补强圈的标记格式为：

DN 公称直径 × 补强圈厚度 - 坡口形式 - 材料 - 标准号

标记示例： 接管公称直径 *DN*＝100mm、补强圈厚度为 8mm、坡口形式为 C 型、材料为 Q245R 的补强圈，其标记为

*DN*100×8-C-Q245R NB/T 11025—2022

（二）设备内部常用零部件

1. 反应罐中的常用零部件

工业上应用的搅拌釜式反应器有成百上千种，按反应物料的相态可分成均相反应器和非均相反应器两大类。在非均相反应器内可实现固-液、液-液、气-液及气-液-固三相反应。这类反应器由搅拌器和釜体组成。釜体包括筒体、夹套、盘管（加热）、导流筒等零部件。

(1) 搅拌器

搅拌器是使液体、气体介质强迫对流并均匀混合的器件，包括传动装置、搅拌轴（含轴封）、叶轮（搅拌桨）。搅拌器的类型、尺寸及转速，对搅拌功率在总体流动和湍流脉动之间的分配都有影响。搅拌器的形式可以分为桨式、开启涡轮式、圆盘涡轮式、锯齿圆盘涡轮式、三叶后弯式、推进式、板式螺旋桨、螺杆式、螺带式、锚框式，见图 2-58。

搅拌器的形式及主要参数可查询标准文件 HG/T 3796.1～12—2005，标准 HG/T 2051.1～4—2013 中规定了多种形式的搪玻璃搅拌器，电动搅拌器标准请查询 JB/T 11510—2013。

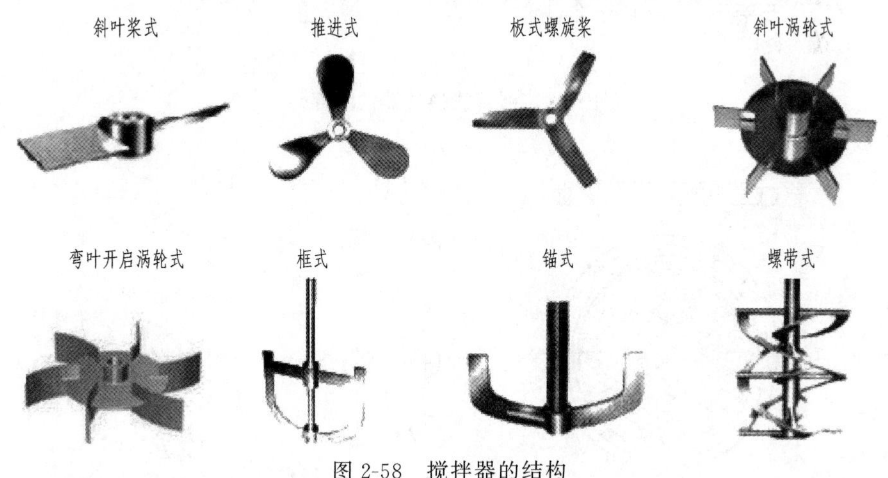

图 2-58　搅拌器的结构

(2) 机械密封

机械密封作为一种轴封装置，是旋转机械的最主要轴密封方式，比如用于离心泵、离心机、反应釜和压缩机等设备。它是由至少一对垂直于旋转轴线的端面在流体压力和补偿机构弹力（或磁力）的作用以及辅助密封的配合下保持贴合，并相对滑动而构成的防止流体泄漏

的装置，又叫端面密封，如图 2-59 所示，由密封圈、弹簧、动环、静环等组成。

机械密封的形式及主要参数查询 GB/T 24319—2009《釜用高压机械密封技术条件》、JB/T 4127.1—2013《机械密封 第 1 部分：技术条件》、JB/T 4127.2—2013《机械密封 第 2 部分：分类方法》、HG/T 2057—2017《搪玻璃搅拌容器用机械密封》、HG/T 2098—2011《釜用机械密封类型、主要尺寸及标志》、HG/T 4571—2013《医药搅拌设备用机械密封技术条件》、JB/T 11957—2014《食品制药机械用机械密封》。

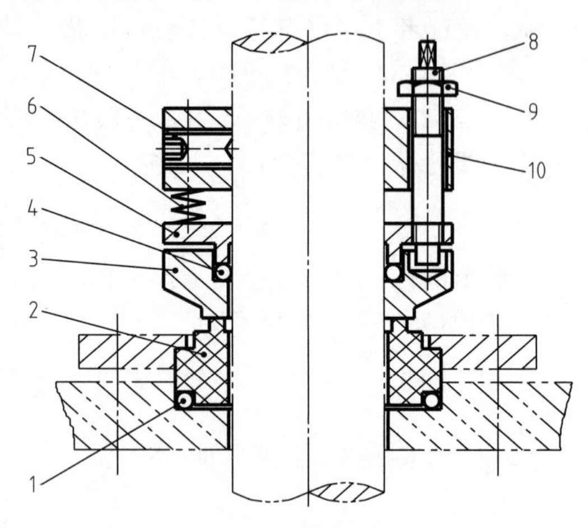

图 2-59 机械密封的结构

1—静环密封圈；2—静环；3—动环；4—动环密封圈；5—推环；6—弹簧；7—紧定螺钉；8—传动螺钉；9—螺母；10—弹簧座

2. 换热器中的常用零部件

常见的列管式换热器包含壳体、封头、管板、法兰、管口、膨胀节、散热管、折流板、支座等零部件，见图 2-60。各种换热器标准参照 GB/T 28712.1～6—2023。

① 管板 管板用来固定各热交换管的重要部件，其开孔方式包括正三角形、转角正三角形、正方形、转角正方形等，见图 2-61。

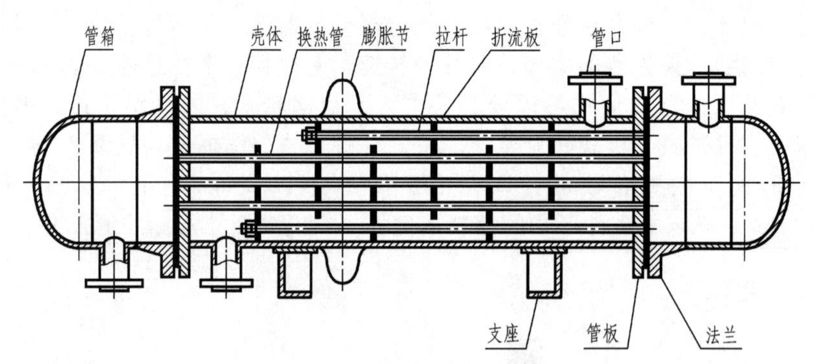

图 2-60 列管式换热器的零部件

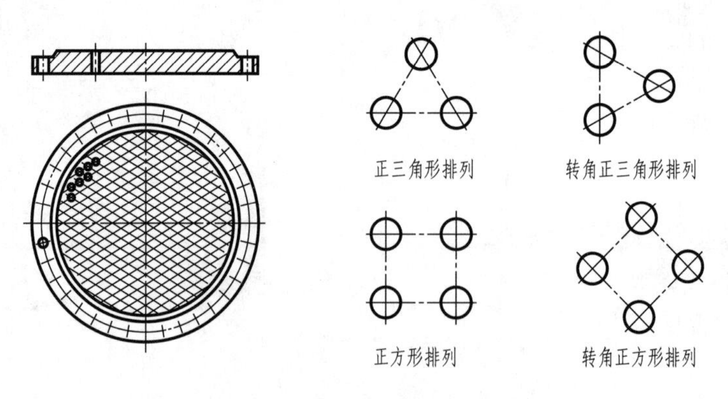

图 2-61 管板及其开孔方式

② 折流板 折流板设置在壳程，它可以提高传热效果，还起到支撑管束的作用。其结构形式有弓形和圆盘-圆环形两种，目前应用最广泛的是弓形折流板，见图 2-62。

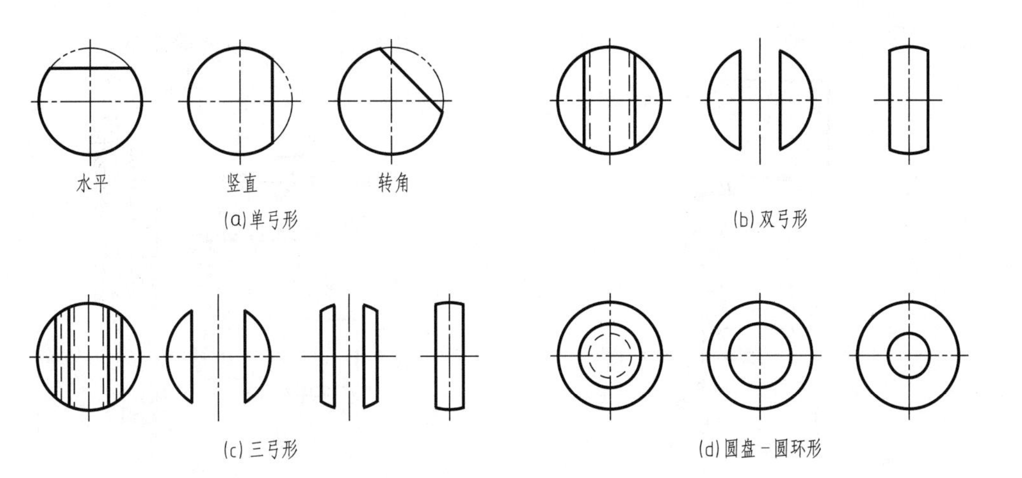

图 2-62　折流板的结构形式

③ 膨胀节　膨胀节是装在固定管板式换热器壳体上的挠性部件，用以补偿由于温差引起的变形。最常用的膨胀节为波形膨胀节，其图示如图2-63所示。标准GB/T 12777—2019中规定了金属波纹管膨胀节通用技术条件，SH/T 3421—2009规定了金属波纹管膨胀节设置和选用通则，不锈钢波形膨胀节的标准见GB/T 12522—2009，另外，也有多层金属波纹管膨胀节，其参数见JB/T 6171—2013。

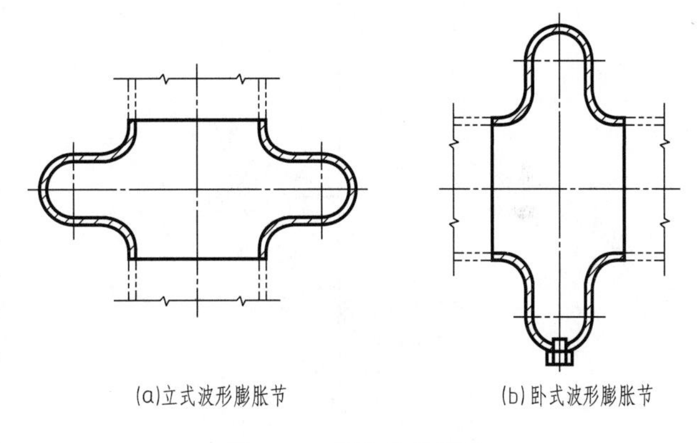

图 2-63　膨胀节的图示

3. 塔设备常用零部件

塔设备通常分为板式塔和填料塔两大类，如图2-64所示。板式塔主要由塔体、塔盘、裙座、除沫装置、气液相进出口、人孔、吊柱、液面计（温度计）等零部件组成。为了改善气液相接触的效果，在塔盘上采用了各种结构措施。当塔盘上传质元件为泡罩、浮阀、筛孔时，分别称为泡罩塔、浮阀塔、筛板塔，内件还包括卡子、双面可拆连接件、楔卡等，见标准NB/T 10557—2021。

① 塔盘　塔盘是板式塔主要部件之一，它是实现传热传质的主要部件，它包括塔板、降液管及溢流堰、紧固件和支承件等，见图2-65。塔盘分整块式和分块式两种，一般塔径为300～800mm的塔，采用整块式；塔径大于800mm时可采用分块式。分块的大小，以能在人孔中进出为限。详细规定请查SH/T 3088—2012《石油化工塔盘技术规范》和NB/T 10557—2021《板式塔内件技术规范》。

② 塔板上的舌形板、泡罩和浮阀　为减少塔板阻力和液沫夹带，塔板上开设了不同气体通道控制结构，除了最简单的筛孔塔板外，还有泡罩塔板、浮阀塔板、喷射型塔板、固定舌形塔板、浮舌塔板、立体传质塔板（CTST）等。图2-66为舌形塔板示意图，图2-67给出了泡罩和浮阀的结构。

③ 填料塔中的栅板　栅板是填料塔中的主要零件之一，它起着支承填料环的作用。栅板分为整块式和分块式。当塔直径小于500mm时，一般使用整块式；塔直径为900～1200mm

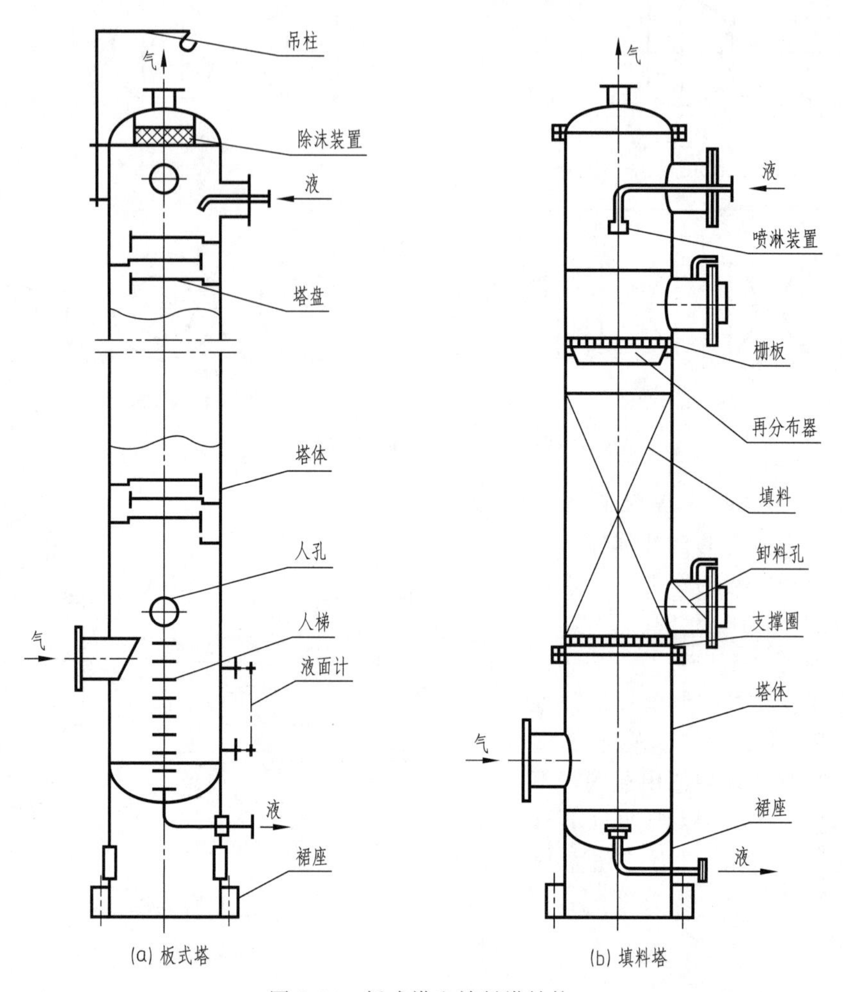

图 2-64　板式塔和填料塔结构

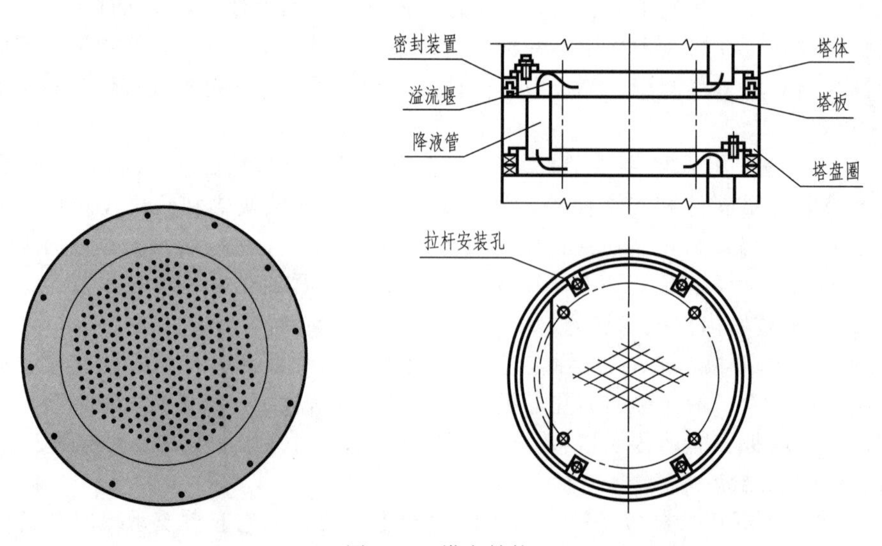

图 2-65　塔盘结构

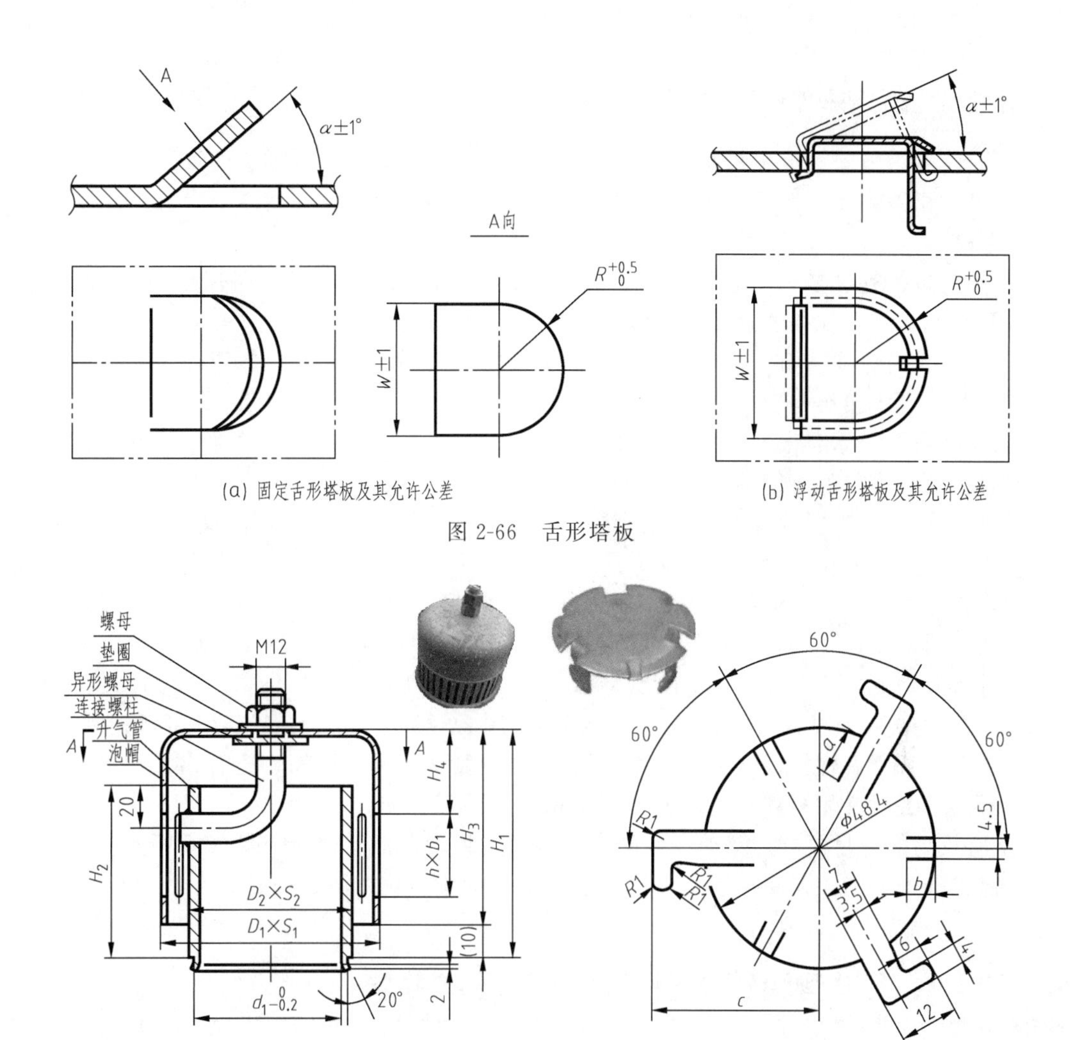

(a) 固定舌形塔板及其允许公差　　(b) 浮动舌形塔板及其允许公差

图 2-66　舌形塔板

(a) 泡罩结构　　(b) F1型浮阀的结构

图 2-67　泡罩和浮阀的结构（插图为泡罩和浮阀外形）

时，可分成三块；直径再大，可分成宽 300～400mm 的更多块，以便装拆及进出人孔。其结构见图 2-68。其具体要求见 YB/T 4001.1—2019《钢格栅板及配套件 第 1 部分：钢格栅板》。

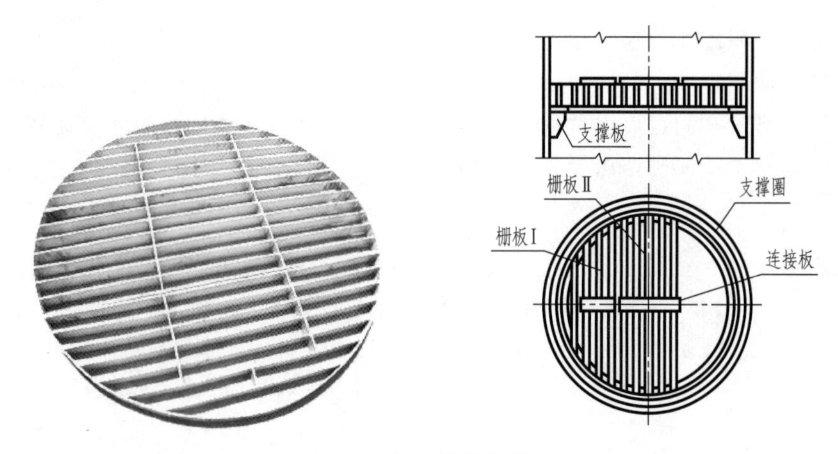

图 2-68　栅板结构与视图

三、化工设备的结构特点

① 壳体多为薄壁钢板卷制而成，形状多为回转体，如圆柱、圆球、圆锥、圆环。

② 尺寸相差悬殊。设备的总体尺寸与某些局部结构（如壁厚、管口等）的尺寸，往往相差很悬殊。

③ 开孔多、管口多。设备上开有很多孔，如物料进出孔、人孔、手孔、采样孔、仪表孔、视孔等，这些孔往往通过接管与外部连接。

④ 大量采用焊接结构。这是化工设备的突出特点，如筒体、法兰、支座、封头、人孔、接管等，都采用焊接结构。

⑤ 广泛采用了标准化、系列化的通用零部件。如封头、支座、管法兰、人孔、液面计、鞍座等，都是标准化的零部件。

⑥ 材料特殊。要求设备耐酸、碱腐蚀，可能还包括耐高温、高压、高真空，因而除采用专用钢材外，还采用有色金属、非金属（玻璃、石墨、尼龙、塑料、陶瓷、皮革等）。在钢材中，钢号为 Q235 的碳素结构钢是制造螺母、螺栓、拉杆、连杆、楔、轴、焊件常用的材料，较重要的工件如齿轮、连杆、螺钉需要使用屈服极限更高的碳素钢 Q275、Q345。弹簧、叶片等要使用 60 号或 60Mn 优质碳素钢。需要较高耐磨、耐蚀等性能的结构，使用 45Gr、45GrTnMn 等材料。机座、支座、箱体多用 ZG230-450、ZG310-570 号铸钢制造。散热器、垫片、低强度螺钉、弹簧多使用 H62 牌号的黄铜材料，另外，还有铝、塑料、橡胶、树脂、石棉等各种常用材料，选用时需要依据相关国家标准。

⑦ 有较高的密封要求。除动设备的机械端面密封和盘根箱轴向密封（或环向），还要考虑静设备的介质密封，避免易燃、易爆、有毒介质的跑、冒、滴、漏。

第三节　化工设备图的类别和制图的基本要求

一、化工设备图的类别

凡表示化工设备的形状、大小、结构、性能、制造、安装等技术要求的图样都称为化工设备图，其图样除了要遵守机械制图有关的国标、行标规定外，还有些特有的规定及内容，以满足化工设备特定的技术要求及严格的图样管理的需要。

化工设备图按照用途分为工程图和施工图，在内容方面有所差别。工程图是表达设备的化工工艺特性、使用特性、制造要求的图纸，有询价版、订货版、制造版，用于基础设计审核、设备询价、订货和制造，以及向相关专业提出设计条件。施工图属于详细设计图纸，供设备制造、安装及生产使用，由下列部分组成。

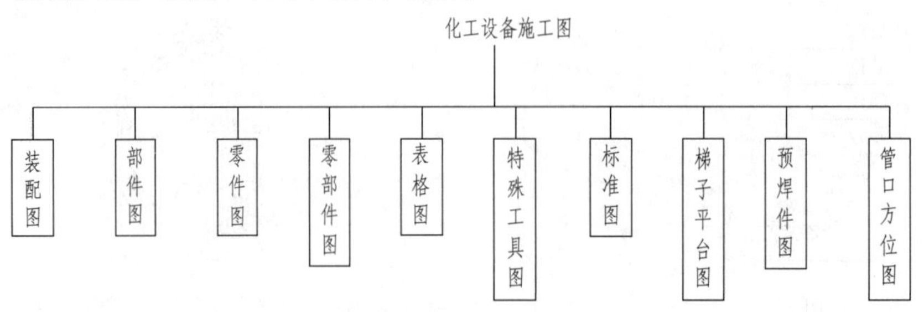

① 装配图　表示设备的全貌、组成和特性的图样，用来表达设备各主要部分的结构特征、装配和连接关系、特征尺寸、外形尺寸、安装尺寸及对外连接尺寸、技术要求等。

② 部件图　表示可拆或不可拆部件的结构、尺寸，以及所属零部件之间的关系、技术特性和技术要求等资料的图样。

③ 零件图　表示零件的形状、尺寸、加工，以及热处理和检验等资料的图样。

④ 零部件图　由零件图、部件图组成的图样。

⑤ 表格图　用表格表示多个形状相同、尺寸不同的零件的图样。

⑥ 特殊工具图　表示设备安装、试压和维修时使用的特殊工具的图样。

⑦ 标准图（或通用图）　指国家部门和各设计单位编制的化工设备上常用零部件的标准图样。

⑧ 梯子平台图　表示支承于设备外壁上的梯子、平台结构的图样。

⑨ 预焊件图　表示设备外壁上保温、梯子平台管线支架等安装前在设备外壁上需预先焊接的零件的图样。

⑩ 管口方位图　表示设备上管口、支耳、吊耳、人孔吊柱、板式塔降液板、换热器折流板缺口位置、地脚螺栓、接地板、梯子及铭牌等方位的图样。

二、化工设备图的作用与内容

1. 化工设备图的作用

化工设备工程图用于基础设计审核、设备询价、订货和制造，以及向相关专业提出设计条件。而施工图包括装配图、零部件图、表格图、特种工具图、梯子平台图、管口方位图等，用以表达设备零部件的相对位置、相互连接方式、装配关系、工作原理和主要零件的基本形状，主要应用在设备的加工制造、检测验收、运输安装、拆卸维修、开工运行、操作维护等各个环节。

2. 化工设备图的内容

化工设备图中除了具有与一般机械装配图相同的内容，如一组视图和必要的尺寸标注(图样)、技术要求、明细栏及标题外，还有技术特性表、接管表、修改表、选用表及图纸目录等内容，如图 2-69 所示，不同的图纸，所要求的内容不同，见表 2-2。

表 2-2　不同种类图纸应包含的内容（√表示需要，▽表示按需确定）

		要素	工程图	装配图	部件图	零件图	特殊工具图	表格图	标准图	梯子平台图	预焊件图
图纸		图样	√	√	√	√	√	√	√	√	√
	表	设计数据表	√	√			▽		√		
		管口表	√	√					▽		
		估计质量负荷表	√								
		材料表	√								
		采用标准	√								
	栏	明细栏		√	√	√	√	√	√	√	√
		质量栏		√			√		√	√	√
		盖章栏		√							
		签署栏	√	√	√	√	√	√	√	√	√
		标题栏	√	√	√	√	√	√	√	√	√
	说明	图面技术要求	√	√	√	√	√	√	√	√	√
		注：	▽								

由表 2-2 可见，工程图一般是不按比例、用单线绘制的图样，如图 2-69 所示，内

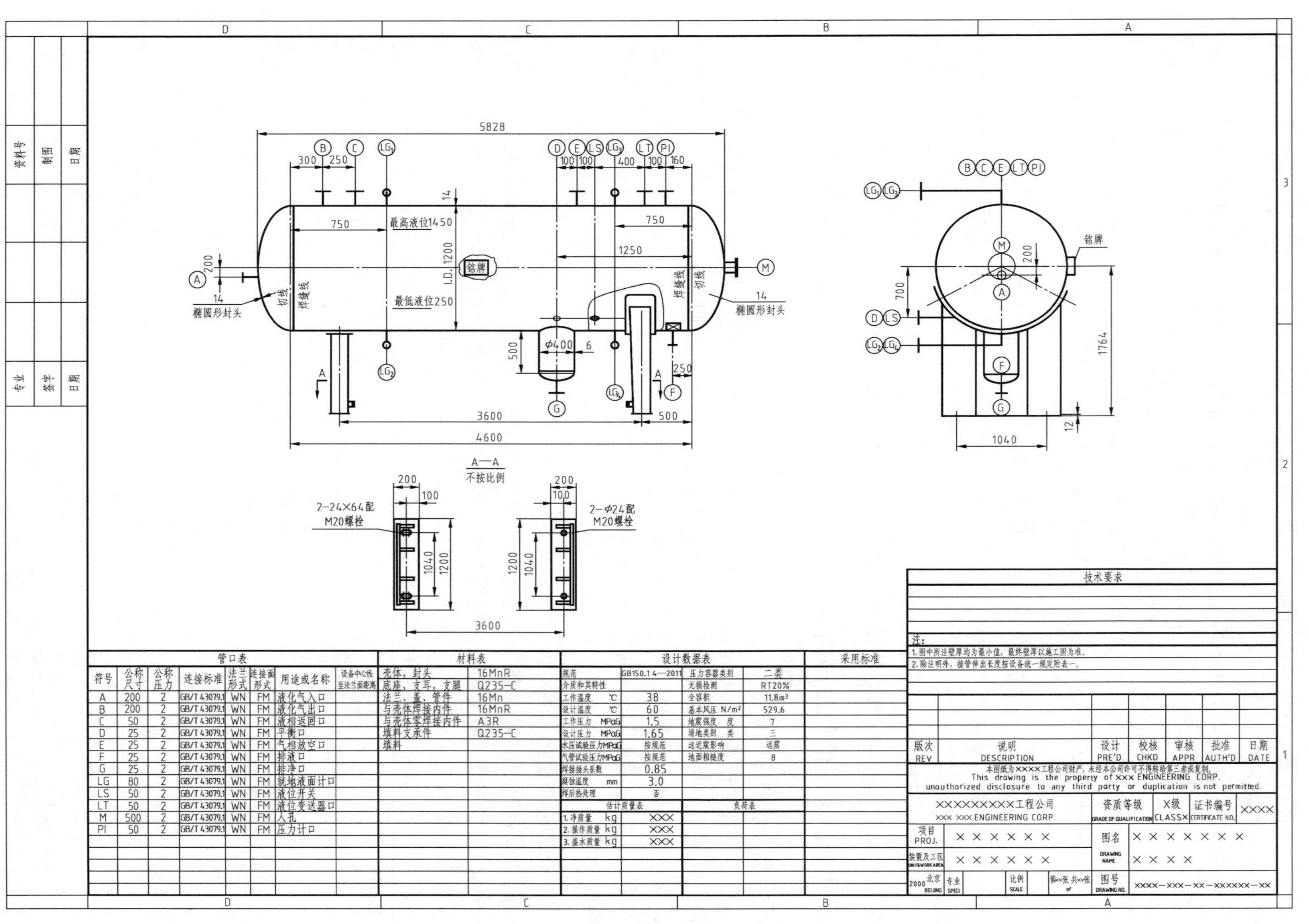

图 2-69 化工设备工程图图样

容包括：①表达设备工艺特性的结构、尺寸，而换热器管板与管孔的布置和尺寸、折流板布置和尺寸、管口方位等以标题放大图形式表示；②有特殊要求的结构的局部放大图；③注明主要的零部件标准；④必要时用单线表示出管口方位；⑤可在有关的表、栏、说明中注出设备管口表、主要零件材料表、制造技术要求、设计数据等。装配图为施工图，包含明细栏、质量栏、盖章栏，是设备设计的关键技术图样，内容更加详细，将在后面重点论述。其他图纸如零部件图、梯子平台图等，除了标题栏和签署栏，一般也包括技术要求和明细栏。

三、化工设备制图的基本要求

化工设备图纸由图样和表格构成，在图纸布局中应该按照行业标准 HG/T 20668—2000《化工设备设计文件编制规定》。

1. 图纸幅面及格式

图纸幅面及格式应符合 GB/T 14689—2008 的规定，工程图一般为 A3 或 A2，施工图一般为 A1。尽量不采用 A1、A2、A3、A4 加长加宽幅面。当在一张图纸上绘制若干个图样时，可按基本图纸尺寸分为若干个小幅面，见图 2-70（a），也可以以内边为准用细线划分为接近标准幅面尺寸的图样幅面，见图 2-70（b）。A3 不允许单独竖放，A4 不允许横放，A5 不能单独存在。

2. 视图选择和绘制原则

① 在保证清晰表达物体结构前提下，应采用最少的视图。

② 应尽量避免虚线的使用。

③ 不需单独绘制零部件图的原则。一般对每个设备、部件或零件都应该单独绘制图样，但符合下列情况的，可不单独绘制。包括：a. 标准零部件和外购件；b. 结构简单，已在部件图上表示清楚而且不需机械加工（焊缝坡口及少量钻孔等加工除外）的铆焊件、浇铸件、胶合件等；c. 一起备模划线的铸件应按部件图绘制，不必单独绘制零件图；d. 尺寸符合标准的螺栓、螺母、垫圈、法兰等连接零件的材料与标准不同时，只需在明细栏中注明规格和材料，并在备注栏内注明“尺寸按×标准字样”，而明细栏中的“图号或标准号”一栏不应标注标准号；e. 两个简单的对称零件，在不致造成施工错误前提下，可以只画出其中一个，但每件应标以不同的件号，并在图样中予以说明。f. 形状相同、结构简单可用同一图样表示清楚的，一般不超过 10 个不同可变参数的零件，可用表格图绘制，但在图样中必须标明共同的不变的参数及文字说明，而可变参数则以字母代号标注，另外，表格中必须包括件号和每个可变参数的数量及质量等。

④ 需单独绘制零部件图的原则。以下情况应该单独绘制部件图：a. 因加工工艺或设计的需要，零件必须在组合后才进行机械加工的部件，如带短节的设备法兰等；对于不画部件图的简单部件，应在零件图中注明需组合后再进行机械加工，如标注“×面需在与件号×焊接后进行加工”等字样。b. 具有独立结构，必须画部件图才能清楚地表示其装配要求、力学性能和用途的可拆或不可拆部件，如搅拌传动装置、对开轴承、联轴节等。c. 复杂的设备壳体，如壳体由多层不同材料组成。d. 铸造、锻造的零件。

3. 文字和图线

文字要符合标准 GB/T 14691—1993 的规定（见第一章表 1-3），工程图中的汉字、数字、符号、英文字母、表格文字高度一般为 2.5mm 和 3.5mm，而施工图中多采用 3.5mm 或 5mm。图线的使用应符合 GB/T 4457.4—2002 的规定（见第一章表 1-5），剖面符号应符合 GB/T 4457.5—2013 的规定（见本章表 2-1）。

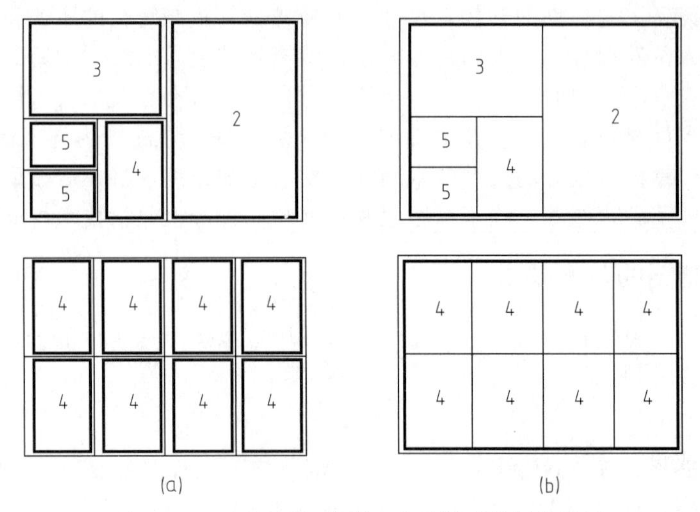

图 2-70　A1 图纸用于绘制多个图样时的划分举例

习　题　二

扫码获取
习题答案

1. 分别用手工、AutoCAD的简易法作设备上接管与筒体（圆柱间）的相贯线并标注尺寸。

已知条件：①接管与筒体正交相贯；②接管外端为法兰，仅用矩形表示法兰即可（图 2-71），矩形的长须保证超出接管两端轮廓线，矩形的宽度以清晰显示矩形结构为准，不可过宽，不标注表示法兰的矩形的尺寸；③接管的截面直径为个人学号后三位（或按其他规定，每人一题）；④接管的伸出长度从 100～300mm 自拟；⑤筒体的截面直径为接管截面直径的 2～4 倍（自拟）；⑥筒体的高度（设备的长度）为筒体截面直径的 2 倍。

要求：①标注尺寸要全面，应包括接管的定位尺寸；②出图的图幅为 A4，在标题栏中填写准确的打印比例（对 Auto CAD 而言）。

2. 用单线按图 2-72 走向绘制某管道轴测图，出图在不同图幅（A4、A3）的图纸中。其他要求：①应有等轴测的坐标方位图示（可用 E、N、Up 标注）；②填写完整的标题栏信息；③图纸的使用方向自拟，空间利用率合理；④图形尺寸一律按个人学号换算，见图 2-72 中的标示，其中，ID 为个人学号后三位（或按其他指定，每人一题），前面的数字为 ID 的倍数。

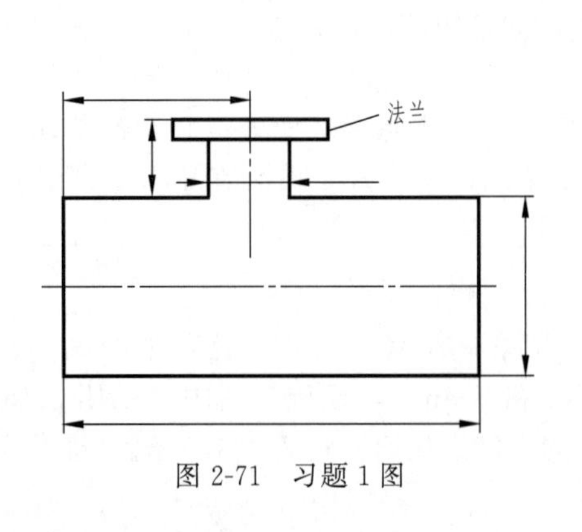

图 2-71　习题 1 图

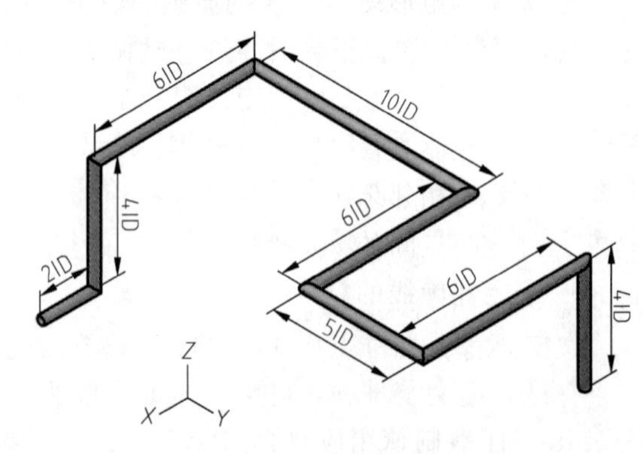

图 2-72　习题 2 图

第三章

化工设备零部件图

零部件是组成设备的基本结构单元，直接影响设备的质量和功能，因此，其设计、优化及加工在制造业中扮演着至关重要的角色。不断提高数字化设计、数字化加工技术，不断发展自动化和智能化技术如数控机床、机器人等，是高精度零部件加工和高效率生产的重要保障，也是提高一个国家精密制造技术的根本。为此，学习零部件的表达方法，结合新技术手段进行数字化、精确化制图，是优化设计和智能制造的基础，对于提高零部件的生产技术水平、打造智能制造业强国意义重大。

第一节　化工设备常用零部件的表达方法

如前一章所述，化工设备由各常用零部件组装而成，其中，螺钉、螺栓、轴承等连接件（大多为标准件）不可或缺，因此，首先熟悉一下这些连接件结构的表达方法。

一、机械连接件的表达方法

1. 螺纹的画法及标注

螺纹是在圆柱或圆锥母体表面上制出的螺旋形、具有特定截面的连续凸起结构（这些凸起称为“牙”），按其母体形状分为圆柱螺纹和圆锥螺纹；按其在母体所处位置分为外螺纹和内螺纹；按螺纹旋向分为左旋螺纹和右旋螺纹（图 3-1），按其截面形状（牙型）又可分为三角形螺纹、矩形螺纹、梯形螺纹、锯齿形螺纹及其他特殊形状螺纹。

螺纹的参数包括：①外径（大径），与外螺纹牙顶或内螺纹牙底相重合的假想圆柱体直径。螺纹的公称直径即大径，见图 3-2。②内径（小径），与外螺纹牙底或内螺纹牙顶相重合的假想圆柱体直径。③中径，母线通过牙型上凸起和沟槽两者宽度相等的假想圆柱体直径。④螺距，相邻牙在中径线上对应两点间的轴向距离。⑤导程，同一螺旋线上相邻牙在中径线上对应两点间的轴向距离。⑥牙型角，螺纹牙型上相邻两牙侧间的夹角。⑦螺纹升角，中径圆柱上螺旋线的切线与垂直于螺纹轴线的平面之间的夹角。⑧工作高度，两相配合螺纹牙型上相互重合部分在垂直于螺纹轴线方向上的距离等。

螺纹的公称直径除管螺纹以管子内径为公称直径外，其余都以外径为公称直径。螺纹已标准化，有米制（公制）和英制两种，现多用米制，请查询 GB/T 1414—2013 及 GB/T 12716—2011 等标准。

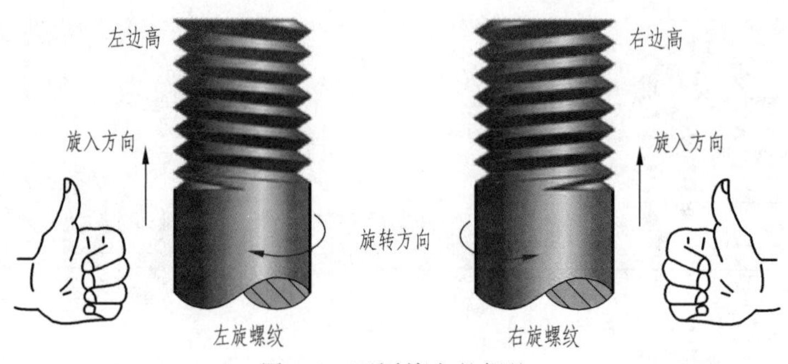

图 3-1　不同旋向的螺纹

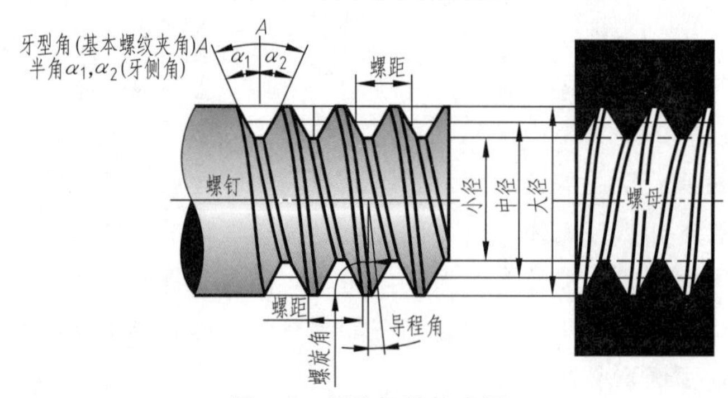

图 3-2　螺纹的结构术语

(1) 螺纹的规定画法

如图 3-3 所示，对于外螺纹，大径用粗实线，小径用细实线，而内螺纹正好与之相反。

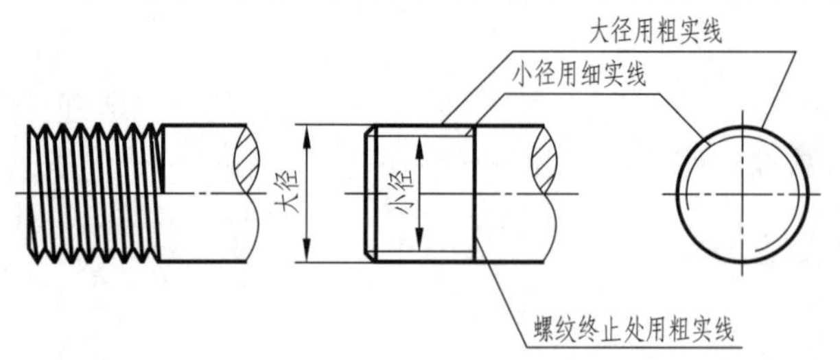

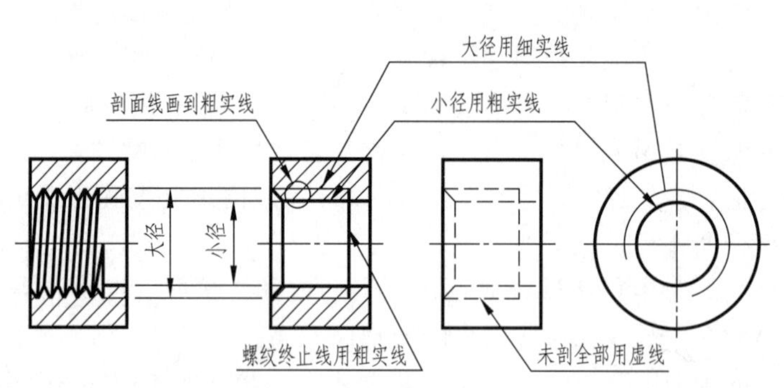

图 3-3　螺纹的规定画法

当内螺纹不剖开时，应该画成虚线。当连接成螺纹副时，其旋合部分应按外螺纹的画法绘制，其余部分仍按各自的画法表示。

(2) 螺纹的标注

普通螺纹的特征代号和尺寸代号，用 M 公称直径×螺距（多线螺纹的导程和螺距均要

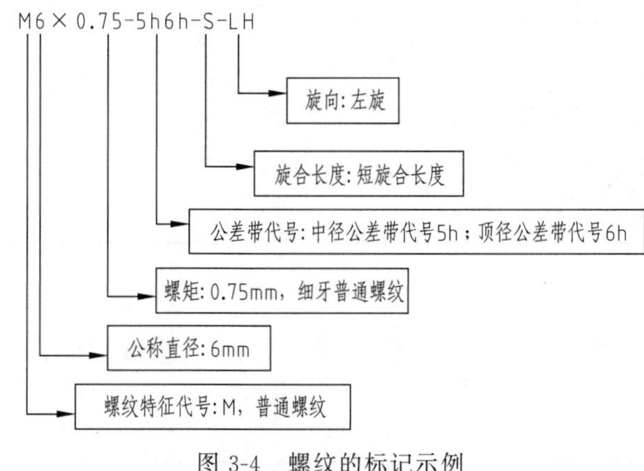

图 3-4　螺纹的标记示例

注出，单线粗牙普通螺纹螺距不标注）。例如：“M8×1.2”表示公称直径为 8mm、螺距为 1.2mm 的单线细牙普通螺纹。除此之外，螺纹在标记中还要注明导程、旋向、旋合长度等，标记示例如图 3-4。具体标记要求请查阅相关标准。

螺纹一般要有退刀槽，以保护加工工具，其宽度不小于 1/2 螺距，外径应小于螺纹小底。端部要有倒角，角度一般是 45°，长度根据螺距来定，取比螺距较大的值即可。

2. 螺纹类紧固件画法

靠螺纹连接的紧固件有螺栓、螺母和垫圈，在绘制时一般按比例，绘制图例见表 3-1。所谓按比例画法就是以螺栓上螺纹的公称直径为主要参数，其余各部分结构尺寸均按与公称直径成一定比例的关系绘制。

表 3-1　紧固件螺栓、螺母和垫圈图例

名称及标准号	图例	标记及说明
六角头螺栓——A 级和 B 级 GB/T 5782—2016	M12 50	螺栓 GB/T 5782 M12×50 表示 A 级六角头螺栓，螺纹规格 d＝M12，公称长度 l＝50mm 倒角一般绘制成 45°，下同
双头螺柱（b_m＝1.25d） GB 898—88	M6 15　45	螺柱 GB 898 M6×45 表示 B 型双头螺柱，两端均为粗牙普通螺纹，螺纹规格 d＝M6，公称长度 l＝45mm
开槽沉头螺钉 GB/T 68—2016	M10 60	螺钉 GB/T 68 M10×60 表示开槽沉头螺钉，螺纹规格 d＝M10，公称长度 l＝60mm 螺钉头的锥度绘制成 90°
开槽长圆柱端紧定螺钉 GB/T 75—2018	M10 60	螺钉 GB/T 75 M10×60 表示长圆柱端紧定螺钉，螺纹规格 d＝M10，公称长度 l＝60mm
1 型六角螺母——A 和 B 级 GB/T 6170—2015	M9	螺母 GB/T 6170 M9 表示 A 级 1 型六角螺母，螺纹规格 d＝9mm
平垫圈—A 级 GB/T 97.1—2002	M9	垫圈 GB/T 97.1 9 表示 A 级平垫圈，公称尺寸（螺纹规格）d＝9mm，性能等级为 140HV 级

名称及标准号	图例	标记及说明
标准型弹簧垫圈 GB/T 93—87	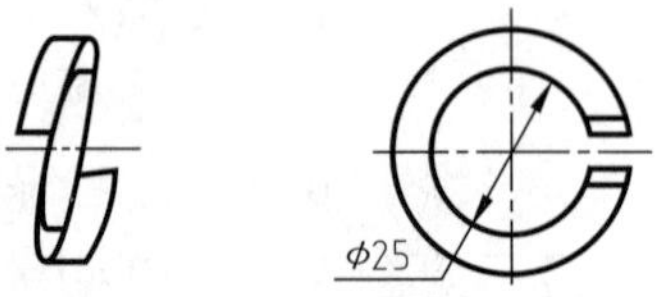 $\phi25$	垫圈GB/T 93 25 表示标准型弹簧垫圈，规格（螺纹大径）为25mm

3. 非螺纹连接件的画法

键、销、齿轮、轴承、弹簧等在机械中常用来作连接零部件，其作用和画法图例见表3-2。

表3-2 键、销、齿轮、轴承、弹簧的图示方法

类别	作用	实物图形	视图	应用图例
键	连接传动件，传递扭矩		按外轮廓绘制，在剖面经过时不画成剖面形式	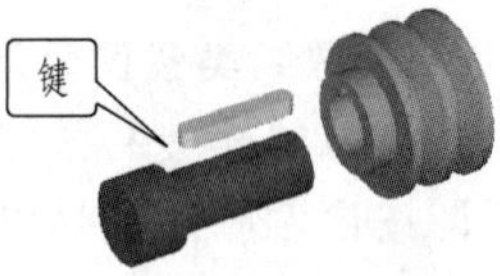 键
销	零件间的定位或小扭矩连接		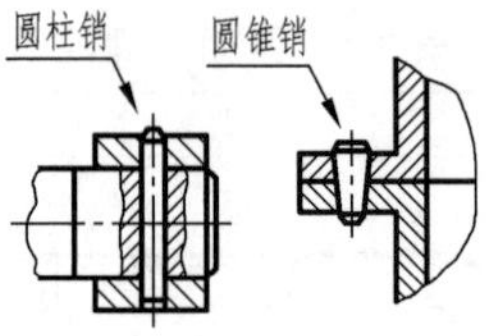 圆柱销 圆锥销	
齿轮	传递动力或改变轴的转速或转向		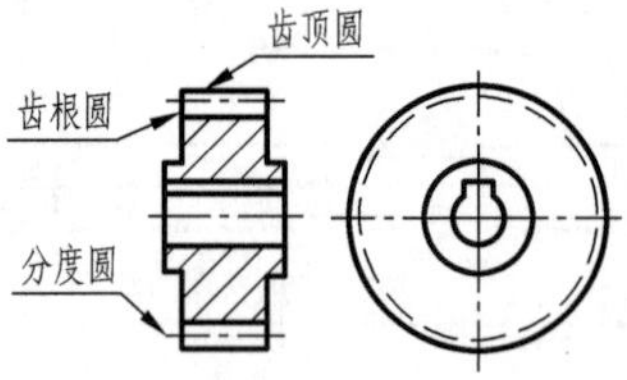 齿顶圆 齿根圆 分度圆	
轴承	用来支撑和固定轴的运动		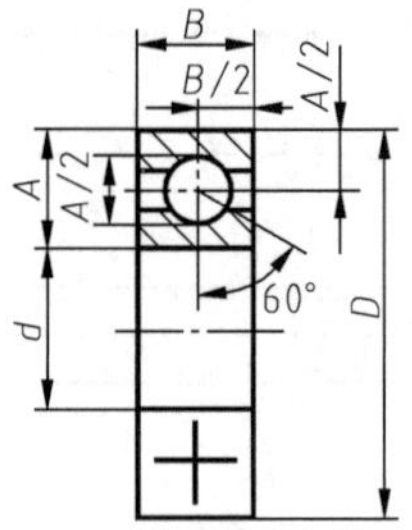 B B/2 A/2 A A/2 60° d D	
弹簧	减振、复位、夹紧、测力和储能等		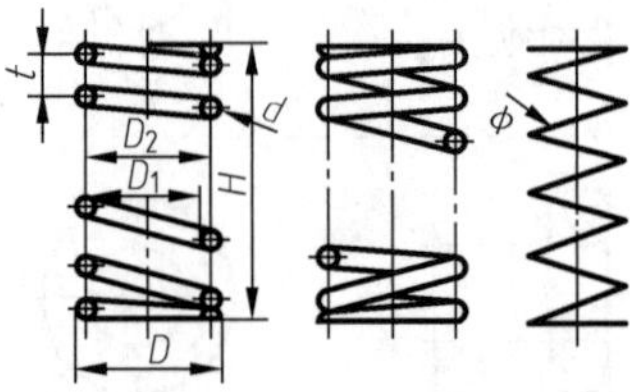 t d D_2 D_1 H D ϕ	

4. 螺栓类连接件装配图的画法

连接件在绘制时，应在接触处画出各自的轮廓线，之间留有一定的空隙，为使图示清晰，可以采用简化画法，图 3-5 为螺栓连接结构的画法，倒角在简化画法中不必表达。注意事项：

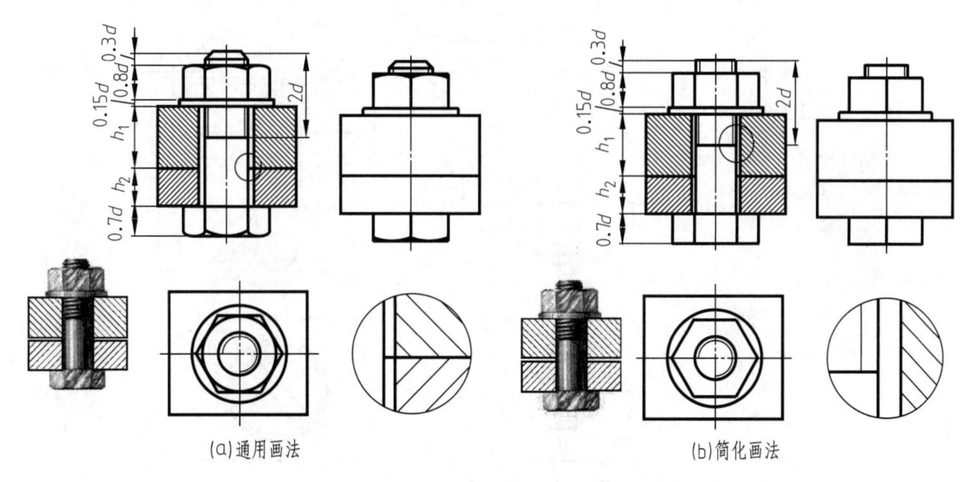

图 3-5 螺栓连接结构的画法

① 两零件在紧密接触时，接触面只画一条线，不加粗。但凡不接触的表面，不论间隙大小，都应画出间隙（如图 3-5 所示的螺栓和孔之间应画出间隙）。

② 注意不同零件邻接时的剖面线方向应相反，或者画成方向一致而间隔不等。当剖切平面通过螺栓轴线时，螺栓、螺母、垫圈可按不剖绘制，仍只画外形，在必要时可采用局部剖视。

③ 螺栓孔直径应稍大于螺栓直径，取 1.1d（d 为螺纹直径）。

螺栓的公称长度 L：$L \geqslant \delta_1 + \delta_2 + h + m + a$

式中，δ_1、δ_2 为两被连接件的厚度；h 为垫圈厚度；m 为螺母厚度；a 为螺栓头部超出螺母的长度，一般取 $a = 0.2 \sim 0.3d$。

其他连接结构的画法示例见表 3-3。

表 3-3 其他连接结构的画法示例

名称	连接图形	图示	说明
双头螺柱连接		旋入端的螺纹终止线应与结合面平齐，表示旋入端已经拧紧 L　δ　b_m　$b_m+0.5d$　b_m+d	旋入端的长度 b_m 取：钢，1d；铸铁或铜，1.25d ～ 1.5d；铝合金等轻质，2d。螺柱的公称长度 $L \geqslant \delta$＋垫圈厚度＋螺母厚度＋(0.2～0.3)d，取标准长度

续表

名称	连接图形	图示	说明
螺钉连接			螺纹终止线不能与结合面平齐，而应画在上板厚度范围内 具有沟槽的螺钉头部，在主视图中应被放正，在俯视图中规定画成45°倾斜。螺钉的有效长度 $L=\delta+b_m$

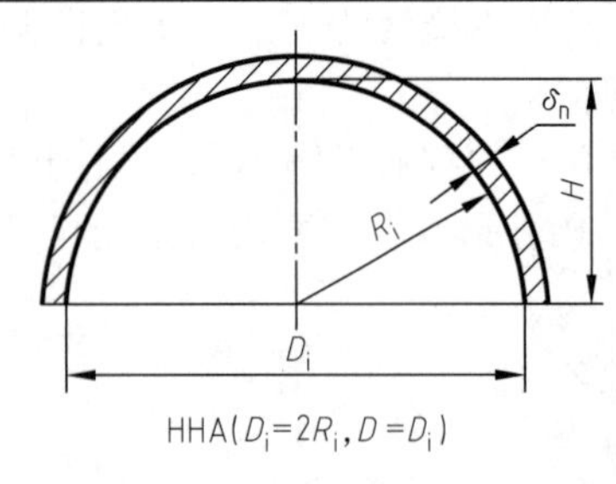

图 3-6 半球形封头形式尺寸

二、设备封头的表达方法

1. 半球形封头

半球形封头结构较简单，如图 3-6 所示，主视图为半圆，绘图的关键尺寸只有两个：半球形封头的内直径 D（或半径 R）和封头的厚度 δ_n。有了这两个尺寸，即可手工或利用软件绘制半球形封头。

[利用 AutoCAD 绘制半球形封头]

① 如前所述，设置好绘图环境（练习封头绘制，可以只设置中心线、轮廓线、细实线、尺寸标注 4 个图层）。在中心线图层，绘制两条垂直相交中心线。见图 3-7（a）。

② 在绘制轮廓线图层中，以中心线上某一点为圆心绘制直径为 400mm 的半圆，作为半球形封头的内轮廓线（也可以画整圆再修剪），见图 3-7（b）。

③ 利用偏移工具将内轮廓线向外偏移 16mm，得到封头的外轮廓线，见图 3-7（c）。

④ 用直线将底端连接修剪中心线，填充剖面线并标注尺寸，完成绘制，见图 3-7（d）。

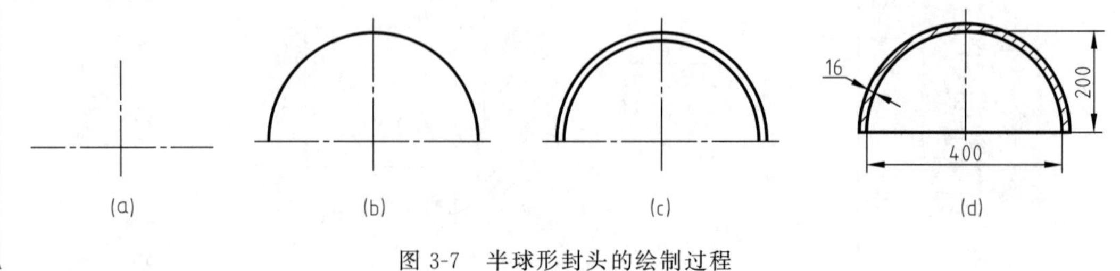

图 3-7 半球形封头的绘制过程

2. 椭圆形封头

椭圆形封头的关键尺寸如图 3-8 所示，EHA 型以内径 D_i 为公称直径，一般由钢板卷制，用于较大尺寸的封头；EHB 型以外径 D_o 为公称直径，一般由无缝钢桶制造，用于小尺寸（400mm 以内）封头。若已知椭圆长轴 D（可以是 D_i 或 D_o）、封头高度 H（或 H_o，则椭圆短半轴为封头高度减去直边高度）、直边高度 h 及厚度 δ_n，则可以绘制出椭圆形封头，以下仅举例说明采用 AutoCAD 绘制 EHA 型封头的过程。

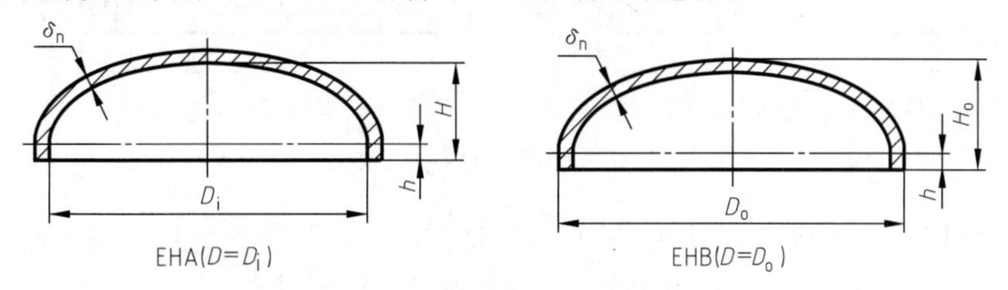

图 3-8 椭圆形封头的结构形式

［利用 AutoCAD 绘制椭圆形封头］

① 设置好绘图环境后，在中心线图层中绘制两条垂直的中心线，见图 3-9（a）。

② 单击调用椭圆弧工具，在命令行的提示中点击选择“中心点（C）”或动态框中输入“C”，确认（回车或空格），这时命令提示指定椭圆弧的中心点；在中心线交点处捕捉到交点并单击，则确定了椭圆中心，命令提示指定轴的端点；这时在水平中心线上捕捉到任意最近点，输入 162.5（半长轴长度），确认，则提示指定另一条半轴长度或［旋转（R）］；鼠标捕捉到垂直中心线上（任意最近点），输入 80（半短轴设为 80），确认，则命令行提示指定起点角度；由于程序会从起点向角度增大方向（以东向为零，逆时针增大）绘制圆弧，因此为了绘制上半椭圆，在水平中心线右侧任一最近点单击或动态命令框中输入角度数值 0 并确认，则确定了起点角度，命令行提示指定端点角度；用鼠标在水平中心线左侧任意最近点单击或输入角度数值 180 并确认，则完成椭圆弧绘制。然后，用直线工具绘制两端的直边，高度 25mm，见图 3-9（b）。注：利用画整个椭圆然后以中心线为基准修剪，也能方便地得到以上轮廓线。

③ 使用偏移工具偏移壁厚尺寸得到外侧轮廓线，用直线连接底部直边端点得到底部轮廓线，见图 3-9（c）。

④ 修剪过长的图线，填充剖面线（细实线层）并标注尺寸（注释层），完成绘制，见图 3-9（d）。

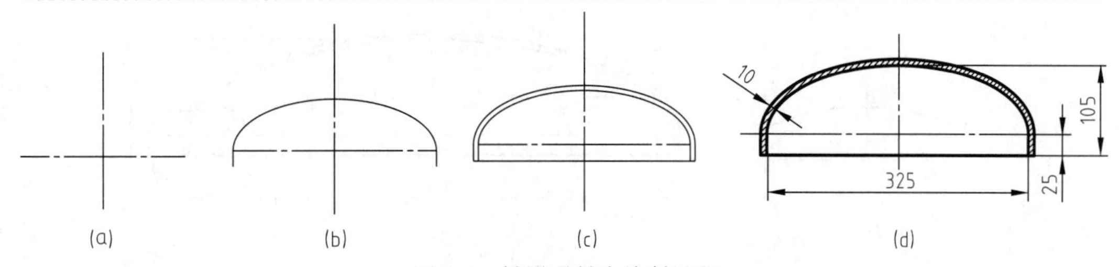

图 3-9 椭圆形封头绘制过程

3. 碟形封头

碟形封头由直边与三段圆弧组成，只要知道三段圆弧的圆心，就能够依据尺寸关系，绘制出碟形封头。常用碟形封头的数据关系：

对于 THA、THB 型封头，如图 3-10 所示，公称直径 D 和厚度 δ_n 确定后，一般标准型的大圆弧半径 $R=0.9D$（普通型的 $R=D$），小圆弧半径 $r=0.1D$，直边高度 $h_1=25$（$S\leqslant 8$）或 40（$10\leqslant S\leqslant 18$）或 50（$S\geqslant 20$）。

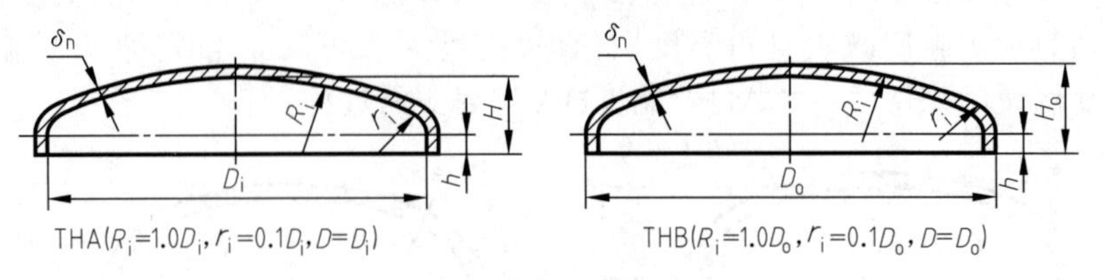

图 3-10 碟形封头的形式尺寸

下面以 THA 型（普通）碟形封头（直径 $D=1000$，壁厚 $S=10$，则大圆弧半径 $R=1000$，$r=100$，直边高度为 40）为例，说明 AutoCAD 绘制过程。

[利用 AutoCAD 绘制碟形封头]

① 在 AutoCAD 中心线图层任画两条正交中心线（启用正交限制），长度均超过 1000 即可，见图 3-11（a）。单击偏移工具，偏移出半径为 r 的两个小圆中心线，偏移距离为 $(D-2r)/2=400$，在两个交点处绘制半径为 r 的两个圆（粗实线层，也可后改图层），见图 3-11（b）。

② 因大圆和两个小圆是相切的关系，因此有了小圆，就可以绘制大圆，不必知道大圆圆心的位置。点画圆工具中的“相切，相切，半径”；或输入画圆命令，选择“切点，切点，半径”或输入“t”，确认，提示“指定对象与圆的第一个切点”，点击左边小圆的左上方弧线，提示“指定对象与圆的第二个切点”，在右侧小圆的右上弧线上点击，提示“指定圆的半径”，输入 1000，确认，大圆绘出，见图 3-11（c）。

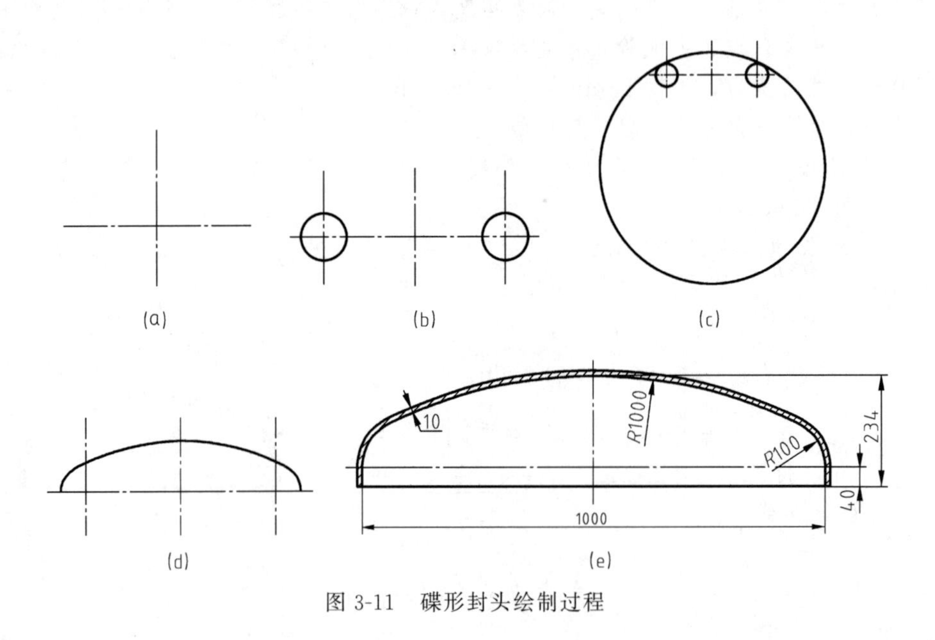

图 3-11 碟形封头绘制过程

③ 用修剪（Trim）工具 ，先以两个小圆为修剪基准，剪掉大圆下方图线，然后再以大圆弧和水平中心线为基准，剪掉两个小圆多余图线，如图 3-11（d）所示。

④ 绘制两端的直边，将内轮廓线向外偏移 10mm 得到外轮廓线，连接底部轮廓线后，填充剖面线（细实线图层）并标注尺寸。进一步修剪多余的图线后，完成绘制，如图 3-11（e）所示。

4. **锥形封头**

不带折边的锥形封头（CNA）比较简单，大端直接与筒身焊接，绘制容易。带折边封头 CSA 和 CDA（CDA 在 CSA 基础上，小端有过渡圆和直边）应该已知：封头大端内直径 D_i、封头的小端内直径 D_{is}、封头的厚度 δ_n、封头的半锥角 α，封头的过渡圆即折边部分小圆半径 r（CDA 中应有小端过渡圆半径）及封头的直边高度 h（CDA 中包括小端直边高度）。标注尺寸时，还需要标注封头高度 H_o 和锥体高度 H'。锥形封头的形式尺寸见图 3-12。

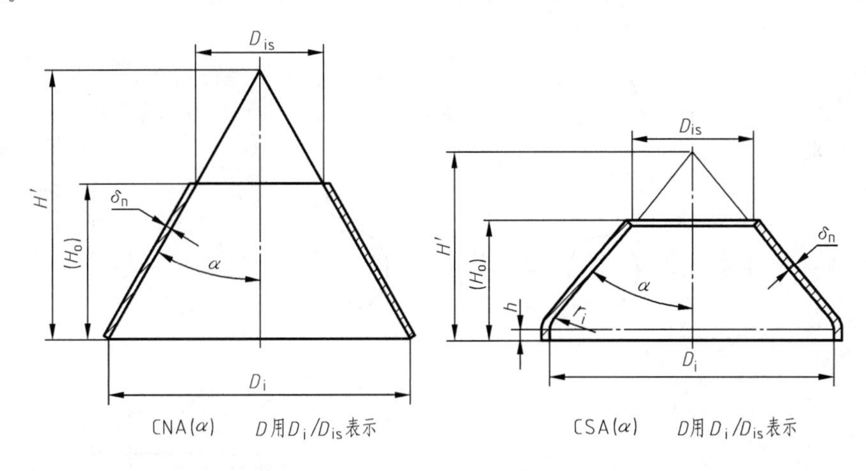

图 3-12　锥形封头的形式尺寸

[利用 AutoCAD 绘制锥形封头]

① 比如绘制 CSA 型封头，尺寸为：$D_i=500$mm、$D_{is}=200$mm，折边圆弧半径 $r=80$mm，折边高度 $h=25$mm，锥角为 120°（$\alpha=60°$），厚度 $\delta_n=20$mm。应首先在中心线图层绘制两条中心线，确定视图位置，然后将竖直中心线向左偏移 170mm，得到一个过渡圆的圆心位置（利用对称性，只绘制一半，最后利用镜像工具得到整体），如图 3-13（a）所示，并在此位置绘制半径为 80mm 的圆。

② 因斜边与封头小端轮廓线相交，因此不必计算封头高度。将初始的竖直中心线向左偏移 100mm，得到辅助线 k，如图 3-13（b）所示，然后，在交点 A 绘制一条垂线，长度保证旋转后与 k 线可以相交。

③ 单击选中线 m，调用旋转工具（Rotate），基点选择圆心，输入角度值“-60”，则 m 与 k 相交于 B 点，从 B 点绘制水平线与竖直中心线交于 C 点，如图 3-13（c）所示。

④ 调用修剪工具，分别单击线 m 和水平中心线（作为修剪基准），确认，光标移动到需要剪除的部位单击，完成修剪，按空格退出；继续按空格，调用修剪工具，单击线 BC，确认，减掉线 m 的多余部分，按空格退出命令；可删除辅助线 k 和附注，如图 3-13（d）所示。

⑤ 绘制直边，得到一半内轮廓线；选中整个内轮廓线，单击修改面板的合并（Join）工具，则合成一个整体（若不合并而直接偏移，两条相交直线间将出现空隙，需要延伸相交）；然后，调用偏移工具，将内轮廓线向外偏移 20mm，连接上端两线段的交点，结果如图 3-13（e）所示。

⑥ 调用面板的“镜像”工具或在命令行输入 mi（Mirror）调用此工具，提示“选择对象”，框选内外轮廓线，确认，则提示“指定镜像线的第一点”，在右中心线上捕捉任一最近点单击，则提示“选择镜像线第二点”，在该中心线上另一最近点单击（必须启用对象捕捉），则提示是否删除原对象，默认为否（N），直接确认（空格或回车）即可，得到镜像后的另一半对称轮廓线，添加底部轮廓线，修剪图线，结果如图 3-13（f）所示。（也可添加底部一半轮廓线后，再一起镜像。）

⑦ 填充剖面线（注：应在细实线图层，竖直中心线两侧的剖面线必须一致），标注尺寸，如图 3-13（g）所示。注：在不引起误解时，半径符号 R 前面不必加表示球面的 S。

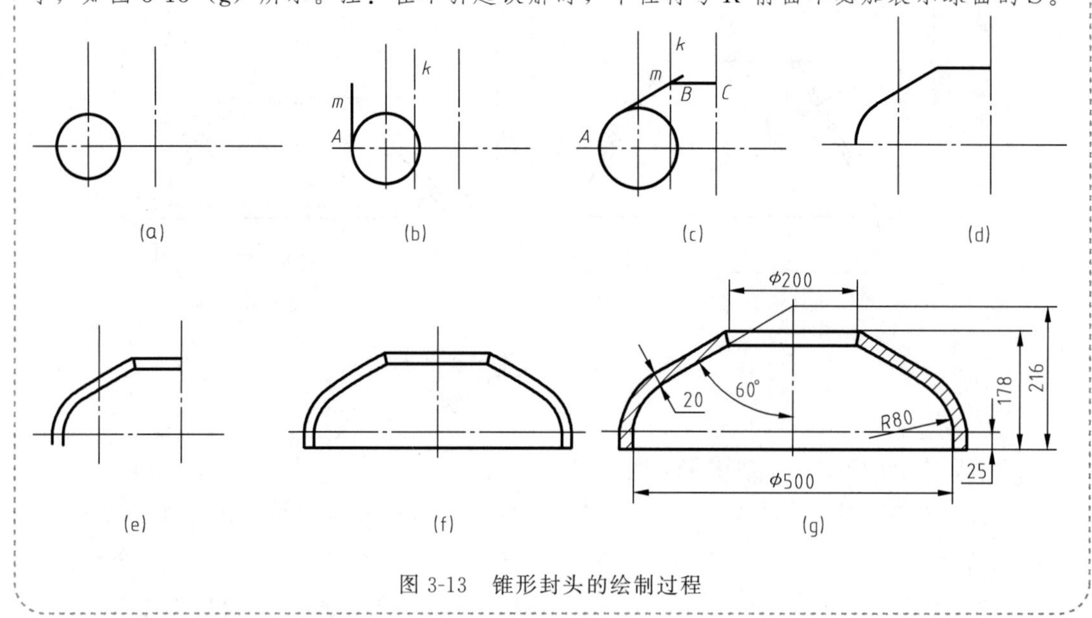

图 3-13　锥形封头的绘制过程

三、法兰的绘制

无论是管法兰还是容器法兰，其主视图应该选择回转轴所在的剖面方向，基本可以清晰表达法兰的尺寸和结构特征，而垂直于回转轴的投影多为圆形轮廓，可以作为辅助作用的基本视图或不绘制，但是该方向投影为非常规圆形时，则必须绘制。

[利用 AutoCAD 绘制法兰]

利用 AutoCAD 绘制法兰的过程有多种方式，如先绘制其回转体中心线，然后偏移出螺栓孔中心线和轮廓线，绘制其他轮廓线并修剪得到主视图；也可以先绘制一半图形然后镜像产生整体主视图，画法不唯一。下面以图 3-14 所示的平焊法兰说明利用镜像工具绘制主视图的过程。

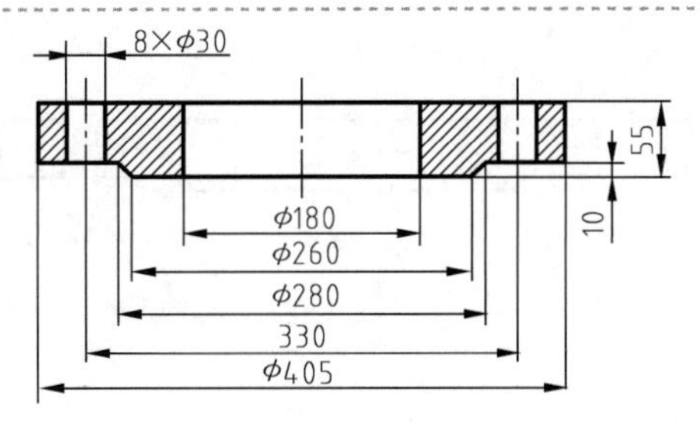

图 3-14　凸面平焊钢制管法兰

1. 设置绘图环境

按照第一章所述完成：①设置图形界限（可略）；②设置图形单位格式（一般默认即为毫米，需查看确认）；③设置图层（包括线型、线宽、颜色等）；④设置标注样式。

2. 图样位置的确定

① 下拉面板的图层列表，使中心线为当前图层，在正交状态下，用直线工具在合适位置绘制一条中心线（长度大致超过法兰需要的 55mm 即可），确定图样的位置；②以第一条中心线为基准，偏移 165mm 得到一侧螺栓孔中心线，见图 3-15（a）。

3. 绘制一半图形

① 在功能面板将粗实线层置为当前，用直线工具捕捉第一条中心线上一点，在正交限制下水平拉动光标，键入“90”，确认；继续向下拉动光标，键入“55”，确认；继续向右拉动光标，键入距离“40”，确认，再次空格确认退出命令（或按 Esc 键），见图 3-15（b）。②继续用直线工具捕捉粗实线右上端点，水平拉动光标，键入数值“112.5”，确认；继续向下拉动光标，键入“45”，确认；继续向左拉动光标，键入“62.5”，确认；继续捕捉底部轮廓线端点单击，结果见图 3-15（c）。③将底部轮廓线拉伸与中心线相交（捕捉垂足），见图 3-15（d）。④在状态栏的“对象捕捉”中关闭“最近点”，启用直线命令捕捉右侧中心线与轮廓线的交点，水平向左拉动光标出现追踪线时，键入 15，确认，向下绘制孔的一条轮廓线，将此线向右偏移 30 或继续使用追踪绘制，得到螺栓孔的第二轮廓线，并拉伸以缩短小孔中心线，结果见图 3-15（e）。

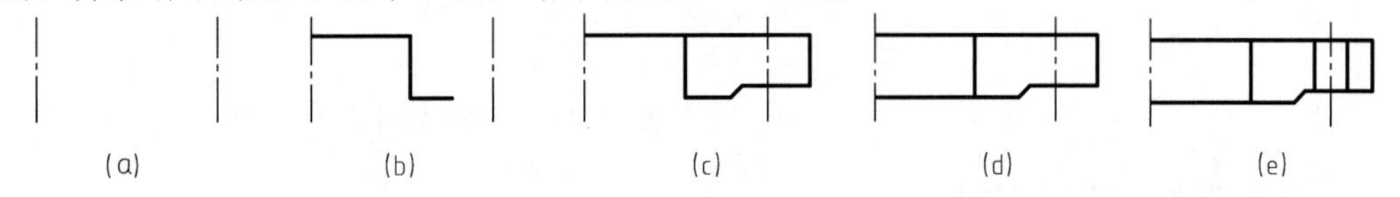

图 3-15　绘制一半轮廓线过程

4. 利用镜像工具产生另一半轮廓线并填充剖面线

① 单击调用面板的“镜像”工具或在命令行输入 mi（Mirror）调用此工具，提示“选择对象”，框选长中心线外的全部图形，确认，则提示“指定镜像线的第一点”，在左中心线上任一最近点单击（要启用捕捉到最近点），则提示“选择镜像线第二点”，在此中心线上另一任意点单击，则提示是否删除原对象，默认为否（N），直接确认（空格或回车）即可，得到镜像后的另一半图形，见图 3-16（a）。②单击绘图面板的“图案填充”工具，在弹出的面板工具中选择 ANS131（斜杆线）样式，依次单击要填充区域，结果如图 3-16（b）所示，从图中可见，填充线过密。修改方法为，单击填充线，功能面板自动显示图案填充各种工具，在填充图案比例图标 1 后面，将默认的 1 改为其他数值，本例改为 3，回车，结果如图 3-16（c）所示。注：在填充图案比例工具的上方有修改填充角度

工具角度，在其后输入角度数值可以将剖面线改为其他方向。

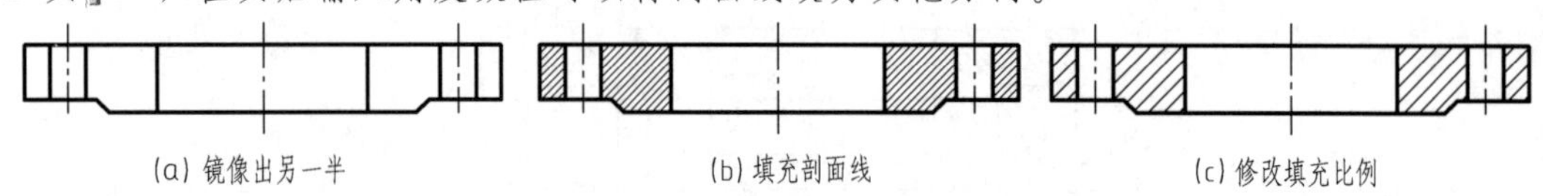

图 3-16 绘制整体轮廓线并填充

5. 完成法兰主视图

对以上得到的图形进行尺寸标注和其他注释，得到法兰主视图。

6. 绘制法兰其他方向视图——学习阵列命令的使用

若有必要绘制其他视图时，如图 3-17（a）所示，步骤为：①首先绘制水平、铅垂方向圆的中心线和螺栓孔所在开孔中心线，然后绘制各个圆形轮廓线（用画圆工具绘制同心圆）；②在开孔中心线和圆轮廓中心线的一个交点处，绘制一个确定尺寸的小孔轮廓线，如图 3-17（b）所示；③用修改模板的打断工具或输入 Break 命令，将穿过小孔的径向中心线在孔轮廓两侧一定距离处打断，以使之和孔轮廓线一起进行阵列（避免逐个添加对称线的麻烦），如图 3-17（c）所示；④选择小孔轮廓线和其径向中心线，单击修改面板的环形阵列工具，则提示“选择阵列中心”，单击大圆圆心，生成 6 个默认的小孔，因需要 8 个螺栓孔，在命令行单击选择“项目（I）”或在动态框中输入“I”并确认，则命令行提示输入项目数，输入 8，确认，退出命令，完成 8 个螺栓孔的绘制，如图 3-17（d）所示，每个小孔都有了自己的对称线表示，不必再逐一添加。同理，绘制一个圆孔为代表后，可以只阵列其径向对称线，则得到简化画法的法兰盘视图。

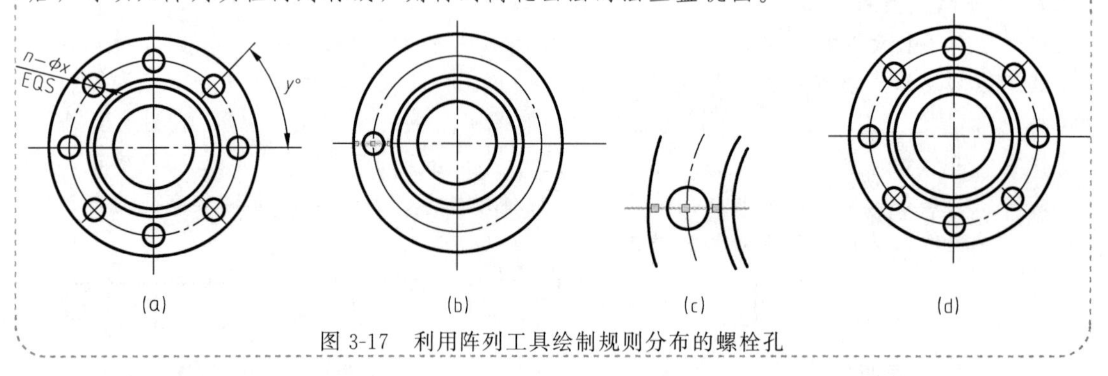

图 3-17 利用阵列工具绘制规则分布的螺栓孔

四、零部件图的简化表达方法

① 机件的肋板如按纵向剖切，则肋板不画剖面符号，而用粗实线将它与其邻接部分分开。

② 若干直径相同且成规律分布的孔，如筛孔、法兰的螺栓孔等，可以仅画出一个或几个，其余只需用细点画线表示其中心位置，如图 3-18（a）所示。

③ 断开画法：轴、杆类较长的机件，当沿长度方向形状相同或按一定规律变化时，允许断开画出，但在尺寸标注时要标注实际长度［图 3-18（b）］。

④ 在不致引起误解的前提下，对于对称性结构，可只画一半或其 1/4［图 3-18（c）］，并在对称中心线的两端画出两条与其垂直的平行细实线，以表示该线另一侧具有完全对称的结构。

⑤ 当回转体机件上的平面在视图中不能充分得到表达时，可用相交的两条细实线表示［图 3-18（d）］。

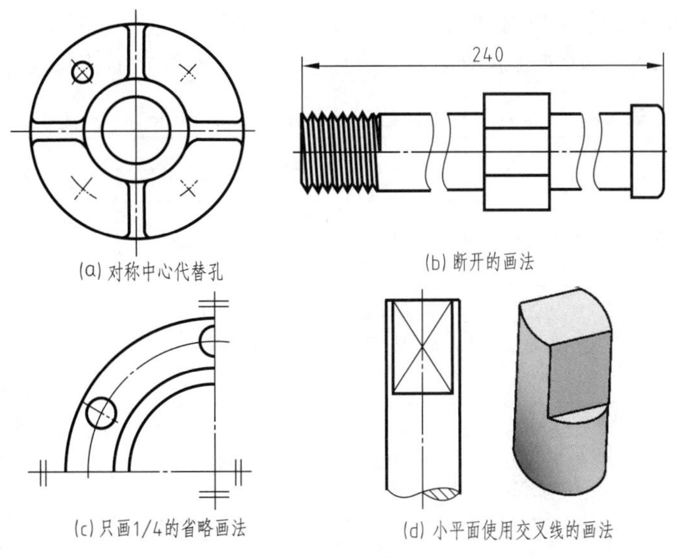

图 3-18　机件的简化表达方法

第二节　零部件图上的技术要求及标注

零部件图除了要表达清楚结构和尺寸外，还应注明以下技术要求：表面粗糙度、极限与配合、形位公差、表面处理、热处理、加工及检验方法等。

一、表面粗糙度

表面粗糙度是零件加工表面上具有的较小间距和峰谷不平度所组成的微观几何特性。加工过程中的刀痕、切削分离时的塑性变形、刀具与已加工表面间的摩擦、工艺系统的高频振动都是形成表面粗糙度的原因，而表面粗糙度会对零件的耐磨性、配合性质的稳定性、零件的疲劳强度、零件的抗腐蚀性、零件的密封性等造成影响。

（一）表面粗糙度的表达符号

在制图中，表面粗糙度以符号加文字注释的方式体现在视图上。所用的符号见图 3-19，

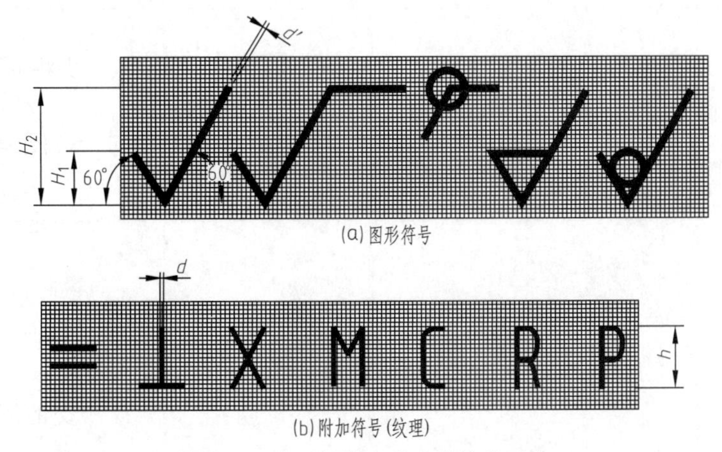

图 3-19　表面粗糙度表达符号的画法

这些表达符号包括图形符号和附加符号（纹理），这些符号的含义见表 3-4。表面粗糙度符号的绘制尺寸见表 3-5。应该依据图纸中轮廓线的宽度选择不同的符号尺寸。

表 3-4　表面粗糙度的表达符号及其含义（GB/T 131—2006）

图形符号		
符号	意义和说明	标注内容和注写位置
	基本图形符号，两条线与水平面夹角都为 60°	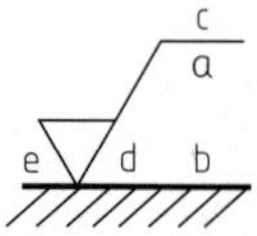 图中： a、b——注写表面结构要求，包括表面结构参数代号、极限值、传输带或取样长度（μm）； c——注写加工方法、表面处理、涂层或其他加工工艺要求等； d——注写表面纹理和纹理的方向； e——注写加工余量（mm）
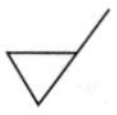	基本图形符号加一短横，表示表面是用去除材料的方法获得，如：车、铣、钻、磨、剪切、抛光、腐蚀、电火花加工、气割等	
	基本图形符号加一小圆，表示表面是用不去除材料的方法获得，如铸、锻、冲压、热轧、粉末冶金等，或保持原供应状况的表面	
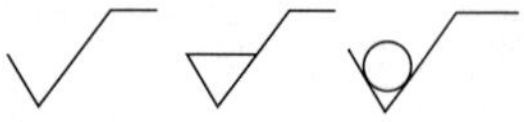	以上三种符号加一尾横线，用于标注参数和说明	
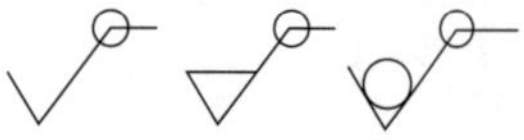	在上述符号中再加一个小圆，表示所有表面具有相同的粗糙度要求	

纹理符号			
符号及含义	图　例	符号及含义	图　例
= 纹理平行于视图所在投影面	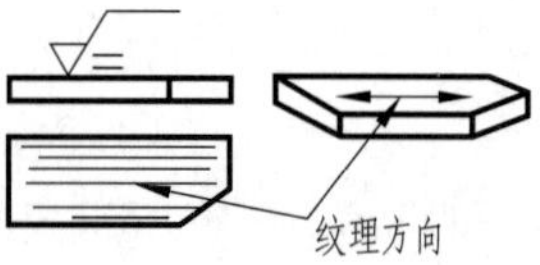 纹理方向	⊥ 纹理垂直于视图所在投影面	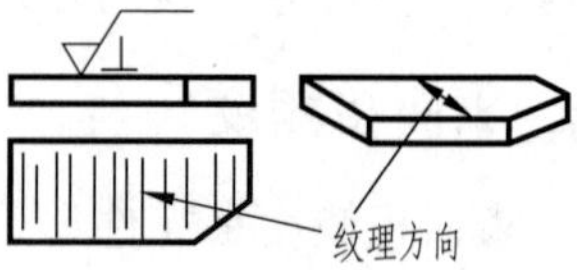 纹理方向
X 纹理呈两斜向交叉且与视图所在的投影面相交	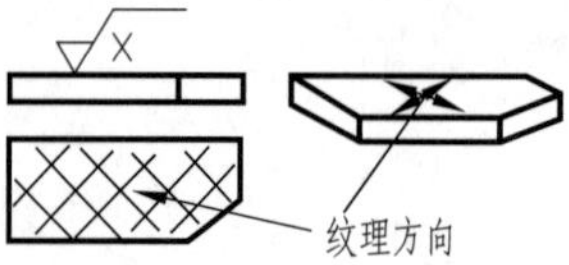 纹理方向	M 纹理呈多方向	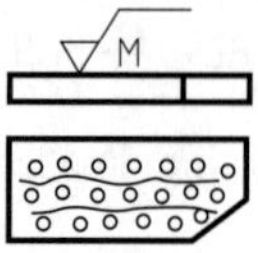
C 纹理呈近似同心圆且圆心与表面中心相关	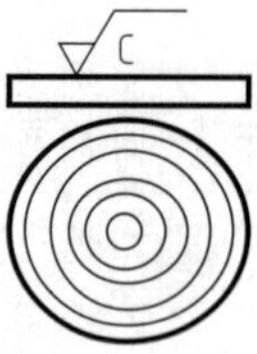	R 纹理呈近似放射状且与表面圆心相关	
P 纹理呈微粒、凸起、无方向	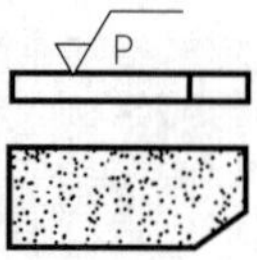		

表 3-5 表面粗糙度符号的绘制尺寸

工程图样轮廓线线宽 d/mm	0.35	0.5	0.7	1	1.4	2	2.8
数字和字母高度 h/mm	2.5	3.5	5	7	10	14	20
符号、字母线宽 d/mm	0.25	0.35	0.5	0.7	1	1.4	2
高度 H_1/mm	3.5	5	7	10	14	20	28
高度 H_2(最小值)/mm	7.5	10.5	15	21	30	42	60

1. 符号中 a、b 位置的标注

表内符号 a 的位置用来标注表面结构的统一要求，包括表面结构参数代号、极限值、传输带或取样长度。有多个结构要求时，按 a、b 间纵向排列，这时需要增加符号高度。为了不引起误解，参数代号与极限值之间要有空格，传输带或取样长度后应该有一斜线“/”，线后是表面结构参数代号，最后是数值。如：$-0.8/Ra3\ 3.2$ 表示取样长度 0.8mm，3 个取样长度，R 轮廓，算术平均偏差为 3.2μm。

(1) 表面结构参数代号

表面结构参数代号的选择，需要依据 GB/T 1031—2009《产品几何技术规范（GPS）表面结构 轮廓法 表面粗糙度参数及其数值》，包括：

① 轮廓的算术平均偏差 Ra（常见范围 0.025～6.3μm），为取样长度内，轮廓偏距绝对值的算术平均值。

② 轮廓的最大高度 Rz（常见范围 0.1～25μm），为取样长度内 5 个最大的轮廓峰高的平均值与 5 个最大的轮廓谷深的平均值之和，也称微观不平度十点高度。

在常见范围内优先使用 Ra 进行标注。

(2) 传输带

传输带是两个定义的滤波器之间的波长范围，见 GB/T 6062—2009 和 GB/T 18777—2009，对于图形法，是在两个定义极限值之间的波长范围（见 GB/T 18618—2009）。在制图中，传输带一般采用默认值而不需标注，但采用非默认值的检测波长时，则需要标注。例如：含传输带的标注：$0.0023-0.8/Ra6.3$，表明传输带短波 $\lambda_s=0.0023$mm，长波 $A=0.8$mm，轮廓的平均偏差为 6.3μm。

(3) 评定长度和取样长度

表面粗糙度值的测定通常采用光切显微镜、干涉显微镜及轮廓仪（计），取样长度与评定长度的合理选用影响测量结果的准确度。标准规定，评定粗糙度时必须取一段能反映加工表面粗糙度特性的最小长度，它包含一个或数个取样长度，这几个取样长度的总和称为评定长度。取样长度值应依据偏差的大小从 GB/T 1031—2009 给定的推荐表中选择，凡是选用的标准推荐值，可不标注在图样上。一般加工表面选取评定长度为 5 个连续的取样长度，这也是隐含的标准数量，可不标注。加工均匀性较好的表面，可选用小于 5 个取样长度的评定长度；均匀性较差的表面，可选用大于 5 个取样长度的评定长度。多于或少于 5 个取样长度时，需要在图样上标注。若图样上或技术文件中已标明评定长度值，则应按图样或技术文件中的规定执行。

2. 位置 c 的标注

位置 c 注写加工要求、镀覆、涂覆、表面处理或其他说明，加工方法包括车、刨、铣、锻、铸等，标注时写汉字，如下例：

3. 位置 d、e 的标注

在位置 d 处标注物体表面加工后的纹理及纹理方向，代号及图例见表 3-4。在位置 e 处注写工件的加工余量，隐含单位是 mm。

4. 粗糙度参数的组成

粗糙度是表面结构参数的一种，表面结构参数由轮廓参数（R—粗糙度，W—波纹度，P—原始轮廓参数）、轮廓特征、评定长度的取样个数、要求的极限值组成。参数后标注“max”时，表示应用最大规则评定极限值，反之，表示应用默认规则（16%规则）评定极限值。取样时默认的取样数是 5 个，若评定时取样点不是 5 个，则需要在参数中标明。

【例题】

① 请叙述 0.008-4/Ra 50 的含义。

解： 0.008-4/Ra 50 表示极限值是 50μm，传输带（滤波器）0.008～4mm，默认为“16%规则”，评定长度默认，数值为 5×4mm＝20mm。

② 请叙述下列图样上标注的含义：

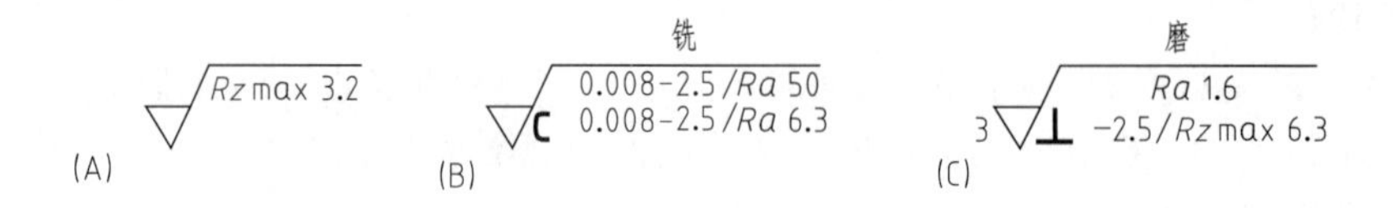

解：（A）表面去除材料的粗糙度符号，单向上极限，粗糙度最大高度 3.2μm，默认传输带，5 个取样长度，“最大规则”。

（B）表面去除材料的粗糙度符号，加工方法为铣，双向极限值，上极限 Ra ＝50μm，下极限 Ra＝6.3μm，均为“16%规则”，两个传输带均为 0.008～2.5mm，默认的评定长度是 5×2.5mm＝12.5mm，表面纹理近似为同心圆。

（C）表面去除材料的粗糙度符号，加工方法是磨削，加工余量为 3mm，两个单向上极限，第一个极限 Ra ＝1.6μm，默认“16%规则”，默认传输带和评定长度；第二个极限 Rzmax＝6.3μm，“最大规则”，传输带－2.5mm，默认评定长度为 5×2.5mm＝12.5mm。表面纹理垂直于视图的投影面。

（二）粗糙度在视图上的注写方式和位置

粗糙度的注写方式和位置，统一要求为：①无论在任何位置注写表面粗糙度代号，符号的尖端必须从材料外指向表面，代号中数字的方向要与尺寸数字方向一致；②无特殊说明时，标注是对加工完的表面进行的；③粗糙度的注写尽量与尺寸、公差的标注在同一视图；④当零件大部分表面具有相同的表面粗糙度时，将这个符号、代号统一标注在图样的右上角，并加注“其余”两字；⑤具体标注的位置选择应该依据图纸的空余面积和美观程度，选择将粗糙度标注在轮廓线、引出线、尺寸数字旁，公差框格的上方，尺寸界线引出线等处，标注唯一、不重复，见图 3-20。

统一标注的代号及文字高度，应是图形上其他表面所注代号和文字的 1.4 倍。

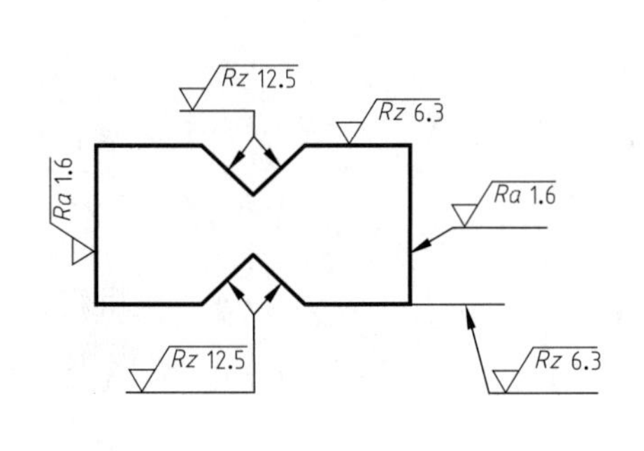

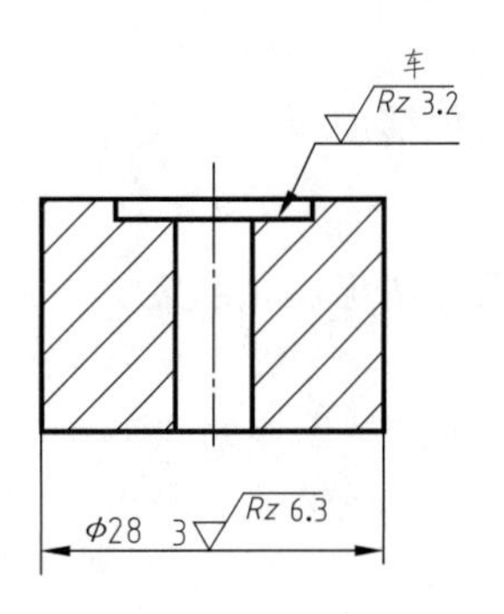

图 3-20 粗糙度在轮廓线上的标注方式

[利用 AutoCAD 标注表面粗糙度]

AutoCAD 中标注表面粗糙度时，若标注的位置较多而且不能简化，为了方便可以先制作属性“块”，应用时可以调用。

下面以去除材料加工方法获得表面的结构为例，说明制作过程。应用者也可以下载网络资源提供的属性块。

1. 确定代号的尺寸

以去除材料加工方法获得表面结构代号为例，在尺寸上要依据图样轮廓线的宽度和标注字高确定，对应关系见表 3-5。比如选择第三列，图样线宽 0.7mm，则粗糙度符号线宽选取 0.5mm，字高为 5mm，H_1=7mm，H_2=15mm。

确定尺寸后，建立图层：粗实线 0.7mm，标注层线宽 0.5mm。

2. 绘制三条辅助线（间隔分别为 8mm 和 7mm 的平行线）

在细实线层绘制一条任意长度的水平线（启用正交限制），分别用偏移工具在上下各偏移 8mm 和 7mm，如图 3-21（a）所示。

3. 绘制粗糙度符号

绘制方法较多，例如方法一，直接画规定角度直线、修剪，过程为：①在状态栏打开极轴追踪，追踪 30，60，90…，调用直线工具从底部辅助线捕捉任意“最近点”开始画线，移动光标至 120°追踪点（虚线）出现，如图 3-21（b），沿追踪线单击第二点（本例超过中间辅助线，也可以在未到中间辅助线之前单击，会影响后续操作，超过的应采用修剪工具，未相交的应采用延伸工具），确认，如图 3-21（c）；②同样，追踪 60°即可画出第二条线，如图 3-21（d）所示；③修剪后得到粗糙度符号，如图 3-21（e）所示。

其他方法如构造线法、辅助高度线法等，见视频文件。

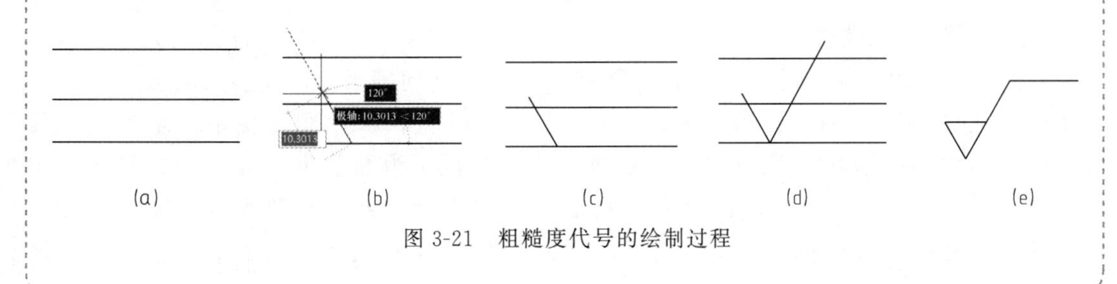

图 3-21 粗糙度代号的绘制过程

4. 创建粗糙度块

按照第一章的操作方法创建粗糙度块，详见七、AutoCAD常用命令和操作。

5. 在图样中标注粗糙度

绘制图样后，将细实线图层置为当前。输入插入命令（Insert），或从插入面板单击“插入”，从弹出对话框的“浏览”中调用粗糙度块。

① 设置插入比例。当图样的尺寸标注中字高与块设置时的字高相同时，插入图块比例值设为1，否则按需要设置比例使用。

② 设置“插入点”。一般设为“在屏幕上指定”。

③ 设置“旋转”角度。当与块的文字角度相同时，默认为“O”，若需要与其垂直地标注，则设置为“90”。

单击“确定”按钮，返回绘图窗口，拾取标注位置并单击确定插入符号块。命令行提示输入属性值如“*Ra*6.3”，即可完成标注。

二、极限与配合

1. 公差及零件的公称尺寸、实际尺寸和极限尺寸

零件具有互换性，同种零件替换后性能不变。但在零件的加工过程中，总会有误差。为了保证互换性，必须将零件尺寸的加工误差限制在一定的范围内，规定出尺寸允许的变动量，这个变动量就是尺寸公差，简称公差。由此就出现了极限尺寸的概念，是在设计尺寸（也称基本尺寸或公称尺寸）上下浮动的界限。实际尺寸减去基本尺寸，就称之为偏差，最大允许偏差显然是极限尺寸减去公称尺寸，因此会出现上偏差（正数）和下偏差（负数），见图3-22所示。显然公差也是上下两个偏差相减得到的数值。可以写成下列等式：

尺寸公差＝最大极限尺寸－最小极限尺寸＝上偏差－下偏差

极限偏差要标注在尺寸后，如$\phi27^{+0.012}_{+0.001}$表示上极限偏差是0.012mm，下极限偏差是0.001mm，那么该零件的尺寸公差是（0.012－0.001）mm＝0.011mm。当上下极限偏差绝对值相等时，采用对称标注，如$\phi27\pm0.012$表示上极限偏差是0.012mm，下极限偏差是－0.012mm，那么其公差就是［0.012－(－0.012)］mm＝0.024mm。不标注极限偏差的零件要依据GB/T 1804—2000，在图纸的技术要求栏用标准号和公差等级符号说明。非配合线性尺寸的公差等级分为f（精密级）、m（中等级）、c（粗糙级）、v（最粗级）四个等级，在技术要求中需要注明这些级别。

2. 公差等级和公差带

显然，公差表明了制造尺寸的精确程度，划分为不同等级。国家标准将公差等级分为20级，包括IT01、IT0、IT1～IT18。其中的“IT”表示标准公差，公差等级的代号用阿拉伯数字表示，从IT01至IT18等级依次降低。为此提出了标准公差概念，用以确定公差带的大小。这里说的公差带指的是用来表示公差大小和相对于零线位置的一个区域，见图3-23。标准公差是基本尺寸的函数，对于一定的基本尺寸，公差等级愈高，标准公差值愈小，尺寸的精确程度愈高。为了便于分析，一般将尺寸公差与基

本尺寸的关系，按放大比例画成简图，称为公差带图，其中的公差带就是代表上下极限偏差的两条直线围成的区域。

在公差带图上，零线代表基本尺寸，位于零线附近相对于零线的偏差，称为基本偏差，用来衡量相对于基本尺寸的最小偏离程度。显然，公差带位于零线上方时，基本偏差是下极限偏差，反之则是上极限偏差。孔、轴的公差带代号由基本偏差与公差等级代号组成，国标规定了28个孔、轴基本偏差，孔的基本偏差代号由26个大写拉丁字母和ZA、ZB、ZC表示，轴的用对应的小写拉丁字母表示。

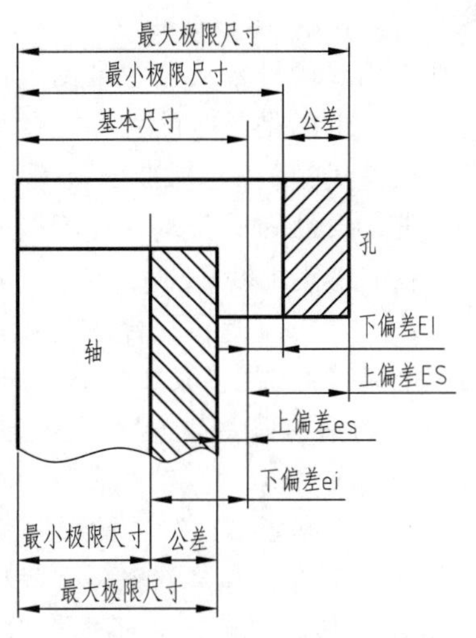

图 3-22 公差与偏差的关系

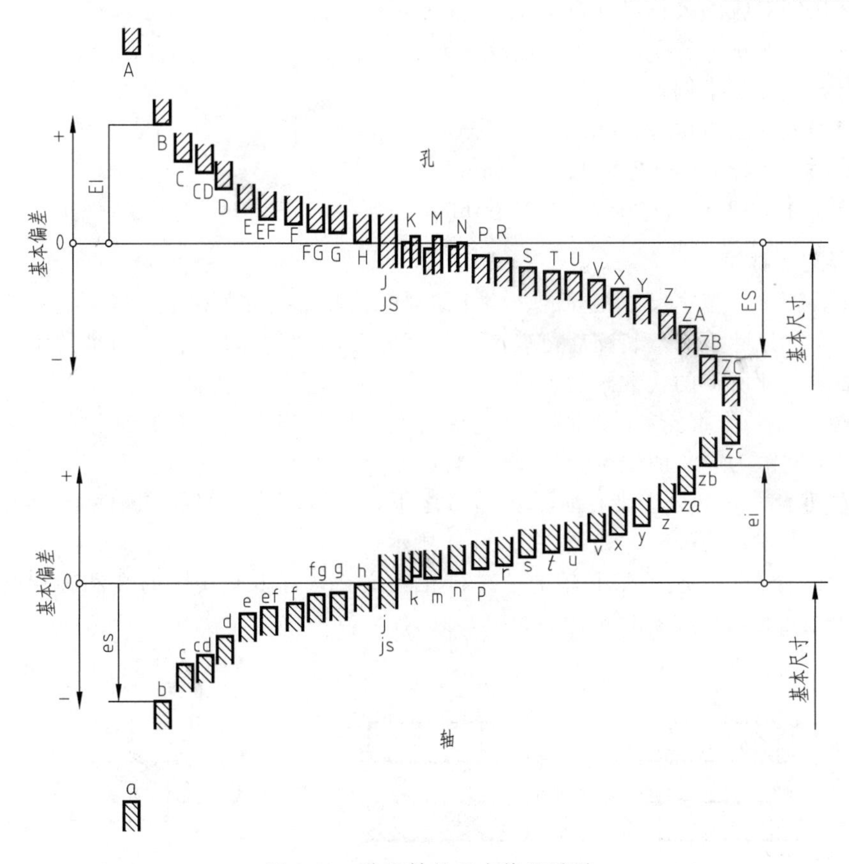

图 3-23 孔和轴的基本偏差系列

在公差尺寸的标注方法中，可以使用 ϕ 表示圆的直径，也可以省略该符号。标注格式例如：

① 100g6，标注了基本尺寸和公差等级；

② $100^{-0.012}_{-0.034}$，标注了基本尺寸和上下极限偏差；

③ 100g6（$^{-0.012}_{-0.034}$），标注了基本尺寸、公差等级及上下极限偏差，注：此标注中的括号不能省略。

例如：ϕ25K5 或书写为 25K5 代表基本尺寸为 ϕ25 的孔，其公差带代号是 K5，其中 K 是基本偏差代号，从公差带图上可见其在零线附近，属于高准确度范围；其中 5 代表标准公差等级，也就是公差的大小，数值越小说明精确度越高。又如 60f7，表示基本尺寸为 ϕ60，基本偏差代号为 f，标准公差等级为 7 级的轴的公差带。

怎样由已知的公差带计算极限尺寸？

在 GB/T 1800.1—2020《产品几何技术规范（GPS）线性尺寸公差 ISO 代号体系 第 1 部分：公差、偏差和配合的基础》中给出了几个相关表格，如“表 1 公称尺寸至 3150mm 的标准公差数值”“表 2 孔 A～M 的基本偏差数值”“表 3 孔 N～ZC 的基本偏差数值”“表 4 轴 a～j 的基本偏差数值”“表 5 轴 k～zc 的基本偏差数值”，这几个表可以查找公差、偏差数值之间的关系。

例如：确定 ϕ130N4 的极限偏差和极限尺寸

这是孔的公差，首先，查找标准中的表 A1，130mm 基本尺寸（公称尺寸）位于 120～180mm 分段。然后，依据公差等级 4，在给定的表 1 中查找此分段的标准公差是 12μm，再由表 3 中查找到对应的公称尺寸范围 120～140mm，公差带 N 对应的基本偏差是 $-27+\Delta$，即 $-27+4=-23\mu m$。这样，即可计算极限偏差和尺寸：

上极限偏差＝基本偏差＝$-23\mu m$

下极限偏差＝基本偏差－标准公差＝$-23-12=-35\mu m$

上极限尺寸＝130－0.023＝129.977mm

下极限尺寸＝130－0.035＝129.965mm

3. 配合及其种类

在机件装配中，基本尺寸相同的、相互结合的孔和轴公差带之间的关系，称为配合。由于孔和轴的实际尺寸不同，装配后可以产生“间隙”或“过盈”。在孔与轴的配合中，孔的尺寸减去轴的尺寸所得的代数差为正值时是间隙，为负值时是过盈。

① 间隙配合　孔的公差带在轴的公差带之上，任取其中一对孔和轴相配都成为具有间隙（包括最小间隙为零）的配合，如图 3-24（a）所示。

② 过盈配合　孔的公差带在轴的公差带之下，任取其中一对孔和轴相配都会过盈（包括最小过盈量为零）的配合，如图 3-24（b）所示。

③ 过渡配合　孔的公差带和轴的公差带相互交叠，任取其中一对孔和轴相配，可能是具有间隙，也可能具有过盈的配合，如图 3-24（c）所示。

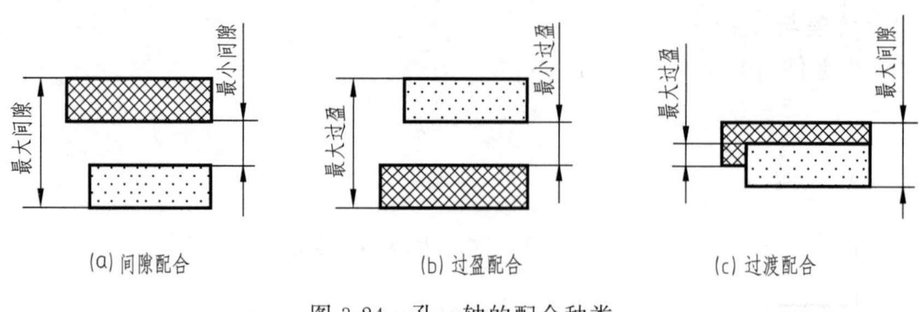

图 3-24　孔、轴的配合种类

孔公差带；轴公差带

4. 配合制度

如何限定零件的制造等级，国家标准规定了基孔制和基轴制两种基准，如图 3-25 所示。

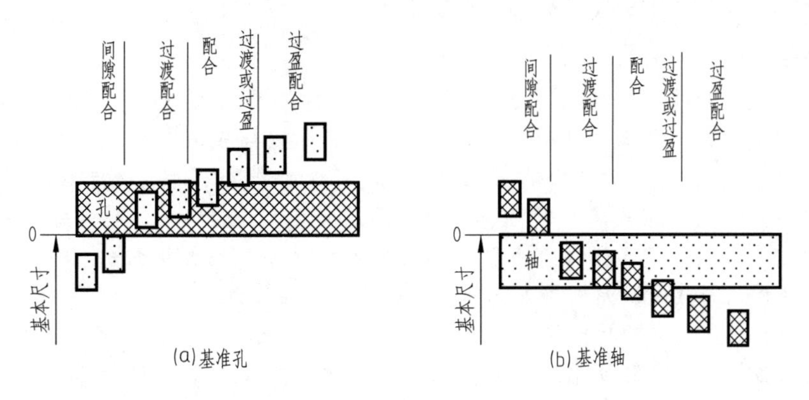

图 3-25　配合的基准

① 基孔制　基本偏差为一定的孔的公差带与不同基本偏差的轴的公差带构成各种配合的一种制度，如图 3-25 (a) 所示。基孔制的孔称为基准孔，基本偏差代号为“H”，国家标准中规定基准孔的下偏差为零。

② 基轴制　基本偏差为一定的轴的公差带与不同基本偏差的孔的公差带构成各种配合的一种制度，如图 3-25 (b) 所示。基轴制的轴称为基准轴，基本偏差代号为“h”，国家标准中规定基准轴的上偏差为零。

5. 配合代号

配合代号由孔和轴的公差带代号组成，写成分数形式，分子为孔的公差带代号，分母为轴的公差带代号。凡是分子中含 H 的，都是基孔制配合；凡是分母中含 h 的，都是基轴制配合。

例如：ϕ35H8/f7 的含义是指该配合的基本尺寸为 ϕ35，属于基孔制的间隙配合，基准孔的公差带为 H8（基本偏差代号为 H，公差等级为 8 级），轴的公差带为 f7（基本偏差代号为 f，公差等级为 7 级）。

具体的公差配合数值间的关系参见 GB/T 1800.2—2020《产品几何技术规范（GPS）线性尺寸公差 ISO 代号体系 第 2 部分：标准公差带代号和孔、轴的极限偏差表》。本书附表 2 给出了常用公差配合查询表。

6. 图样上公差与配合的表达

要求较高的零件，需要标注尺寸公差，标注方式有三种，如图 3-26 所示，可以只标注公差带代号、极限偏差或同时注写（此时上下偏差需加括号）。

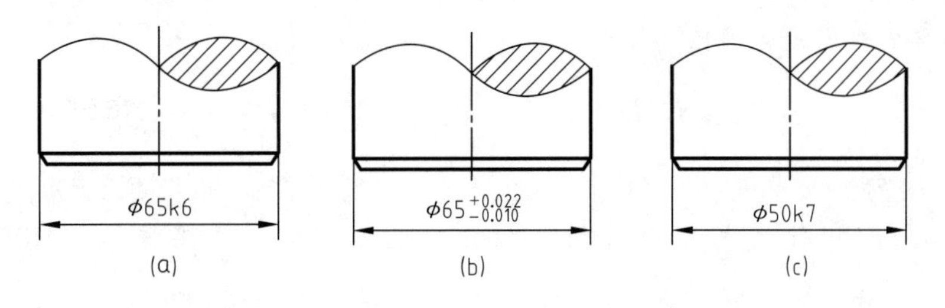

图 3-26　公差与配合的标注方式

[利用 AutoCAD 对公差和配合的标注]

1. 对公差的标注

方法一：通过标注样式设置公差格式　打开“标注样式管理器”/“新建”标注样式，或者在已创建的标注样式基础上，“新建”带公差的标注样式，在打开的修改窗口中，从公差栏选择“公差格式”，如选择“极限偏差”，可以给出上下偏差数值，如图 3-27（a）所示，确定后，使用此格式进行尺寸标注则带有公差。

方法二：利用文字编辑器直接修改已标注的尺寸数字　已经标注的尺寸数字需要修改时，除了“特性”工具可以使用（如进行文字替代、图层修改、高度修改等）外，常常直接双击文字，则在程序上方的功能区，文字编辑器面板被打开，可以调用多种工具，如利用修改面板“插入”区的“@符号”工具，在线性标注数字前加上直径符号 ϕ 或其他符号。现在，将利用文字编辑工具，在尺寸数字后添加极限偏差或公差带号。公差带号或相同绝对值的上下偏差如±0.005，可以直接在尺寸数字后输入；而上下偏差的绝对值不同时，则需要使用文字编辑面板的堆叠工具 $\frac{b}{a}$。例如，在尺寸 330 后面添加偏差，过程如下。

① 堆叠工具的应用。双击数字 330，进入文字编辑状态，先在尺寸数字后加 1 个空格（与公差隔开），然后输入上下极限偏差，格式为“＋0.02^（空格）－0.01”，光标选中“＋0.02^（空格）－0.01”后，文字编辑面板的堆叠工具可用，单击后，则在尺寸 330 后成功添加上下极限偏差样式，如图 3-27（c）所示。

② 文字大小修改。堆叠文字和尺寸数字同样字号时，往往占用空间较大，需要修改其比例。双击堆叠文字，弹出“堆叠特性”对话框，在框内，不但可以继续修改上下偏差的数据，还可以修改外观“样式”“位置”“大小”，在“大小”的列表框中选择 70％或 80％，确定，则文字字号减小。

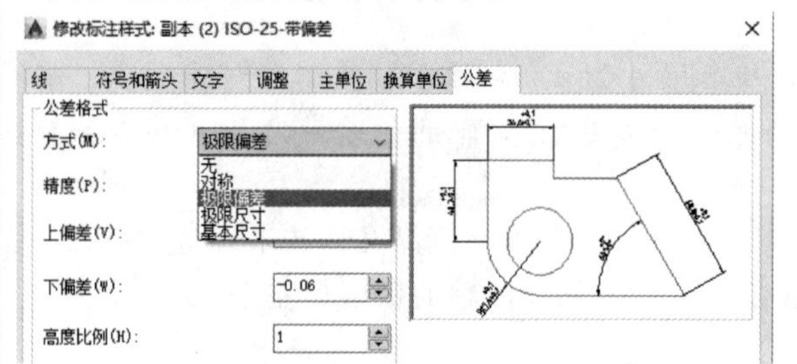

(a) 标注样式中的公差格式

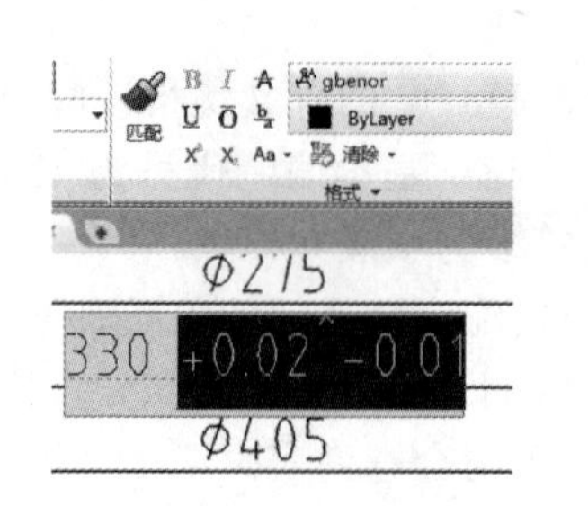

(b) 数字后输入上下极限偏差　(c) 偏差样式

图 3-27　公差的标注方法

2. 对配合的标注

在装配图中，配合的标注是装配图上很重要的标注，对孔轴的配合精度有要求的部分必须注明其配合公差，正确格式为：

$$\phi 25\text{H8/f7} \text{ 或 } \phi 25\frac{\text{H8}}{\text{f7}} \text{ 或更详细为 } \phi 25\frac{\text{H8}^{+0.018}_{\ \ 0}}{\text{f7}^{+0.010}_{-0.004}}$$

注意事项：孔的公差代号必须写在前面或上面，极限偏差可以依据要求而决定是否标注。

在 AutoCAD 中输入尺寸或对尺寸进行修改编辑时，直接输入“H8/f7”，写成“ϕ30H8/f7”形式，或者选中输入的“H8/f7”，单击编辑面板的堆叠工具 $\frac{b}{a}$，即可表示成上下分数形式。

三、形位公差

1. 形位公差含义及表达符号

在机械上，一般称几何点、线、面为几何要素。形位公差指的是形状方面的误差，是前述尺寸误差外的实际几何形状偏离了理论值，如断面不圆、轴线位置偏移。GB/T 1182—2018《产品几何技术规范（GPS）几何公差 形状、方向、位置和跳动公差标注》、GB/T 4249—2018《产品几何技术规范（GPS）基础概念、原则和规则》，以及GB/T 16671—2018《产品几何技术规范（GPS）几何公差 最大实体要求（MMR）、最小实体要求（LMR）和可逆要求（RPR）》对形位公差的种类和标注方法进行了详细的规定。表3-6给出了常见形位公差的符号和含义。

表3-6 形位公差的符号和含义

名称	符号	含义和要求
直线度	—	直线度是表示零件上的直线要素实际形状保持理想直线的状况，也就是通常所说的平直程度 直线度公差是实际线对理想直线所允许的最大变动量。也就是在图样上所给定的，用以限制实际线加工误差所允许的变动范围
平面度	▱	平面度是表示零件的平面要素实际形状，保持理想平面的状况，也就是通常所说的平整程度 平面度公差是实际表面对平面所允许的最大变动量。也就是在图样上给定的，用以限制实际表面加工误差所允许的变动范围
圆度	○	圆度是表示零件上圆的要素实际形状与其中心保持等距的情况，即通常所说的圆整程度 圆度公差是在同一截面上，实际圆对理想圆所允许的最大变动量。也就是图样上给定的，用以限制实际圆的加工误差所允许的变动范围
圆柱度	⌭	圆柱度是表示零件上圆柱面外形轮廓上的各点对其轴线保持等距的状况 圆柱度公差是实际圆柱面对理想圆柱面所允许的最大变动量。也就是图样上给定的，用以限制实际圆柱面加工误差所允许的变动范围
线轮廓度	⌒	线轮廓度是表示在零件的给定平面上，任意形状的曲线保持其理想形状的状况 线轮廓度公差是指非圆曲线的实际轮廓线的允许变动量。也就是图样上给定的，用以限制实际曲线加工误差所允许的变动范围
面轮廓度	⌓	面轮廓度是表示零件上的任意形状的曲面保持其理想形状的状况 面轮廓度公差是指非圆曲面的实际轮廓线对理想轮廓面的允许变动量。也就是图样上给定的，用以限制实际曲面加工误差的变动范围
平行度	//	平行度是表示零件上被测实际要素相对于基准保持等距离的状况，也就是通常所说的保持平行的程度 平行度公差是被测要素的实际方向，与基准相平行的理想方向之间所允许的最大变动量。也就是图样上所给出的，用以限制被测实际要素偏离平行方向所允许的变动范围
垂直度	⊥	垂直度是表示零件上被测要素相对于基准要素保持正确的90°夹角的状况，也就是通常所说的两要素之间保持正交的程度 垂直度公差是被测要素的实际方向对于基准相垂直的理想方向之间所允许的最大变动量。也就是图样上给出的，用以限制被测实际要素偏离垂直方向所允许的最大变动范围
倾斜度	∠	倾斜度是表示零件上两要素相对方向保持任意给定角度的正确状况 倾斜度公差是被测要素的实际方向对于基准成任意给定角度的理想方向之间所允许的最大变动量
对称度	⌯	对称度是表示零件上两对称中心要素保持在同一中心平面内的状态 对称度公差是实际要素的对称中心面（或中心线、轴线）对理想对称平面所允许的变动量。该理想对称平面是指与基准对称平面（或中心线、轴线）共同的理想平面

续表

名称	符号	含义和要求
同轴度	◎	同轴度是表示零件上被测轴线相对于基准轴线保持在同一直线上的状况，也就是通常所说的共轴程度 同轴度公差是被测实际轴线相对于基准轴线所允许的变动量。也就是图样上给出的，用以限制被测实际轴线偏离由基准轴线所确定的理想位置所允许的变动范围
位置度	⌖	位置度是表示零件上的点、线、面等要素相对其理想位置的准确状况 位置度公差是被测要素的实际位置相对于理想位置所允许的最大变动量
圆跳动	↗	圆跳动是表示零件上的回转表面在限定的测量面内，相对于基准轴线保持固定位置的状况 圆跳动公差是被测实际要素绕基准轴线无轴向移动地旋转一整圈时，在限定的测量范围内所允许的最大变动量
全跳动	⌰	全跳动是指零件绕基准轴线作连续旋转时，沿整个被测表面上的跳动量 全跳动公差是被测实际要素绕基准轴线连续地旋转，同时指示器沿其理想轮廓相对移动时，所允许的最大跳动量

2. 形位公差的标注

如图 3-28 所示，形位公差的标注由框格、公差项目代号、公差数值、指引线、基准字母、基准代号组成，依据标注位的实际情况加减组成因素。标注说明：①当被测要素为线或表面时，代号中的指引线的箭头应指在该要素的轮廓线或其延长线上，并应明显地与尺寸线错开，见图 3-28（a）；②当被测要素为轴线或中心平面时，指引线的箭头应与该要素的尺寸线对齐，见图 3-28（b）；③当被测要素为各要素的公共轴线、公共中心平面时，指引线的箭头可以直接指在轴线或中心线上，见图 3-28（c）；④基准代号以短线开始时，必须与被测要素平行，见图 3-28（d）；当标注的两处都可以作为基准时，则都用箭头指向被测点，见图 3-28（e）；⑤同一指引线可以标注多个公差项目，也可以一个公差项目指向多处，表示各处要求相同，见图 3-28（e）。⑥涉及圆柱公差时，公差数值前要加 ϕ。

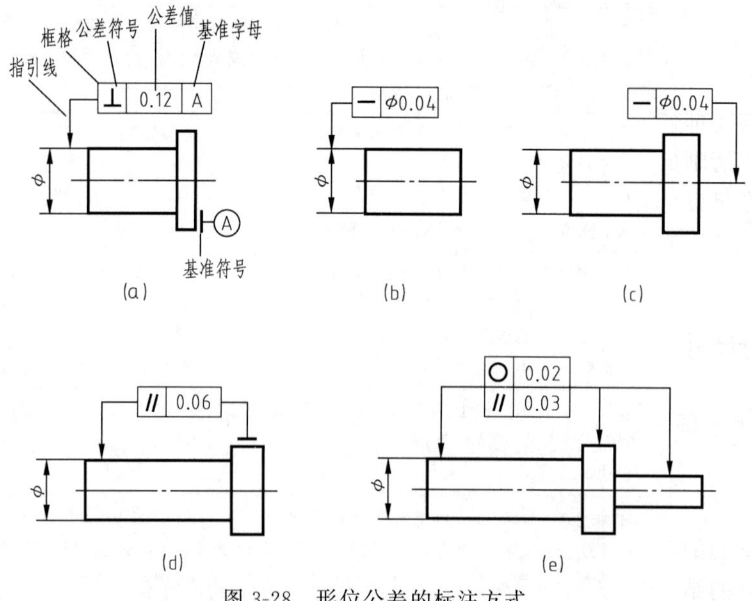

图 3-28　形位公差的标注方式

[利用 AutoCAD 为图形标注形位公差]

利用 AutoCAD 程序，用户可以方便地为图形标注形位公差。标注命令是 TOLERANCE，或点击“标注”/“公差”，或在命令行直接键入“Tol”，回车或空格，弹出“形位公差”对话框，见图 3-29。

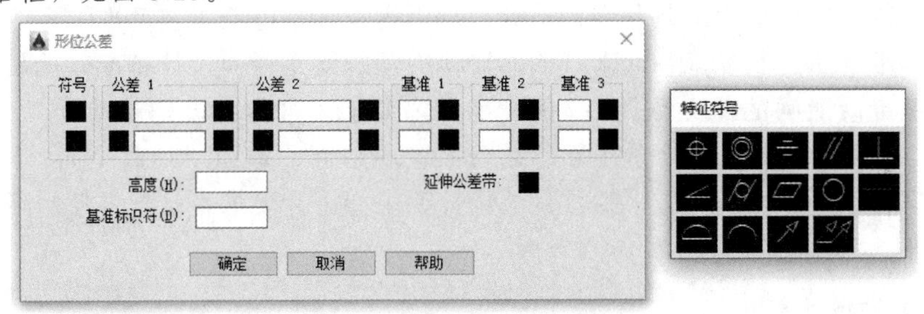

图 3-29　形位公差对话框

其中，“符号”选项组用于确定形位公差的符号。单击下方黑块，弹出“特征符号”对话框。用户单击某一符号，返回到“形位公差”对话框，并在对应位置显示出该公差符号。

“形位公差”对话框中的“公差 1”“公差 2”选项组用于确定公差，用户可在对应的文本框中输入公差值。公差数值前需要输入直径符号时，需要单击文本框前的小黑块；若单击文本框后边的小黑块，则弹出“包容条件”对话框，从中确定包容条件（对配合要求严格的表面提出要求）。“基准 1”“基准 2”“基准 3”选项组用于确定基准和对应的包容条件。确定要标注的内容后，单击对话框中的“确定”按钮，切换到绘图屏幕，可输入公差位置或捕捉到既定位置，完成标注。

第三节　零部件图的尺寸标注

尺寸标注是零部件图的主要内容之一，是零部件加工制造的主要依据。标注尺寸必须满足正确、齐全、清晰的要求。除此之外，还需满足合理的要求。所谓尺寸标注合理，是指所注的尺寸既要满足设计要求，又要满足加工、测量和检验等制造工艺要求。为了能够做到合理标注，必须对零件进行结构分析、形体分析和工艺分析，据此确定尺寸基准，选择合理的标注形式，结合零件的具体情况标注尺寸。

一、零部件的尺寸基准

1. 零件或单一部件的尺寸基准

尺寸基准是指导零件装配到机器上或在加工、装夹、测量和检验时，用以确定其位置的一些面、线或点。化工设备不但包含多种机械零件，也包括非组合的单一部件如封头、筛板、塔盘等，它们的尺寸基准选取与机械零件相同，一般将基准分为设计基准和工艺基准。前者是根据机器的结构和设计要求，用以确定零件在机器中位置的一些面、线、点，后者是根据零件加工制造、测量和检测等工艺要求所选定的一些面、线、点作为基准。

在零件的长、宽、高三个方向（或轴向、径向两方向）的尺寸，每个尺寸都有基准，因此每个方向至少要有一个基准。同一方向上有多个基准时，其中必定有一个基准是主要的，称为主要基准，其余的基准称为辅助基准。主要基准与辅助基准之间应有尺寸联系。主要基准应为设计基准，同时也为工艺基准；辅助基准可为设计基准或工艺基准。标注尺寸时应尽可能将设计基准与工艺基准统一起来，如回转体的轴线既是径向设计基准，也是径向工艺基准，选其作基准既能满足设计要求，又能满足工艺要求。可作为设计基准或工艺基准的面、线、点主要有：对称平面、主要加工面、结合面、底平面、端面、轴肩平面；回转面母线、轴线、对称中心线；球心等。应根据零件的设计要求和工艺要求，结合零件实际情况恰当选择尺寸基准。

2. 装配体的尺寸基准

装配图要表达组件（零部件）的装配关系、功能尺寸、外形尺寸等，因此，选取尺寸基准时仍要考虑设计基准与工艺基准的结合，特别是装配时不同工艺方法产生的接合面或线，如焊缝位置、法兰连接端面等，因此尺寸基准的面往往是结合面、底平面、对称平面、主要加工面、端面、轴肩平面；基准线为回转面母线、轴线、对称中心线；基准点为球心等。

二、尺寸标注的尺寸类型和注意事项

1. 尺寸类型

对于单一零部件而言，主要涉及长、宽、高形状尺寸的标注，而装配体还应表达出装配关系。因此在装配体的装配图中，尺寸类型可分为特征尺寸、装配尺寸、安装尺寸、外形尺寸和其他重要尺寸，实际标注时不必细分尺寸类型，以完整、清晰、合理为准。

① 特征尺寸（或称功能尺寸）。用来表示装配体的性能或规格的尺寸，在装配体设计前就已确定；对零件而言，特征尺寸影响产品性能、工作精度、装配精度及互换性，如孔间距、关键位置尺寸等。图 3-30 中的尺寸 ϕ50H8 为轴承内径尺寸，用来与轴配合，为其特征尺寸。

② 装配尺寸。用来表示部件内部相关零件间的装配要求和工作精度的尺寸，包括配合尺寸和相对位置尺寸。其中，配合尺寸是表示零件间配合性质的尺寸，一般在尺寸数字后面注明配合代号，如图 3-30 中的 ϕ10 尺寸、90 尺寸后加了配合代号；相对位置尺寸是设计和装配机器时需要保证的零件间相对位置的尺寸，也是装配、调整和校图时所需要的尺寸，如图 3-30 中的 85、2、70 等尺寸。

③ 安装尺寸。用来表示将部件安装在机器上或机器安装在基础上所需确定的尺寸，通常为机器底座上安装螺栓的螺栓孔孔径和它们的中心距等，如图 3-30 中的尺寸 180。

④ 外形尺寸。用来表示机器或部件总体的长、宽、高的尺寸。它反映了机器或部件的大小，是机器或部件在包装、运输和安装过程中所必需的尺寸，如图 3-30 中的尺寸 240、80、160。

⑤ 其他重要尺寸。用来表示设计过程中经过计算确定或选定的尺寸，如主要零件的结构尺寸、活动零件的极限位置尺寸等，如图 3-30 中的尺寸 55 为轴承座的主要外形尺寸。

2. 注意事项

① 功能尺寸应从设计基准出发直接标注。

② 不能注成封闭的尺寸链。例如，已经标注了总长和几个连续尺寸后，则不需标注其

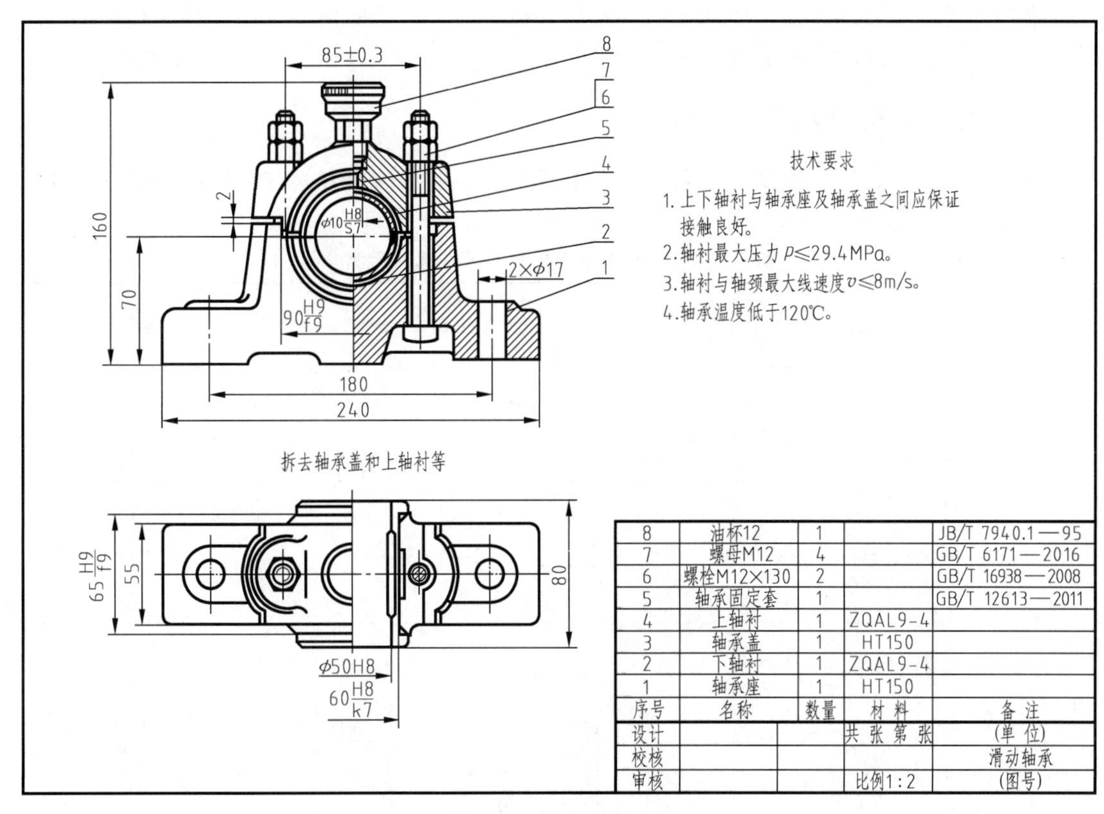

图 3-30　轴承的装配图

中一个不重要的连续尺寸，否则会造成制造的困难。

③ 联系尺寸应注出，相关尺寸应一致。为保证设计要求，零件同一方向上主要基准与辅助基准之间、确定位置的定位尺寸之间，都必须直接注出尺寸（联系尺寸），将其联系起来。对部件中有配合、连接、传动等关系（如轴和轴孔、键和键槽、销和销孔、内螺纹和外螺纹、两零件的结合面等）的相关零件，在标注它们的零件图尺寸时，应尽可能做到尺寸基准、尺寸标注形式及其内容等协调一致，以利于装配，满足设计要求。

④ 尽量按加工顺序标注尺寸。按加工顺序标注尺寸符合加工过程，方便加工和测量，从而易于保证工艺要求。

⑤ 不同工种加工的尺寸应尽量分开标注。将不同的加工要求分开标注，清晰易找，加工时看图方便。

⑥ 标注尺寸应尽量方便测量。在结构图上没有其他重要的要求时，标注尺寸应尽量考虑测量方便。例如工件内部的尺寸不易测量时，应该标注外围尺寸。应尽量做到使用普通量具就能测量，以减少专用量具的设计和制造。

⑦ 铸件尺寸按形体分析法标注。铸件制造过程是先制作木模及芯盒，再造出砂型并浇注金属液而铸成。木模是由基本形体接合（堆叠）成的，因此对铸件尺寸应按形体分析法标注基本形体的定形尺寸和定位尺寸。

⑧ 加工面与不加工面只能有一个尺寸相联系。因为铸件、锻件的不加工面（毛坯面）的尺寸精度只能由铸造、锻造时来保证，如果同一加工面与多个不加工面都有尺寸联系，加工无法进行。

⑨ 标注尺寸应考虑加工方法和特点。为方便加工和测量，有时应注直径而不注半径；

在键槽加工时，铣刀的直径可用双点画线绘出并标注尺寸，这样便于选用刀具。有时在标注时还要考虑检测方法的某些需要。

三、常见零件结构要素的尺寸标注

在零件中，孔、槽、螺纹、倒角、退刀槽等是重要的结构要素，在标注尺寸时一般可以采用简化注法，见表3-7。

表3-7 常见零件结构要素的尺寸标注示例

零件结构类型	常用标注	简化标注	说明
光孔	4×φ8；20	4×φ8↧20；4×φ8↧20	孔深20mm，4个直径8mm圆孔。有精度要求时可在直径尺寸后注明
螺孔	4×M8×1-6H；16；20	4×M8×1-6H↧16 孔↧20；4×M8×1-6H↧16 孔↧20	4个8mm螺孔，螺距1mm，公差带6H，孔深20mm
沉孔	90°；φ14；4×φ8	4×φ8 ∨φ14×45°；4×φ8 ∨φ14×45°	锥形沉孔：4个均匀分布的直径为8mm的沉孔。使用V字沉孔符号标注
	φ14；6.5；4×φ8	4×φ8 ⊔φ14↧6.5；4×φ8 ⊔φ14↧6.5	矩形沉孔：4个均匀分布的直径为8mm的沉孔。使用U字符号标注
	⊔φ14；4×φ8	4×φ8 ⊔φ14；4×φ8 ⊔φ14	锪平沉孔：锪平面不需标注深度，锪平不出现毛面为止

续表

零件结构类型	常用标注	简化标注	说明
键槽	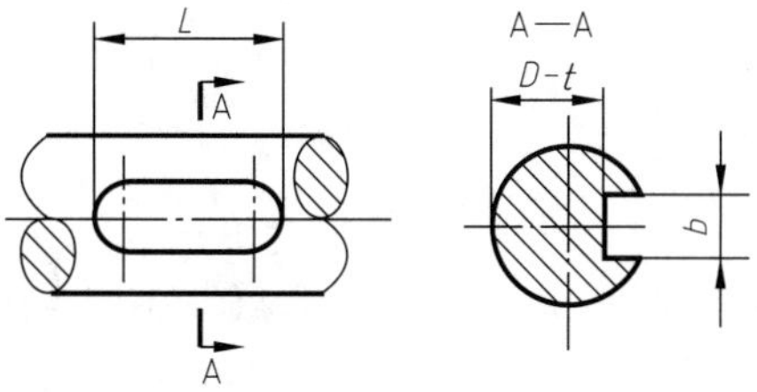		便于测量的注法。L—键槽长度；D—轴的直径；t—键槽深度；b—键槽宽度
倒角	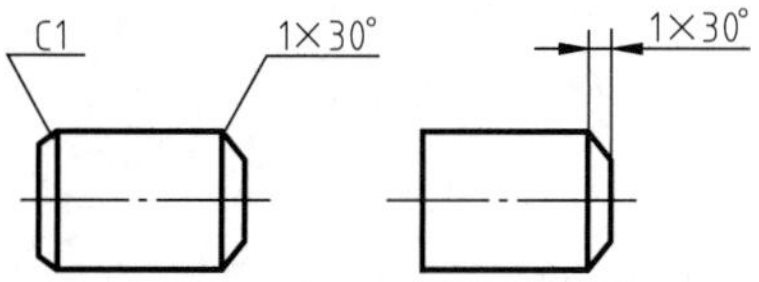		C表示45°倒角，为其他角度时需要注明。"1"为宽度
退刀槽	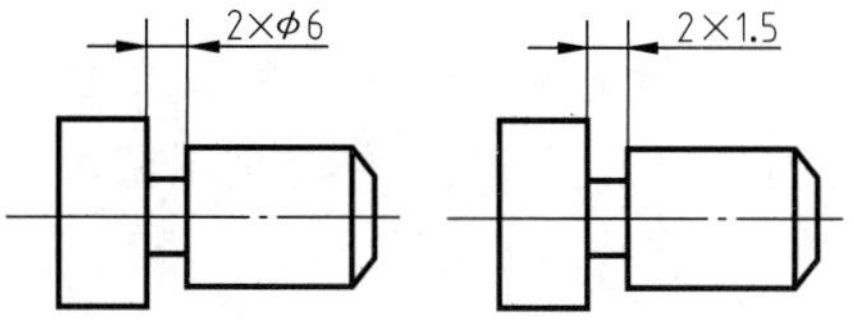		一般用"宽度×直径"或"宽度×槽深"表示
斜度	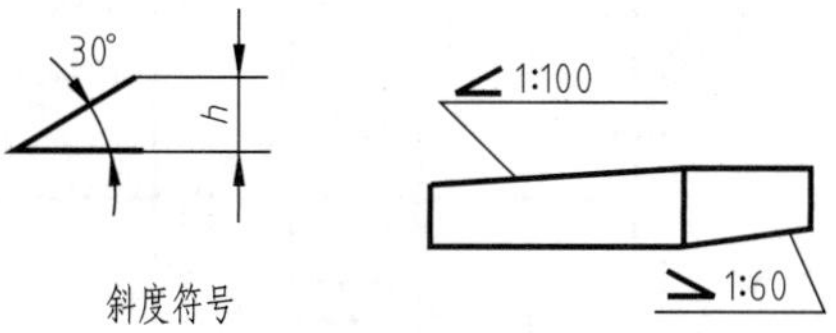 斜度符号		标注斜度或锥度，可以使用相应符号（宽度为$h/10$），符号的方向要与斜度、锥度的方向一致 必要时，可在标注锥度的同时，在括号内标注出角度值
锥度	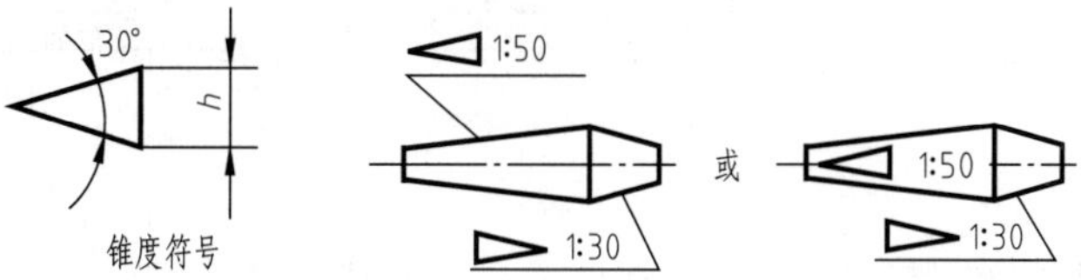 锥度符号		

第四节　零部件图的绘制

一、零部件图的绘制内容

一张完整的零部件图如前一节图3-30所示，应具备以下内容：

① 一组视图。应用必要的视图、剖视图、断面图及其他规定画法正确、完整、清晰地表达零件各部分结构。

② 合理的尺寸标注。

③ 技术要求。用规定的代号、数字、字母和文字说明制造和检验零件时技术指标应达到的要求。如表面粗糙度、尺寸公差等。

④ 件号和明细栏。涉及多个零件组成的部件时，应该注明零件序号（简称为件号）并填写明细栏。

⑤ 标题栏。位于零件图右下角，注明零件的名称、数量、材料、比例及设计、制图人员的签名、日期等内容。

二、零部件图的图幅和格式

1. 图幅

每个零部件图可以绘制在小幅面图纸上，如 A3、A4、A5，因最终组合成 1 号图纸的需要，A3 幅面不允许单独竖放，A4 幅面不允许横放，A5 幅面不单独使用。

2. 绘图比例

零部件图采用缩小或放大比例时，须符合标准 GB/T 14690—93（见第一章）。

3. 图纸布局

① 部件及其所属零件的图样，应尽可能画在同一张图纸上，此时部件图应安排在图纸的右下方或右方。

② 同一设备零部件图图样应尽量编排成 1 号图纸。若干零部件图需安排成两张以上图纸时，应尽可能将件号相连的零件图或加工、安装、结构关系密切的零件图安排在同一张图纸上，如图 3-31 所示，在有标题栏的 1 号图纸右下角不得安排 5 号幅面的零件图。

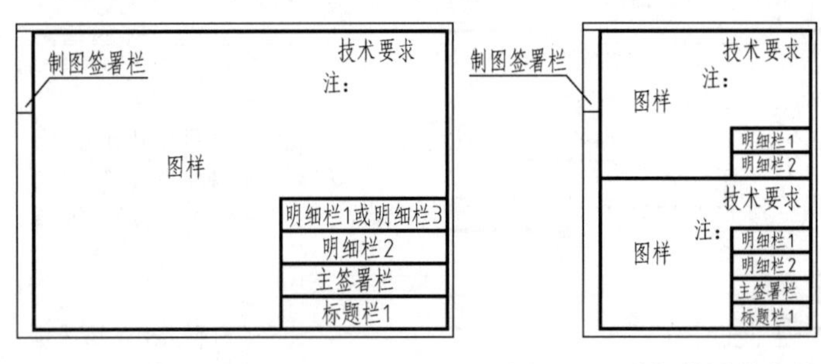

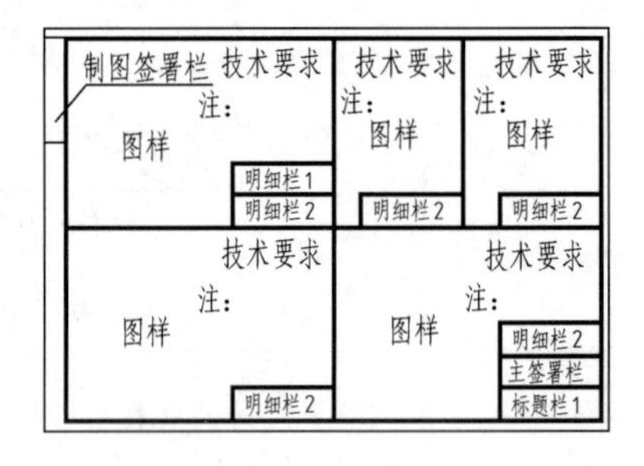

图 3-31 零部件图的布局

三、零部件装配图中件号的编写

1. 基本要求

① 装配图中每一个零部件均应编号。

② 装配图中一个部件可以只编写一个序号；同一装配图中相同的零部件用一个序号，一般只标注一次，但多处重复出现时，也可重复标注。

③ 装配图中零部件的序号，应与明细栏（表）中的序号一致。

④ 装配图中标注件号所用的指引线和基准线，应按 GB/T 44572—2003 的规定绘制，字体应符合 GB/T 14691—1993 的规定。

2. 件号编写格式

① 件号的表示方法如图 3-32 所示，由件号数字、件号线、引线三部分组成。件号线的长短应与件号数字宽度相适应，引线应从所表示零件或部件的轮廓线内引出。引线指引端有圆点、箭头、无符号样式，在同一图样中要一致。因尺寸线多采用箭头，为清晰起见，件号

的引线推荐使用无符号样式。

② 件号数字字体尺寸为5号，件号线引线均为细实线。

3. 标注方式

① 件号为阿拉伯数字，应尽量编排在主视图上，并由其左下方开始序号为1，按件号顺序顺时针整齐地沿垂直方向或水平排列；可布满四周，但应尽量编排在图形的左方和上方，并安排在外形尺寸线的内侧。如图3-32所示。

② 若有遗漏或增添的件号应在外圈编排补足。

③ 一组紧固件（如螺栓、螺母、垫片）以及装配关系清楚的一组零件或另外绘制局部放大图的一组零部件，允许在一个引出线上同时引出若干件号，但在放大图上应将其件号分开标注。

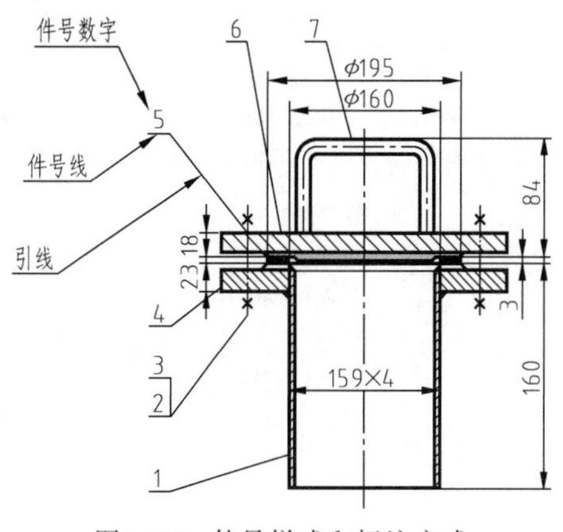

图3-32 件号样式和标注方式

四、零部件图的绘制过程

1. 确定表达方案

① 主视图的选择。主视图要表达零部件的结构特征，并结合工艺特征。对于装配图而言，主视图必须清晰表达各零件间的相对位置和装配关系与工作原理，因此要确认主视方向和是否剖切（多数全剖或半剖）表达。

② 其他视图的选择。主视图确定后，若还有未表达清楚之处，应选择其他基本视图（可以是向视图）补充表达，不发生混淆前提下，可以只用局部视图、局部剖面或断面图等对这些部位进行补充表达。

2. 手工绘制过程

① 依据视图和图幅，选择比例，画图框、标题栏，或预留明细栏及其他表格的位置。

② 先定位：画出各视图的主要轴线、对称中心线或基线，确定位置。

③ 从主视图开始绘制，依据结构关系从内向外、先基本后局部，进行各个视图的绘制。

④ 检查底稿，标注尺寸、表面技术要求。

⑤ 最后，在无错误情况下，注写件号、填充剖面线、加深图线。

⑥ 填写明细栏、标题栏，注写技术要求，完成图纸绘制。

[利用AutoCAD绘制零件图]

利用计算机作图时，不需要预先选择图幅，依据零部件实际尺寸按1∶1在模型控制下作图，最后通过布局出图即可。这样，一次绘图，可以出图到多个图幅中。

(1) 选择表达方案。

确定绘制视图类型和个数。

(2) 设置绘图环境

设置图层、文字样式、标注样式、引线样式，其中，引线样式用于件号的标注。前3种设置如前所述，引线样式设置过程如下。

① 单击注释面板的“引线”右下箭头或输入“Mleaderstyle”，如图3-33所示，弹出

“多重引线样式管理器”；在Standard样式基础上，点“新建（N）…”，在弹出的对话框中命名为“件号”，勾选“注释性（A）”，推荐在布局调整好比例后填写件号，点“继续（O）”，则打开“修改多重引线样式：件号”对话框。

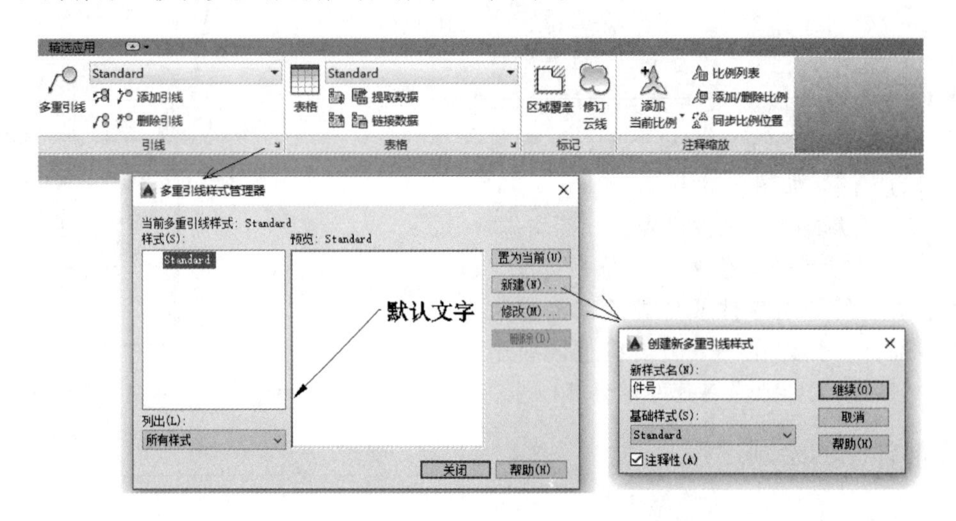

图3-33 引线样式管理器和新建样式命名

② 修改对话框的“内容”部分，如图3-34所示。下拉“文字样式”选择框，选择5mm字高的长仿宋体（未提前设置该文字样式时，点后面的扩展键 ...，打开“文字样式”管理器，新建该样式，然后回到选项框中点选）；“文字颜色”随图层“ByLayer”；在下方的“引线连接”框，将“连接位置”选择“最后一行加下划线”。

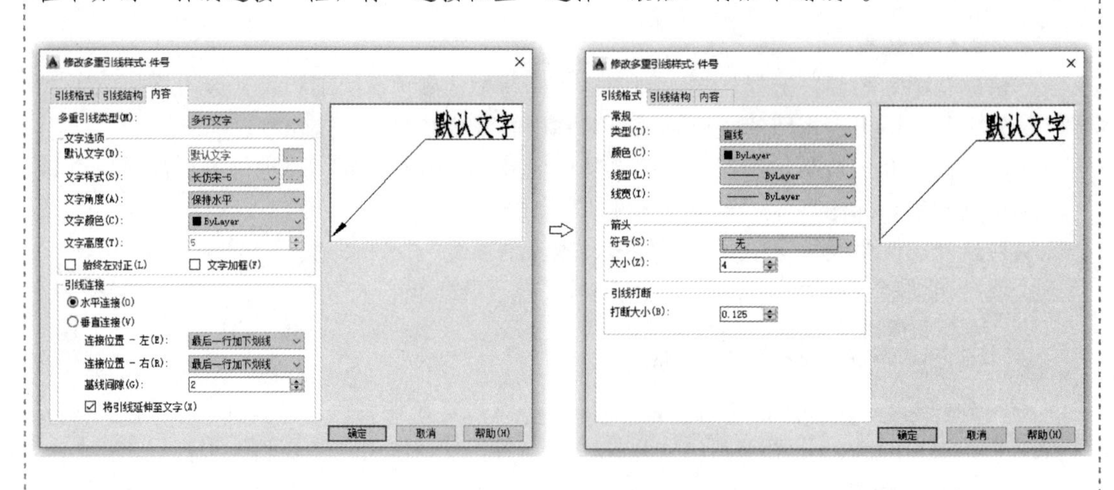

图3-34 修改引线内容格式和引线格式

③在“引线格式”栏，将“箭头”栏的“符号（S）”改选为“无”（件号指引线不需要箭头时）或改为其他样式如圆圈、圆点、短线、空心箭头等等，然后可以将“颜色（C）”“线型（L）”“线宽（I）”改为ByLayer，便于通过图层控制和查看。

确定，关闭多重引线管理器，完成件号样式的设置。

注：引线样式较多，在修改框的“多重引线类型（M)”中，默认是多行文字，其下拉选项中有各种格式带框文字，如图 3-35 所示，可以用于管口编号、详图编号等的标注。

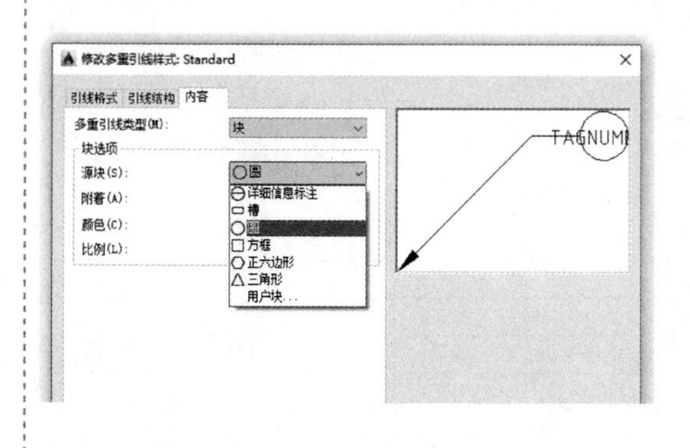

(a) 引线中的特殊标注框选项

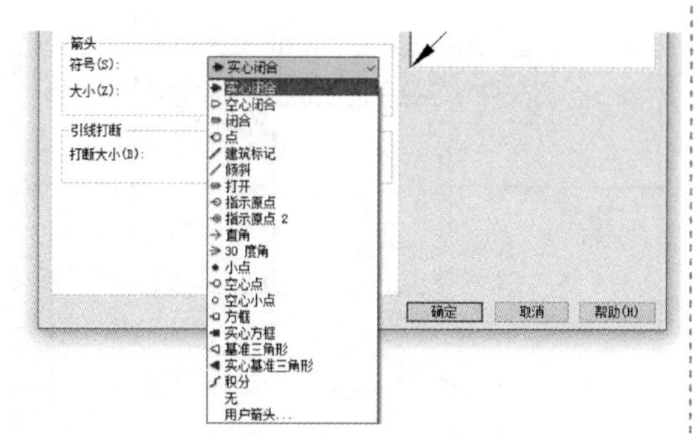

(b) 引线指引端箭头的不同样式

图 3-35　其他引线样式

(3) 绘制视图并完成图纸

绘制装配图时，可采用假想拆开的方式，弄清基本结构单元，然后对基本结构进行定位后再绘制。以图 3-32 的凸面平焊法兰手孔装配图结构为例（法兰外圆直径为 265mm，螺栓孔开孔圆直径为 225mm，把手长度为 120mm），说明绘制过程。

① 手孔由手孔法兰盖、把手、管节、管口法兰、螺栓、螺母、垫片组成，多是围绕中心轴线的回转体，因此在视图上过轴线的剖面最具有工艺装配特征和结构特征，在螺栓孔均匀分布情况下，往往一个基本视图（全剖或半剖主视图）就能表达装配关系。本例为更加清晰，主视图采用全剖（把手除外)，并绘制俯视图作为辅助基本视图。

② 选定表达方案后，开始作图：绘制中心轴线，然后绘制轴线一侧的主视图轮廓线(先绘制一半，也可采用其他画法)。接下来，利用镜像工具得到整个图形，填充剖面和焊缝（注：焊缝用全色填充)。

③ 延长主视图轴线或在捕捉参照下画出俯视图的对称线，绘制俯视图。在俯视图中，螺栓用交叉线表示，绘制一个后，阵列出全部 8 个螺栓符号。

④ 修剪图线（注意断开两个视图的轴线)，标注尺寸。

⑤ 打开一个布局，先进行页面设置，然后绘制图框、标题栏、明细栏，在表格左侧空间开视口，将模型的图线缩放到合适大小，确定出图比例（本例采用 1∶4)，退出视口后，进行件号的标注。

⑥ 书写技术要求、填写标题栏、明细栏，完成图纸绘制，如图 3-36 所示。

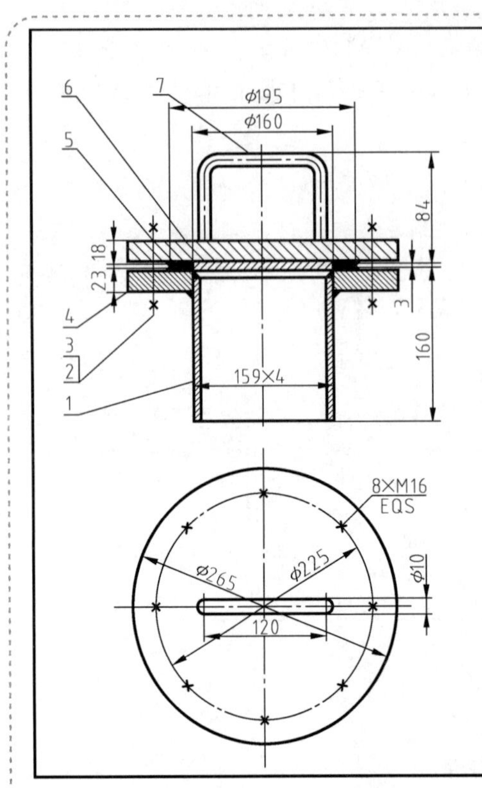

技术要求

1.手孔的材料、制造、检验和验收应符合现行行业标准《钢制人孔和手孔的类型与技术条件》HG/T 21514—2014的规定。
2.S30403、S30408钢板应符合现行国家标准《承压设备用钢板及钢带》GB/T 713.7—2023的规定。
3.30CrMoA、35CrMoA紧固件材料应符合现行国家标准《合金结构钢》GB/T 3077—2015的规定。
4.卷制筒节外圆周长的允许偏差为±3mm。
5.焊接采用焊条电弧焊，所有角焊缝应采用连续焊，焊条型号为E316-15。

件号	图号或标准号	名称	数量	材料	备注
7		把手	1	S30408	
6	HG/T 20592—2009	法兰盖(BL)	1	S30403	
5	HG/T 20606—2009	垫片	1	非金属平垫	石棉橡胶
4	HG/T 20592—2009	法兰(PL)	1	S30403	
3	HG/T 20613—2009	螺母	8	30CrMoA	
2	HG/T 20613—2009	全螺纹螺柱	8	35CrMoA	
1		筒节	1	S30403	卷制

板式平焊法兰手孔 DN 150			比例	1:4	材料	见明细栏
			数量	1	(图号)	
设计			质量	17.1kg		
制图			×××单位××部门			
审核						

图 3-36　手孔装配图

扫码获取
习题答案

习　题　三

1. 写出下列符号的含义

① M10×1.2　　② $\sqrt{Rz\ 3.2}$　　③ 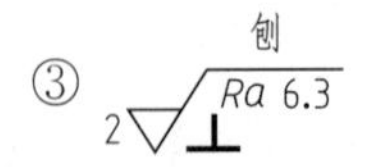

④ ◎ φ0.04 A　　⑤ ϕ50H7　　⑥ ϕ40H8/f7

2. 如图 3-37 所示，自拟尺寸绘制凸面板式平焊法兰的两个基本视图，提交标题栏、技术要求齐全的 A4 图纸（PDF 文档）。图中，ID 为与个人学号相关联的数字（如后三位），依据学号后几位的特点再确定具体要求。凸面高度 h 从 10～30mm 自拟；法兰厚度 H 从 10～60mm 自拟；螺栓孔数量 n 为 4 的整数倍，如 4、8、12、16、20…；螺栓孔孔径 x 从 10～40mm 自拟。以上所述自拟，应在给定范围内依据法兰外形尺寸大小进行合理设计，过小的尺寸无法表达清楚时，允许采用夸大画法。另外，应在主视图标注有要求的公差和表面粗糙度，示例如图 3-37（b）所示，注：在绘制另一基本视图情况下，图 3-37（b）的螺栓孔尺寸 8-ϕ30 应在另一视图中表达。在技术要求中可以选择性注写：

① 法兰表面应光滑，不得有伤痕、裂纹等缺陷。

② 密封面不得有毛刺、有害的划痕和其他降低法兰密封性及连接可靠性的缺陷。

③ 法兰加工质量应符合 GB/T 9124.1—2019 的各项规定。

④ 法兰加工完毕后，应进行表面防腐处理。

⑤ 法兰加工完毕后，按 GB/T 9124.1—2019 进行检验和验收。

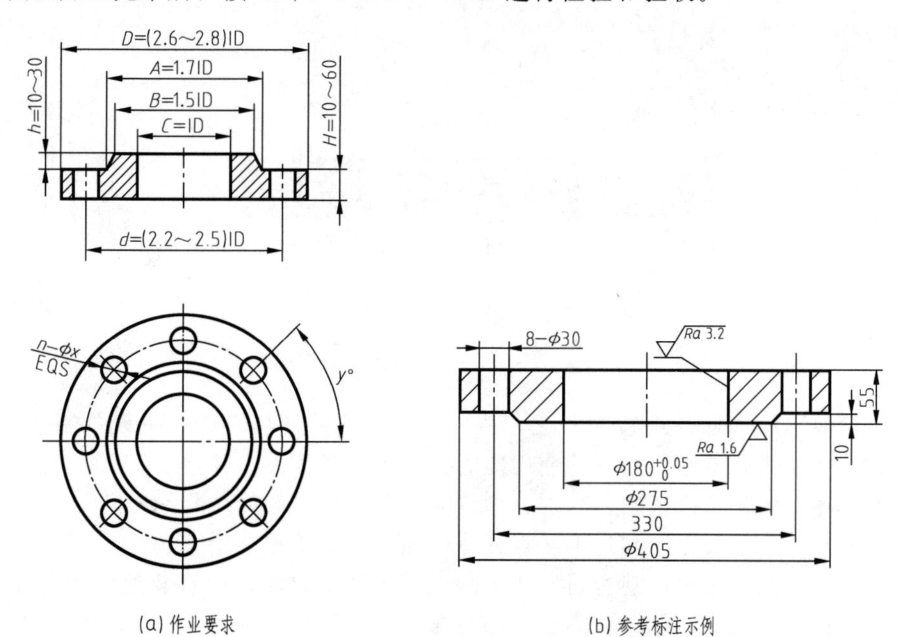

图 3-37　习题 2 图

3. 绘制图 3-38 所示的筛板视图，盘面直径为个人学号后 X 位的 Y 倍（按学号实际情况确定），筛孔直径为从 6～20mm 自拟（依据盘面直径大小选取），正三角形等距排列，孔心距为所选筛孔直径的 1.25～4 倍，筛孔距离盘边的最小距离为 1 个筛孔直径。要求：①在 A4 幅面出图为 PDF 格式，填写标题栏（填写明确的打印比例）；②只需绘制有限筛孔轮廓线，标注孔径尺寸。

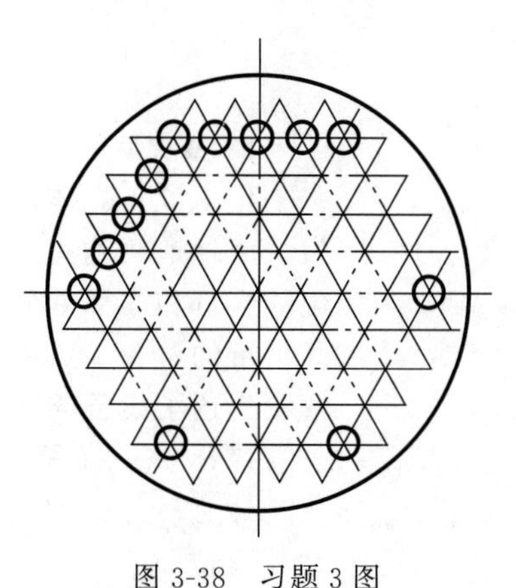

图 3-38　习题 3 图

第四章

化工设备装配图

设备装配将各种零部件组装在一起，协同发挥设备的使用功能，是设备制造的重要环节。装配精度和质量直接影响设备的使用性能、尺寸、寿命、外观等各个方面，影响所生产产品的质量和生产效率，而精确、合理、细致的图纸设计，是实现设备装配成功、提高设备性能、保证安全生产的关键。如果不注重细节，往往会“千里之堤，溃于蚁穴”，因一个小的零部件问题引起装配失败，甚至引发严重的生产事故。因此，设备装配图的设计与绘制，是一项十分严谨而细致的工作，容不得半点马虎。在本章学习中会发现，设备装配图虽采用了较多简化画法，但实际上对于每个零部件都必须详细设计或选型，每一处结合部位都必须认真设计和绘制。

第一节　化工设备装配图的表达方法

一、宏观结构的表达方法

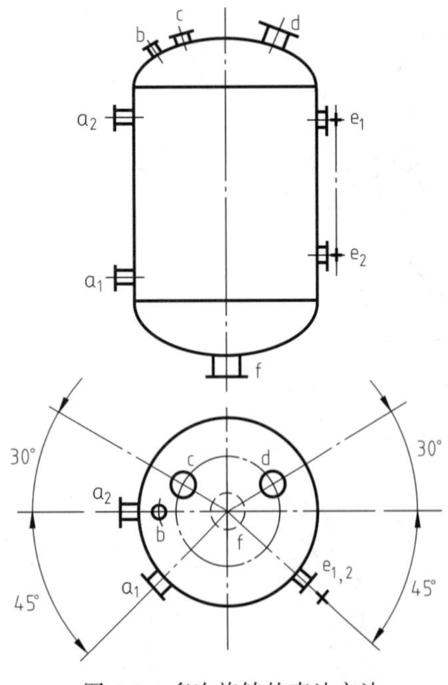

图 4-1　多次旋转的表达方法

1. 多次旋转表达法

化工设备壳体四周分布有各种管口和零部件，为了清晰地表达在主视图上，假想将设备上不同方位的管口和零部件分别旋转到与主视图所在的投影面平行的位置，然后进行投影。如图 4-1 所示，俯视图表达了设备的水平面方向轮廓，主视图投影面与管口 a_2、b、f 所在立面平行，将管口 a_1、d 分别顺时针旋转 45°、30°以及管口 c、e_1（e_2）分别逆时针旋转 30°、45°，这样画出的主视图能够清楚地表达管口和零部件的形状与轴向位置。这种多次旋转的画法在回转体视图中被经常采用。

化工设备接管和附件多，其方位关乎制造、安装和使用，必须在图样中表达清晰。为了配合旋转法表达化工设备，需要提供表示管口在设备上真实方位的管口方位图（见图 4-2）。图右上方的方位标格式如图 4-3 所示。在管口方位图中，以中心线表明管口方位，用单线（粗实线）示意画出设备管

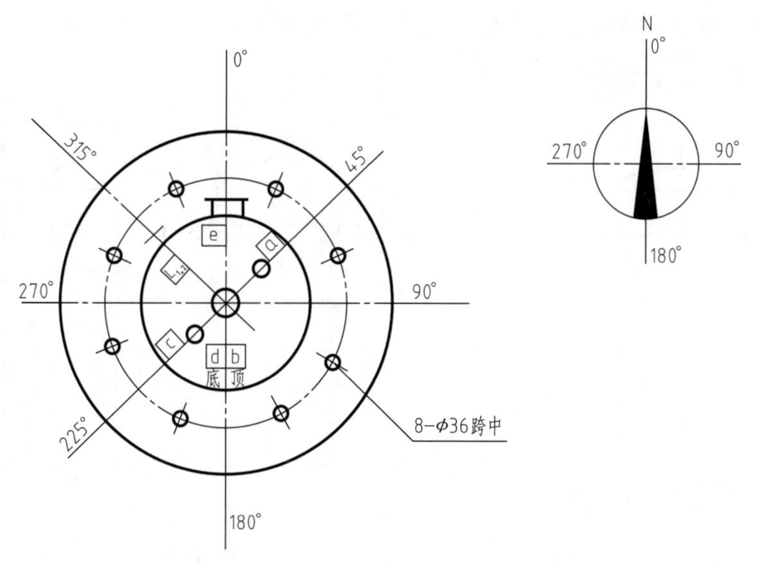

说明：1. 应在裙座或容器外壁上用油漆标明0°的位置，以便现场安装时识别方位用；
2. 铭牌支架的高度应能使铭牌露在保温层之外。

设备装配图图号××××

c	25	GB/T 9124.1—2019 RF *PN*2.5	压力计口	$L_{1,2}$	32	GB/T 9124.1—2019 RF *PN*2.5	进料口
b	80	GB/T 9124.1—2019 RF *PN*2.5	气体出口	e	500	GB/T 9124.1—2019 RF *PN*2.5	人孔
a	25	GB/T 9124.1—2019 RF *PN*2.5	温度计口	d	32	GB/T 9124.1—2019 RF *PN*2.5	液体出口
管口符号	公称通径	连接形式及标准	用途或名称	管口符号	公称通径	连接形式或名称	用途或名称

		工程名称：	202 年	区号	
		设计项目：	专业		
编制		T×××× ××××塔 管 口 方 位 图(例图)			
校核					
审核			第 页	共 页	版

图 4-2 管口方位图

口，并用带框拉丁字母表示管口编号，管口的信息在标题栏上方的管口表中给出。

在装配图的主视图和管口方位图中，同一管口应标注相同的小写拉丁字母。

管口方位图是化工设备制图的一个技术文件，需要单独绘制，一般用 A4 图幅不加长不加宽，配合方位标表示设备上管口的位置，是工艺设计如设备布置和安装的基础性文件。

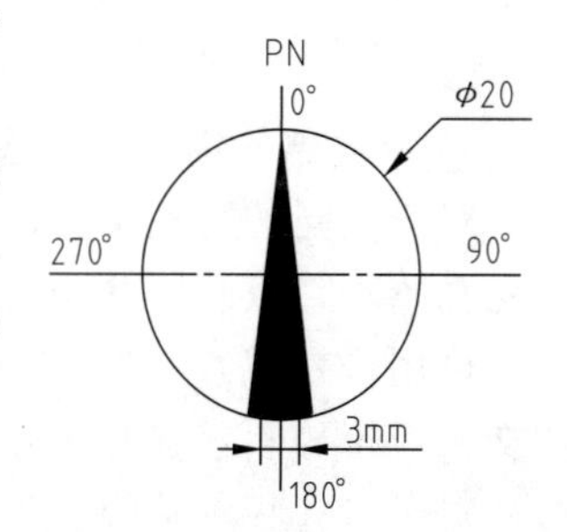

图 4-3 方位标的尺寸格式

2. 断开与分段（层）表达法

当较大尺寸的设备内部有结构相同段时，可采用断开画法。如图 4-4（a）所示的填料塔设备，中间的填料层相同，可以省略、断开（用两条细双点画线或用细双折线断开）。长径比较大的设备如管式反应器、塔器等，不适合采用断开画法时，可以分段绘制，这样能够更合理地利用图纸空间和选用比例，见图 4-4（b）所示的精馏塔，可以分开绘制精馏段的一部分。

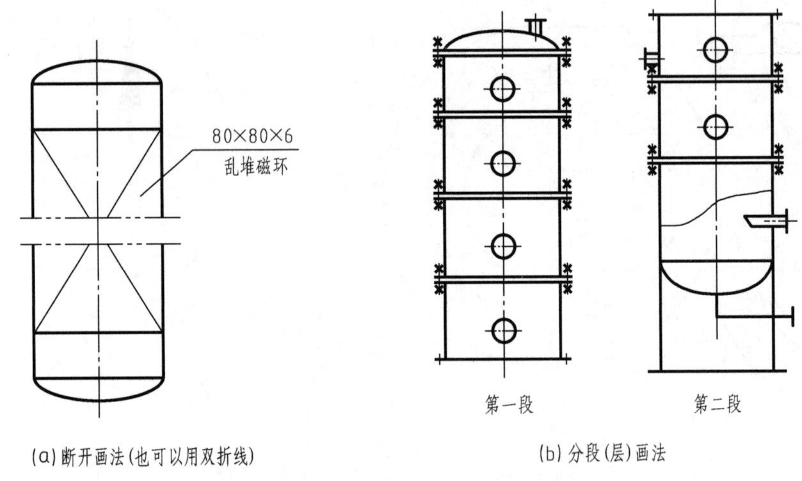

图 4-4　断开与分段（层）的表达方法

3. 单线示意表达法

当设备需要表达的局部结构如壁厚、管口、零部件等，已经被剖视、断面、局部放大图等方法表示清楚时，其装配图允许用单线（粗实线）表示。这时，其尺寸标注基准要在“注”中说明，如：法兰尺寸以密封面为基准、塔盘标高尺寸以支撑圈上表面为基准等。

设备的尺寸可以标注内径［如图 4-5（a）所示］，也可以标注外径×壁厚［如图 4-5（b）所示］，管口法兰和有加强板时可用单线表示，如图 4-5（c）和图 4-5（d）所示。当需要表达螺栓连接时，螺母用交叉线（粗线）、垫片用单线（粗线）表示，如图 4-5（e）所示。

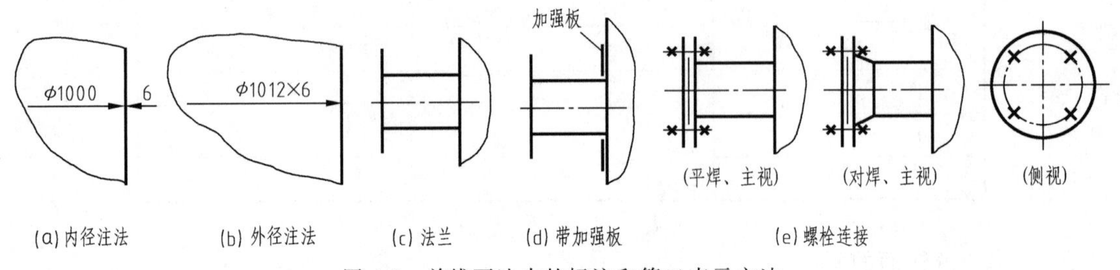

图 4-5　单线画法中的标注和管口表示方法

4. 重复结构简化表达法

对于相同的重复结构，如法兰上的螺栓孔和螺栓连接结构，可以采用简化画法：不绘制螺栓孔轮廓，只画出其中心线，如图 4-6（a）所示；在装配图中，螺栓连接处不必画出螺母，可用符号“×”（粗实线）表示，若数量多且均匀分布，可以只画出几个表示在孔中心的交叉线符号表示其分布方位，如图 4-6（b）所示。

对于多孔板（管板、折流板、塔板等）的孔眼，规则排列时，用粗实线绘制开孔范围线，细实线绘制孔中心连接线，示意 1 或 2 个孔眼轮廓，标注孔数和孔径，如图 4-6（c）所示；孔眼的倒角、间距、排列方式、加工要求等用局部放大图表示。当孔眼按同心圆排列时，绘制出每条开孔中心线和 1 个孔，标注孔数和孔径尺寸以及开孔角度，如图 4-6（d）所示；若对孔数要求不严，可以只绘制开孔范围线（细实线），注明文字，然后在局部放大图中给出开孔的孔距、孔径、排列方式，如图 4-6（e）所示。多孔板在剖视图中，孔眼画法同法兰螺栓孔，只画出孔中心线。

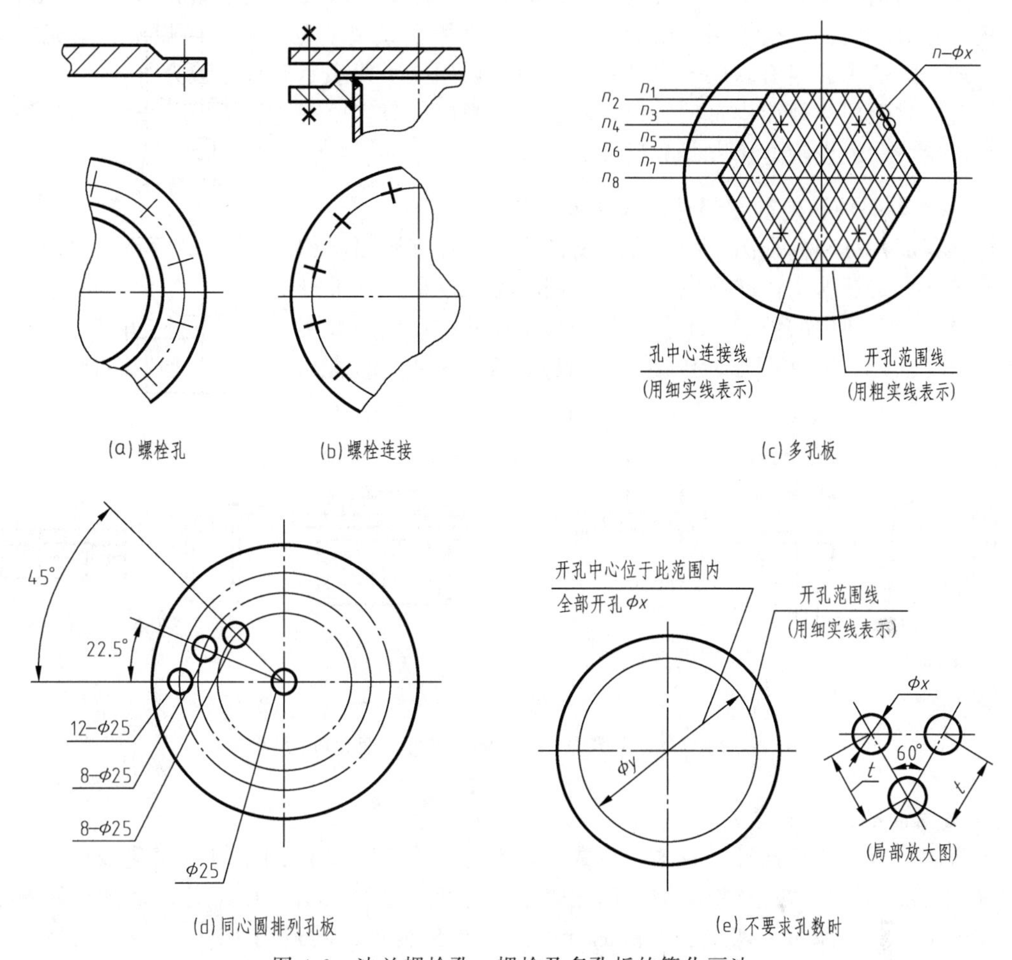

图 4-6　法兰螺栓孔、螺栓及多孔板的简化画法

5. 管法兰简化表达法

化工设备图中，不论法兰的连接面是什么形式（平面、凸面、凹凸面、榫槽面、O 形环），管法兰连接面的画法均可简化成如图 4-7（a）和图 4-7（b）所示的矩形并加孔中心线形式，其中对焊法兰应表示出法兰颈特征，如图 4-7（b）所示；当绘制管口轴线方向视图时，螺栓孔的分布用中心线（径向短线）表示，如图 4-7（c）所示；特殊的接管法兰，用局部剖视图表示。

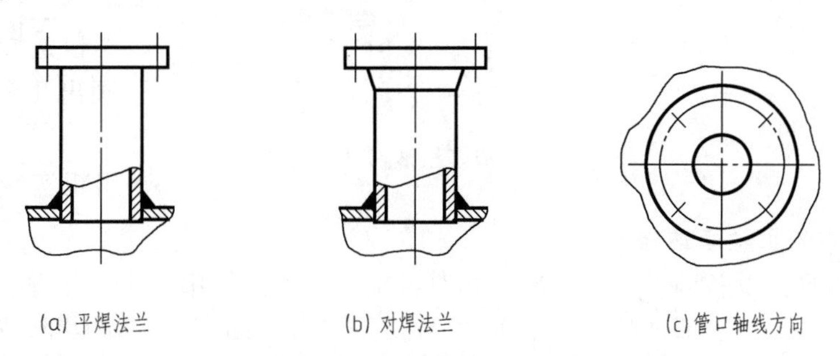

图 4-7　螺栓孔、螺栓及管法兰的简化画法

6. 填充物和管束的简化表达法

在设备中按同样方式填充同一规格材料时，只需用细实线交叉表示填充物，注明填充方式和规格。对不同材料或不同规格的填充物，分别用交叉线绘制，并标明规格和填充方法。见图 4-4（a）所示。当有多层不同填料时，每一层用交叉线表示并标注填充方式。

设备内按照同样规律排布的管束，不必一一画出，只需要表达管道中心线的位置，画其中一根或少数几根表示连接方式和尺寸。

7. 标准零部件和外购零部件的简化表达法

标准零部件都有标准图，因此在设备图中不必详细画出，如图 4-8（a）所示，只需按比例绘制其外形特征简图，并在明细栏中注明名称、规格、标准号等。

在设备装配图中的外购零部件，只需根据尺寸按比例用粗实线画出其外形轮廓简图，如图 4-8（b）所示，并在明细栏中注明其名称、规格、主要性能参数和“外购”字样。

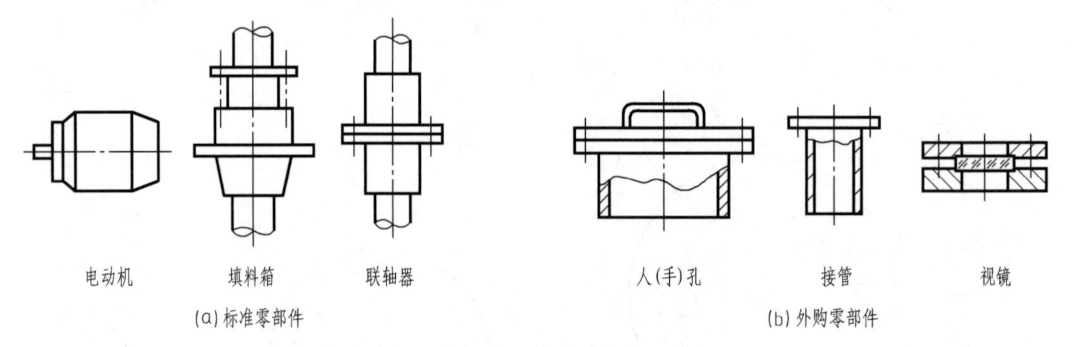

图 4-8　标准零部件和外购零部件的简化画法

8. 液面计的简化表达法

带有两个接管的液面计（管式、板式、磁性等）在设备装配图中可以简化表达，例如：可用细点画线和符号“+”（粗实线）简化表示带有两个接管 LG_1、LG_2 的液面计，如图 4-9（a）和图 4-9（b）所示。两组以上液面计，可以错开表示，同组用中心线连接，并注明管口编号，如图 4-9（c）和图 4-9（d）所示的主视和俯视画法。

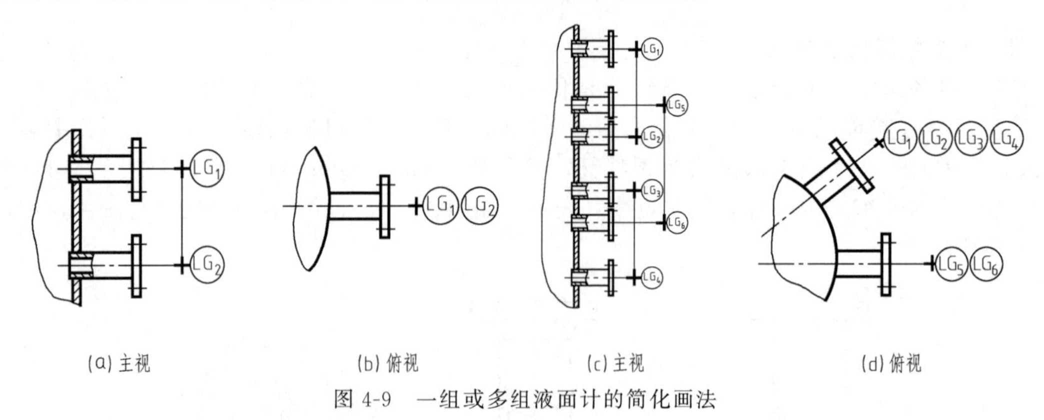

图 4-9　一组或多组液面计的简化画法

9. 设备整体的示意表达法

当需要表达整体设备的尺寸和各部分相对位置时，可以只用单线按比例绘制其完整形状和接管、人（手）孔等零部件的相对位置和尺寸，称为设备的示意画法，除按比例外，其他类似于工程图中的画法（见第二章图 2-69）。

二、细部结构的表达方法

在装配图中，经常存在尺寸悬殊的情况，造成较细小的结构无法按比例表示清楚，局部放大表达法和夸大表达法可以用来表达这些细部结构，有时两者可以结合使用。

1. 局部放大表达法

某些局部尺寸很小的地方，在装配图上难以表达但有必要表达时，可采用局部放大图表示，其画法与零件图相同。例如，设备中的管口连接处、筒体与法兰连接处、密封部位等用放大图表示。其中，表示焊缝结构的局部放大图，又称为节点图，如图 4-10 所示，其（b）图是（a）图（装配图）上细实线圈定部位的节点图。

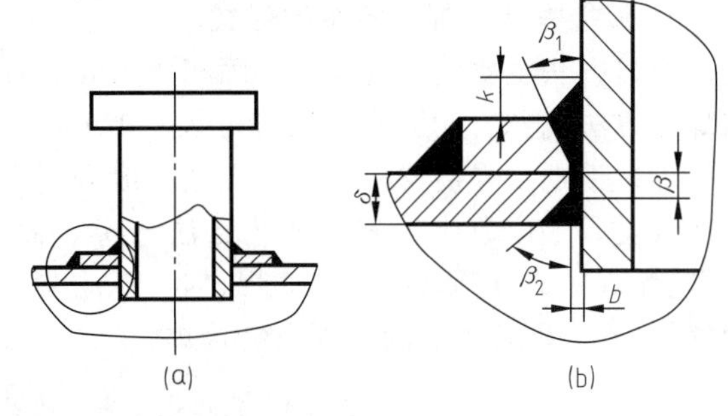

图 4-10　焊缝的局部放大图（节点图）一般样式和示例

2. 夸大表达法

在绘制大型设备时，经常遇到设备中有过小尺寸的结构，如薄壁、垫片、折流板等，无法按比例画出，这时可采用夸大画法，也就是不按比例夸大地画出它们的厚度或结构，标注尺寸时要标注其原实际尺寸。

3. 细部结构的简化表达法

在装配图中，很小的倒角、圆角可以不画出，必要时在附注中说明；在装配图上，对于局部放大的部位，可以采用省略或简化表达方法，如省略绘制焊缝轮廓或孔轮廓线、小孔用中心线表示、垫片用单线表示等。

4. 表面涂层、衬里剖面的表达法

① 薄涂层。搪瓷、涂漆、喷镀金属及喷涂塑料等的薄涂层不需要编件号，仅在涂层表面一侧绘出与表面平行的粗点画线，并标注涂层内容，如图 4-11（a）所示，有详细要求时写入技术要求。

② 薄衬层。衬橡胶、石棉板、聚氯乙烯薄膜金属板等的薄衬层，应编写件号，如图 4-11（b）所示，在衬层一侧相隔 1～2mm 绘制与表面平行的细实线；多层相同材料组成的衬层，只需编一个件号，并在明细栏的备注栏内注明厚度和层数；若多层衬层的材料不同，应分别编件号，并用放大图表示其结构，在明细栏的备注栏内注明每种衬层材料的厚度和层数。

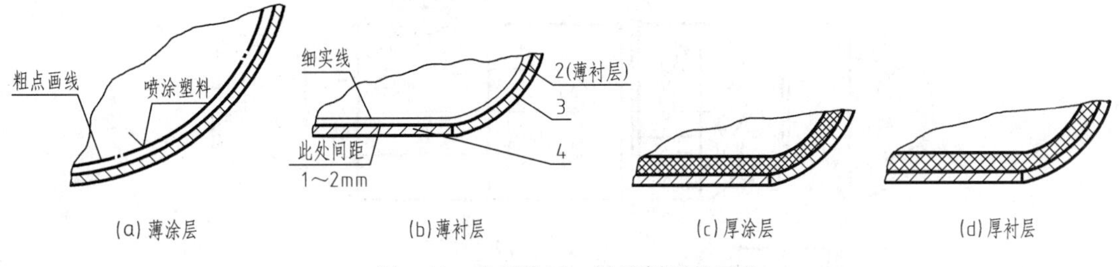

图 4-11　表面涂层、衬里剖面的画法

③ 厚涂层。涂各种胶泥、混凝土等的厚涂层，用粗实线绘制平行于表面的一条轮廓线，并填充能够表示涂层材料特征的剖面图案，如图 4-11（c）所示；同时，必须用局部放大图详细表示其结构和尺寸，包括其中用于增强的铁丝网或挂钉等的结构和尺寸。

④ 厚衬层。耐火砖、耐酸板、辉绿岩板和塑料板等的厚衬层，表示方法和厚涂层相同，如图 4-11（d）所示。填充图案的选择，见第二章表 2-1。

三、化工设备图中焊缝的表达方法

1. 焊接方法及焊接接头的形式

焊接方法主要包括熔化焊、固相压力焊、钎焊三大类共几十种。在设计文件中常需要注明焊接方法代号。焊接方法代号见表 4-1（摘自 GB/T 5185—2005）。每种工艺方法可通过代号加以识别：焊接及相关工艺方法一般采用三位数代号表示。其中，一位数代号表示工艺方法大类，二位数代号表示工艺方法分类，而三位数代号表示某种工艺方法。大类代号：1—电弧焊，2—电阻焊，3—气焊，4—压力焊，5—高能束焊，7—其他焊接方法，8—切割和气刨，9—硬钎焊、软钎焊及钎接焊。

表 4-1　常见焊接方法代号（GB/T 5185—2005）

代号	焊接方法	代号	焊接方法	代号	焊接方法	代号	焊接方法
111	焊条电弧焊	22	缝焊	313	氢氧焊	81	火焰切割
12	埋弧焊	221	搭接缝焊	51	电子束焊	82	电弧切割
122	带极埋弧焊	291	高频电阻焊	511	真空电子束焊	91	硬钎焊
21	点焊	311	氧-乙炔焊	71	铝热焊	916	感应硬钎焊
211	单面点焊	312	氧-丙烷焊	74	感应焊	942	火焰软钎焊

根据金属构件连接部分相对位置的不同，常见的焊缝接头形式如图 4-12 所示，分为对接、搭接、T 形、角接 4 种形式。标准 GB/T 150.1—2011 将容器受压元件之间的焊接接头分为 A、B、C、D 四类，如图 4-13 所示，A 类为承受最大主应力焊缝，包括纵向接头（多层包扎容器层板层纵向接头除外）、封头或嵌入式接管与壳体对接接头；B 类为承受较大主应力焊缝，包括壳体的环向接头、长颈法兰与壳体、法兰与接管、平盖或管板与圆筒的对接

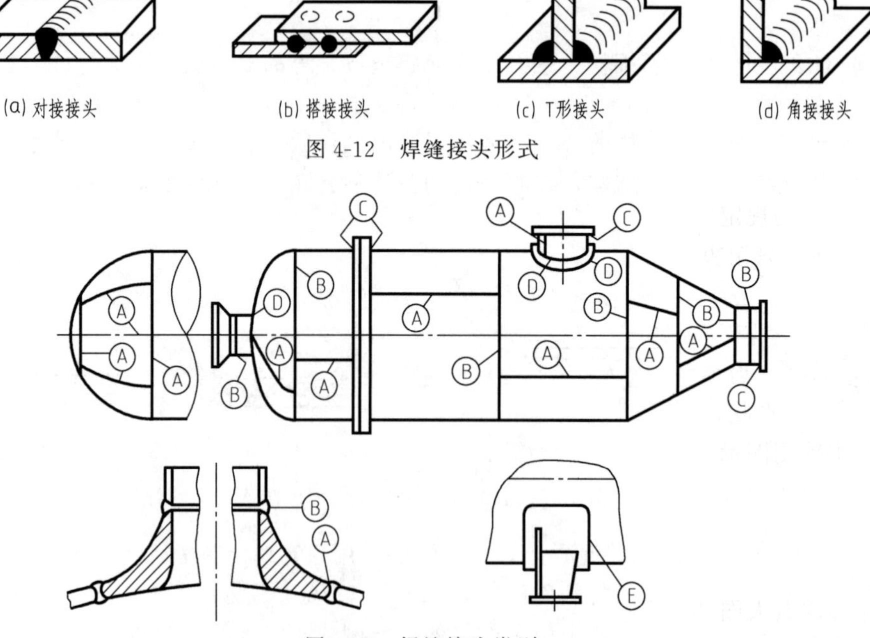

图 4-12　焊缝接头形式

图 4-13　焊缝接头类别

环向接头（已规定为 A 类的焊接接头除外）；C 类为以上承压部分的非对接接头以及多层包扎容器层板层纵向接头；D 类为接管（包括人孔圆筒）、凸缘、补强圈等与壳体连接的接头（已规定为 A、B、C 类的焊接接头除外）。另外，非受压元件与受压元件的连接接头为 E 类焊接接头。承压类别不同，则焊接的检验方法和检测率不同，需要在设备图的设计数据表中注明。

2. 焊缝的规定画法（图示法）

根据 GB/T12212—2012《技术制图 焊缝符号的尺寸、比例及简化表示法》规定，焊缝在图样中用图示表达法（见图 4-14），可以是主视图、剖视图、断面图、轴测图。

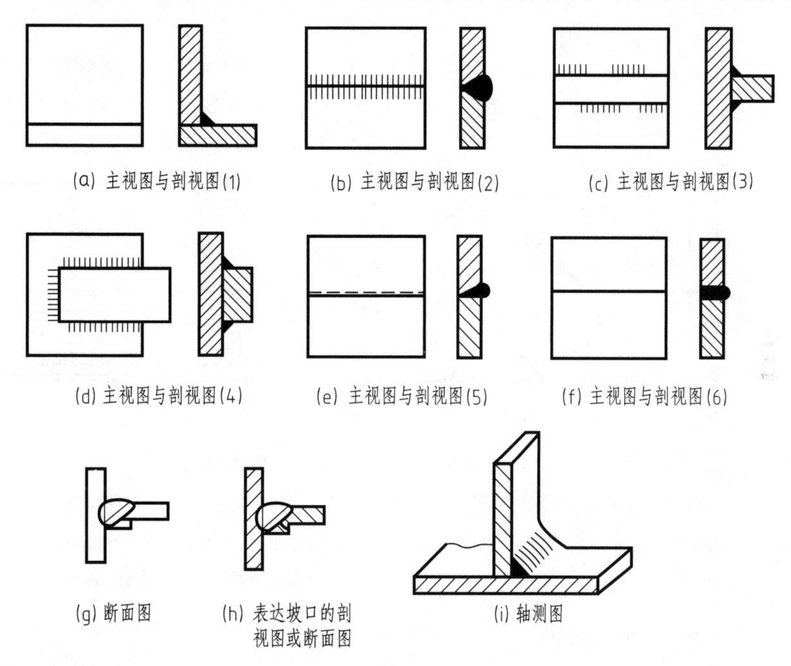

图 4-14　焊缝的规定画法

在焊缝画法中需要依据如下规定：

① 允许用细实线栅线示意地表示焊缝，如图 4-14 中的（b）、(c)、(d)、(i)，也允许用粗实线表示焊缝，如图 4-14 中的（a)、(e)、(f)、(g)、(h)，但在同一图样中，只允许使用一种表达方法。

② 在过去的规定中，一般而言，用细实线绘制的栅线表示可见焊缝，并保留焊接构件相交的轮廓线。只用粗实线绘制焊接构件相交的轮廓线表示不可见焊缝。这一点在读图时需要引起注意。

③ 在剖视图或断面图中，一般应画出焊缝的形式，金属熔焊区应涂黑表示，但需要表达坡口的形状时，熔焊区的视图和剖视图均可用粗实线绘制焊接的轮廓线，内部用细实线表示焊接前的坡口形状，见图 4-14（g）和图 4-14（h）。

④ 可用轴测图示意地表示焊缝，见图 4-14（i）。

⑤ 对于设备上某些重要的焊缝，需用局部放大图，详细地表示出焊缝结构的形状和有关尺寸，标注工件厚度、坡口角度、根部间隙、钝边长度等，见图 4-15，在设备制图中被经常采用。

⑥ 除局部放大图外，焊缝的尺寸一般不标注，而是注写在焊缝符号上，见下面的符号图示法。当设计或制造需要对焊缝尺寸进行标注时，应该依据 GB/T 12212—2012 的要求进

行，见图 4-16。

⑦ 在视图中将某些加工完毕的金属构件视为整体时，其焊缝可以省略不画。

3. 焊缝的符号表示法

为了具体表达焊接结构，一般在图示的同时，还要正确标注焊缝符号。焊缝的符号组成要符合 GB/T 324—2008 和 GB/T 12212—2012 的规定，同时要满足 GB/T 16901.2—2013《技术文件用图形符号表示规则　第 2 部分：图形符号（包括基准符号库中的图形符号）的计算机电子文件格式规范及其交换要求》的要求。

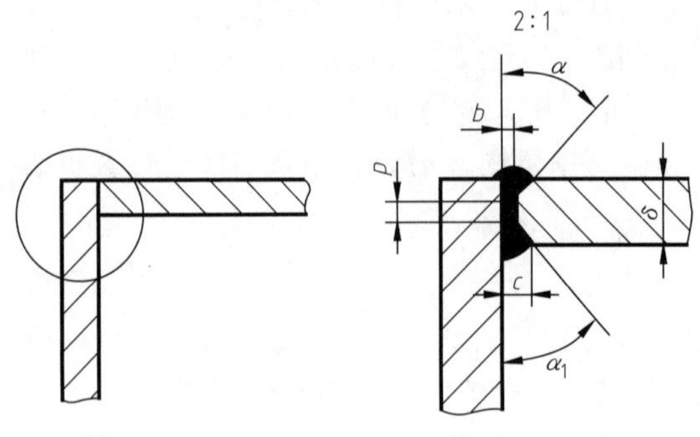

图 4-15　局部放大图

δ—工件厚度；α—坡口角度；α_1—另一侧坡口角度；
b—根部间隙；c—焊缝宽度；p—钝边

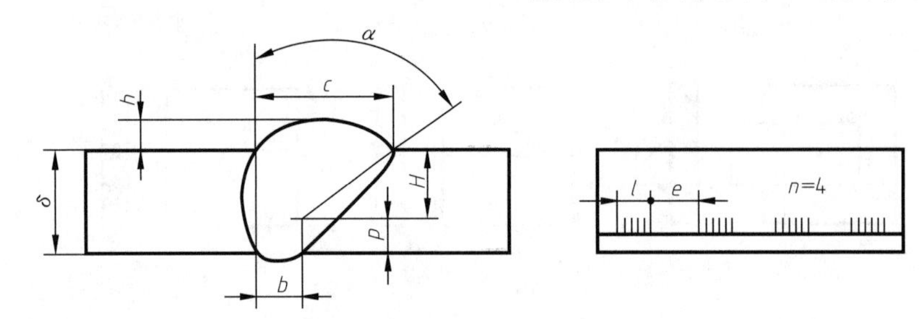

图 4-16　常见焊缝尺寸的标注格式

α—坡口角度；（图形）—焊缝轮廓线；b—根部间隙；c—焊缝宽度；e—焊缝间距；
H—坡口深度；h—余高；l—焊缝长度；n—焊缝段数；p—钝边；δ—工件厚度；
K—焊角高度（此图无标示）；R—根部半径（指 U 形焊，此图无标示）

(1) 焊缝符号的指引线格式

焊缝符号的指引线为细实线，由箭头线与 2 条基准线组成（1 实 1 虚，虚基准线有时可省去），必要时加上 90°尾部，见图 4-17。注：基准线一定要水平，虚线可在实线的任一侧。

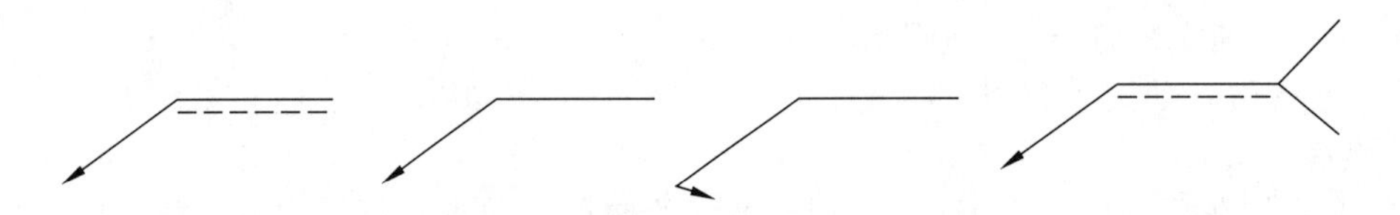

图 4-17　符号表示法中的指引线形式

(2) 焊缝符号的注写位置

焊缝符号是表达焊缝的形式、尺寸的综合符号，以角焊缝为例，其标注位置如图 4-18 所示：①箭头指向焊缝侧，基本符号要注在实线上；②若基本符号在虚线侧，则表示焊缝在非箭头侧；③对称焊缝及双面焊，可省去虚基准线。

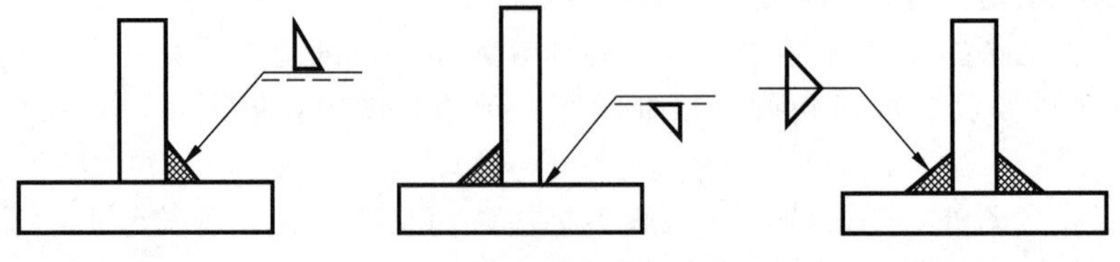

图 4-18　焊缝符号的标注位置

(3) 焊缝符号的组成

焊缝符号包括基本符号和补充符号，注写在指引线基线的实线侧或（和）虚线侧，格式如图 4-19 所示，注写规则为：①尺寸主要标注在基本符号左侧，焊缝数量、长度标注在基本符号的右侧，坡口角度、坡口面角度、根部间隙标注在基本符号的上方或下方；②焊接方法、相同焊缝数量标注在尾部；③基本符号的右侧无任何尺寸标注又无任何说明时，表明焊缝在整个长度方向上是连续的；④基本符号的左侧无任何尺寸标注又无任何说明时，表明对接焊缝应完全焊透。

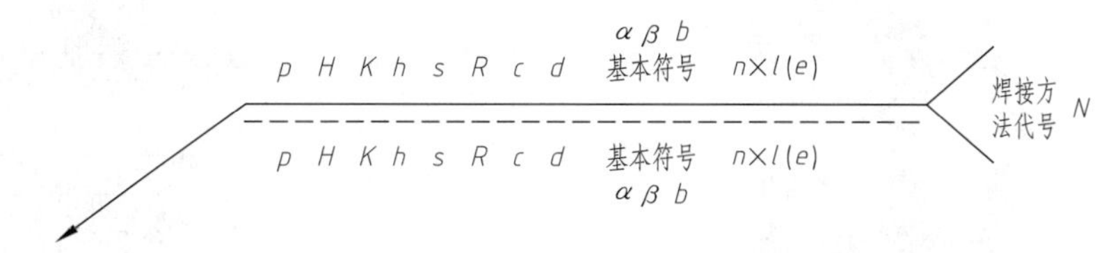

图 4-19 焊缝符号注写格式

α—坡口角度；β—坡口面角度（单侧坡口面与铅垂线的夹角）；b—根部间隙；c—焊缝宽度；d—点焊的融核直径或塞焊的孔径；e—焊缝间距；H—坡口深度；h—余高；l—焊缝长度；n—焊缝段数；p—钝边；δ—工件厚度（在工件视图上标注）；K—焊脚高度（角焊缝）；R—根部半径（指 U 形焊）；s—焊缝有效厚度

(4) 常用的焊缝符号中基本符号和补充符号

① 基本符号。表示焊缝横截面形状的符号，用粗实线绘制，近似于焊缝横断面坡口的形状。焊缝图形符号的线宽和字体笔画的宽度应依据设备视图图线的宽度和数字、大写字母的高度确定，各种线型的宽度见表 4-2。常用焊缝基本符号见表 4-3，绘制尺寸要以焊缝图形符号的线宽和字体笔画的宽度（d'）为依据。

表 4-2 焊缝图形符号及宽度（GB/T 12212—2012）

尺寸系列	1	2	3	4	5
可见轮廓线宽度	0.5	0.7	1	1.4	2
细实线宽度	0.25	0.35	0.5	0.7	1
数字和大写字母的高度(h)	3.5	5	7	10	14
焊缝图形符号的线宽①和字体笔画的宽度($d'=1/10h$)	0.35	0.5	0.7	1	1.4

① 当焊缝图形符号与基准线的线宽比较接近时，允许将焊缝符号加粗表示。

② 补充符号。表示焊缝特征的符号，用粗实线绘制，宽度应符合表 4-2 的要求。不需要确切说明时可以不用补充符号。常用的补充符号及标注示例如表 4-4 所示。

表 4-3 常用焊缝基本符号（d'为焊缝图形符号的线宽和字体笔画的宽度）

名称	符号及其尺寸	名称	符号及其尺寸
卷边焊缝（卷边完全熔化）	R8.5d′ 3d′ 10d′	I 形焊缝	7d′ 10d′
V 形焊缝	10d′ 60°	单边 V 形焊缝	10d′ 45°

续表

名称	符号及其尺寸	名称	符号及其尺寸
带钝边V形焊缝	10d′ 4d′	带钝边单边V形焊缝	10d′ 4d′
带钝边U形焊缝	R4.5d′ 10d′ 3d′	带钝边J形焊缝	
封底焊缝	R8d′ 5d′	角焊缝	10d′ 45°
塞焊缝或槽焊缝	12d′ 7d′	点焊缝（过中心，也有偏离中心者）	φ13d′

注：其他基本符号请查阅 GB/T 12212—2012。

表 4-4　常用补充符号及标注示例（d'为焊缝图形符号的线宽和字体笔画的宽度）

名称	符号及绘制尺寸	形式及示例	说明
平面	15d′		V形对接焊缝表面平齐
凹面	R7.5d′		箭头侧为凹面角焊缝
凸面	尺寸要求同上		表面突起的双面V形焊缝
永久衬垫	15d′ 8d′ M	M	V形焊接，焊完后衬垫不拆除
临时衬垫	15d′ 8d′ MR	略	焊完后衬垫拆除
三面焊接	12d′ 10d′		三面焊接角焊缝，开口方向与工件的实际方向一致

名称	符号及绘制尺寸	形式及示例	说明
周围焊接	φ10d′		现场进行周围焊接的角焊缝，在箭头所指侧
现场焊接	15d′ 10d′		
直角尾部	10d′ 90°	5 100 111 4条	在箭头侧用焊条电弧焊焊接角焊缝，焊脚尺寸为5mm，焊缝长度为100mm，共4条同样的焊缝
交错断续焊接	25d′ 10d′	5 35×50 (30) 5 35×50 (30)	对称交错断续角焊缝，表面为凹面，焊脚尺寸为5mm，相邻焊缝的间距为30mm，焊缝段数为35，每段焊缝长度为50mm

(5) 焊缝符号的简化标注法

符合以下情形时，可以简化表达焊缝符号：

① 当图样中所有的或绝大部分的焊接方法相同时，焊缝符号尾部可以不注明焊接方法代号，但必须在技术要求或其他技术文件中注明“全部焊缝采用……焊”或“除图样中注明的焊接方法外，其他焊接均采用……焊”等字样。

② 在焊缝符号中标注交错对称焊缝的尺寸时，允许在基准线上只标注一次，见图 4-20 (a) 所示。

③ 当断续焊缝、对称断续焊缝、交错断续焊缝的段数无严格要求时，允许省略段数。如图 4-20 (b) 所示。

④ 同一图样中，当若干条焊缝符号、坡口尺寸相同时，可以集中标注，如图 4-20 (c) 所示。当这些焊缝在接头中的位置也相同时，可以在焊缝符号尾部加注相同焊缝的数量，如图 4-20 (d) 所示。

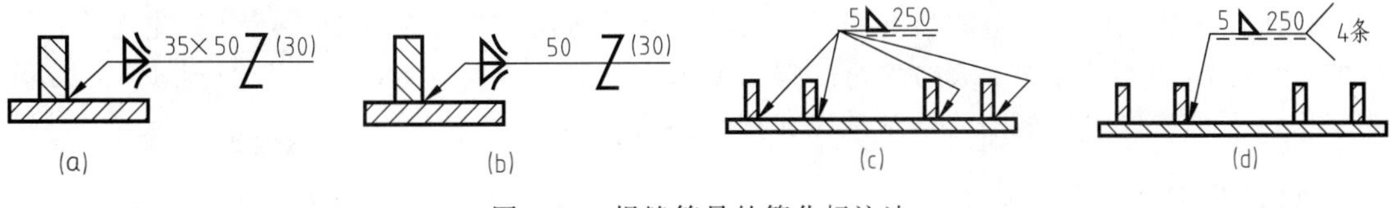

图 4-20　焊缝符号的简化标注法

⑤ 同一图样中全部焊缝相同，且已经明确表示位置的前提下，可以在技术要求中注明“全部焊缝为 5 ◣”。

⑥ 当空间有限，无法标注焊缝符号时，允许用一个简化代号表示，但要在下方或标题栏附近说明简化代号的含义。

⑦ 在不导致误解的前提下，箭头指向焊缝一侧，另一侧无焊缝要求时，允许省略虚线。

⑧ 焊缝长度已经比较明显时，允许在焊缝符号中省略长度。

⑨ 允许使用简化的现场符号，即内部不涂黑。

标注示例：焊缝标注释义（解释以下焊缝的结构及尺寸）

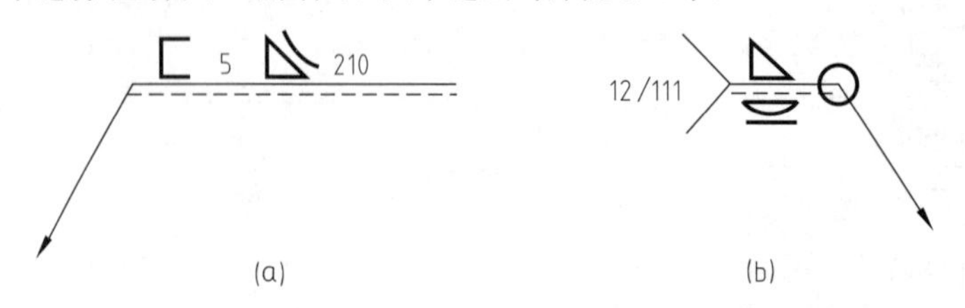

分析：两个焊缝符号都有补充符号，前者在箭头所指的另一侧没有焊缝，后者箭头所指的两侧均有焊缝。

释义：(a) 表示凹面角焊缝在箭头一侧，焊脚尺寸为 5mm，焊缝长度为 210mm，工件三面带有焊缝；(b) 进行周围焊接，用手工电弧焊形成的角焊缝在箭头一侧，用埋弧焊形成的封底焊缝在箭头所指的另一侧，封底焊缝表面平齐。

4. 焊缝在装配图上的简化表达方法

在缩小比例下，当焊缝宽度或焊脚高度的图线间距≥3mm 时，焊缝轮廓线（粗线）应按实际焊缝形状画出，其内部用交叉的细实线或涂色表示剖面线，如图 4-21 (a) 所示；当焊缝宽度或焊脚高度的图线间距<3mm 时，对接焊缝的图形线用一条粗线表示，角焊缝可不画出或剖面用涂色表达，如图 4-21 (b) 所示；型钢件之间的对焊缝或角焊缝遵循以上方法，在必要时可以用栅线表示，如图 4-21 (c) 所示。

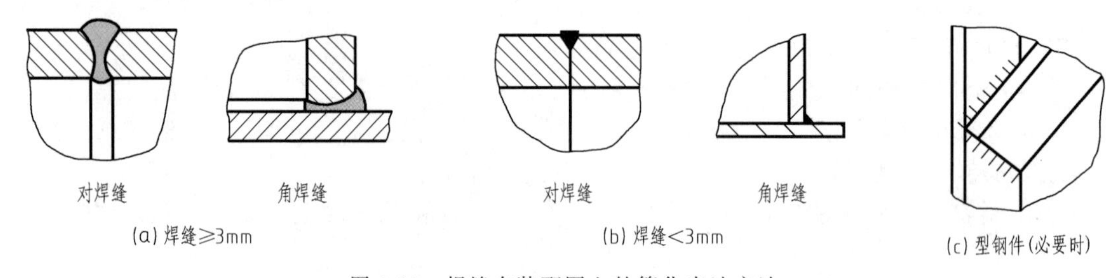

图 4-21 焊缝在装配图上的简化表达方法

第二节 化工设备装配图的绘制过程

化工设备装配图是设备的最终图样，其图形表达方法应遵循前一节所述。除此之外，规范的尺寸标注、件号标注、表格填写、技术要求注写等，应符合标准 GB/T 20668—2006 的要求。以下具体说明装配图的绘制过程和相应的格式要求。

一、复核资料

画图之前，为了减少画图时的错误，应联系设备的结构，对化工工艺所提供的资料进行详细核对，以便对设备的结构做到心中有数。

1. 设备设计条件单

化工工艺人员依据工艺要求，提出设备设计条件单，如表 4-5 所示。设备条件单的内容包括：①设备简图（单线图）；②技术特性指标（工艺要求）；③管口表。设备设计人员依据设计条件单进行详细设计，提供设计图纸和技术要求。

表 4-5　设计条件单

条件内容修改								参考图	容器条件图
修改标记	修改内容	签字	日期	修改标记	修改内容	签字	日期	设计参数及要求	
简图说明						比例			

类别	项目	容器内（壳程）	夹套(管)内(管程)	类别	项目	容器内（壳程）	夹套(管)内(管程)
工作介质	名称	液氨			腐(磨)蚀速率		
工作介质	组分				设计寿命		
工作介质	相对密度	0.61（常温）			壳体材料	16MnR	
工作介质	特性	中度危害			内件材料		
工作介质	黏度				衬里防腐要求		
	工作压力/MPa	1.8		保温材料	名称		
	设计压力/MPa	2.24		保温材料	厚度/mm		
安全装置	位置/形式			保温材料	容重/(kg/m^3)		
安全装置	规格/数量				基本风压		
安全装置	开启(爆破)压力/MPa				地震基本裂度		
					场地类别		
	工作温度/℃	42.5			催化剂容积/密度		
	设计温度/℃	50			搅拌转速(r/min)		
	环境温度/℃				电机功率		
	壁温/℃				密闭要求		
	全容积/m^3	26.5			操作方式及要求		
	操作容积/m^3	26			静电接地		
	传热面积/m^2				安装检修要求		
	换热管				管口方位		
	折流板/支承板				其他要求		

续表

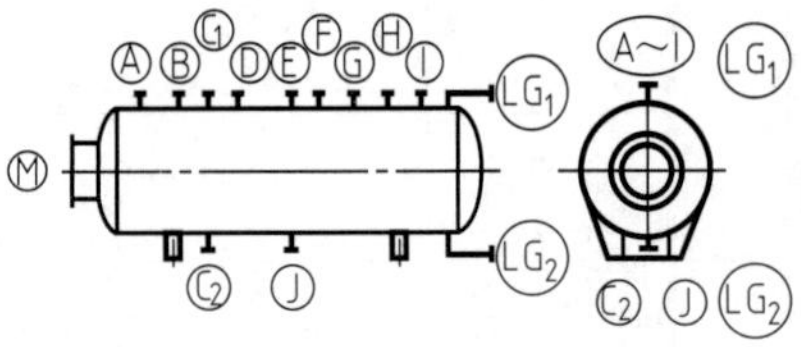

接管表											
符号	公称尺寸/mm	公称压力/MPa	链接尺寸标准	连接面形式	用途	符号	公称尺寸/mm	公称压力/MPa	链接尺寸标准	连接面形式	用途
A	50	4.0	GB/T 9124.1—2019	FM	液氨进口	H	15	4.0	GB/T 9124.1—2019	FM	放空口
B	20	4.0	GB/T 9124.1—2019	FM	回流液进口	I	50	4.0	GB/T 9124.1—2019	FM	液氨出口
C_{1-2}	80	4.0	GB/T 9124.1—2019	FM	控液计接口	J	32	4.0	GB/T 9124.1—2019	FM	排污口
D	32	4.0	GB/T 9124.1—2019	FM	压力平衡口	LG_{1-2}	20	4.0	GB/T 9124.1—2019	FN	液面计接口
E	15	4.0	GB/T 9124.1—2019	FM	放油口	M	450	4.0	/	/	人孔
F	25	4.0	GB/T 9124.1—2019	FM	压力表接口						
G	32	4.0	GB/T 9124.1—2019	FM	安全阀口						

专业	设计	校核	审核	日期	位号/台数		工程名称	
工艺					液氨储槽		设计项目	
管道							设计阶段	
电控							条件编号	
					设备图号			

2. **设备机械设计**

化工设备的机械设计是在设备的工艺设计之后进行的。根据设备的工艺条件（包括工作压力、温度、介质特性、结构形式和尺寸、管口方位、标高等），围绕着设备内、外附件的选型进行机械结构设计，围绕着确定厚度大小进行强度、刚度和稳定性的设计和校核计算。这一步往往通过“边算、边选、边画、边改”的做法来进行。一般步骤如下。

① 全面考虑按压力大小、温度高低和腐蚀性大小等因素来选材。通常先按压力因素来选材；当温度高于200℃或低于－40℃时，温度就是选材的主要因素；在腐蚀强烈或对反应物及物料污染有特定要求的，腐蚀因素又成了选材的依据。在综合考虑以上几方面的同时，还要考虑材料的加工性能、焊接性能及材料的来源和经济性。

② 选用零部件。设备内部附件结构类型，如塔板、搅拌器形式，常由工艺设计而定；外部附件结构形式，如法兰、支座、加强圈、开孔附件等，在满足工艺要求条件下，由受力条件、制造、安装等因素决定。

③ 计算外载荷，包括内压、外压、设备自重，零部件的偏载、风载、地震载荷等，常用列表法、分项统计的方法来进行。

④ 强度、刚度、稳定性设计项校核计算。根据结构形式、受力条件和材料的力学性能、耐腐蚀性能等进行强度、刚度和稳定性计算，最后确定出合理的结构尺寸。因大多数工况下强度是主要矛盾，所以有的设备设计常不作后两项计算。

⑤ 绘制设备总装图。对初学者，常采用“边算、边选、边画、边改”的做法，初步计算后，确定大体结构尺寸，分配图纸幅面，轻轻给出视图底稿，待尺寸最后确定后再加深成正式图纸或输出。

二、作图过程

（一）选定表达方案

通常对立式设备采用主、俯两个基本视图，而卧式设备采用主、左两个基本视图，来表达设备的主体结构和零部件间的装配关系（当无法按基本视图关系配置两个视图时，可采用向视图的表达方法）。再配以适当的局部放大图，以补充表达基本视图上尚未表达清楚的部分。主视图一般采用全剖视（或者局部剖视），各接管用多次旋转的方法画出。

在清晰表达的基础上，尽量减少视图的数量。对表 4-5 给出的图形而言，可以选择全剖主视图和向视图，以减小图形区横向长度，在向视图旁边安排局部视图，如图 4-22 所示。

（二）确定视图比例，进行视图布局

如前述规定，化工设备装配图一般采用 A1 图幅绘制，尽量不加长、不加宽。一般布局安排如图 4-23 所示，可依据内容选择图纸使用方向。

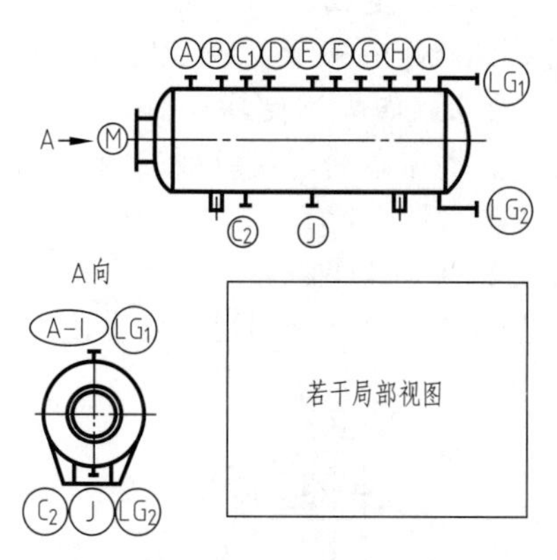

图 4-22 绘图区视图方案及布局

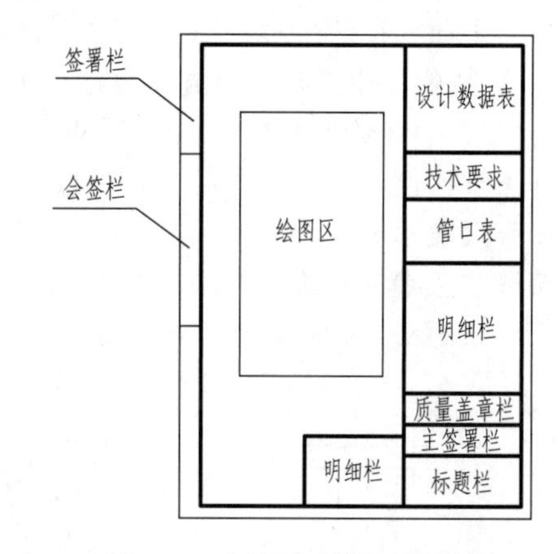

图 4-23 图纸布局和区域划分

手工绘制时，按设备的总体尺寸确定基本视图的比例并选择好图纸的幅面，注意图纸的使用方向。而利用计算机制图时，在模型空间只需要按 1∶1 绘制图形，图纸幅面、表格、签署栏等均在布局空间完成。因化工设备图的视图布局较为固定，可参照有关立式设备和卧式设备的装配图进行或利用已有的模板。

布局要求：在整个图纸上确定装订边、图框，划分绘图区和表格区，从而进行视图的布

局，如图 4-23 所示，应尽量将表格排在标题栏上方，从下往上依次是主签署栏、质量盖章栏、明细栏、管口表、技术要求、设计数据表。技术要求为多行文字，不需要表格样式；设计数据表、管口表为独立表格，除了设计数据表应该在右上角与图框对齐外，管口表可以放置在技术要求的上方或下方；明细栏由下往上填写，上方空间不足时，可以将剩余明细栏放置在标题栏左侧（由下往上填写）。图纸左侧空间用来排布图形。需要附注一些内容时，可以将“注：”放在技术要求下方。

（三）绘制图形

布局完成后，开始作图，此时应遵循的原则是：

① 图线应符合 GB/T 4457.4—2002 的规定（见第一章表 1-5）；

② 剖面符号应符合 GB/T 4457.5—2013 的规定（见第二章表 2-1）；

③ 尽量避免使用虚线表达物体的轮廓或棱线。

画图时，一般按照“先定位后定形；先画主视后画俯视；先画外件后画内件；先主体后零部件的顺序进行”。在利用计算机制图时，可按照如下顺序进行。

① 初步布局。在布局空间进行页面设置（确定图纸格式）、绘制图框、划定表格位置（插入各个表格图块，其中，明细栏的大小依据零部件数量大致确定），这样可大致确定基本视图占用的空间。

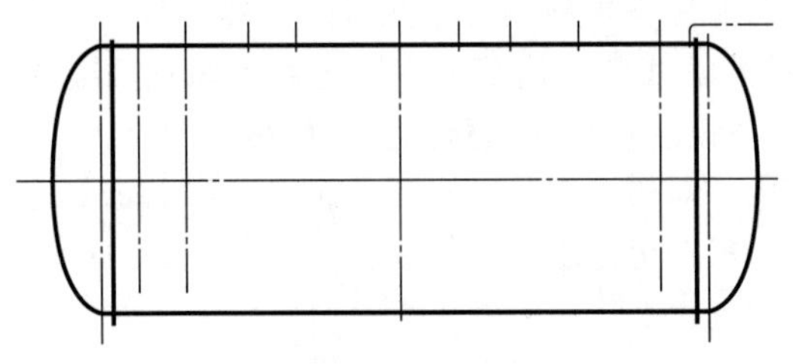

图 4-24 绘制基本视图内轮廓并用中心线定位管口位置

② 绘制主视图轮廓。在模型空间，设置好绘图环境后，按 1∶1 绘制基本视图的轮廓如内轮廓线（因多数管节在设备内与内壁面平齐，比较方便；先不作剖面），设备轴线长度应超过设备总长。然后按照位置要求绘制管口的中心轴线，对各个管口定位（采用偏移工具），如图 4-24 所示。支座不与设备内部相通，可以最后绘制；不需要定位那些与上面对称的接管，等上面的绘制完毕，用镜像工具来生成。

③ 绘制接管外轮廓。为清晰表达接管与设备的连接结构，一般尺寸设备用 A1 图幅出图时，可以按 1∶1 绘制接管，而设备尺寸和管口相比很悬殊（如大型储罐）时，接管可以夸大（即不按比例）绘制。因此，是否按比例绘制接管，需要在布局的视口中查看，以确定是否需要夸大表示。

接管法兰端的画法，按法兰平焊和对焊的不同，可以绘制为图 4-25 所示的式样，另一端与筒体或封头接触处，推荐采用接管部分剖画法，这样可以简化全剖视需要表达的接管与

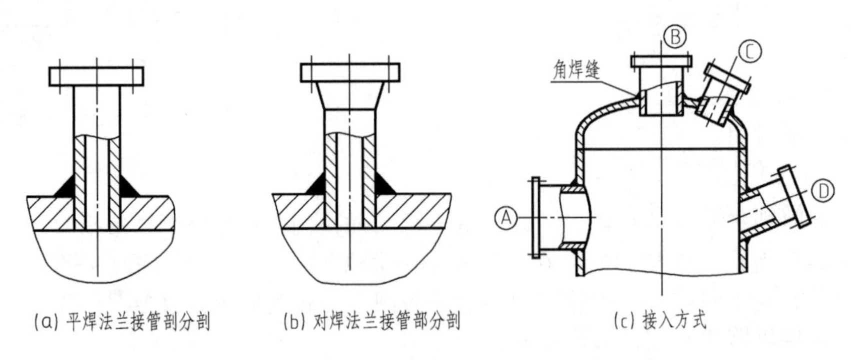

(a) 平焊法兰接管剖分剖　(b) 对焊法兰接管部分剖　(c) 接入方式

图 4-25 不同法兰接管的画法和接入方式

法兰的焊接结构。

接管连入端（管节接入设备）的画法，如图 4-25（c）所示，可以分为与设备壁面垂直和不垂直两种，如 A、B、C 管口的管节为垂直于设备表面接入，而 D 管口的管节为斜接；另外，在接触部位又分为平齐和不平齐两种情况，图 4-25（c）中的 A、D 管口为内部平齐连接，而 B、C 管口为不平齐连接（插入一段）。显然，在剖视图中，不平齐连接的管口其管节底端轮廓线为直线；平齐的管节与设备筒体或封头连接处，为可见相贯线，在这种情况下，一般对于较大的管节，应绘制出相贯线，如图 4-25（c）的管口 A 所示；较小的管节可简化为直线，如图 4-25（c）的管口 D 所示。

④ 偏移生成外轮廓线（不做图案填充）。可以先按 1∶1 偏移设备壁厚、接管壁厚尺寸，得到外轮廓线，随时在布局所开视口中缩放查看，若不能清晰表达剖面结构，则需要夸大画法。注：夸大表达的限度，以清晰表达结构为依据，不应过分夸大较小的尺寸，并应保持不同结构间的相对大小（如不同截面直径的接管要有相对大小）；另外，在尺寸标注时必须将夸大的尺寸修改为设计或实际尺寸。

⑤ 在主视图上完成其他结构（如支座），对应绘制第二个基本视图的管口、支座轮廓。

⑥ 修剪图线，绘制设备内部结构（如塔盘、支架、填料或搅拌器等）。

⑦ 进行接触部位焊接结构的表达，如示意出角焊缝并填充为单色，填充主视图剖面线。

⑧ 绘制其他基本视图。其他基本视图，若为三视图关系，则在图纸上必须对正（主俯视图关系）或平齐（主左视图关系），此时应该利用好主视图的轴线（可在其延伸线上作图，但最后必须断开）；而选择向视图表达另一基本视图时，则可以任意放置，在其上方注明关联表达符号（如 A 向）。对于以上所言液氨储罐，长径比较大，可选择向视图表示。

⑨ 绘制局部视图。在 AutoCAD 的布局空间，通过开局部视图视口，可以对基本视图的任意局部进行放大。当基本视图的细部结构比较完整时，直接放大并进行局部修饰和标注，即可得到局部视图，见第一章第二节的部分（八、AutoCAD 的输出和打印）；当需要对局部结构重新投影或进行较多修改时，尽量复制基本视图上的局部范围所有图线，在模型内进行修改和标注，最后在布局中开视口，获得局部视图。

注意布局出图时对局部视图的要求：局部视图必须按比例绘制（通用图除外）；只有一个局部视图时，应放在基本视图被表示的位置附近；多个局部视图应该按照序号顺序从左到右、从上到下排列。

（四）标注注释性内容

视图完成后，即可标注尺寸、局部视图编号、管口编号、零部件编号、说明性文字、填写表格和技术要求，这些都可以称为注释性内容，应遵循以下原则。

① 文字的标注：图样中需要文字时，必须字迹清晰、语言简洁、语义准确。

② 数字的标注：应以清晰、不重复为原则，其中，尺寸数字按第一章要求进行规范注写，不重复、不封闭。计量数字不应重复单位符号或出现不明确的标注，如 50±1℃不应写作 50℃±1℃，60^{+1}_{0} 不应写为 60^{+1}_{-1}，10±0.04 不应写为 10±.04。在质量数字中，零部件的质量一般准确到小数点后 1 位，标准零部件的质量按标准要求填写；特殊的如贵金属材料，其小数点的位数视材料价格确定；设备的净质量、空质量、操作质量、盛水质量等均以 0、5 结尾，一般≥1 时进为 5，≥6 时进为 10，如 221 表示为 225，286 表示为 290 等；对于质量小，数量少的小零件，不足以影响设备造价时可以不填写质量，在明细栏的质量格内用斜细实线表示。

③ 符号的标注：视图中的符号（方框、圆圈、引线等）都有固定的格式要求，在AutoCAD绘图中可采用“多重引线”样式标注这些内容。

[AutoCAD标注注释性内容的原则用法]

① 在模型空间填写的任何注释性内容，只要不采用（或无法采用）1∶1打印，那么就应该赋予标注样式的“注释性”属性，这样在布局中出图时，任何确认比例下都可以获得所规定字高的图纸。

② 在模型空间对图形进行的所有非接触式注释（包括布局中激活模型空间进行这种注释），只要不采用（或无法采用）1∶1打印，那么不但要赋予标注样式的“注释性”属性，而且在标注之前，应该在布局视口内将图形缩放到适宜的出图比例并确定比例后，双击退出视口，然后单击选中该视口，在右键菜单中的“显示锁定”中选择“是”，则再次双击激活内部模型时，不会更改显示比例；最后，双击激活被“显示锁定”的视口，在其中进行这些非接触式注释（包括件号、管口符号、局部视图编号等）。此处，所谓非接触式注释，指尺寸标注以外的注释（尺寸标注是与图形接触，位置被限定，不会因显示比例变化而脱离图形），因不与图形接触或只一端接触，无法被限定位置，会因显示比例的变化而出现偏离现象，当布局视口被锁定在某一显示比例后，再进行的注释性属性的标注将自动采用这一比例。

③ 在布局空间直接进行标注时（指的是不激活视口内的模型空间），标注样式是否有“注释性”属性，对标注的文字没有影响（注释性比例只对模型空间起作用），但这种标注与模型空间脱离，改变视口的显示比例时，要重新进行这些标注。只用于此布局确定比例下的标注，可以在视口非激活状态下进行。

以下按照基本视图和局部视图，分开表述注释性内容。

1. 基本视图上的注释性内容

(1) 尺寸标注

尺寸标注的样式按第一章规定。应在设备图上注明规格性能尺寸、装配尺寸、安装尺寸、外形尺寸、其他尺寸。其中，规格性能尺寸指与生产能力相关的尺寸，如设备内径、筒体高度、封头高度；装配尺寸指表达相对位置的装配关系尺寸，如接管位置、封头位置；安装尺寸指安装时的特征尺寸，如设备支座的地脚螺孔间距；外形尺寸指设备的长宽高；其他尺寸是对实现装配体的功能有重要意义的零件结构尺寸或者运动件运动范围的极限尺寸。这些尺寸的标注，需要选择正确的尺寸基准和标注方法。

① 尺寸基准。选择尺寸基准应该遵循“清晰、易辨、就近及标注最少”的原则，避免重复标注尺寸。优先选择以下尺寸基准：

(a) 设备筒体和封头的中心线和轴线。

(b) 设备筒体和封头焊接时的环焊缝。

(c) 设备容器法兰的端面。

(d) 设备支座的底面。

(e) 管口的轴线、管法兰端面、接管轴线与壳体外轮廓线的交线或交点的切线。

② 典型结构的尺寸标注方法

(a) 筒体尺寸：应标注其内径、壁厚和高度（或长度），如图4-26 (a) 所示，标注壁厚尺寸时，文字应避开填充线。

(b) 封头尺寸：一般标注壁厚和封头高度（包括直边高度）。

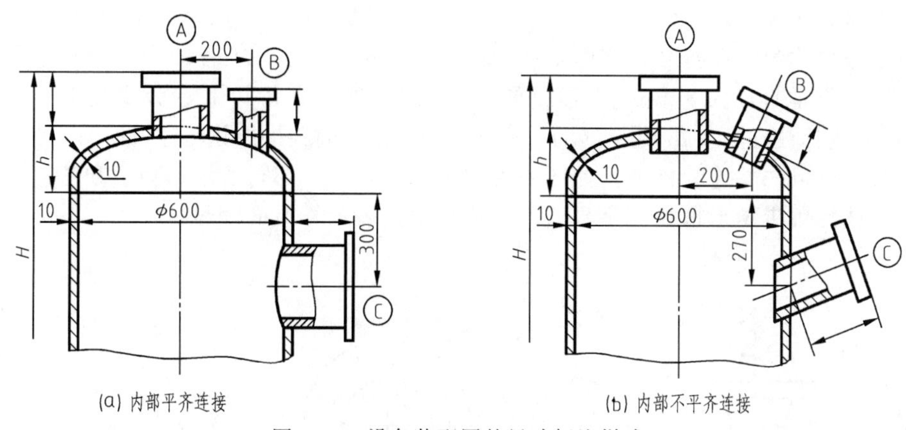

图 4-26 设备装配图的尺寸标注样式

h—封头高度；H—总高度

（c）接管尺寸：标注接管的定位尺寸、规格尺寸、伸出长度。其中，定位尺寸应该以中心线（管节的轴线）为基准，如图 4-26（a）所示；当管节轴线不与设备的基准线平行时，如图 4-26（b）所示的管口 B 和 C，应以管节轴线与设备外轮廓线交点为基准。接管的规格尺寸可以标注直径×壁厚（无缝钢管为外径，卷焊钢管为内径），如 $\phi60\times8$，标注在接管与设备连接端外侧或接管法兰外侧，如图 4-27 所示，但为视图清晰起见，图中一般不标注接管的规格尺寸，而是在管口表中注明。对于接管的伸出长度，一般标注管法兰端面到接管轴线和相接部件（如筒体和封头）外表面交点间的距离，如图 4-26 和图 4-27 所示。但为视图清晰起见，可以不标注接管的伸出长度（特别是设备上各管口的伸出长度相同时），而是在管口表中注明。另外，都相同的伸出长度也可在附注中写明。

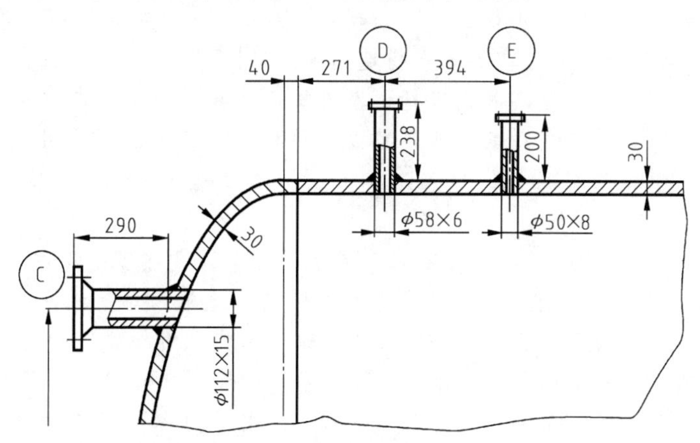

图 4-27 标注接管定位尺寸、管口符号、规格尺寸、伸出长度示例

③ 尺寸数字格式。尺寸数字应为国标字体 3 号（3mm 字高）。如图 4-28 所示。

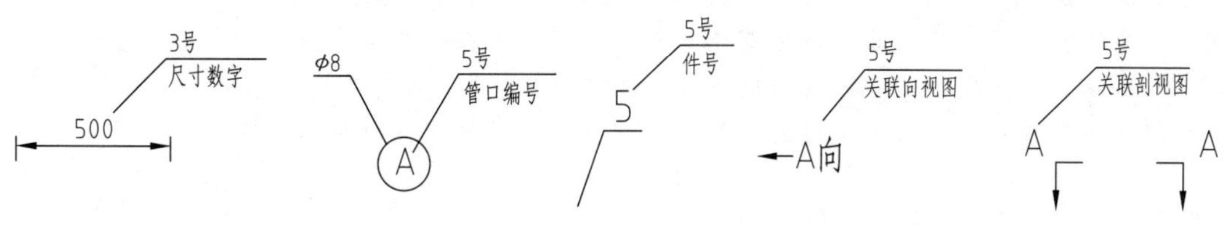

图 4-28 基本视图上尺寸、管口符号、件号、剖视符号等的标注格式要求

(2) 管口编号

管口编号也称为管口符号，在图上用带圈拉丁字母（5 号，工程图为 3 号）按顺序编写（见图 4-28），圆框直径为 8mm（工程图采用 5mm），注写在管口的近旁或其中心线上（见图 4-29），并应标注在所有出现管口的视图上（包括局部视图中出现管口时）。投影方向有多个管口时，可以一并连续排列，如图 4-29（e）和图 4-29（f）所示。为了和工艺类图纸衔接，也可以选择用带矩形框拉丁字母（大写或小写）表示管口的编号。

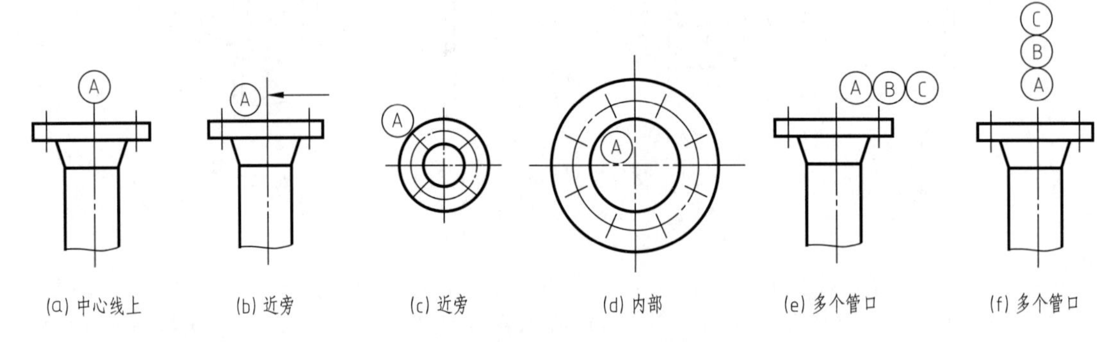

图 4-29 视图上管口符号的注写位置

[利用 AutoCAD 标注管口符号]

① 创建块。需要带圆圈的文字时，在 1∶1 的注释性比例下，首先在 0 图层绘制半径为 4mm 圆，然后打开“块”工具面板的“属性定义”对话框，在“标记”中任写一标记如 A，在“提示”中写“输入管口编号”用来提示自己，在“文字样式”中选 5mm 字高国标字体（注：应提前进行文字样式设置），勾选“注释性”，单击“确定”，将标记字母放在圆圈中心位置。然后，单击块工具“创建”，在创建块的对话框中，输入块的名称如“管口符号”，“基点”下选择“在屏幕上指定”，在“对象”下单击“选择对象（T）”，此时光标回到模型空间，框选圆圈和内部标记，确认，回到对话框，在“方式”中勾选“注释性”，单击“确定”，则完成块的制作，可以用写块命令保存到文件中（见第一章）。需要标注时，插入面板中选择该块，插入到某位置，自动弹出对话框，输入此处的管口编号，确定，完成标注。

② 直接利用引线工具。引线工具中有多种带框文字样式（多是现成的块），可以直接选用。设置过程：在注释面板，打开“多重引线样式管理器”对话框，在“Standard”样式基础上单击“新建（N）...”，在弹出的“创建新多重引线样式”对话框中自拟名称如“管口符号”，单击“继续（O）”，则弹出“修改多重引线样式：管口符号”对话框，在其“引线格式”界面，将“类型（T）”改选为“无”；在“内容”界面的“文字样式（S）”选择框中，选择已经设置的 5mm 字高文字样式或点扩展命令设置该文字样式并选取。然后，在“多重引线类型（M）”的选择框中选择“块”，再从“块选项”的“源块（S）”中下拉选择“圆”，单击“确定”关闭修改对话框，继续关闭“多重引线样式管理器”对话框，完成设置。标注时，单击调用该格式的多重引线工具，在需要标注的位置单击，弹出块的编辑属性对话框，输入该管口的编号，单击“确定”，则完成标注。

其他带框样式，也采用同样的引线设置方法或自己创建属性块。

(3) 件号

件号即零部件编号，一般标注在主视图中，用引线在相应位置引出（推荐引注点采用无箭头或其他符号格式)，引线的基线（件号线）上用5号阿拉伯数字按顺序注写（见图4-28)。

件号的编排应从主视图左下方开始，按件号顺序顺时针整齐地沿垂直方向或水平方向排列，件号较多时，可布满四周，但应尽量编排在图形的左方和上方，并安排在外形尺寸线的内侧，如图4-30所示。

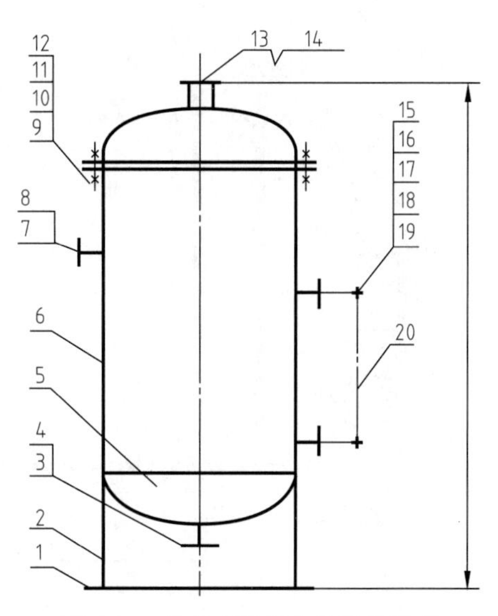

图4-30　件号在视图上的标注样式

件号的编制原则见第三章，除了在一个设备内将直接成设备的部件、直属零件和外购件以1、2、3…顺序表示外，部件中的下一级部件或零件，按照从属关系，可以用连字符号表示，如件号3-2、3-2-5分别表示部件3的零件2、部件3中下属部件2的零件5。

(4) 关联视图符号

基本视图与局部视图或向视图相关联时，应在基本视图上或其附近标注相应符号或编号，具体包括：

① 向视图。应该在基本视图旁用拉丁字母加箭头（→）表示，箭头指向投影方向，字母为5号字（见图4-28)。有时，向视图可以代替基本视图使用。

② 局部剖视图。局部剖视图用带箭头的剖切符号加字母表示，文字为5号字（见图4-28)，必须与剖视图上方的表达符号如“A—A”相对应。

③ 局部放大图。一般将局部放大位置用细实线圈定（可以用圆圈、方框、矩形框)，用指引线引出，如图4-31 (a) 所示，并在指引线的基线（序号线）标注顺序号（应从视图左下角开始，按罗马数字Ⅰ、Ⅱ、Ⅲ…顺序编写)，只有一个局部视图时可以不编号。其中焊缝放大图（节点图）的序号推荐用带框阿拉伯数字表示，如图4-31 (b) 所示，框内数字为3号字，框的尺寸一般为3.5mm×3.5mm，其指引线箭头应指在焊缝一侧。当对某一类结构进行放大图表示时，基本视图上可以不标注，在局部视图上方用汉字标题表示。

按以上原则，完成的液氨储罐主视图和向视图分别如图4-32和图4-33所示（注：图4-33中也可以不表达出下方被支座遮住的管口)。

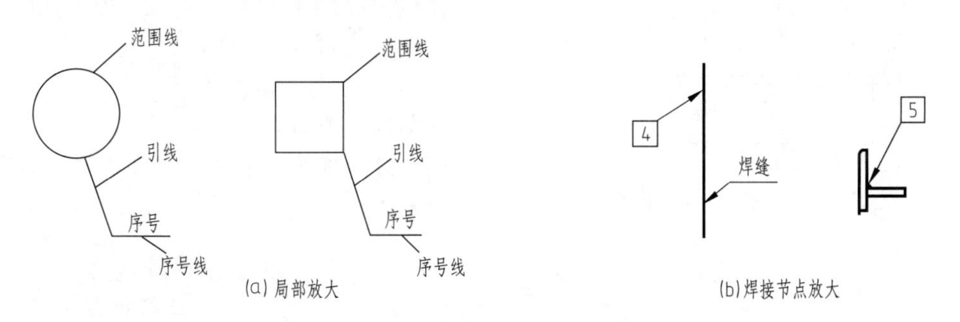

图4-31　放大图在基本视图上的标注样式

2. 局部视图上的注释性内容

局部视图是对局部视图的补充表达，图上的标注应尽可能详细，一般包括以下内容：

① 必要的尺寸标注。以表达清楚局部结构为原则，进行必要的尺寸标注。

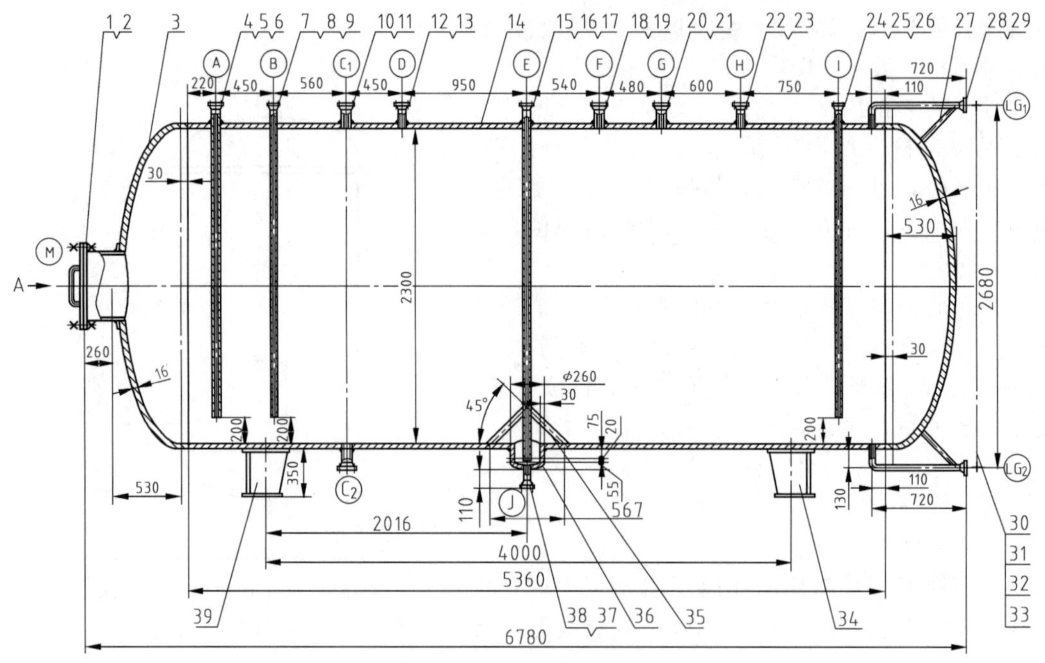

图 4-32　液氨储罐主视图

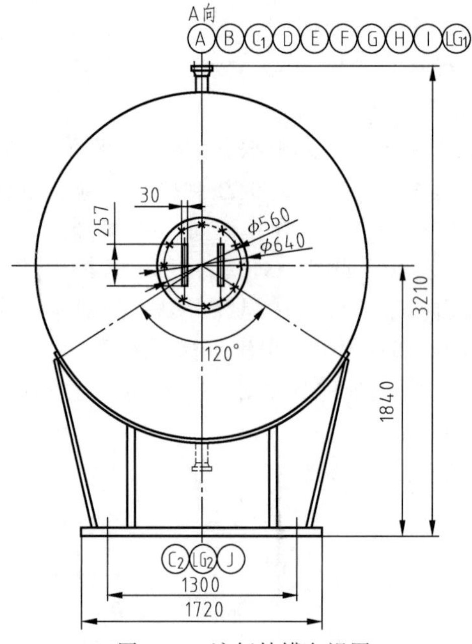

图 4-33　液氨储罐向视图

② 管口符号的标注。当局部视图中出现完整的管口时，应标注与基本视图一致的管口符号。

③ 加工及表面技术要求的标注。需要标注加工方法或表面结构特征时，按零部件制图的要求进行标注。

④ 与基本视图相关联的注释。在每个局部视图正上方中间位置，标注与基本视图的关联注释（编号或汉字标题），相当于局部视图的图名，并在其下方用细实线绘制标记线，长度稍大于上方文字总宽度，在标记线的下方注写局部视图比例。当局部视图未按比例绘制时，在标记线的下方写不按比例；当放大图用于多个部位时，标题内容要准确、概括性强，并应将涉及的管口的符号标注在图形的下方，如图 4-34 所示。

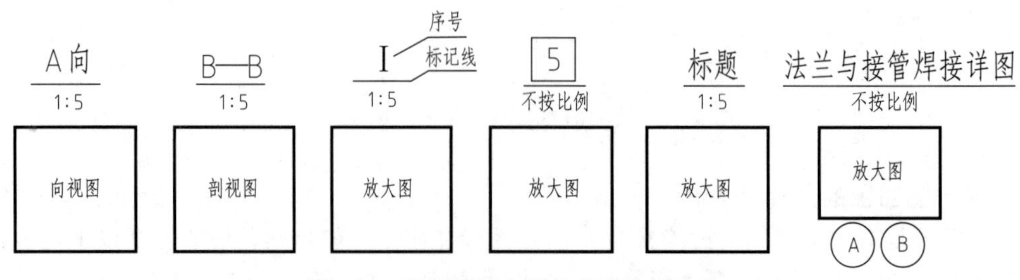

图 4-34　局部视图上方的关联注释内容

关联注释时，标记线上方的文字为 5 号，下方的比例或文字为 3.5 号，如图 4-35 所示。

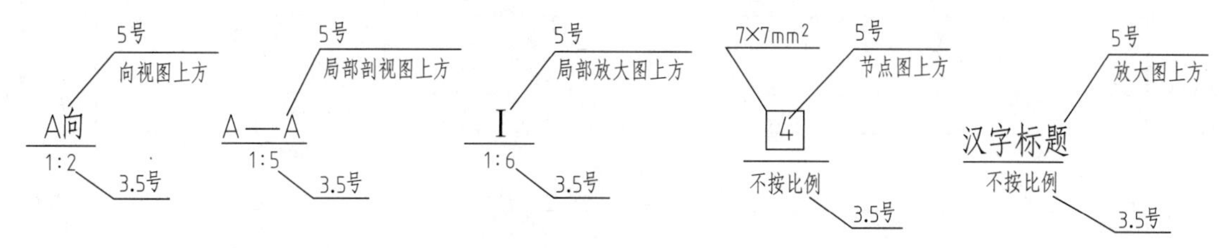

图 4-35 局部视图上方注释的格式要求

按照以上原则，液氨储罐的局部视图选择了两处直接放大图（Ⅰ、Ⅱ）和两个通用标题放大图，如图 4-36 所示。放大图Ⅰ因出现完整接管 C_1，应标注管口符号。

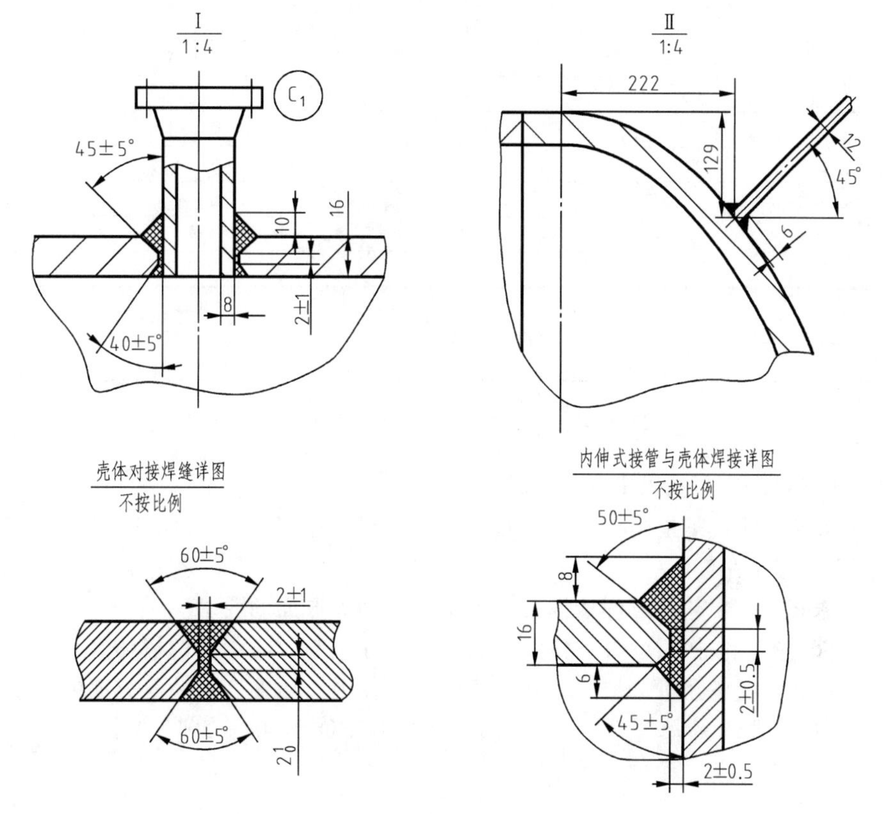

图 4-36 液氨储罐局部视图

（五）编写各种表格和注写技术要求

完成明细栏、管口表、技术特性表、技术要求和标题栏等内容，格式要求如下。

(1) 设计数据表

设计数据表格式和尺寸按标准 HG/T 20668，内容按需确定，如图 4-37 所示为带夹套和搅拌器设备常用的样式，在表内填写设备设计的工艺参数、尺寸、依据标准、检测要求等。该图中用引线标注了表内应使用的文字字号。

(2) 技术要求

技术要求是用文字说明的设备在制造、试验和验收时应遵循的标准、规范或规定，以及对材料、表面处理及涂饰、润滑、包装、运输等方面的特殊要求，用 5 号字注写在设计数据

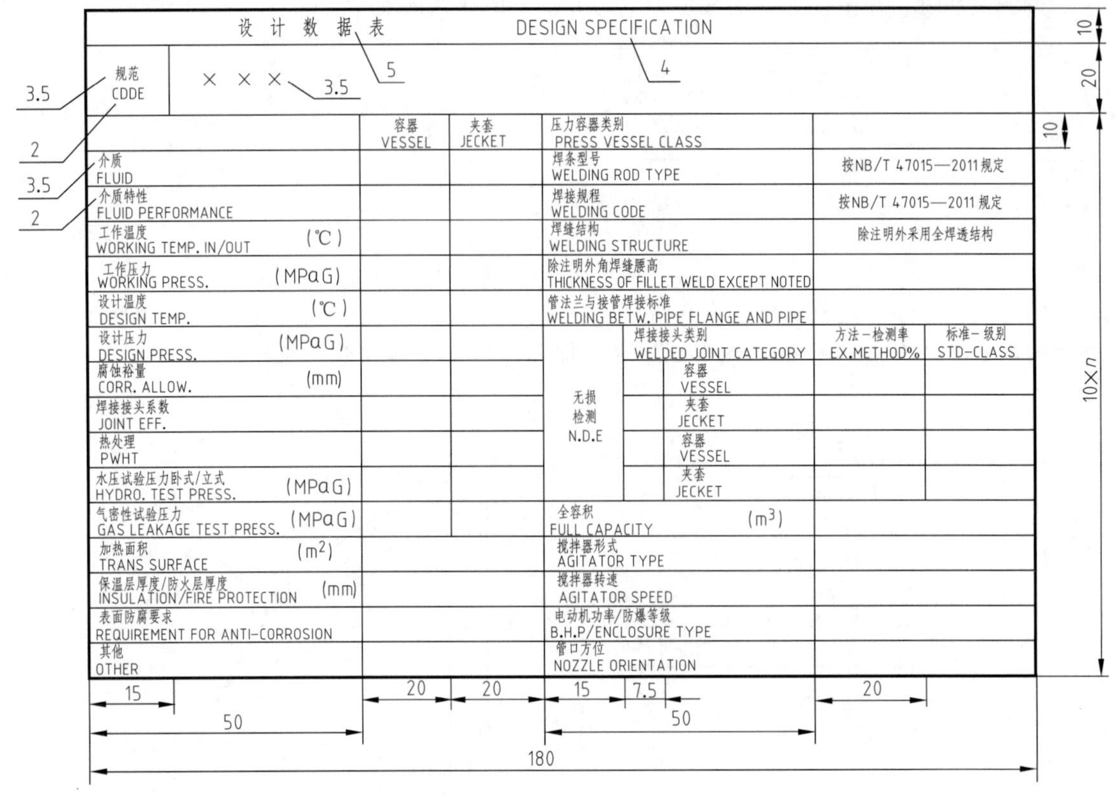

图 4-37 设计数据表示例（下方和右侧标注了该表的尺寸）

表的下方，其基本内容包括以下几方面。

① 通用技术条件：是指同类化工设备在制造、装配和检验等方面的共同技术规范，已经标准化，可直接引用。

② 焊接要求：主要包括对焊接方法、焊条、焊剂等方面的要求。

③ 设备的检验：包括对设备主体的水压和气密性试验、对焊缝的探伤等。

④ 其他要求：设备在机械加工、装配、防腐、保温、运输、安装等方面的要求。

不同设备技术要求的填写请参照指导性文件 TCED 41002—2012《化工设备图样技术要求》。

(3) 管口表

管口表的格式如图 4-38 所示，应该按照设计条件单的要求和现行国家标准填写内部数据。管口符号以英文字母 A、B、C…表示，并参照推荐表 4-6 表达特殊的管口。同一用途和规格的管口，以下标 1、2、3 表示数量，如 LG_{1-2}、LT_{1-3} 等。

表 4-6 管口符号的常用字母推荐表

管口名称或用途	管口符号	管口名称或用途	管口符号
手孔	H	压力变送器口	PT
液面计口(现场)	LG	在线分析口	QE
液位开关口	LS	安全阀接口	SV
液位变送器口	LT	温度计口(现场)	TE(TI)
人孔	M	裙座排气口	VS
压力计口	PI	裙座入口	W

注写管口表的文字要求："管口表"3个字用5号，表格内部汉字用3.5号，数字或字母用3号，如图4-38所示表格中的引线对字号的注释。

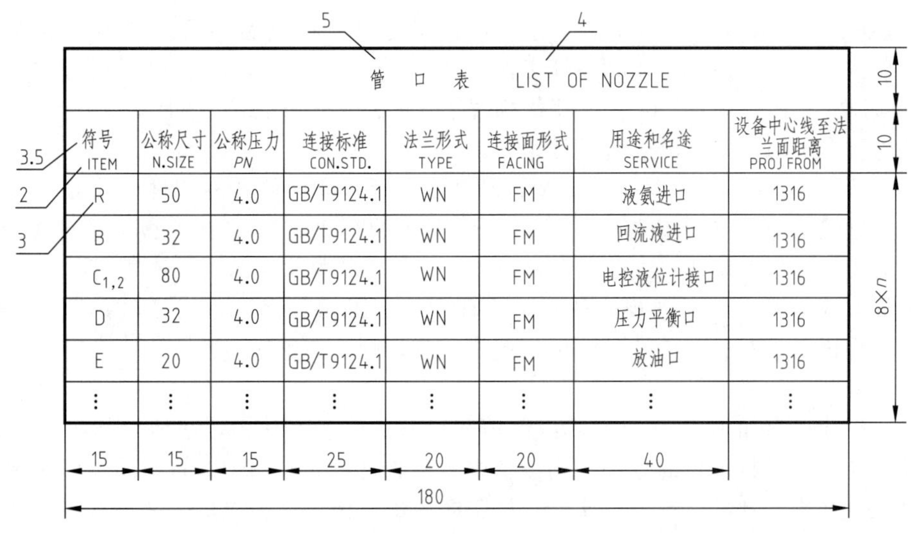

管　口　表　LIST OF NOZZLE							
符号 ITEM	公称尺寸 N.SIZE	公称压力 *PN*	连接标准 CON.STD.	法兰形式 TYPE	连接面形式 FACING	用途和名途 SERVICE	设备中心线至法兰面距离 PROJ FROM
R	50	4.0	GB/T9124.1	WN	FM	液氨进口	1316
B	32	4.0	GB/T9124.1	WN	FM	回流液进口	1316
$C_{1,2}$	80	4.0	GB/T9124.1	WN	FM	电控液位计接口	1316
D	32	4.0	GB/T9124.1	WN	FM	压力平衡口	1316
E	20	4.0	GB/T9124.1	WN	FM	放油口	1316
⋮	⋮	⋮	⋮	⋮	⋮	⋮	⋮

图4-38　管口表的尺寸规格（引线上为字号要求）

(4) 明细栏

在装配图中，各零部件必须标注件号并对应编入明细栏中。该栏一般放在主签署栏和盖章栏的上方，并与标题栏、主签署栏、盖章栏对齐。用于填写组成零件的序号、名称、材料、数量、标准件规格以及零件热处理要求等。相关规定请参照国家标准（GB/T 10609.2—2009）和HG/T 20668—2000。按照HG/T 20668—2000，明细栏有3种不同格式可供用户使用，图4-39是常见的一种明细栏表格尺寸和字号要求。

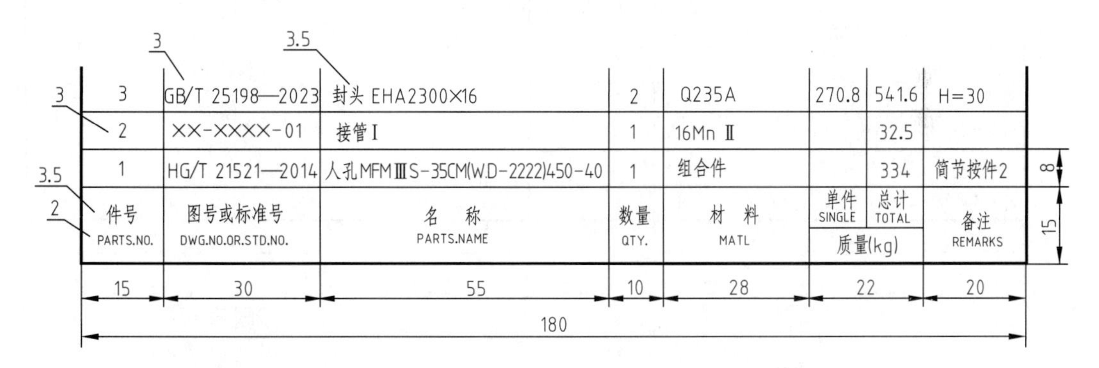

3	GB/T 25198—2023	封头 EHA2300×16	2	Q235A	270.8	541.6	H=30
2	XX-XXXX-01	接管Ⅰ	1	16Mn Ⅱ		32.5	
1	HG/T 21521—2014	人孔MFMⅢS-35CM(W.D-2222)450-40	1	组合件		334	筒节按件2
件号 PARTS.NO.	图号或标准号 DWG.NO.OR.STD.NO.	名　称 PARTS.NAME	数量 QTY.	材　料 MATL	单件 SINGLE	总计 TOTAL	备注 REMARKS
					质量(kg)		

图4-39　明细栏尺寸和字号要求

绘制明细栏时，应注意以下问题。

① 明细栏和标题栏的分界线是粗实线，明细栏的外框竖线是粗实线，横线和内部竖线均为细实线（包括最上一条横线）。

② 填写序号时应由下向上排列，这样便于补充编排序号时被遗漏的零件。当标题栏上方位置不够时，可在标题栏左方继续列表由下向上延续。

③ 标准件的国标代号应写入备注栏。备注栏还可用于填写该项的附加说明或其他有关的内容。

④ 图号或标准号栏。绘图的零部件，填写所在图纸的图号（不绘图的不填）；将标准零

部件的标准号填入，若材料和标准件不同时，此栏不填，在备注栏中填尺寸按“标准号”。

⑤ 名称栏。填写零部件或外购件的名称。零部件的名称应为尽可能简短的公认术语，如人孔、管板、筒体等。其中，标准零部件按标准规定的标注方法填写，如填料箱 $PN6$、$DN50$，封头 $DN1000\times10$，等等。对于不绘图的零件，在其名称后应列出规格或实际尺寸。如：以内径标注的筒体，用“筒体 $DN1500$　$\delta=10$　$H=2000$”，以外径标注的筒体，用“筒体 $\phi1520\times10$　$H=2000$”注写；接管 $\phi57\times2.5$　$L=160$；垫片 $\phi340/\phi130$　$\delta=3$ 等。外购件按有关部门规定的名称填写。

⑥ 数量栏和材料栏。在装配图、部件图中填写所属零部件及外购件的件数。其中大量的木材、标准胶合剂、填充物等以 m^3 计；大面积的衬里材料如石棉板、橡胶板等以 m^2 计，标准耐火砖可以以块或 m^2 计。在材料栏填写零件的材料名称时，有标准的应按标准注明材料的标号或名称，无标准规定的材料应注写材料的习惯名称，必要时，可在“技术要求”中作补充说明；对于部件和外购件，此栏不填，画一斜细实线。

(5) 质量和盖章栏

本栏的格式要求如图 4-40 所示，内部填写设备的质量。其中，净质量指设备所有零部件，金属和非金属材料质量的总和，当设备中有特殊材料如不锈钢、贵金属、催化剂、填料等应分别在“其中”列出；设备空质量为设备净质量、保温材料质量、防火材料质量、预焊件质量、梯子平台质量的总和；操作质量是设备空质量与操作介质质量之和；盛水质量为设备空质量与盛水质量之和；最大可拆件质量指的是如 U 形管管束或浮头换热器浮头管束质量等。在盖章栏中，按有关规定盖章，如压力容器设计资格印章。

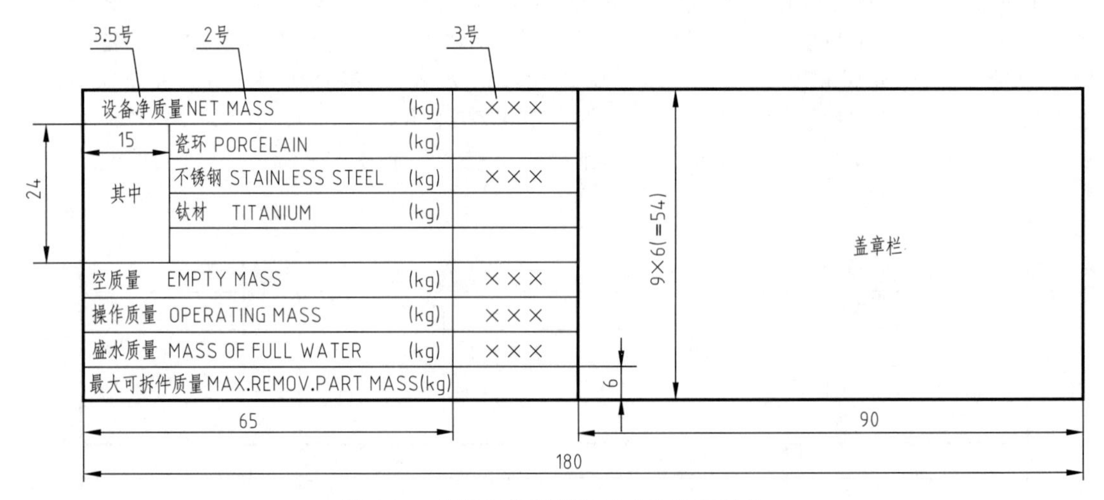

图 4-40　质量和盖章栏的尺寸和字号要求

(6) 签署栏

包括主签署栏、会签签署栏、制图签署栏，其中，主签署栏位于标题栏上方，格式如图 4-41 所示，汉字用 3.5 号，数字或字母为 3 号。版次用 0、1、2…表示，在说明栏中说明此版的用图或修改的内容。会签签署栏格式如图 4-42 所示，用于会议后的签字，文字高度均为 3 号，该表可放在标题栏左侧。制图签署栏为单一简表，需要时可以编写。

(7) 标题栏

标题栏格式如图 4-43 所示。表中的资质等级及证书编号是经住房和城乡建设部批准发给单位资格证书规定的等级和编号，无证书的不填；项目栏中填写本设备所在项目的名称；装置/工区栏，对设备设计而言一般不填；图名中一般分两行填写，第一行填设备名称规格

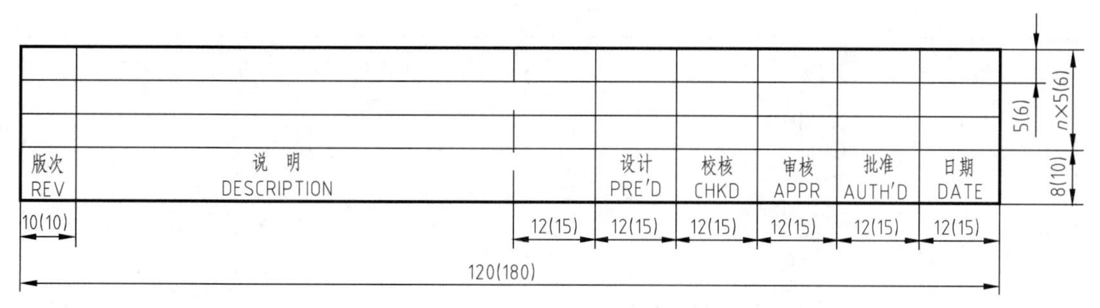

图 4-41 主签署栏的尺寸格式（带括号的为施工图尺寸要求）

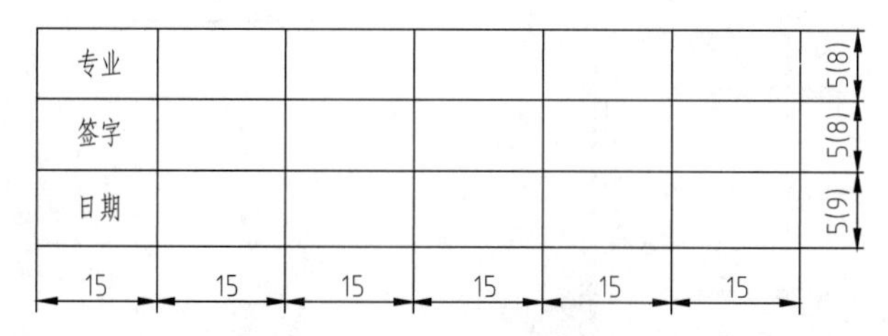

图 4-42 会签签署栏的尺寸格式（带括号的为施工图尺寸要求）

及图名（装配图、零件图等），第二行填设备位号。其中，设备名称由化工名称和设备结构特点组成，如二氧化碳吸收塔、酯化反应釜、聚乙烯反应釜等。图号一般由各单位自行确定，应包含设备分类号，参见图 1-7。

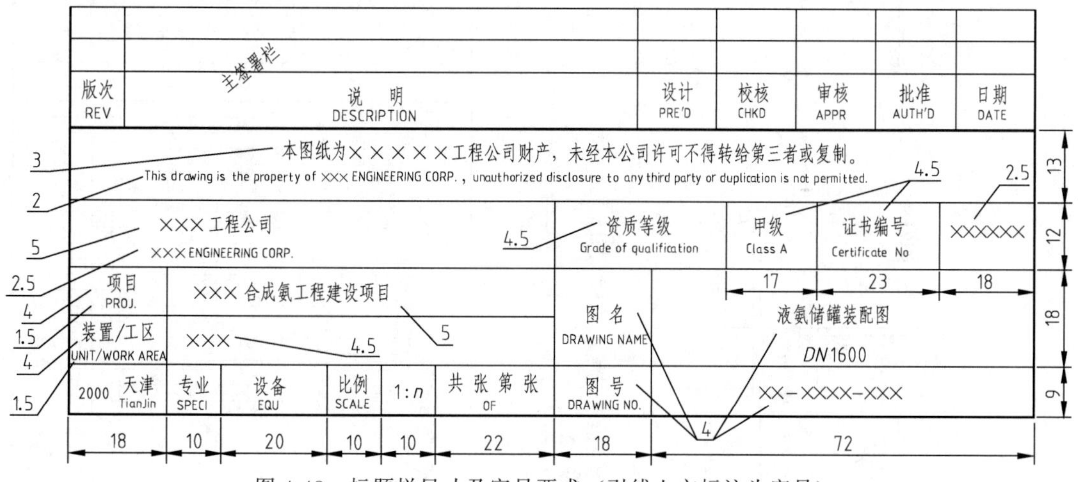

图 4-43 标题栏尺寸及字号要求（引线上方标注为字号）

（六）检查和出图

对于手工作图，底稿完成后，应对图样进行仔细全面检查，无误后再描深图线以完成图纸；对于计算机制图，检查无误后，在布局空间进行视图布置，输出或打印（方法见第一章）。

对于带有搅拌装置的化工设备，应该在图中表示出电机及内部主要部件的结构，其中，电机、联轴器、机座不需要剖视，可绘制简单外形；内部搅拌器轴、桨等一般不需要剖视，细微处结构可用局部视图表示。图 4-44 为常压搅拌釜，内部为折叶式搅拌桨，容器内壁设有挡板。

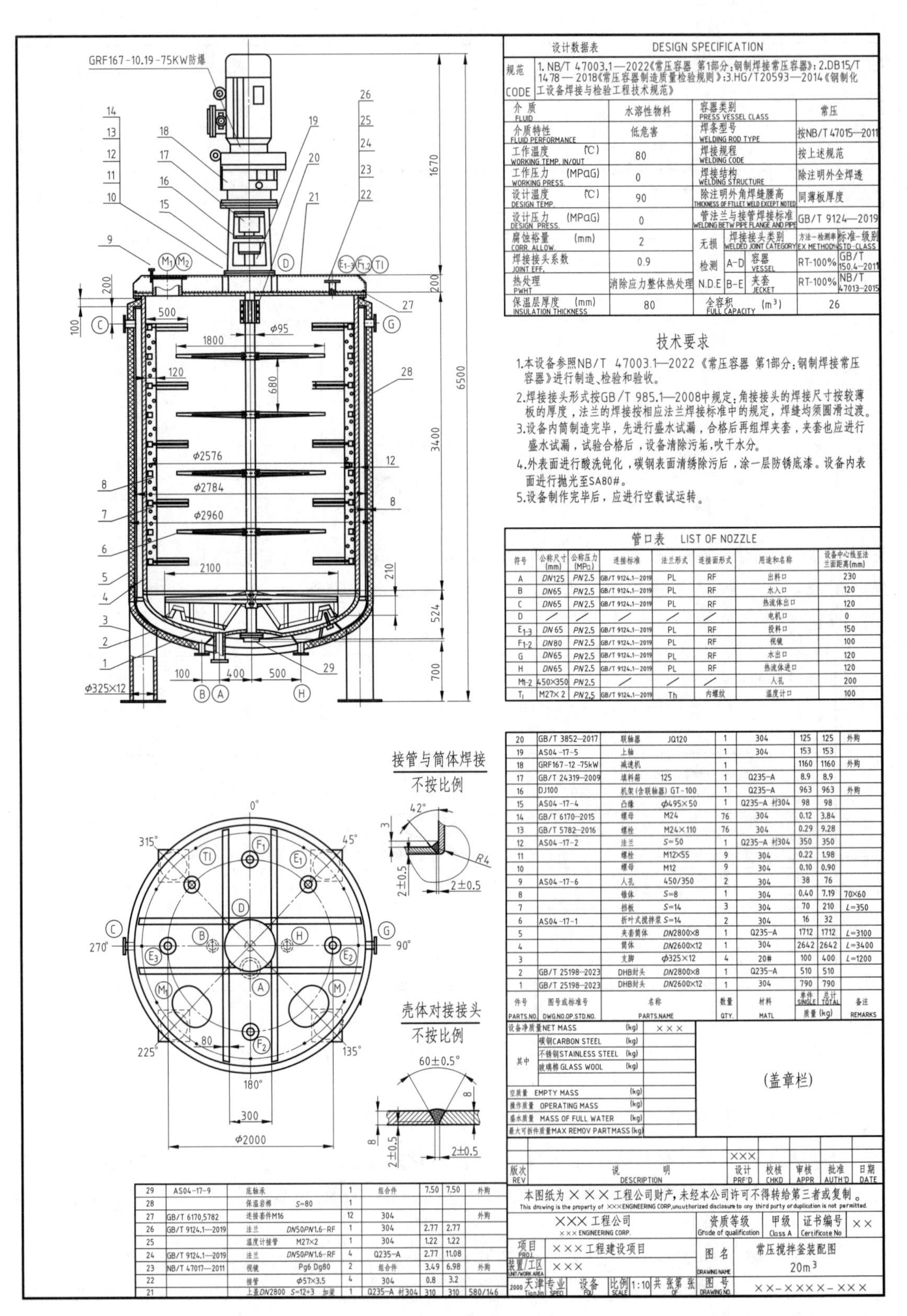

图 4-44 常压搅拌釜装配图

第三节　化工设备图的阅读

一、读化工设备图的基本要求

通过化工设备图的阅读，应达到以下基本要求。

① 了解设备的名称、用途、性能和主要技术特性。

② 了解各零部件的材料、结构形状、尺寸以及零部件间的装配关系。

③ 了解设备整体的结构特征和工作原理。

④ 了解设备上的管口数量和方位。

⑤ 了解设备在设计、制造、检验和安装等方面的技术要求。

阅读化工设备图的方法和步骤与阅读机械装配图基本相同，但应注意化工设备图独特的内容和图示特点。

二、读化工设备图的一般方法和步骤

阅读化工设备图，一般可按下列方法步骤进行。

（一）概括了解

首先看标题栏，了解设备名称、规格、绘图比例等内容；看明细栏，了解零部件的数量及主要零部件的选型和规格等；粗看视图并概括了解设备的管口表、技术特性表及技术要求中的基本内容。

（二）详细分析

(1) 视图分析

了解设备图上共有多少个视图？哪些是基本视图？各视图采用了哪些表达方法？并分析各视图之间的关系和作用，等等。

(2) 零部件分析

以主视图为中心，结合其他视图，将某一零部件从视图中分离出来，并通过序号和明细栏联系起来进行分析。零部件分析的内容包括：①结构分析，搞清该零部件的形式和结构特征，想象出其形状；②尺寸分析，包括规格尺寸、定位尺寸及注出的定形尺寸和各种代（符）号；③功能分析，搞清它在设备中所起的作用；④装配关系分析，即它在设备上的位置及与主体或其他零部件的连接装配关系。

对标准化零部件，还可根据其标准号和规格查阅相应的标准进行进一步的分析。

分析接管时，应根据管口符号把主视图和其他视图结合起来，分别找出其轴向和径向位置，并从管口表中了解其用途。管口分析实际上是设备的工作原理分析的主要方面。

化工设备的零部件一般较多，一定要分清主次，对于主要的、较复杂的零部件及其装配关系要重点分析。此外，零部件分析最好按一定的顺序有条不紊地进行，一般按先大后小、先主后次、先易后难的步骤，也可按序号顺序逐一地进行分析。

(3) 工作原理分析

结合管口表，分析每一管口的用途及其在设备的轴向和径向位置，从而搞清各种物料在设备内的进出流向，这即是化工设备的主要工作原理。

(4) 技术特性分析和技术要求

通过技术特性表和技术要求，明确该设备的性能、主要技术指标和在制造、检验、安装等过程中的技术要求。

(三) 归纳总结

在零部件分析的基础上，将各零部件的形状以及在设备中的位置和装配关系，加以综合，并分析设备的整体结构特征，从而想象出设备的整体形象。还需对设备的用途、技术特性、主要零部件的作用、各种物料的进出流向及设备的工作原理和工作过程等进行归纳和总结，最后对该设备获得一个全面的、清晰的认识。

三、读图实例

下面以图 4-45 反应器（原制图规范）为例，说明化工设备图的读图方法和步骤。

(一) 概括了解

图 4-45 中的设备名称是搪玻璃反应釜，其用途是完成物料间的反应，规格是 *DN* 900，绘图比例 1∶10。

该设备用了 1 个主视图、1 个俯视图、4 个局部视图，局部视图未按比例绘制。

(二) 详细分析

(1) 视图分析

主视图采用全剖视表达反应器的主要结构、各个管口和零部件在轴线方向上的位置及装配情况；主视图上可以见到各个管节，采用的是旋转剖视的画法。俯视图标注了各个管口的方向。

局部放大图Ⅰ表达的是搅拌主轴连接情况，Ⅱ表达搅拌器机架在封头上的连接情况。分别对封头法兰与筒身连接处和夹套上的出气管进行了局部表达，未按比例绘制。

(2) 零部件分析

该设备筒体和夹套间是焊接结构，筒体、封头与容器法兰的连接都采用了焊接，具体结构可以从局部放大图查看。搅拌器的形式是锚式，上面连有电机和减速器。管口 a 的法兰连接面形式是平面采用的标准为 GB/T 9124.1—2019。设备的管口较多，具体位置要结合主视图和俯视图。

(3) 工作原理分析（管口分析）

从管口表可知设备工作时，加热或冷却介质从接管 L_1 或 L_2 进出，完成对釜内物料温度的控制。釜内物料在搅拌作用下反应，反应液可以从底部或顶部走出反应器。

(4) 技术特性分析和技术要求

从图中可知该设备按《固定式压力容器安全技术监察规程》等进行制造、试验和验收，并对焊接方法、焊接形式、质量检验提了要求。

(三) 归纳总结

由前面的分析可知，该反应器的主体结构由圆柱形筒体和椭圆形封头通过法兰连接构成，带有电动搅拌器和夹套，能够实现含有液相物料的反应。

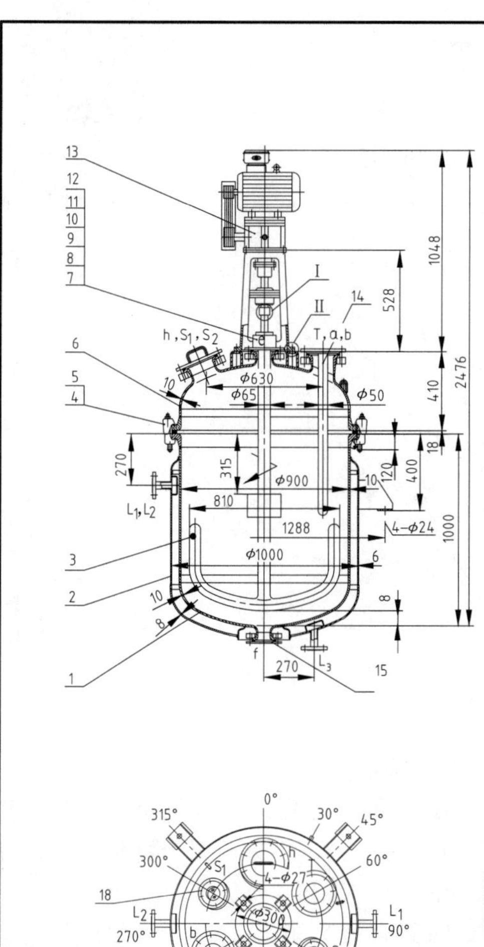

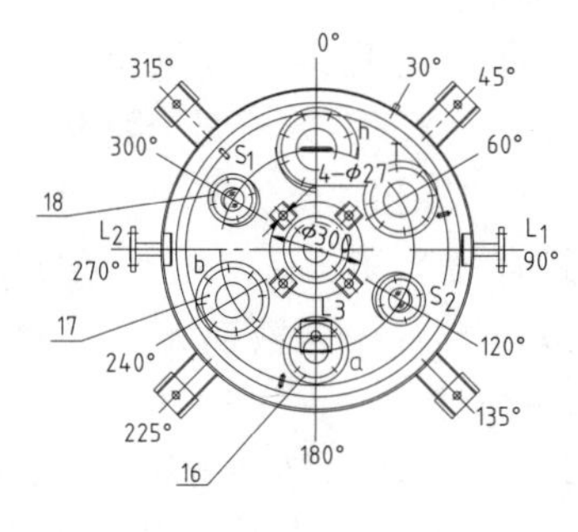

I
未按比例
19
20
M48×3-左
M33

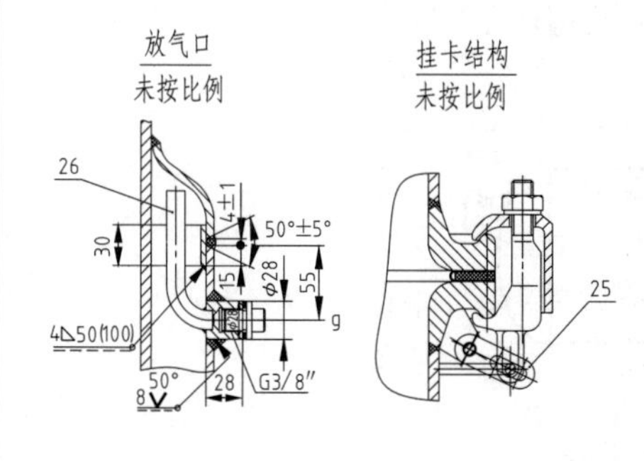

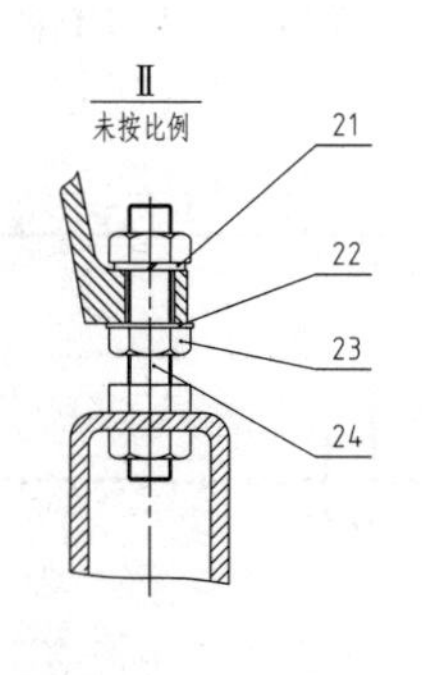

技术特性表

项目	容器内	夹套内
工作压力　(MPa)	1.2	0.4
工作温度　(℃)	0～120	-19～180
设计压力　(MPa)	0.3	0.60
设计温度　(℃)	150	150
物料名称	二氯甲烷、丙酮、甲醇	-19℃冷媒；80℃热媒
腐蚀裕量　(mm)	1.5	1.0
装料系数	0.85	
全容积　(m^3)	0.588	
夹套换热面积　(m^2)	2.6	
主要材质	20G	
容器类别	二	
搅拌器型式及转速	锚式 60r/min	
温度计套形式	不带测温头温度计套	
电动机型号及功率	YB100L1-4-2.2kW EX-dⅡBT4	
传动装置型号	ZLZB-2-2.2-60-TB2	

技术要求

1. 本设备按《固定式压力容器安全技术监察规程》进行制造和验收。
2. 焊接采用电弧焊，焊条型号：E4303。
3. 所有对接焊缝处应进行无损探伤。

管口表

符号	公称尺寸(mm)	联接尺寸、标准	联接面形式	用途或名称
a	100	PN0.6DN100 GB/T 9124.1	平面	备用口
b	125	PN0.6DN125 GB/T 9124.1	平面	备用口
e	100	PN0.6DN100 GB/T 9124.1	平面	搅拌孔
f	80	PN0.6DN80 GB/T 9124.1	平面	放料口
g		G3/8″	管螺纹	放气口
h	200	PN1.0DN200 HG/T 21529		手孔
L_1, L_2	32	PN1.0DN32 GB/T 9124.1	突面	蒸汽入口
L_3	32	PN1.0DN32 GB/T 9124.1	突面	凝水出口
S_1, S_2	80	PN1.0DN80 NB/T 47017		视镜
T	125	PN0.6DN125 GB/T 9124.1	平面	温度套口

件号	图号或标准号	名称	数量	材料	单质量(kg)	总质量(kg)	备注
26	搪通04-09	放气口 G3/8″	1	组合件		0.26	
25	搪通04-15	A型卡子挂件	1	组合件		2.34	
24	搪通04-05	机座螺栓 M24	4	Q235-A	0.55	2.2	
23	GB/T 43079.1	螺母 M24	8	4级	0.09	0.72	
22	GB/T 43079.1	垫圈 24	4	140HV	0.03	0.12	
21	GB/T 43079.1	垫圈 24	4	65Mn	0.01	0.04	
20	搪通04-02	防松螺母 M48X3-左	1	Q235-A		0.6	
19	搪通04-04	ϕ33	1	Q235-A		0.18	
18	HG/T 2144	视镜 PN0.6 DN65	2	组合件	5.0	10.0	
17	搪通04-17	木法兰盖 PN0.6 DN125	1	组合件		8.4	
16	搪通04-17	木法兰盖 PN0.6 DN100	1	组合件		5.4	
15	搪通04-17	木法兰盖 PN0.6 DN80	1	组合件		4.8	
14	HG/T 2058	温度计套AI0.6X50-850	1	组合件		20	
13		传动装置 ZLZB-2-2.2-60-TB2	1	组合件		155	淄博华星
12	GB/T 43079.1	垫圈 16	4	140HV	0.01	0.04	
11	GB/T 43079.1	螺母 M16	4	4级	0.03	0.12	
10	GB/T 43079.1	螺栓 M16X100	4	4.6级	0.18	0.72	
9	GB/T 9124.1	活套法兰 PN0.6 DN100AI	1	组合件		4.45	
8	GB/T 43079.1	垫片 BⅡPN0.25DN100	1	组合件		/	
7	HG/T2057	机械密封 212型-DN65	1	组合件		17	
6	KJT-10-3	罐盖 PN0.6 DN900	1	组合件		278	
5	GB/T 43079.1	垫片 AⅡPN0.6 DN900	1	组合件		/	
4	HG/T2054	卡子 AM16	40	组合件	1.1	44	
3	HG/T2051	锚式搅拌器 MⅢ65-1618	1	组合件		26.1	
2	KJT-10-2	夹套 DN1000X6	1	组合件		217	
1	KJT-10-1	罐身 PN0.6 DN900	1	组合件		294	

中国×××工业工程有限责任公司			××制药有限公司	
制　图		搪玻璃反应釜500L PN0.6 DN900	设计项目	
设　计			设计阶段	施工图
校　核			图号	
审　核				
		比例 1:10	第　张	共　张

图 4-45　搪玻璃反应釜装配图

习 题 四

1. 图 4-46 为焊缝表示符号，请说明各图表达的焊缝内容。

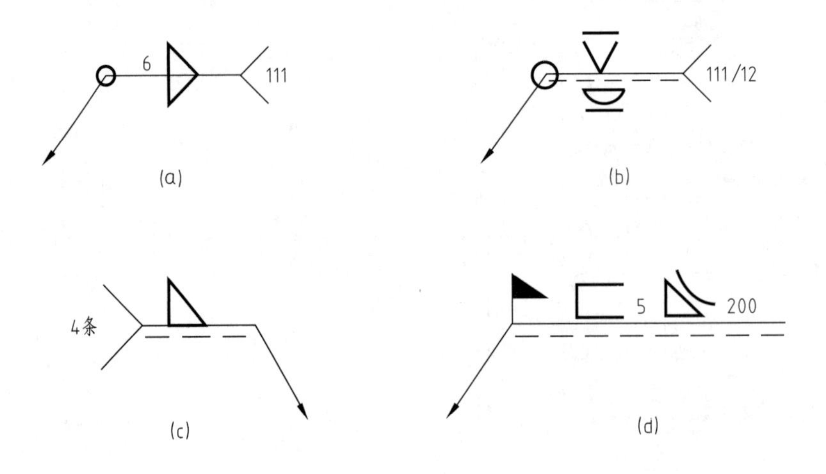

图 4-46 习题 1 图

2. 创新性题目：按图 4-47 所示的储罐示意图绘制其装配图。

尺寸说明：①储罐筒体内径为个人学号后三位（或后四位，或其他关联方式，由教师指定），壁厚自拟（10～30mm），筒身长度为内径的 2～3 倍；②封头为椭圆形封头，封头高度为内径的 1/4 取整数，其中直边高度自拟（10～40mm）；③上方接管两个（对焊法兰），位于储罐顶部，间距自拟（不可与他人相同），接管圆筒直径为 40～120mm，伸出长度为 80～200mm；④支座为鞍式，位于设备底部，尺寸自拟；⑤右端为液面计，接管尺寸为 ϕ25mm×5mm，合理设计其位置，并采用简化画法表示液面计。

出图要求：①在 A2 图幅按比例进行布局；②采用 2 个基本视图（可用向视图代替其中之一）和至少 1 个局部视图，局部视图的内容不限；③编写表格样式和技术要求（可简写），在明细栏中至少完成 2 个零部件的注释；④以 PDF 格式打印上交。

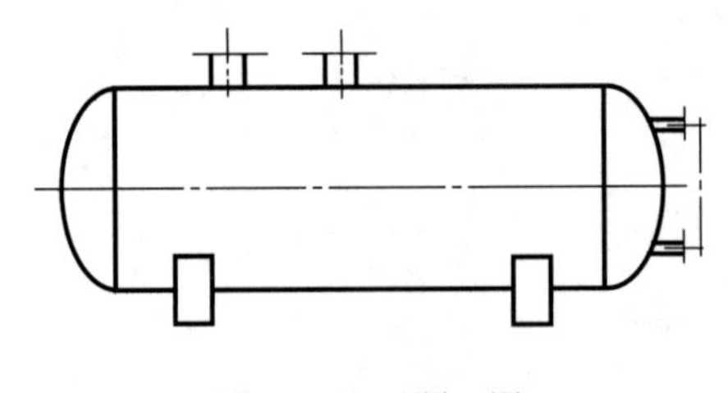

图 4-47 习题 2 图

3. 图 4-48 为换热器装配图的一部分，请说明封头与壳体的连接方式。所示区域内共有几处局部放大标记？其中焊缝放大标记有几个？设备的内径和壁厚分别是多少？A、B 管口之间的距离是多少？设备采用了哪种支座？

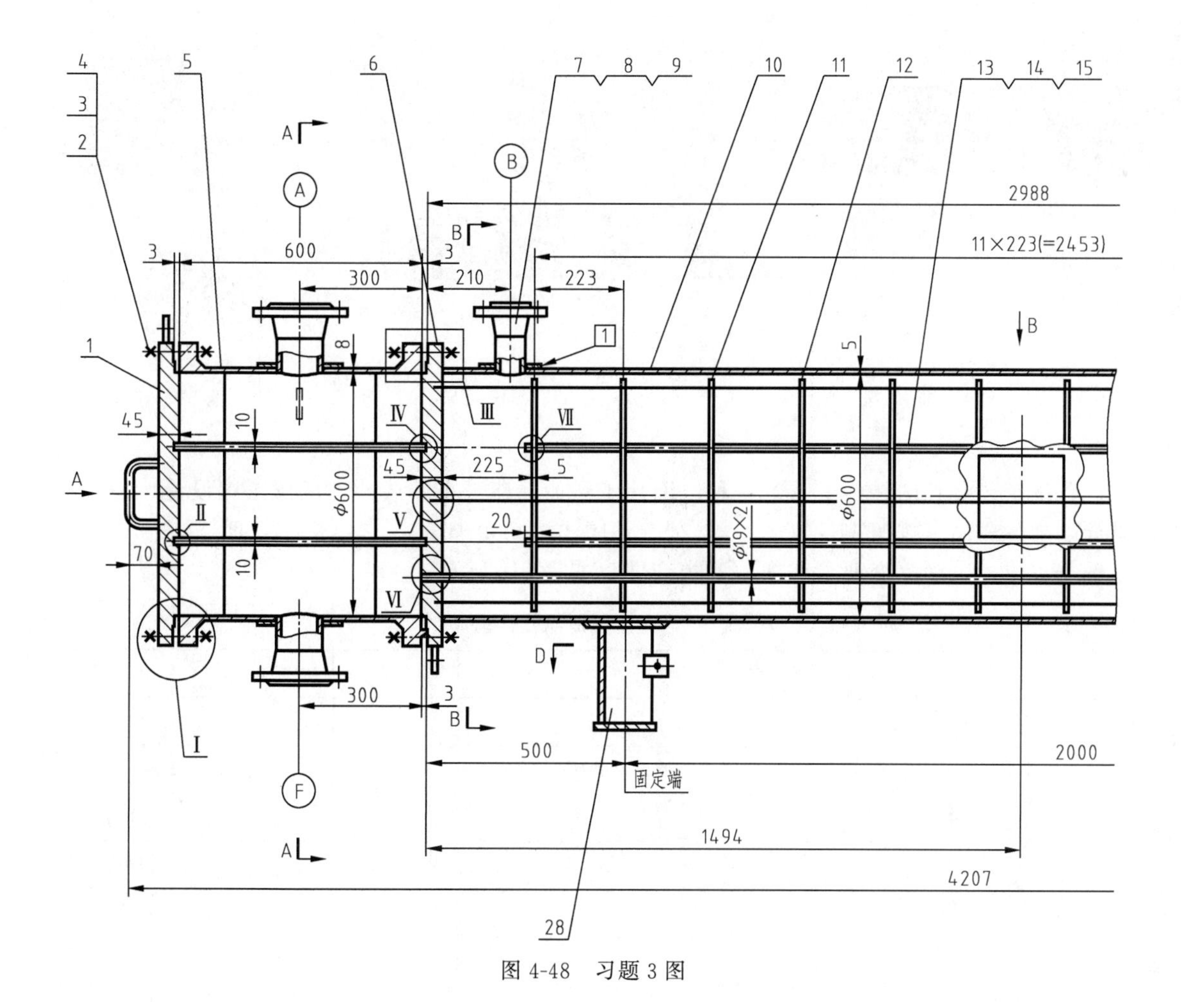

4
3
2
5
6
7 8 9
10
11
12
13 14 15
A
B
A
B
2988
11×223(=2453)
3
600
3
300
210
223
8
1
B
5
1
45
10
IV
III
VII
45
225
5
A
φ600
φ600
II
V
20
φ19×2
70
10
VI
D
300
3
B
I
500
2000
固定端
F
A
1494
4207
28

图 4-48 习题 3 图

第五章

化工工艺流程图

化工工艺流程图是施工图的一种，而化工行业新建、扩建或改建的施工图设计，是工艺设计的最终成品。按照 HG/T 20519.2～20519.6—2009 规定，它由文字说明、表格和图纸三部分组成，分为提交业主和内部两类文件，如表 5-1 所示。

表 5-1　施工图成品文件组成

序号	名称	提交业主	内部文件	备注
1	图纸目录	√		总则
2	设计说明(包括工艺、布置、管道、绝热及防腐设计说明)	√		总则
3	工艺及系统设计规定		√	工艺系统
4	首页图	√		工艺系统
5	管道及仪表流程图	√		工艺系统
6	管道特性表	√		工艺系统
7	设备一览表	√		工艺系统
8	特殊阀门和管道附件数据表	√		工艺系统
9	设备布置设计规定		√	设备布置
10	分区索引图	√		设备布置
11	设备布置图	√		设备布置
12	设备安装材料一览表	√		设备布置
13	管道布置设计规定		√	管道布置
14	管道布置图	√		管道布置
15	软管站布置图	√		管道布置
16	伴热站布置图和伴热表	√		管道布置
17	伴热系统图	√		管道布置
18	管道轴测图索引及管道轴测图	√		管道布置
19	管段材料表索引及管段材料表	√		管道布置
20	管架表	√		管道布置
21	设备管口方位图	√		管道布置

续表

序号	名称	提交业主	内部文件	备注
22	管道机械设计规定		√	管机
23	管道应力计算报告		√	管机
24	管架图索引及特殊管架图	√		管机
25	波纹膨胀节数据表	√		管机
26	弹簧汇总表	√		管机
27	管道材料控制设计规定		√	管材
28	管道材料等级索引表及等级表①		√	管材
29	阀门技术条件表	√		管材
30	绝热工程规定		√	
31	防腐工程规定		√	
32	特殊管件图	√		管材
33	隔热材料表	√		管材
34	防腐材料表	√		管材
35	综合材料表	√		管材

① 管道材料等级索引表提交业主。

表5-1中的第5项为管道仪表流程图，是化工工艺流程图的一种，为工艺流程设计的最终图样。化工工艺流程图用来表达整个工厂或车间生产流程，它以图解的方式体现原料变成化工产品的全部过程，其设计和绘制过程往往是随着化工工艺设计的展开而逐步进行的。当生产方法和生产规模确定后，可以先设计并绘制工艺流程示意图，并依此进行物料衡算、能量衡算以及设备选型计算，然后可以进行生产工艺流程草图的设计及绘制，待设备选型设计全部完成后，再修改和补充工艺流程草图，由流程草图和设备设计进行车间布置，根据车间布置图再来修改工艺流程草图，最后得出工艺流程图。

表中的第6、7、8项与管道仪表流程图相对应，其中：设备一览表包括装置（或主项）内所有工艺设备（机器）和与工艺有关的辅助设备（机器），一般把设备（机器）分为定型和非定型两大类，编制一览表时可按此两类分别填写，非定型设备在先。非定型设备包括：塔类、换热器、储罐和容器、反应器、工业炉和其他设备，需要注写外形尺寸、规格、主要内件的规格型号和尺寸等。定型设备包括泵、压缩机、风机、其他（如驱动机、组合机器和成套机器），主要填写技术规格。管道特性表包含管道截面尺寸、介质、工作参数、设计参数、管道等级、压力管道类别级别（按《特种设备生产和充装单位许可规则》TSG 07—2019填写）、绝热及防腐等。特殊阀门和管道附件数据表需要按特殊阀门、特殊管道附件的不同类型，分别填写图号、名称、编号、数量、安装位置、使用条件、技术规格、型号、材料、备注等多项内容。

以上这些图纸，统称为工艺类图纸，是工艺设计的具体体现，直接关系到生产技术的先进性水平，关系到产品质量、生产成本、经济效益、节能减排、安全生产等各个方面。在世界加快变革的今天，能源和环境问题凸显，机遇与挑战并存，只有不断优化和创新工艺技术，采用更加先进的生产路线，才能推动我国化工行业加快变革，实现高水平、高质量发展。

第一节　化工工艺制图一般规定

化工工艺制图主要用于描述化工过程中的工艺流程、设备布置、管道布置。为了保证可读性和规范性，工艺制图应符合行业标准 HG/T 20519 的要求。

1. 图线

① 所有图线都要清晰、均匀，宽度应符合要求，平行线间距至少要大于 1.5mm，以保证复制件上的图线不会分不清或重叠。

② 图线宽度分粗线、中粗线、细线三种，规格见表 5-2。

③ 图线用法的一般规定见表 5-2。

表 5-2　图线用法及宽度

<table>
<tr><th colspan="2" rowspan="2">类别</th><th colspan="3">图线宽度/mm</th><th rowspan="2">备注</th></tr>
<tr><th>0.6～0.9</th><th>0.3～0.5</th><th>0.15～0.25</th></tr>
<tr><td colspan="2">工艺管道及仪表流程图</td><td>主物料管道</td><td>其他物料管道</td><td>其他</td><td>设备、机器轮廓线 0.25mm</td></tr>
<tr><td colspan="2">辅助管道及仪表流程图、公用系统管道及仪表流程图</td><td>辅助管道总管、公用系统管道总管</td><td>支管</td><td>其他</td><td></td></tr>
<tr><td colspan="2">设备布置图</td><td>设备轮廓</td><td>设备支架、设备基础</td><td>其他</td><td>动设备（机泵等）如只绘出设备基础，图线宽度用 0.6～0.9mm</td></tr>
<tr><td colspan="2">设备管口方位图</td><td>管口</td><td>设备轮廓、设备支架、设备基础</td><td>其他</td><td></td></tr>
<tr><td rowspan="2">管道布置图</td><td>单线（实线或虚线）</td><td>管道</td><td></td><td rowspan="2">法兰、阀门及其他</td><td rowspan="2"></td></tr>
<tr><td>双线（实线或虚线）</td><td></td><td>管道</td></tr>
<tr><td colspan="2">管道轴测图</td><td>管道</td><td>法兰、阀门、承插焊螺纹连接的管件的表示线</td><td>其他</td><td></td></tr>
<tr><td colspan="2">设备支架图和管道支架图</td><td>设备支架及管架</td><td>虚线部分</td><td>其他</td><td></td></tr>
<tr><td colspan="2">特殊管件图</td><td>管件</td><td>虚线部分</td><td>其他</td><td></td></tr>
</table>

注：凡界区线、区域分界线、图形接续分界线的图线采用双点画线，宽度均用 0.5mm。

2. 文字

① 汉字宜采用长仿宋体或者正楷体（签名除外），并要以国家正式公布的简化字为标准，不得任意简化、杜撰。

② 字体高度参照表 5-3 选用。

表 5-3　字体高度

书写内容	推荐字高/mm	书写内容	推荐字高/mm
图表中的图名及视图符号	5～7	图名	7
工程名称	5	表格中的文字	5
图纸中的文字说明及轴线号	5	表格中的文字(格高小于 6mm 时)	3
图纸中的数字及字母	2～3		

3. 首页图

在工艺设计施工图中，将设计中所采用的部分规定以图表形式绘制成首页图，以便更好地了解和使用各设计文件。图幅大小可根据内容而定，一般为 A1，特殊情况可采用 A0 图幅。

首页图包括如下内容：

① 管道及仪表流程图中所采用的管道、阀门及管件符号标记、设备位号、物料代号和管道标注方法等。具体见有关设计规定。

② 自控（仪表）专业在工艺过程中所采取的检测和控制系统的图例、符号、代号等。其他有关需说明的事项。

第二节　工艺流程图的分类与示例

工艺流程图是用于表达生产过程中物料的流动次序和生产操作顺序的图样。由于不同的使用要求，属于工艺流程图性质的图样有许多种，其中较规范的工艺流程图一般有以下三种。

一、方案流程图

方案流程图表达一个工艺方案，可以表示总生产线，也可以只绘制一个主项的工艺过程，如图 5-1 所示，图中有设备的种类和相对位置、管线连接方式和物料流向，以及用文字注明的设备名称/编号、物料名称及去向等。该流程图处于方案讨论和制定阶段，不编入设计文件。

二、物料流程图

物料流程图（PFD）是在方案草图基础上完成物料衡算和热量衡算后，以图形与表格相结合的形式反映设计计算结果的图样，见图 5-2。该图样既可用作提供审查的资料，又可作为进一步设计的依据。

三、带控制点工艺流程图

带控制点工艺流程图（PID）也称管道及仪表流程图或施工工艺流程图，它是以物料流程图为依据的内容较为详细的一种工艺流程图，如图 5-3 所示，包含了设备及其符号标注、管道及其符号标注、阀门和仪表控制点符号及其标注，图中不再使用汉字进行说明。

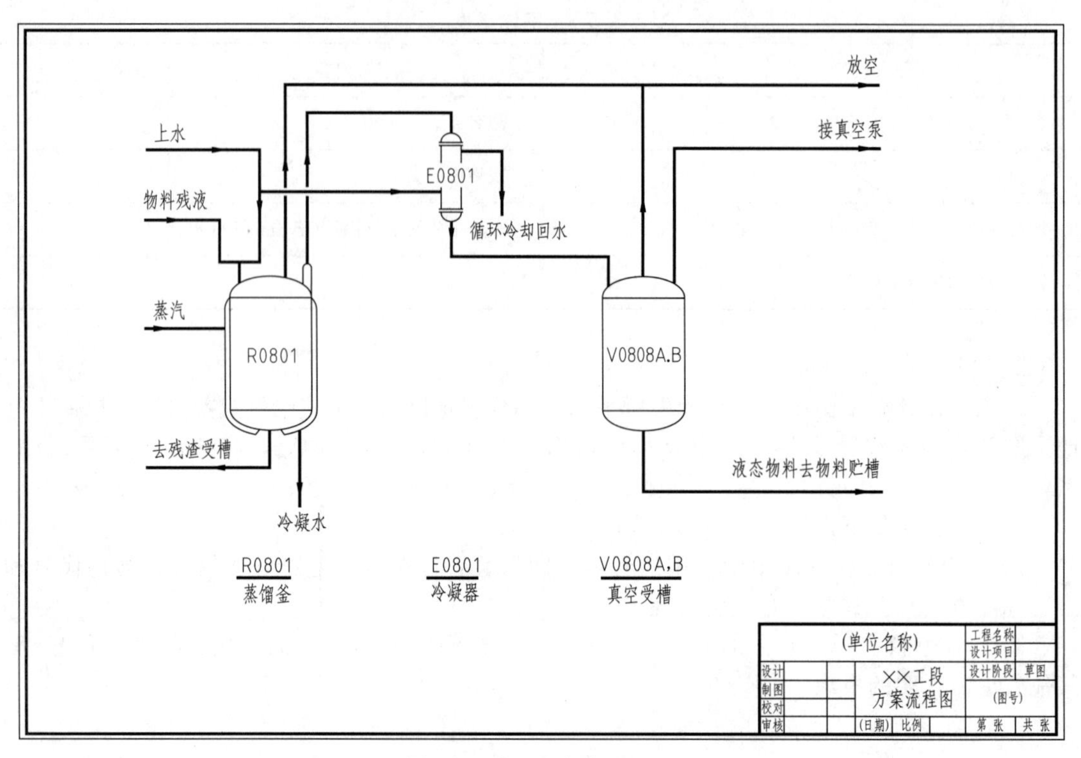

图 5-1　某工段方案流程图

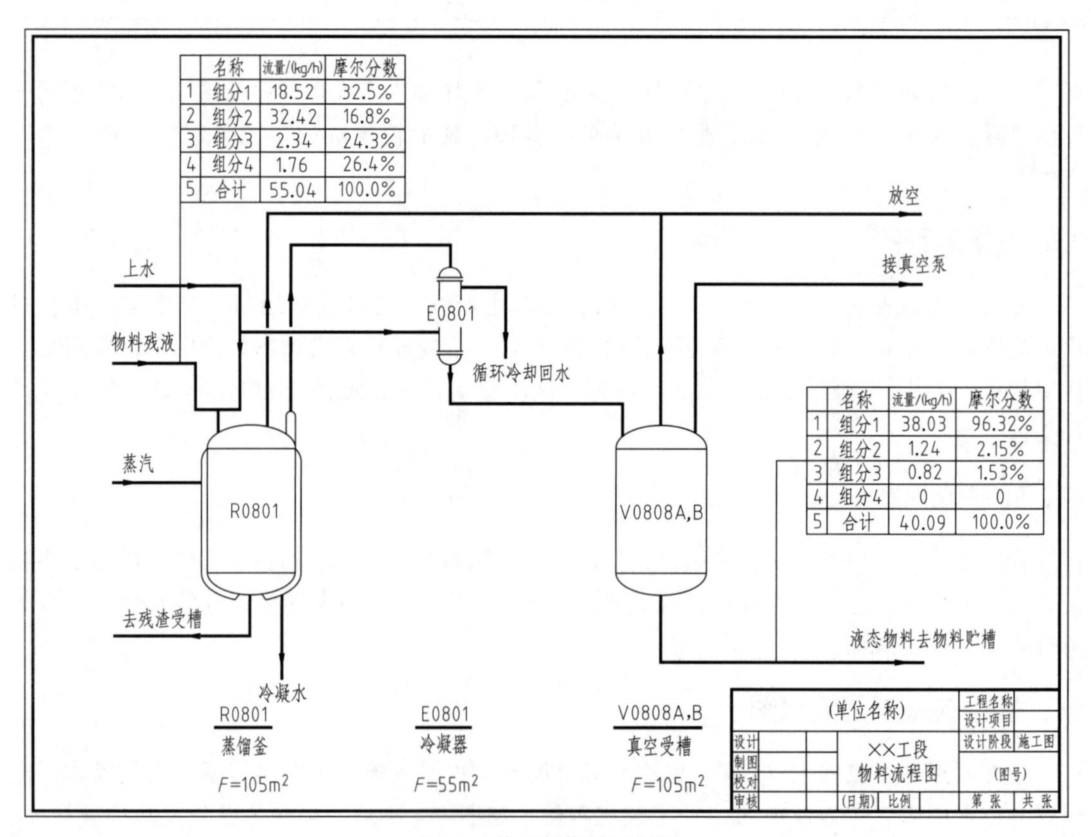

	名称	流量/(kg/h)	摩尔分数
1	组分1	18.52	32.5%
2	组分2	32.42	16.8%
3	组分3	2.34	24.3%
4	组分4	1.76	26.4%
5	合计	55.04	100.0%

	名称	流量/(kg/h)	摩尔分数
1	组分1	38.03	96.32%
2	组分2	1.24	2.15%
3	组分3	0.82	1.53%
4	组分4	0	0
5	合计	40.09	100.0%

图 5-2　某工段物料流程图

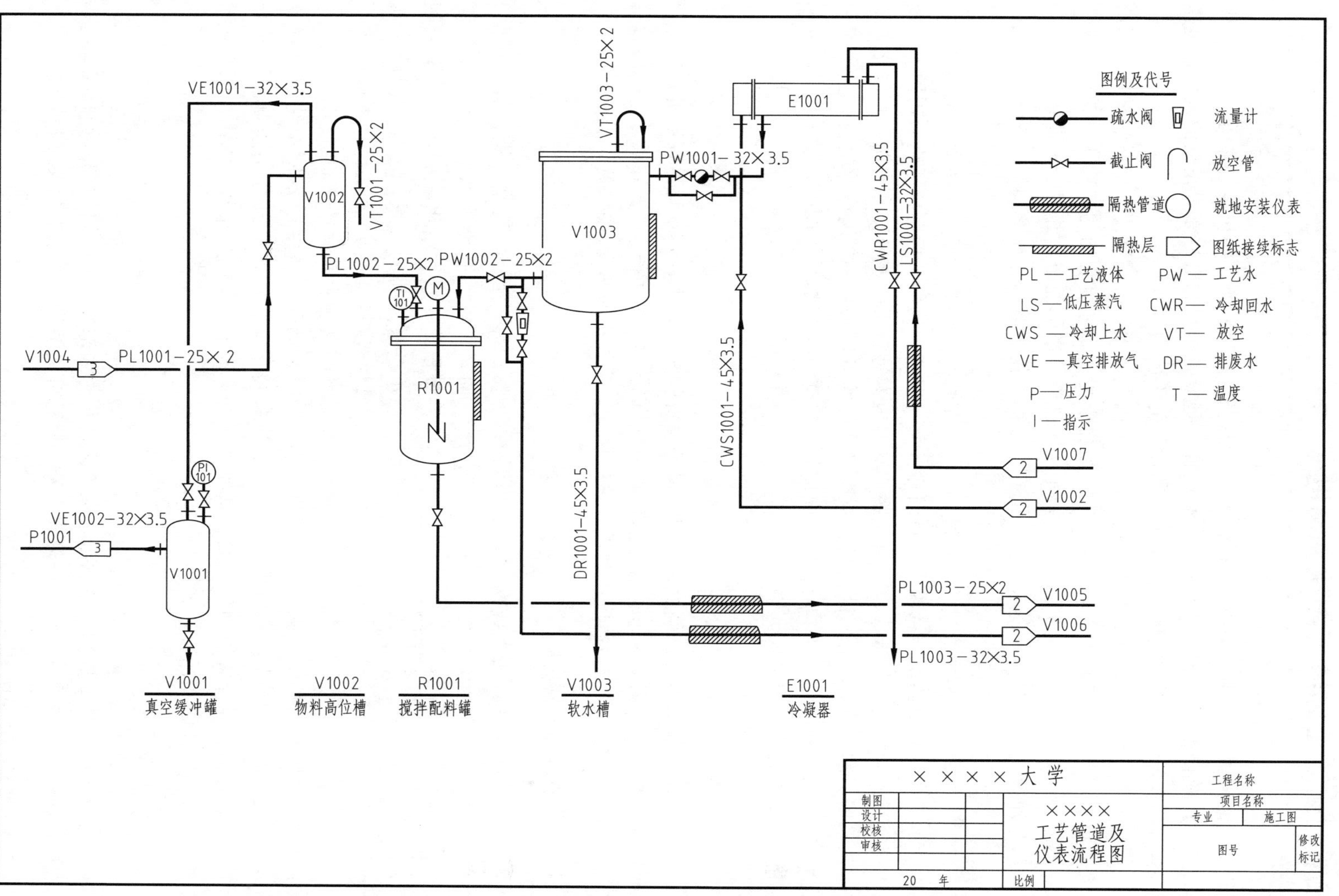

图 5-3 某带控制点工艺流程图

第三节 化工工艺流程图绘制标准

化工工艺流程图是用图示的方法把化工生产的工艺流程和所需的设备、管道、阀门、管件、管道附件及仪表控制点表示出来的一种图样，是设备布置和管道布置设计的依据，也是施工、操作、运行及检修的指南，是化工工艺设计的主要内容。

绘制化工工艺流程图是化工制图的内容之一，因此，国家机械制图系列标准对化工制图的约束，在绘制化工工艺流程图时同样有效。但由于化工工艺流程图的特殊性，现已形成一套行业标准 HG/T 20519—2009，对图样幅面、标题栏等作了说明，并规定了设备图形、线型、阀门管件图线、图例等的表达方式，设备、管线、仪表等的标注形式等。

一、图样幅面

在化工工艺流程图的绘制过程中，对图样幅面、字体、比例、标题栏等仍采用国家《技术制图图纸幅面和格式》标准，只是对某些特殊的地方进行了一些补充和说明，一般化工工艺流程图采用标准中 A1 规格，横幅绘制。流程简单的可以采用 A2 规格的幅面；生产流程过长的，在绘制流程图时可以采用标准幅面加长的格式。每次加长为图样宽度的 1/4，也可以采用分段分张的流程图格式。

二、比例

管道及仪表流程图不按比例绘制，但应保持设备的相对大小，并示意出各设备相对位置的高低。保持相对比例时，实际尺寸过大的设备（机器）可适当缩小，实际尺寸过小的设备（机器）可适当放大，整个图面应体现出表达的重点（流程走向），且要协调、美观。

三、相同系统的绘制方法

当一个流程中包括有两个或两个以上相同的系统（如聚合釜、气流干燥、后处理等）时，可将此系统单独绘制为一个详细流程图，然后绘出一张流程总图来表示各系统间的关系，已有详图的系统以细双点画线方框表示，在框内注明系统名称及其编号。

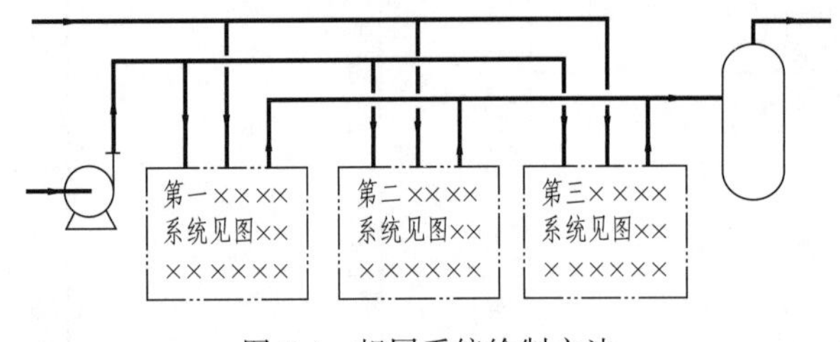

图 5-4 相同系统绘制方法

同理，当多个不同系统的流程比较复杂时，也可以分别绘制各系统单独的流程图，然后在总流程图中用细双点画线方框表示各个有详图的系统，框内注明系统名称、编号和各系统流程图图号，如图 5-4 所示。

四、复用设计

对于已有定型设计或成套设备图纸，在工艺流程中局部复用时，可用细双点画线方框表示，在框内注明设备或装置名称、位号或编号，填写有关图号，必要时用文字进行说明。

五、图线、字体和标题栏

图线和字体的具体要求见表 5-2 和表 5-3。化工工艺流程图的标题栏与机械制图中的标题栏有所不同，工艺流程图的标题栏格式如图 5-5 所示，可将会签栏放在左侧。图名较长时，也采用 5mm 字高填写。

会签栏 INTER-DEPARTMENT CHECK			(单位名称)				工程名称 PROJ	×××
专业 SPECI	签名 SIGNATURE	日期 DATE					单项名称 UNIT & WORK AREA	×××
			项目负责人 PROJMANAGER		月 日	20 年	设计阶段 STAGE	施工图
			设计 PRE'D		月 日	工艺管道及仪表流程图 (×××精制工段)	设计专业 SPECI	工艺
			校核 CHKD		月 日		图纸比例 SCALE	
			审核 APPR		月 日		(图号) ×××-××-××	
			审定 AUTH'D		月 日	工程设计证书：×××	共 张 OF 第 张	版次: REV
15	15	15	20	25	15	60	30	30

180；行高 7、6、6、6、6、6、6、6；20

图 5-5　工艺流程图标题栏格式

六、设备的表示方法和标注

在工艺流程图中一般应绘出全部工艺设备及附件，对于两组或两组以上相同系统或设备，可只绘出一组设备，并用细实线框定，其他几组以细双点画线方框表示，在方框内标注设备位号和名称。

1. 设备的表示方法

如图 5-6 所示，用细实线（一般选 0.15mm 或 0.25mm 宽度）绘制化工设备的图形，其图形样式见表 5-4 给出的图例。未规定的设备、机器的图形可以根据其实际外形和内部结构特征绘制。注意以下几个细则：①设备只取相对大小，不按实物比例绘制，但要保持设备的协调；②设备的位置应按流程走向从左向右排列，并保持相对高度，特别是各设备、机器的位置安排要便于管道连接和标注，其相互间物流关系密切者（如高位槽液体自流入贮罐、液体由泵送入塔顶等）的高低相对位置要与设备实际布置相符；③设备、机器上的所有接口（包括人孔、手孔、卸料口等）宜全部画出，其中与配管有关以及与外界有关的管口（如直连阀门的排液口、排气口、放空口及仪表接口等）则必须画出，并在管口近旁用带方框的一位英文字母或字母加数字表示管口编号，见图 5-6 各设备的管口表达；④管口一般用单细实线表示，也可以与所连管道线宽度相同，允许个别管口（较大尺寸）用双细实线绘制。

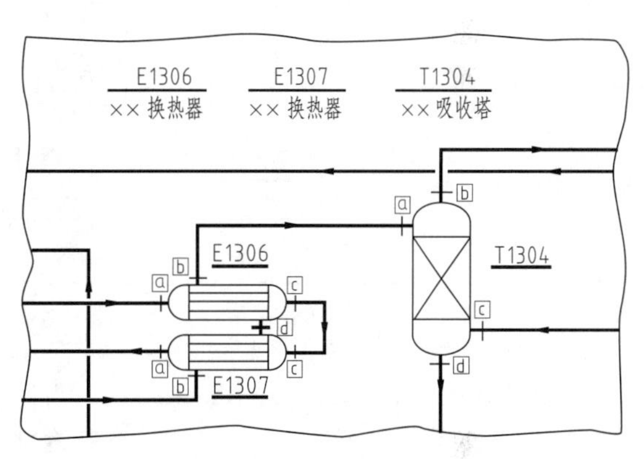

图 5-6　设备（机器）的画法和标注

表 5-4　工艺流程图中常见设备的图例（其他图例见书后附表 4）

类别	代号	图例
塔	T	填料塔　喷洒塔　板式塔

续表

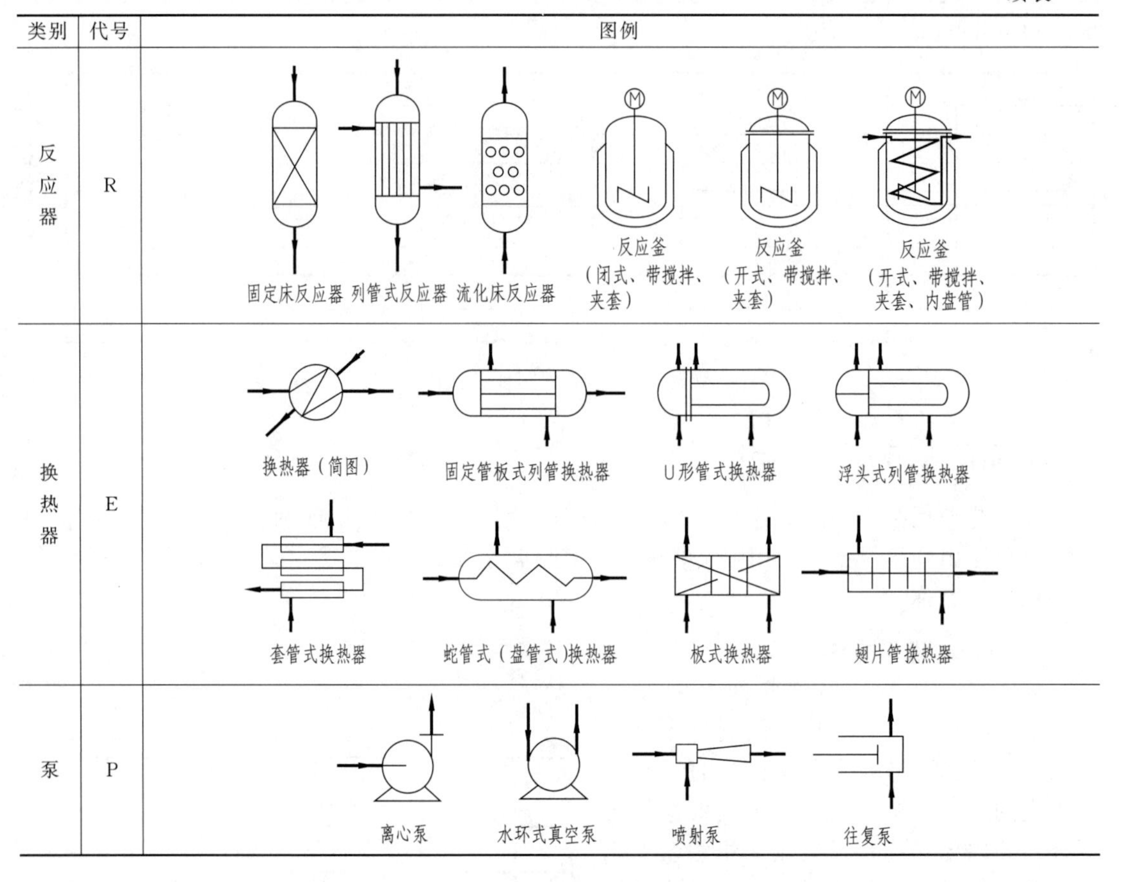

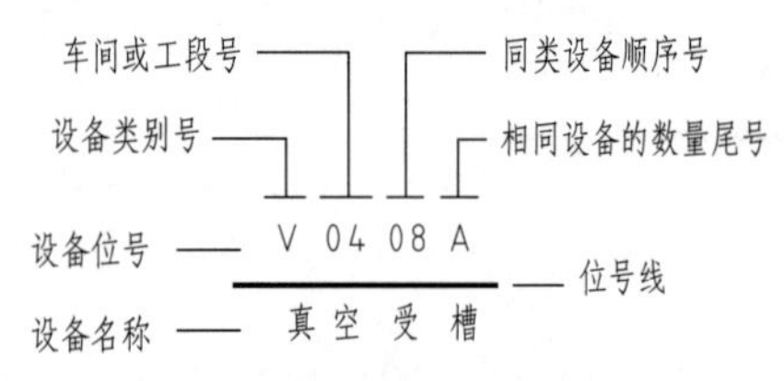

图 5-7 设备的标注中位号的格式

2. 设备的标注

为便于与其他图纸联系，需要对流程图中的每一个设备进行代号的标注，简称为设备位号。设备位号按标准 HG 20519.2—2009 由设备类别代号、车间或工段号（也称为主项号）、主项内同类设备顺序号、相同设备的数量尾号四个部分组成，如图 5-7 所示。对于同一设备，在不同设计阶段必须是同一位号。

①设备类别代号：一般取设备英文名称第一个字母（大写），见表 5-4 第二列；②主项号：按照工程项目经理给定的主项编号填写，采用两位数字 01～99，特殊情况下，可以用主项代号代替主项号；③同类设备顺序号：按照同类设备在工艺流程中流向先后进行顺序编号，采用两位数字 01～99；④相同设备数量尾号：相同的 2 台及以上的设备，位号前三项完全相同，仅用 A、B、C……作为每台设备的尾号。

设备位号标注有以下要求：

① 应将设备位号和名称标注在图的上方或下方空白处，要求排列整齐，并尽可能正对设备，在位号线的上方写设备位号，下方标注设备名称。当几个设备或机器为垂直排列时，它们的位号和名称可以由上而下按顺序标注，也可水平标注，如图 5-6 所示。

② 在设备内或其近旁注写设备位号，不标注名称。

③ 在流程图、设备布置图和管道布置图上标注位号时，应在位号下方画一条粗实线，图线宽度为 0.9～1.2mm（与图中的粗实线相同）。

3. 设备上附属结构的表示方法

对于需绝热的设备和机器要在其相应部位画出一段绝热层图例，必要时注出其绝热厚度；有伴热者也要在相应部位画出一段伴热管，必要时可注出伴热类型和介质代号，如图 5-8 所示。

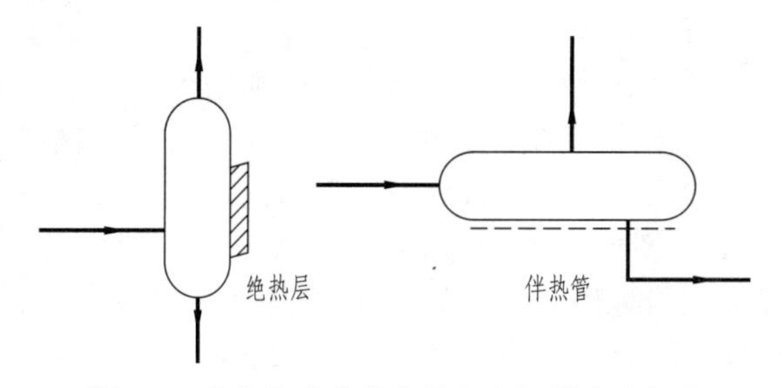

图 5-8 有绝热或伴热的设备和机器表示方法

地下或半地下设备、机器在图上要表示出一段相关的地面（地面以///////表示）。

设备、机器的支承和底（裙）座可不表示。复用的原有设备、机器及其包含的管道可用框图注出其范围，并加必要的文字标注和说明。

设备、机器自身的附属部件与工艺流程有关者，例如柱塞泵所带的缓冲罐、安全阀，列管换热器管板上的排气口，设备上的液面计等，它们不一定需要外部接管，但对生产操作和检测都是必需的，有的还要调试，因此图上应予以表示，表示方法见附表 4 的图例。

七、管道的表示方法和标注

管道的表示是工艺流程图的要点，主要包括管道的图示方法和标注两部分。

1. 管道的图示方法

(1) 原则

工艺流程图需要绘出和标注全部工艺管道以及与工艺有关的一段辅助及公用管道，绘出并标注上述管道上的阀门、管件和管道附件，不包括管道之间的连接件，如弯头、三通、法兰等，但为安装和检修等原因所加的法兰、螺纹连接件等仍需绘出和标注。

(2) 线型和线宽

在化工工艺流程图中是用线段表示管道的，常称为管线。在 HG/T 20519.2—2009 标准中对流程图管道的图例、线型作出了具体规定，见表 5-5。

表 5-5 部分管道、管件、阀门及其他附件图例（其他图例见附表 3）

名称	图例	名称	图例
主物料管道 （粗实线 0.9～1.2mm）		次要物料管道，辅助物料管道（中粗线 0.5～0.7mm）	
引线、设备、管件、阀门、仪表图形符号和仪表管线等（细实线 0.15～0.3mm）		原有管道 （原有设备轮廓线）	
地下管线 （埋地或地下管沟）		蒸汽伴件管道	
电伴热管道		夹套管	
闸阀		直流截止阀	
截止阀		节流阀	
球阀		旋塞阀	

注：阀门尺寸一般长 4mm、宽 2mm，或者长 6mm、宽 3mm。

(3) 管线样式

绘制管线时，应按照以下规则进行：

① 以粗实线和中粗实线分别表达主要物料管线和次要物料管线，而且在每根管线上都要以箭头（称为流向箭头）表示其物料流向。

② 图中管线与其他图纸有关时，一般应将其端点绘制在图的左方或右方，然后在其管线端点附近用空心箭头表示物料的流向（入或出），并在空心箭头内注明其连接图纸的图号或序号，以及将来或去的设备位号或管道号标注在箭头外端。空心箭头用细实线绘制，画法如图 5-9（a）所示。

③ 在化工工艺流程图中，管线应绘制成正交样式，即管线画成水平或铅垂线，管线相交和拐弯均画成直角。

④ 绘制的管线应尽量避免穿过设备。

⑤ 在空间相通的管线，直接绘制为交叉相交线，不必绘制三通或四通连接件，见图 5-9（b）；在空间不相通的管线，应尽量避免绘制为交叉，无法避免时，应该将一根管线断开（尽量横断竖不断，或断开辅助物料管线），如图 5-9（c）所示及综合示例图 5-9（d）。

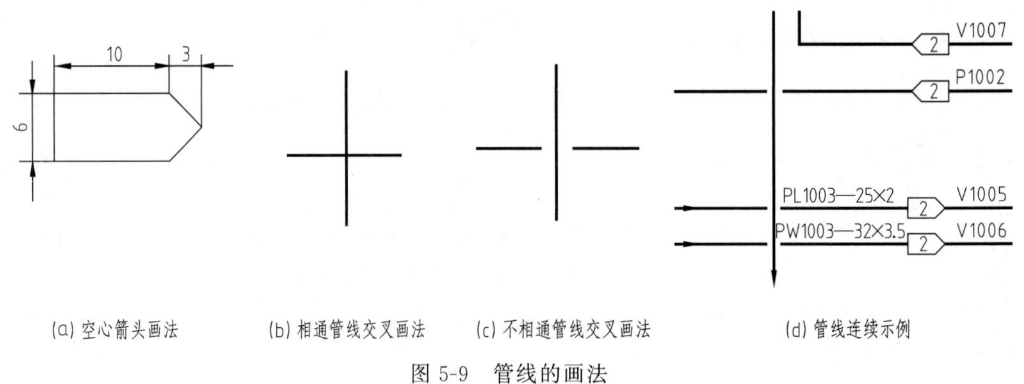

(a) 空心箭头画法　(b) 相通管线交叉画法　(c) 不相通管线交叉画法　(d) 管线连续示例

图 5-9　管线的画法

(4) 管道上的阀门、管件及管道附件表示方法

阀门、管件和管道附件按表 5-5 的图例进行绘制，调节阀系统按其具体组成形式（单阀、四阀、执行机构等）将所包括的管道、阀门、管道附件一一画出，表 5-6 和表 5-7 分别给出了常见的执行机构表示符号和自力式最终控制元件图形符号，对于常开、常闭阀门的画法见图 5-10。

表 5-6　常见阀门的执行机构

描述	符号图例	描述	符号图例	描述	符号图例
手动		①通用型 ②弹簧-薄膜		带顶装手轮	
带定位器的弹簧-薄膜		带侧装手轮		压力平衡式薄膜	
①电机（回旋马达）操作 ②电动，气动或液动 ③直行程或角行程动作	M	①可调节的电磁执行 ②用于工艺过程的开关阀的电磁执行	S	手动或远程复位开关型电磁执行机构	S R
手动和远程复位开关型电磁执行	R S R	弹簧或重力泄压或安全阀		电液直行程或角行程	E H

续表

描述	符号图例	描述	符号图例	描述	符号图例
带手动部分行程测试设备		带远程部分行程测试设备	S	①直行程活塞 ②单作用(弹簧复位) ③双作用(弹簧复位)	

表 5-7 自力式最终控制元件图形符号

描述	符号图例	描述	符号图例	描述	符号图例
①自动流量调节器 ②×××为 FCV：无指示 ③×××为 FICV：带指示	XXX	①与手动调节阀一体的可变面积流量计 ②若需表示手动调节和可变面积流量计，应选用(b)	(a) FICV (b)	恒定流量调节器	FICV
视镜(流量观察)，若不只使用一种类型，类型应予以注明	FG	①通用型限流元件 ②单级孔板 ③对于多级孔板或毛细管类型，应予以注明	FO	①在阀塞上钻孔的限流孔板 ②若阀门有位号，孔板的位号不表示	FO
①液位调节器 ②浮球和机械联动装置	TANK	①背压(阀前压力)调节阀 ②内部取压		①背压(阀前压力)调节阀 ②外部取压	
①减压(阀后压力)调节阀 ②内部取压		①减压(阀后压力)调节阀 ②外部取压		①差压调节阀 ②外部取压	
①差压调节阀 ②内部取压		减压调节阀(带一体式泄压出口和压力表)	PG	温度调节阀	

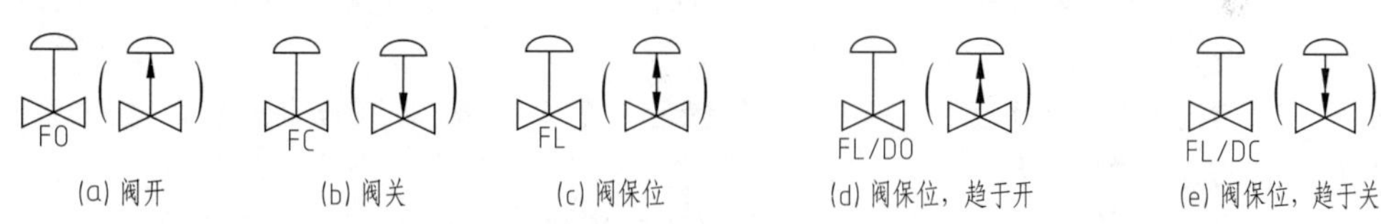

(a) 阀开　(b) 阀关　(c) 阀保位　(d) 阀保位，趋于开　(e) 阀保位，趋于关

图 5-10 控制阀的能源中断时阀位的图形符号（括号内为可代替画法）

2. 管道标注

为了表达管道内物料的类型、管道公称尺寸、压力等级、材质、隔热隔音等参数，需要在管线上注明由这些因素组成的管道代号。显然，管道标注是用一组符号标注管道的性能特征。

(1) 管道代号格式

如图 5-11 所示，新旧标准的标注样式略有差别，但均包括物料代号、工段号、管道序号、管道尺寸等。其中，物料代号、工段号和管道序号这三个单元称为管道号（或管段号）。

第 1 单元物料代号，如表 5-8 所示（HG/T 20519.2—2009 标准）。第 2 单元为工段号，也是主项编号，采用 01～99 两位数字。第 3 单元管段序号，是在主项中同一类别物料流向顺序的编号，采用 01～99 两位数字。第 4 单元为管道公称直径（注意与旧标准的区别），管

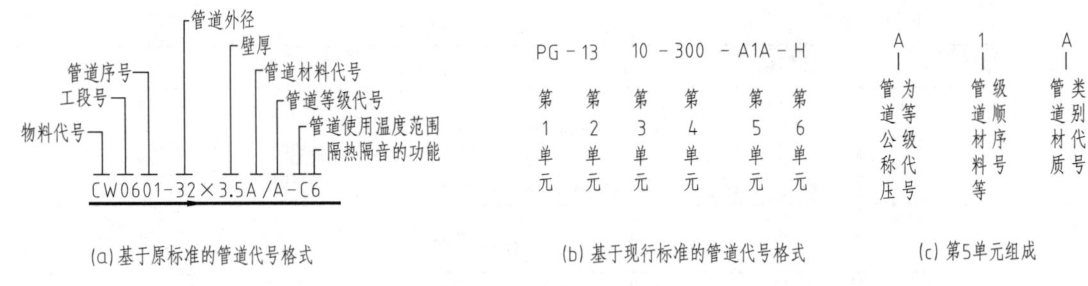

图 5-11 管线标注格式

道尺寸以 mm 为单位，只标注数字，不标注单位。在管道尺寸后为第 5 单元，统称为管道等级代号（与原规定不同），如图 5-11（c）所示。其中，管道公称压力等级代号用大写英文字母表示，A～G 用于 ASME 标准，H、L～N、P～W 用于国内标准的顺序号，见表 5-9；管道材料等级顺序号用阿拉伯数字 1～9 表示；管道材质类别代号如表 5-10 所示。第 6 单元为隔热或隔声代号，如表 5-11 所示。

比较简单的流程或管道规格较少的，可以只标注第 1～4 单元，若第 4 单元标注外径乘以壁厚尺寸，则后面需要加上材质类别代号，如 32×2.5A。

(2) 标注原则

① 工艺管道包括正常操作所用的物料管道、工艺排放系统管道、开停车及必要的临时管道。应该对每一根管道进行编号和标注，但下列情况除外：阀门、管件的旁路管道；放空或排入地下的短管；设备上的阀门和盲板等连接管；仪表管道；成套设备中的管道和管件。

② 在不产生混淆或错误前提下，尽可能减少管道号的标注。

③ 辅助和公用工程系统的管道会连入多个主项流程，同一根管道在进入不同主项时，其管道组合号中的主项编号和顺序号均应变更，并在图纸上注明变更处的分界标志。

④ 装置外供给的原料，其主项编号以接受方的主项编号为准。

⑤ 放空和排液管道若有管件、阀门和一定长度的管道，则应标注管道组合号；若其排入工艺系统参与了生产，其管道组合号应按工艺物料编制。

⑥ 从一台设备管口到另一台设备管口之间的管道，无论其规格或尺寸是否变化或是否连接了其他管道，均编一个代号。

⑦ 一根管道连接多台并联设备时，其和各分支管道应分别编号（此管不看作总管时，可以和最远端的连接管共用一个代号）。

⑧ 厂区外管或另有单独主项号的界外管道，主项号应以界外管道主项为准。

⑨ 对横向管线，一般标注在管线的上方；对竖向的管线一般标注在管道的左侧，密集处可以用指引线引出标注；允许将第 5 单元和第 6 单元与管道号分开标注。

(3) 特殊标注

① 管道上的阀门、管道附件的公称直径与所在管道公称直径不同时，要注出它们的尺寸，必要时还需要注出其型号。其中，特殊阀门和管道附件还应进行分类编号，必要时以文字、放大图和数据表加以说明。

② 同一个管道号只是管径不同时，可以只注管径，如图 5-12 所示。

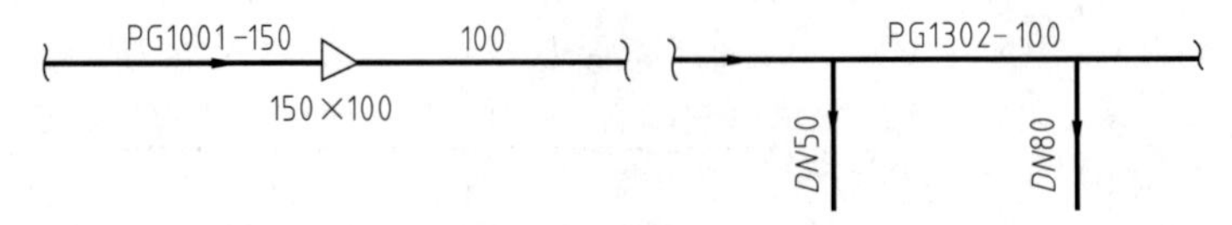

图 5-12 不同管径的同一管道号标注

③ 同一个管道号而管道等级不同时，应表示出等级的分界线，并注出相应的管道等级，如图 5-13 所示。

④ 异径管一律以大端公称直径乘以小端公称直径表示，如图 5-14 所示。

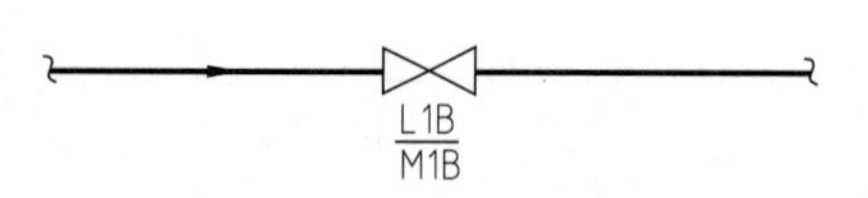

图 5-13　仅标注管道等级的管道

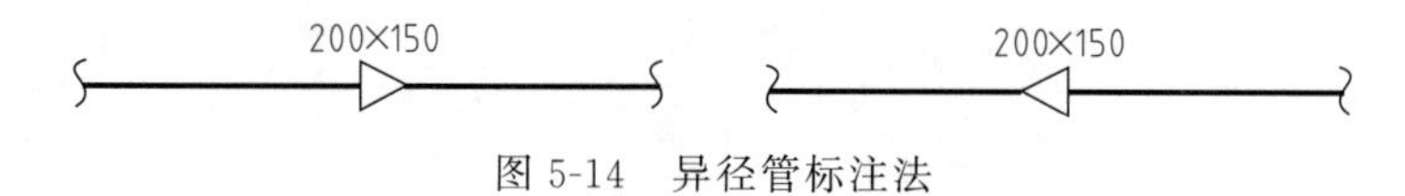

图 5-14　异径管标注法

⑤ 管线的伴热管要全部绘出，夹套管可在两端只画出一小段，其他绝热管道要在适当部位绘出绝热图例。

⑥ 有分支管道时，图上总管及分支管位置要准确，而且要与管道布置图相一致。

⑦ 组合式阀门，应注出其调节控制项目、功能、位置，其编号由仪表专业确定；应注明调节阀自身的特征，例如传动形式（气动、电动或液动）；气开或气闭；有无手动控制机构；等等。

表 5-8　物料代号和名称

代号	名称	代号	名称
工艺物料代号			
PA	工艺空气	PL	工艺液体
PG	工艺气体	PLS	液固两相流工艺物料
PGS	气固两相流工艺物料	PGL	气液两相流工艺物料
PS	工艺固体	PW	工艺水
辅助、公用工程物料代号			
1　空气			
AR	空气	IA	仪表空气
CA	压缩空气		
2　蒸汽、冷凝水			
HS	高压蒸汽	MS	中压蒸汽
LS	低压蒸汽	SC	蒸汽冷凝水
TS	伴热蒸汽		
3　水			
BW	锅炉给水	FW	消防水
CSW	化学污水	HWR	热水回水
CWR	循环冷却水回水	HWS	热水上水
CWS	循环冷却水上水	RW	原水、新鲜水
DNW	脱盐水	SW	软水
DW	自来水、生活用水	WW	生产废水
4　燃料			
FG	燃料气	FS	固体燃料
FL	液体燃料	NG	天然气
LPG	液化石油气	LNG	液化天然气
5　油			
DO	污油	RO	原油
FO	燃料油	SO	密封油
GO	填料油	HO	导热油
LO	润滑油		
6　制冷剂			
AG	气氨	PRG	气体丙烯或丙烷
AL	液氨	PRL	液体丙烯或丙烷
ERG	气体乙烯或乙烷	RWR	冷冻盐水回水
ERL	液体乙烯或乙烷	RWS	冷冻盐水上水
FRG	氟利昂气体		

续表

代号	名称	代号	名称
7　其他			
H	氢	VE	真空排放气
N	氮	VT	放空
O	氧	WG	废气
DR	排液、导淋	WS	废渣
FSL	熔盐	WO	废油
FV	火炬排放气	FLG	烟道气
IG	惰性气	CAT	催化剂
SL	泥浆	AD	添加剂

表 5-9　管道公称压力等级代号

ASME 标准	中国标准	
A——150LB(2MPa)	H——0.25MPa	R——10.0MPa
B——300LB(5MPa)	K——0.6MPa	S——16.0MPa
C——400LB(6.8MPa)	L——1.0MPa	T——20.0MPa
D——600LB(11MPa)	M——1.6MPa	U——22.0MPa
E——900LB(15MPa)	N——2.5MPa	V——25.0MPa
F——1500LB(26MPa)	P——4.0MPa	W——32.0MPa
G——2500LB(42MPa)	Q——6.4MPa	

表 5-10　管道材质类别代号

材质	铸铁	碳钢	普通低合金钢	合金钢	不锈钢	有色金属	非金属	衬里及内防腐
代号	A	B	C	D	E	F	G	H

表 5-11　隔热和隔声代号

代号	功能类型	备注	代号	功能类型	备注
H	保湿	采用保湿材料	S	蒸汽伴热	采用蒸汽伴管和保温材料
C	保冷	采用保冷材料	W	热水伴热	采用热水伴管和保温材料
P	人身防护	采用保温材料	O	热油伴热	采用热油伴管和保温材料
D	防结露	采用保冷材料	J	夹套伴热	采用夹套管和保温材料
E	电伴热	采用电热带和保温材料	N	隔声	采用隔声材料

八、仪表、控制点的表示方法

在工艺流程图上，应绘出并标注全部与工艺相关的检测仪表、调节控制系统、分析取样点和取样阀等。这些控制点一般用细实线在相应管线上的大致安装位置引出，和规定的符号连接，该符号包括仪表图形符号和字母代号，它们组合起来表示工业仪表所处理的被测变量和功能。

1. 仪表的图形符号和位号

单一仪表的图形符号为一直径 10mm 的细实线圆圈，圆圈中标注仪表位号，见图 5-15 (a)。当控制点为组合式控制系统时（如共享控制），如图 5-15（b）所示，图形符号加入了其他特征，关联仪表设备之间用特殊线型连接（如图中的虚线）。仪表安装位置图形符号见表 5-12 所示（标准 HG/T 20505—2014）。

仪表位号由两部分组成：①字母组合代号，其第一个字母表示被测变量，后续字母表示仪表的功能；②工段序号，由工段代号和顺序号组成，一般用 3～5 位阿拉伯数字表示，见图 5-15（c）。

字母组合代号填写在仪表圆圈的上半圆中，工段序号填写在下半圆中，见图 5-15（a）。表 5-13 列出了常用被测变量以及仪表功能组合代号。

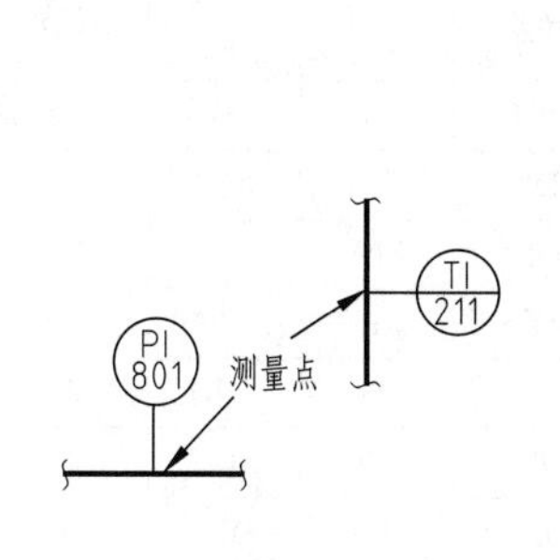

(a) 仪表表达符号

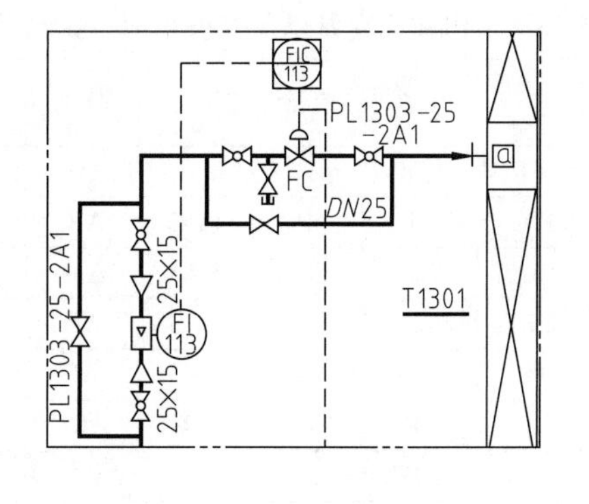

(b) 组合式仪表控制点示例

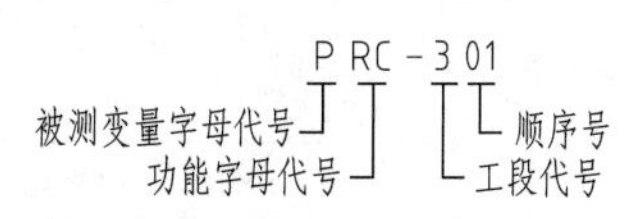

(c) 仪表位号的组成

图 5-15　仪表的图形符号和位号

检测仪表按其检测项目、功能、位置（就地和控制室）进行绘制和标注，对其所需绘出的管道、阀门、管件等由专业人员完成。控制点（测量点）是仪表圆圈的连接引线与过程设备或管道符号的连接点。仪表通过连接点和引线获得设备或管道内的物流参数。

表 5-12　仪表安装位置的图形符号

序号	共享显示，共享控制①		C 计算机系统及软件	D 单台（单台仪表设备或功能）	安装位置与可接近性②
	A 首选或基本过程控制系统	B 备选或安全仪表系统			
1					➢位于现场 ➢非仪表盘、柜、控制台安装 ➢现场可视 ➢可接近性：通常允许
2					➢位于控制室 ➢控制盘/台正面 ➢在盘的正面或视频显示器上可视 ➢可接近性：通常允许
3					➢位于控制室 ➢控制盘背面 ➢位于盘后③的机柜内 ➢在盘的正面或视频显示器上不可视 ➢可接近性：通常不允许
4					➢位于现场控制盘/台正面 ➢在盘的正面或视频显示器上可视 ➢可接近性：通常允许
5					➢位于现场控制盘背面 ➢位于现场机柜内 ➢在盘的正面或视频显示器上不可视 ➢可接近性：通常不允许

① 共享显示和共享控制，指的是操作员接口装置，可能是屏幕、发光二极管、液晶或其他显示单元，用于根据操作员指令显示来自若干信息源的过程控制信息，经常被用来描述分布式控制系统（DCS）、可编程逻辑控制器（PLC）或基于其他微处理器的系统的显示特征。

② 可接近性通常指是否允许包括观察、设定值调整、操作模式更改和其他任何需要对仪表进行操作的操作员行为。

③“盘后”广义上为操作员通常不允许接近的地方，例如仪表或控制盘的背面、封闭式仪表机架或机柜，或仪表机柜间内放置盘柜的区域。

表 5-13　常用被测变量以及仪表功能组合代号

仪表功能	温度	温差	压力或真空	压差	流量	流量比率	分析	密度	位置	速度或频率	黏度
指示	TI	TDI	PI	PDI	FI	FfI	AI	DI	ZI	SI	VI
指示、控制	TIC	TDIC	PIC	PDIC	FIC	FfIC	AIC	DIC	ZIC	SIC	VIC
指示、报警	TIA	TDIA	PIA	PDIA	FIA	FfIA	AIA	DIA	ZIA	SIA	VIA
指示、开关	TIS	TDIS	PIS	PDIS	FIS	FfIS	AIS	DIS	ZIS	SIS	VIS
记录	TR	TDR	PR	PDR	FR	FfR	AR	DR	ZR	SR	VR
记录、控制	TRC	TDRC	PRC	PDRC	FRC	FfRC	ARC	DRC	ZRC	SRC	VRC
记录、报警	TRA	TDRA	PRA	PDRA	FRA	FfRA	ARA	DRA	ZRA	SRA	VRA
记录开关	TRS	TDRS	PRS	PDRS	FRS	FfRS	ARS	DRS	ZRS	SRS	VRS
控制	TC	TDC	PC	PDC	FC	FfC	AC	DC	ZC	SC	VC
控制、变送	TCT	TDCT	PCT	PDCT	FCT	FfCT	ACT	DCT	ZCT	SCT	VCT
报警	TA	TDA	PA	PDA	FA	FfA	AA	DA	ZA	SA	VA
开关	TS	TDS	PS	PDS	FS	FfS	AS	DS	ZS	SS	VS
指示灯	TL	TDL	PL	PDL	FL	FfL	AL	DL	ZL	SL	VL

2. 仪表控制点图形符号与工艺的连接

除了直接绘制到管线中的仪表外，一般用细实线将图形符号与工艺管线或设备连接，当有伴热（或伴冷）要求时，用虚线绘制在细实线旁（需要连接管伴热或伴冷时）或圆圈外围（仪表需要有伴热或伴冷时）；还可以在控制点管线上用⊥、⌒、⊓、■分别表示出法兰、螺纹、承插、焊接等连接方式。

① 就地安装仪表示例　如图 5-16 所示，在检测点引出或连接细实线圆圈，内部填写仪表位号，更详细的画法是绘制出仪表前（或后）需要的阀门，如图 5-17 所示，其中，流量视镜、转子流量计、浮子液面计、温度计同简易画法，带温包或隔膜时需用符号表示清楚。

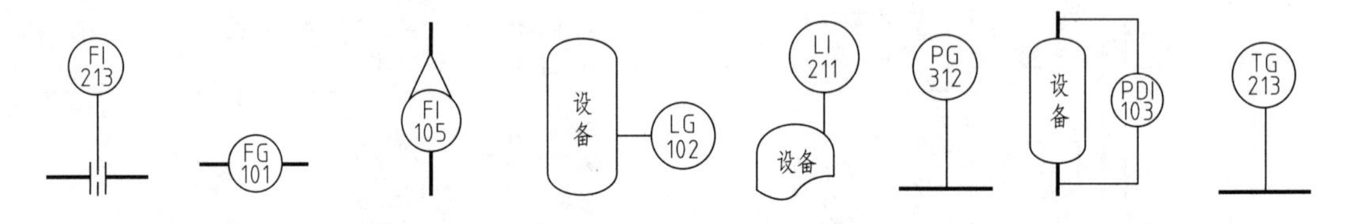

(a) 双波纹管差压计　(b) 流量视镜　(c) 转子流量计　(d) 玻璃板液面计　(e) 浮子液面计　(f) 压力表　(g) 差压计　(h) 玻璃温度计

图 5-16　就地安装仪表表示符号示例

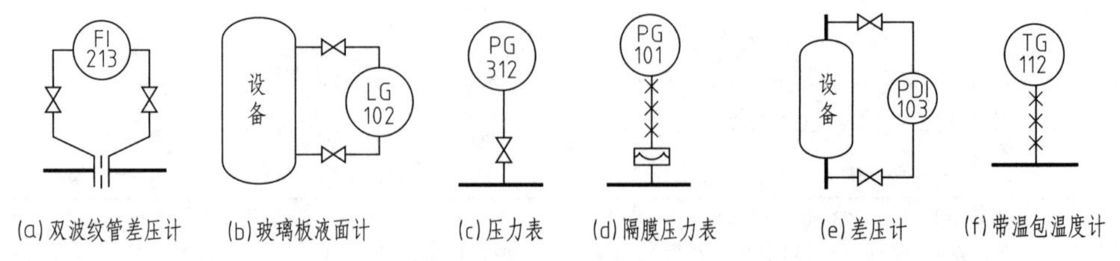

(a) 双波纹管差压计　(b) 玻璃板液面计　(c) 压力表　(d) 隔膜压力表　(e) 差压计　(f) 带温包温度计

图 5-17　就地安装仪表表示详细符号示例

② 控制室仪表示例　如图 5-18 所示，为一部分连接方式示例。

③ 详细表示自动控制示例　详细表示时，如图 5-19 所示，应表达出变送器位号。

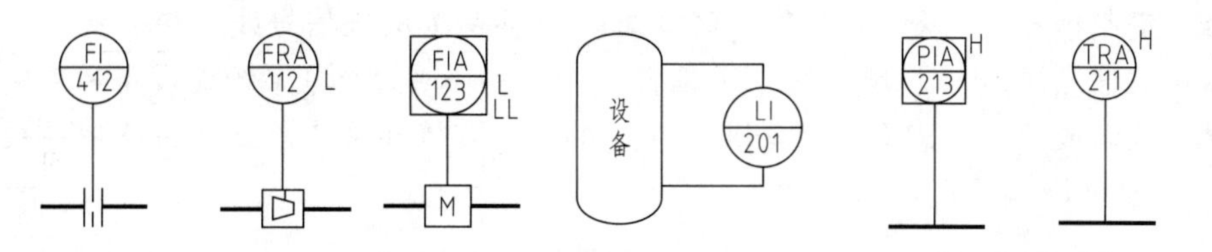

图 5-18　控制室仪表表示符号示例

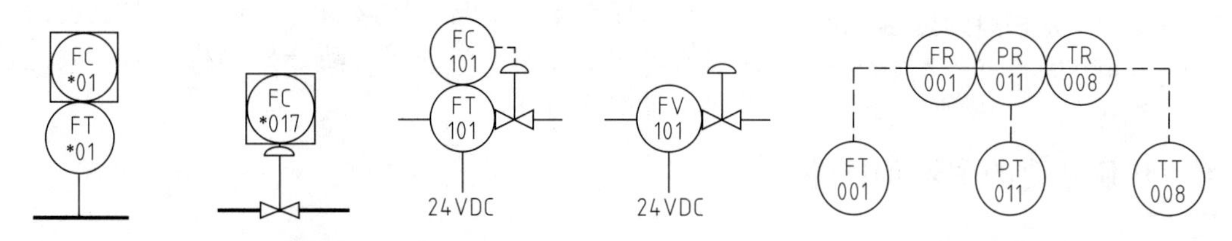

图 5-19　和自动控制结合的图形符号示例

④ 常用仪表控制系统符号示例　如图 5-20 所示，为常用的流量、液位、压力、温度、分析控制系统。在连接线中，细实线——为图形线或与管道、设备的连接线；虚线– – –为

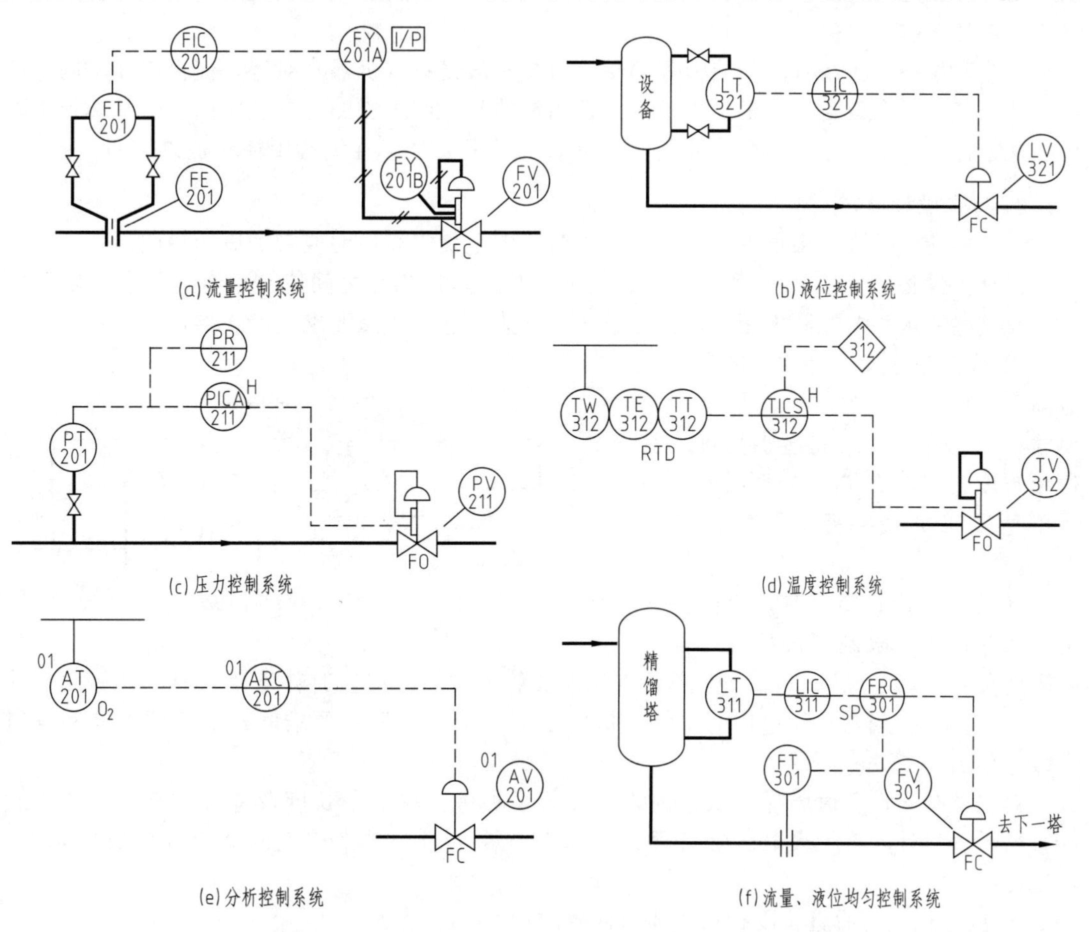

图 5-20　常用仪表控制系统符号示例

电信号或二进制信号线；—//——//—为气动信号线；—└——└—为液压信号线；~——~为有导向的电磁或声波信号线；—×——×—为导压毛细管；—o——o—为共享系统的设备和功能间的通信和系统总线，或DCS、PLC、计算机（PC）的通信连接和系统总线，其他信号线格式请查阅HG/T 20505—2014。

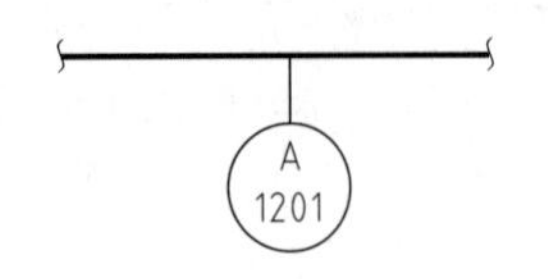

图5-21 分析取样点表示方法
A—人工取样点；1201—取样点编号；12—主项编号；01—取样点序号

3. **分析取样点的表示方法**

如图5-21所示，在选定位置（设备管口或管道）处用直径为10mm细实线画一圆圈，内部用A代表分析点，下方注写取样点编号，其取样阀组、取样冷却器也要绘制和标注或加文字注明。当进行自动分析和检测时，其连接方式和位号如前所述。

九、其他必要的图示和标注

1. **成套设备（机组）供货范围**

由制造厂提供的成套设备（机组）在管道及仪表流程图上以双点画线框图表示出制造厂的供货范围。框图内注明设备位号，绘出与外界连接的管道和仪表线，如果采用制造厂提供的管道及仪表流程图则要注明厂方的图号。也可以参照设备、机器图例规定画出其简单外形及其与外部相连的管路，并注明位号、设备或机组自身的管道及仪表流程图（此流程图另行绘制）图号。

若成套设备（机组）的工艺流程简单，可按一般设备（机器）对待，但仍需注出制造厂供货范围。对成套设备（机组）以外的，但由制造厂一起供货的管道、阀门、管件和管道附件加文字标注——卖方，也可加注英文字母B. S表示，还可在流程附注中加以说明。

2. **特殊设计要求**

对一些特殊设计要求可以在管道及仪表流程图上加附注说明或者加简图说明。

设计中设备（机器）、管道、阀门、管件和管道附件相互之间或其本身可能有一定特殊要求，这些要求均要在图中相应部位予以表示出来。这些特殊要求一般包括：

① 特殊定位尺寸标注。设备间相对高差有要求的，需注出其最小限定尺寸；液封管应注出其最小高度，其位置与设备（或管道）有关系时，应注出所要求的最小距离，如图5-22所示。

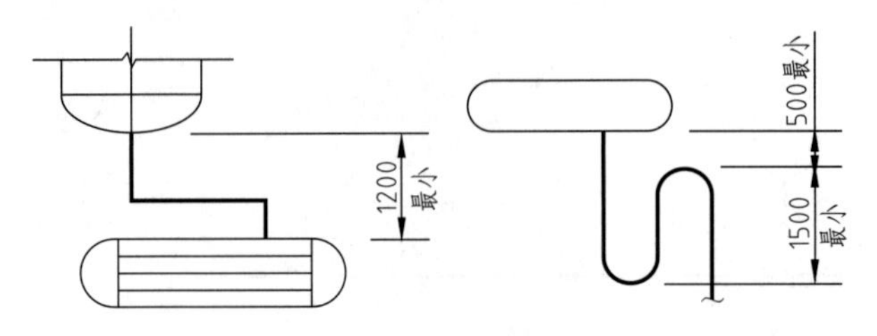

图5-22 特殊定位尺寸的标注

异径管位置有要求时，应标注其定位尺寸；必须限制管段长度时需注明限度尺寸［图5-23（a）］。当与总管连接的支管上阀门的位置有特殊要求时，应标注尺寸［图5-23（b）］；当与总管连接的支管上的管道等级分界位置有要求时，应标注尺寸和管道等级，如图5-23（c）所示。

对安全阀入口管道压降有限制时，要在管道近旁注明管段长度及弯头数量，如图5-23（d）所示。另外，对于火炬、放空管最低高度有要求时，对排放点的低点高度有要求时，均应注明。

② 流量孔板前后直管段有长度要求时要注明。

③ 管线有坡向和坡度要求时要注明。

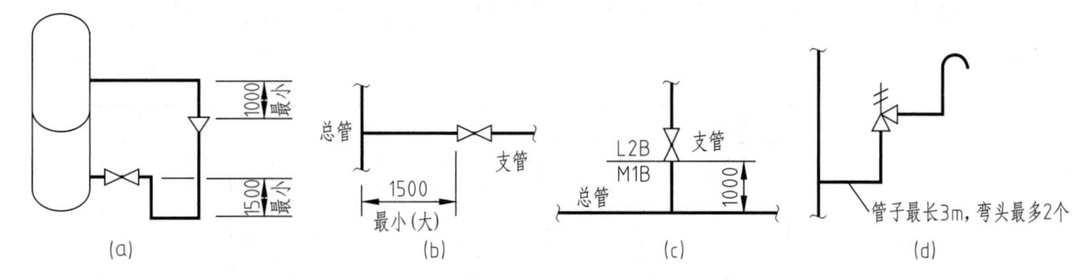

图 5-23 异径管、总管和支管特殊要求及压降限制管道的标注

④ 一些阀门、管件或支管安装位置的特殊要求以及某些阀门、管件的使用状态要求（如正常操作状态下阀门是锁开还是锁关；是否是临时使用的阀门、管件等）要注明。

⑤ 其他一些特殊设计要求应加文字、数字注明，必要时还要有详图表示。

⑥ 特殊阀门和特殊管道附件。所谓特殊阀门和特殊管道附件，指的是物流经过它们之后，物流状态和特性将发生一定变化的阀门或附件，例如物流发生压力、状态、组成、声音频率或燃烧状态上的变化等，或者它们在装置中具有某些特殊作用，因此不同于一般仅为开启和连接作用的阀门和管道附件。特殊阀门和管道附件一般是经过计算之后才选定或设计的，特殊管道附件有管道过滤器、爆破片、消声器、工艺特殊用金属波纹管或软管、阻火器、管道混合器、洗眼器、事故淋浴器、视镜、限流孔板及其他一些特殊管道附件。

特殊阀门和特殊管道附件，不但要在流程图中表达，还要有单独的表格“特殊阀门和特殊管道附件表”。在图纸中，像控制点表示符号一样，特殊阀门和特殊管道附件用10mm细实线圆圈和内部填写编号进行表达，编号由代号和数字序号构成。一般以SV作为特殊阀门代号，SP作为特殊管道附件代号，RO作为限流孔板代号；数字序号一般采用四位数字表示，前两位01～99表示主项编号，后两位01～99表示其排列顺序号，如图5-24（a）所示。

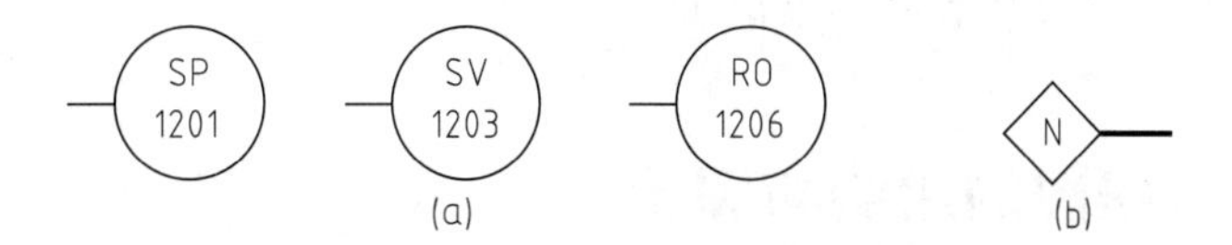

图 5-24 特殊阀门和特殊管道附件在图上的表示方式及吹扫或冲洗流体表示方式

⑦ 仪表吹扫、流体冲洗或设备冲洗。仪表或设备往往需要使用水、蒸汽或某种气体进行冲洗或吹扫，这时可以用细实线菱形框表示，框内注明介质代号［如图5-24（b），N为N_2］。

3. 附注

对于难以表达的特殊要求或事项，可在图上加附注（文字、表格或简图），如放空、排出管、泵入口的直管长度、检测仪器前面的直管长度等。附注一般加在图签的上方或左侧。

十、辅助及公用系统管道及仪表流程图

① 辅助及公用系统管道及仪表流程图的绘制原则：如图5-25所示，一般按介质类型不同并以装置（或主项）为单元分开绘制，其流程简单时可绘制在一张图纸上；图上的主管分配、支管连接要与工艺管道及仪表流程图和工艺管道布置图（配管图）相一致；流程简

单、设备不多的项目，可将辅助及公用管道仪表并入到工艺管道及仪表流程图中，不再另出图纸。

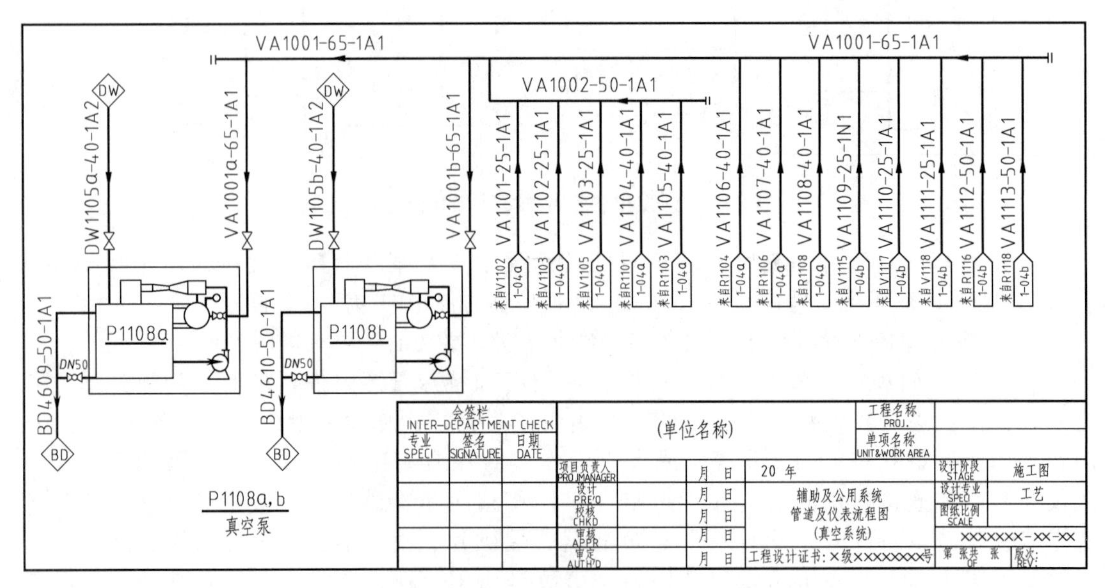

图 5-25　辅助及公用系统管道及仪表流程图示例

② 辅助及公用系统管道及仪表流程图的内容：应表示出辅助及公用系统的设备（机器）、管道、管件、阀门、管道附件等的所有内容，表示方法同工艺管道及仪表流程图，但已在后者中表示清楚的内容可不再重复。

③ 辅助及公用系统管道及仪表流程图与生产工艺图纸的联系：各辅助及公用物料的用户（设备或主项或装置）以方框图表示，框内注明该用户名称、编号（或位号）及所在图号。在框图内外分别表示该介质管道在工艺管道及仪表流程图中的管道编号和在本图的管道编号，此项内容也可引出单列表格加以说明。

第四节　工艺流程图的绘制与阅读

一般分三个阶段绘制工艺流程图，即方案流程图（生产工艺流程草图）的绘制、物料流程图的绘制、带控制点工艺流程图的绘制。

一、方案流程图

生产的工艺路线确定后，可进行工艺流程草图的绘制。依据可行性研究报告中提出的工艺路线，不需要在方案流程的绘图技术上花费过多时间，而是把主要精力放在工艺技术问题上，因此，草图只是定性地标出由原料转变为产品的变化、流向顺序以及采用的各种化工过程及设备，一般由物料流程、图例、标题栏三部分组成，绘制内容包括以下部分。

① 设备示意图。用细实线按设备大致几何形状绘制设备（或用方块图表示），按流程走向顺序从左向右展开排列，设备位置的相对高低不要求准确，但应标出设备名称及位号。

② 物流管线及流向箭头。应包括全部物料管线和部分辅助管线（主物料用粗实线、辅

助管线用中粗实线），如水、气、压缩空气、冷冻盐水、真空等。

③ 必要的文字注释。包括设备名称、物料名称、物料流向等。

必要时给出管线图例，阀门、仪表等不必标出，标题栏包括图名、图号、设计阶段等内容，如第二节的图 5-1 所示。

二、物料流程图

物料流程图可以在方案流程图基础上按主项进行绘制，并添加物料衡算表，如第二节的图 5-2 所示，表格用细实线从管线部位引出。

1. 物料流程图的内容

① 图形。设备示意图形、仪表示意图形、管线图形。

② 标注。设备的位号和名称、物料特性数据，如流程中物料的组分、流量等（一般采用表格式）。

③ 标题栏。注明图名、图号、设计阶段等。

2. 物料流程图绘制过程

① 选定图幅。通常采用加长长边的 A2 或 A3 幅面绘制物料流程图，图面过长时，可将主项分成多张绘制（标注图纸的图号）。使用计算机绘图时，也应先确定图面布局，绘制出图框。

② 确定线型、线宽、文字样式。用计算机制图时，预先设置好图层，规定粗实线、中粗实线、细实线等线型的宽度，并进行文字样式设置。

③ 在图框内作图并标注。用中粗实线绘制图框，然后在图框内开始作图。a. 用细实线按表 5-4 给定的图例样式，从左向右绘制不同设备的图形，保持设备的相对尺寸；b. 分别用粗实线、中粗实线绘制主物料和辅助物料管线，并在管线上添加流向箭头；c. 在设备近旁标注设备位号，并在图形上方或下方空间标注设备位号和名称；d. 在需要表达物料组分的管线上引出细实线，并在端点绘制表格，内部填写物料组分或其他特性数据；e. 注写标题栏。

三、带控制点工艺流程图

带控制点工艺流程图一般分为初步设计阶段的带控制点工艺流程图和施工设计阶段的带控制点工艺流程图，而施工设计阶段带控制点工艺流程图也称管道及仪表流程图（PID 图）。在不同的设计阶段，图样所表达的深度有所不同。在初步设计阶段，带控制点工艺流程图是在物料流程图、设备设计计算及控制方案确定后进行的，所绘制的图样往往只对过程中的主要和关键设备进行稍微详细的设计，次要设备及仪表控制点等考虑得比较粗略，而管道及仪表流程图则为详细设计，是设备布置设计和管道布置设计的基础，也是仪表测量点和控制调节器安装的指导性文件。

带控制点工艺流程图一般分主项绘制，原则上一个车间或工段绘制一张图，当主项流程复杂时，也可分成数张，但仍算一张图，使用同一图号。其图纸内容包括图形、标注、图例、标题栏四部分，具体如下：

① 图形。将主项内全部工艺设备按简单形式展开在同一平面上，再配以连接的主、辅管线及管件，阀门、仪表控制点等符号。

② 标注。主要注写设备位号及名称、管段编号、控制点代号、必要的尺寸数据等。

③ 图例。流程图中可选择性给出对代号、符号及其他标注的说明，见第二节的图 5-3。

④ 标题栏。注写图名、图号、设计阶段、设计者等信息。

[利用 AutoCAD 绘制带控制点的工艺流程图]

1. 准备工作

绘图前，首先要确定工艺流程图中的各种设备、管道、仪表及相关数据，参考方案流程草图或物料流程图，确定图纸上设备图形的大致比例（以清晰表达流程线为要）。

2. 绘图环境准备

无论是手工还是计算机制图，都应先确定绘图的图线格式、文字格式。在 AutoCAD 制图中，应首先设置好不同线型所在的图层和文字样式。

3. 绘制设备图形

从图框左侧开始向右，并保持与实际安装位置相符的相对高度，用细实线按照相对大小绘制流程图中的设备如反应釜、泵、冷凝器等，并依据图框范围进一步调整设备的位置。注：采用 AutoCAD，在模型空间作图时，尽量按 A1 图框或 A1 图幅布局中图形区视口的大致尺寸进行范围限定，以使得设备轮廓清晰、占据空间合理，防止布局出图时因较大的显示缩放导致某些设备过小而不清晰；设备间的距离应保证足够的管线长度，以清晰表达其阀门、管件、仪表符号、管道代号等，管线不要过长或过短。

4. 绘制管线

管线（流程线）的绘制顺序和设备相同，按物料流向顺序从左侧开始，用粗实线（主物料管道）或中粗实线（辅助物料管道）连接设备间的管口，然后在适当位置插入细实线绘制的阀门、变径管或需要连入管道中的仪表符号。

管道上阀门、管件的绘制方法：一般是在管线绘制完毕，统一添加；对于多个相同的阀门或管件，可以绘制一个后，复制到需要的各个位置并修剪管线。推荐使用“块”的方式（提前制作块或利用已有的块）插入到管道的确切位置，然后将块分解，用其端线修剪管道线。

5. 绘制控制点符号

在设备或管道的控制点位置，用细实线引出，端点处用直径 10mm 细实线圆圈表示仪表、取样点、特殊阀门或附件，并在内部填写仪表、取样点、特殊阀门或附件的位号（3mm 字高）。该标注也涉及文字与图形的位置关系，应该在布局已确认比例并锁定显示比例后进行标注。

6. 设备标注

在设备近旁标注设备位号（5mm 字高），并在其下方画一条粗实线横线以表示强调；在图形的上方或下方空白处，整齐标注设备位号和名称（5mm 字高），位号和名称间用粗实线横线分隔；在设备的管口处，用细实线方框（内注英文字母）表示管口编号。

AutoCAD 中带框文字的输入方法之一：利用引线工具输入带框文字，设置过程如下。

打开“多重引线样式管理器”对话框，在“Standard”样式基础上单击“新建（N）...”，在弹出的“创建新多重引线样式”对话框中自拟名称如“带框文字”，单击“继续（O）”，则弹出“修改多重引线样式：带框文字”对话框，在其“引线格式”界面，将“类型（T）”改选为“无”；在“引线结构”界面，勾选“注释性（A）”；在“内容”界面的“文字样式（S)”选择框中，选择已设置的文字样式或点扩展命令设置该文字样式并选取（注：为接近方框，文字的长宽比应该设置非标准字体，也就是宽体字；或者不要用文字加框格式，选用文字样式如5mm标准字体后，在多重引线类型中选“块”，然后在源块中选择方框，与第四章圆框文字的设置方法相同)。然后，勾选下方的“文字加框（F)”，单击“确定”关闭修改对话框，继续关闭“多重引线样式管理器”对话框，完成设置。标注时，调用多重引线工具，在需要标注的位置单击，弹出块的编辑属性对话框，输入该管口的编号，单击“确定”，则完成标注。

另一方法是自己创建属性块（注意在0层和1∶1的注释性比例下进行)，方法见第一章或第四章。

注：以上对设备的标注应该在布局已确认比例并锁定显示比例后进行。

7. 管线标注

在管线上方或左侧（对于铅垂管线）标注管道编号（代号，3mm字高)；补充标注管线上的变径管尺寸（大端×小端)、管道等级变化前后的代号、特殊要求等（数字或字母3mm字高，汉字用5mm字高)。提示：标注这些文字时，应该在布局已确认比例并锁定显示比例后进行。然后，在管线上添加流向箭头，AutoCAD中可采用多段线、引线绘制或插入箭头块的方式，绘制方法如下。

① 利用多段线（Pline）工具绘制箭头的过程：

输入命令：“_pline（或从面板单击多段线工具)”

命令提示“指定起点：”

在线上需要箭头的位置，用鼠标捕捉“最近点”后单击

命令提示“指定下一个点或［圆弧（A)/半宽(H)/长度(L)/放弃(U)/宽度(W)]:”

以上命令默认为指定下一个点，这是用多段线绘制图形时常用的方式。此处要改变线宽，因此输入“W”并确认，或用鼠标单击命令行的“宽度（W)”，则命令提示“指定起点宽度<0.0000>：”

依据线宽的倍数，在动态框中输入起点宽度如6.0，确认。注：布局出图时，可设置为所标注线线宽的8～10倍，倍数与被标注线的宽度有关；模型空间打印的特点按当时的显示进行，箭头显示与否受被标注线宽度影响较大，应按所标注线的线宽进行调整，因此应尽量避免使用模型空间打印。

命令提示：“指定端点宽度<6.0000>”

从以上命令行提示可知，默认的端点宽度和起点宽度相同，若直接确认（按空格键或回车键)，则可以绘制等宽的线段；为绘制箭头，应将端点宽度设置为0，因此在动态框中输入0并确认，则指定了端点宽度。

拉动光标，确定箭头方向，在正交限制下，输入需要的箭头长度36（一般为箭头最宽端的6倍)，确认，则退出命令，完成箭头的绘制。

② 利用多重引线工具绘制箭头，过程为：单击注释面板的多重引线下拉箭头，打开“多重引线样式管理器”对话框，在“Standard”样式基础上单击“新建（N)...”，在弹出的“创建新多重引线样式”对话框中自拟名称如“流向箭头”，勾选“注释性（A)”，单击“继续”，则弹出“修改多重引线样式：流向箭头”对话框，在其“引线格式”界面，将“线型（L)”“线宽（I)”改为“ByLayer”，箭头大小依据所标注线宽度修改，如6～8；在“引线结构”界面，取消勾选“自动包含基线”；在“内容”界面，将“多重引线类型（M)”框的“多行文字”改为“无”。然后，单击“确定”关闭修改对话框，继续关闭“多重引线样式管理器”对话框，完成设置。接下去，选择该样式，在被标注线上捕捉“最近”点标注箭头。

注：布局出图时，若所标注的箭头显示不合理，可以通过“多重引线管理器”修改该引线箭头大小，一次性完成所有箭头的修改；另外，该标注属于非完全接触式标注，应该在布局已确认比例并锁定显示比例后进行（见第四章关于非接触式注释的标注方式）。

8. 填写标题栏和注写图例

一般在布局空间完成标题栏和图例，当需要设备一览表时，也应在布局空间完成。在标题栏中，单位名称和图名采用 7mm 字高，其余采用 5mm 字高；在图例说明中，图例标题为 7mm 字高，图例下方内容字高为 5mm。

四、工艺流程图的阅读

工艺流程图的阅读主要包括：①看标题栏和图例中的说明；②掌握系统中设备的数量、名称及位号；③了解主要物料的工艺施工流程线；④了解其他物料的工艺施工流程线，对管线的走向、规格和连接的设备进行分析。

阅读示例：图 5-26 为工艺管道及仪表流程图 5-27 的一部分，从图中可知，精馏塔的位号为 T1301，其 f 管口连接的是氮气管道，该管道的公称直径为 25mm；其 P 管口连接了压力指数仪表，仪表编号为 106；其 T1、T2 管口连接温度指示和自动控制仪表，其中 T2 管口的测温电信号传递给低压蒸汽管道上的气动调节阀，以控制蒸汽的通入量；其 L1、L2 连接塔釜液位指示和控制仪表；其 d 管口连接塔釜物料流出管道，代号为 PL1312-50-M1B-H6，该管道的公称直径为 50mm，另一端与再沸器 E1302 的管口 a 相连；塔的 e 管口为排污口，排污阀前后的管道等级和材质发生变化；塔的 g 管口连接再沸器 E1302 的 b 管口，为塔底气态物料的进入口。同样可以分析塔底再沸器的各管口的管线情况和控制点。

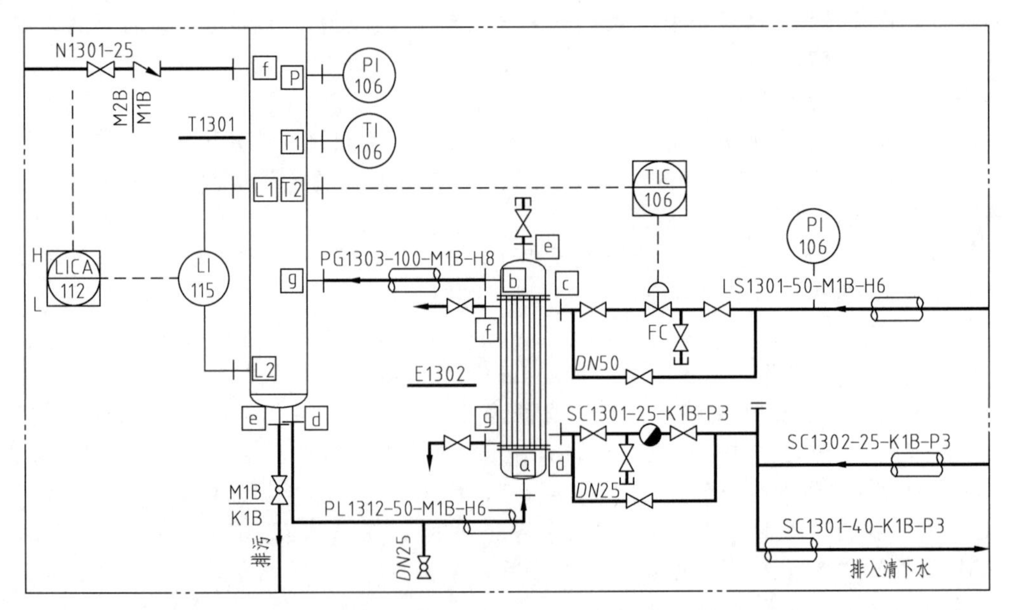

图 5-26　精馏塔底部 PID 图（图 5-27 的一部分）

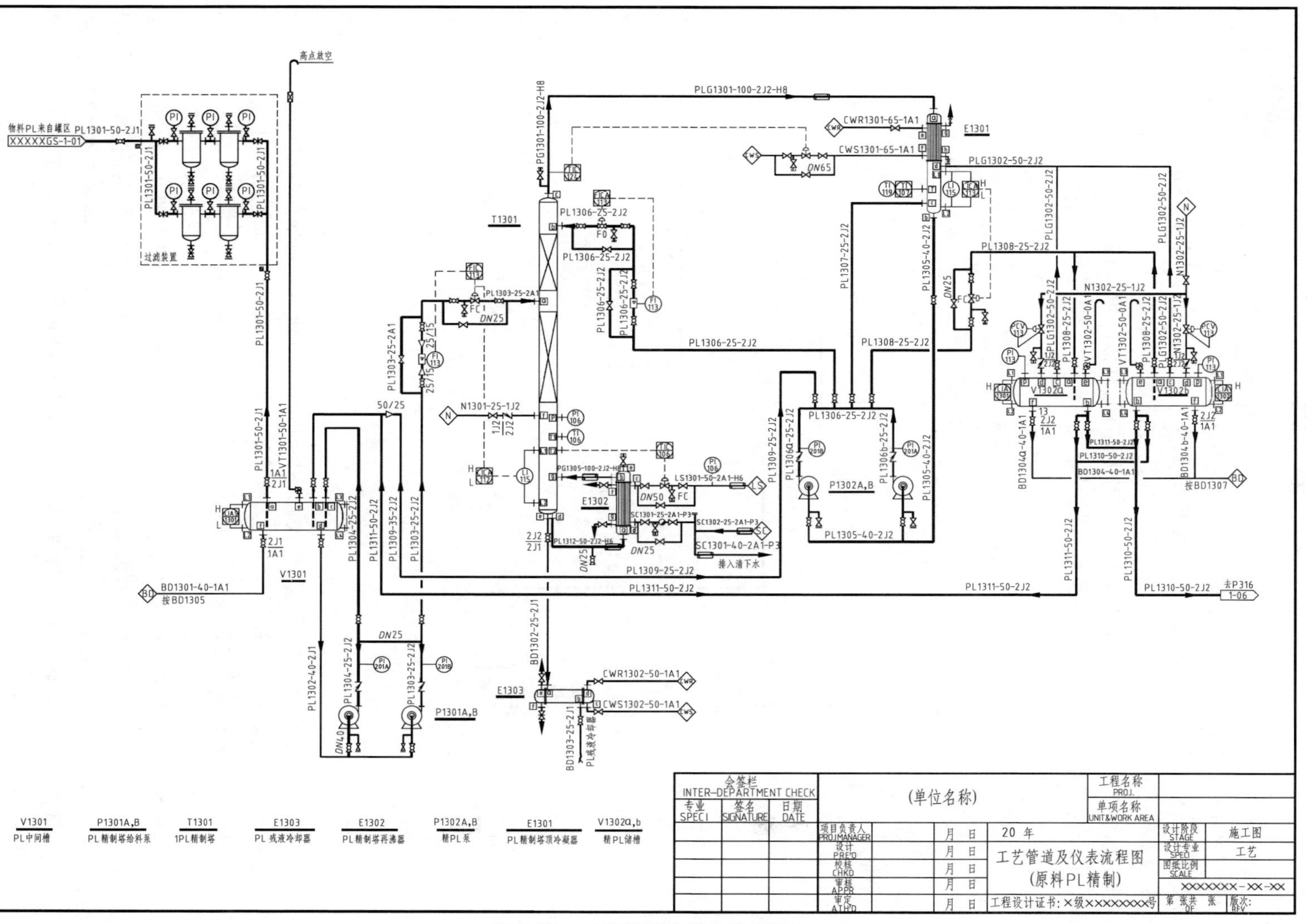

图 5-27 工艺管道及仪表流程图

习　题　五

扫码获取
习题答案

1. 简述 PFD 与 PID 的区别和联系，在 A4 幅面绘制图 5-28 所示的部分物料流程图，按要求填写标题栏，打印为 PDF 格式文档。注：①流程两端用五边形箭头符号表示，进入端用长五边形符号，内部填写来自原油罐；走出端用短五边形符号，内部填写 2；②查表确定设备分类号，自拟设备的位号并填写在设备内部或近旁；③在图形区下方或上方空白处填写设备位号/设备名称。

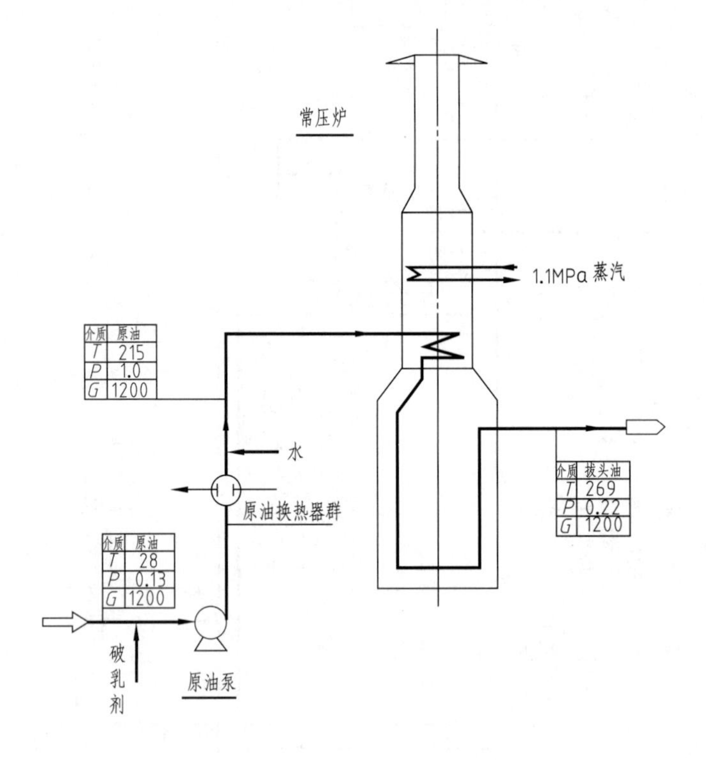

图 5-28　习题 1 图

2. 已知酚醛树脂两种生产工艺简图如图 5-29 和图 5-30 所示，请依据所给数据，从任一流程中选择其中一段绘制为带控制点的工艺流程图，所选流程段至少应包含 4 个设备，并添加控制点符号、自编管道代号及设备位号，打印为 PDF 格式图纸。

(1) 间歇法

间歇法生产中，苯酚和甲醛从高位槽 1、2（$1.0m^3$）分别进入计量罐 3（$1.2m^3$），经过计量后加入反应釜 5（$2m^3$），配合冷凝器 4（釜式，$10m^2$）回流反应一定时间后，减压蒸出未反应的原料和水分到接收罐 6（$0.8m^3$）和 7（$0.5m^3$），回收苯酚后进行废水处理、排放；从反应釜 5 趁热排出产物酚醛树脂，依据不同需求制备出液体产品或造粒，设备 8～12 的外形尺寸，按示意图的相对大小绘制。

(2) 塔式连续法

连续生产过程如图 5-30 所示，甲醛、苯酚和催化剂（如草酸）从储槽（容积分别为

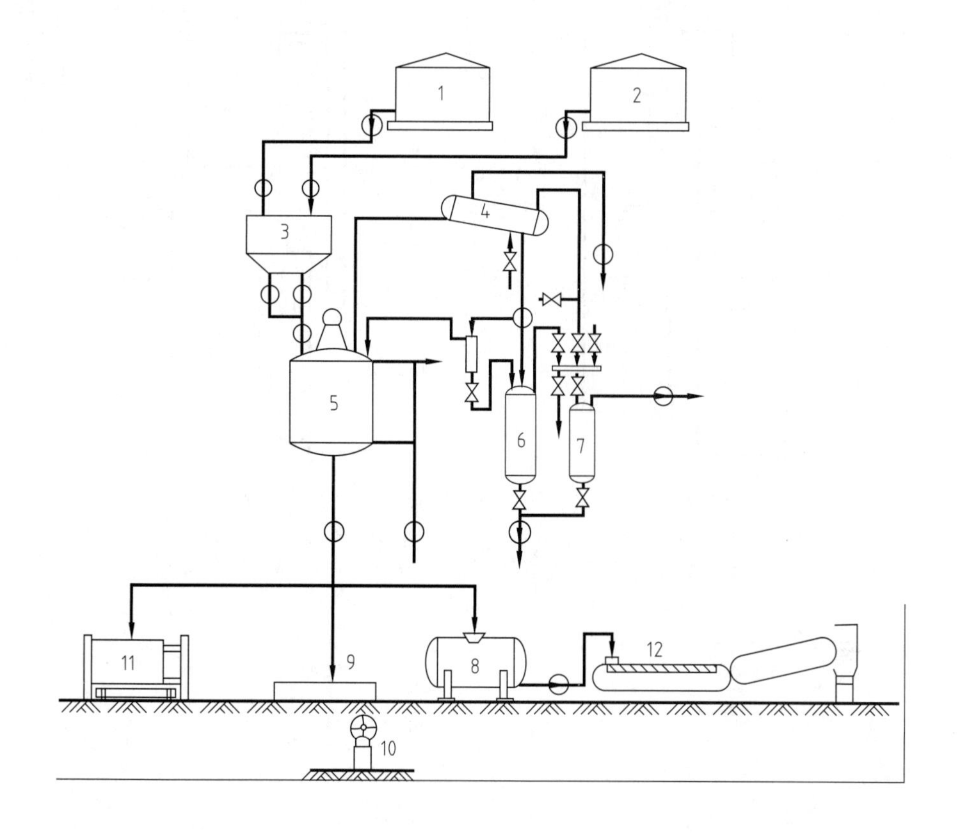

图 5-29 习题 2 图（1）间歇单釜法生产酚醛树脂典型流程

1—苯酚高位槽；2—甲醛高位槽；3—计量罐；4—冷凝器；5—反应釜；6—冷凝水接收罐；7—真空缓冲罐；
8—树脂储槽；9—树脂接收装置；10—粉碎机；11—冷却运输车（架）；12—冷却运输或冷却运输造粒；
图中画圈部位为控制点，应自拟阀门或流量计等

$10m^3$、$10m^3$、$3m^3$）中输送到一级反应器 1（管式，设备外形可绘制为塔式，内有盘管，外形尺寸接近蒸发器 7），各原料加入量可自动计量和控制，离开一级反应器的反应物温度为 100℃，立即进入带有水冷却夹套的冷却器 3，使其冷却到 50℃，然后进入内有控温盘管的分液器 4，使温度保持在 50℃。在分液器 4 中，反应物分成上下两层，上层液的 2/3 作为废水放出去后处理，含树脂的下层液用泵输入二级反应器 2，在表压 700kPa、温度 120～180℃下继续进行反应，由于温度高而提高了反应速度，反应在二级反应器中完成。反应混合物离开二级反应器后，进入闪蒸釜 5（Flash Drum，$1m^3$）（也用作蒸汽和液体分离器）。闪蒸的蒸汽经冷却器 3（$5m^2$）在收集器 6（$10m^3$）中收集，闪蒸釜液相分两层，上层为含少量酚的水，可吸送到收集设备单元，而底层即树脂被泵送到真空蒸发器 7（外形尺寸大于闪蒸罐，但小于催化剂储罐）中进一步除水，蒸馏出的水（常含其他组分）经冷凝后也进入收集器 6。而脱水树脂被放到水冷却输送带上冷却并成片，即得到片状酚醛树脂。

注：图中设备未严格区分高低位置，绘制 PID 图时，不应将储罐类大型设备绘制在高处；仪表控制点应绘制在涉及流量、压强、温度监测的管线或设备上。

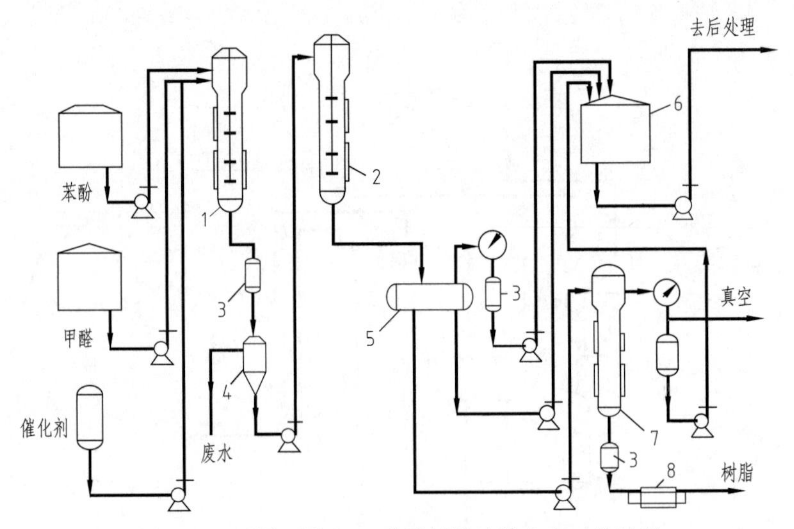

图 5-30 习题 2 图（2）酚醛树脂连续生产工艺过程

1—一级反应器；2—二级反应器；3—冷却器；4—分液器；5—闪蒸釜；
6—含酚水收集器；7—真空蒸发器；8—冷却运输成片机

第六章 设备布置图

工厂生产需要在车间内进行，因此一条生产线的建设，往往要依托一定面积的建筑物，在建筑物内实现设备布置及管道的安装，因此在学习车间设备布置图和管道布置图之前，要具备相关的建筑制图知识。

第一节 建筑制图简介

建筑制图应该依据的标准包括《房屋建筑制图统一标准》GB/T 50001—2017、《建筑制图标准》GB/T 50104—2010，技术人员进行设计和制图时应该遵守其中的各项规定。

一套完整的房屋建筑施工图按其专业内容或作用的不同一般分为：建筑施工图（简称建施，包括总平面图、平面图、立面图、剖视图、详图等）、结构施工图（简称结施）、设备施工图（简称设施）等，本节主要介绍建筑施工图。

一、建筑制图国家标准

1. 图线及用途

在建筑制图中，为了区分建筑物体各个部分的主次关系，使工程图样清晰美观，绘图时需要使用不同粗细的各种线型，如实线、虚线等，并规定有不同线宽。图线的宽度 b 宜从1.4mm、1.0mm、0.7mm、0.5mm、0.35mm、0.25mm、0.18mm、0.13mm 线宽系列中选取。图线宽度不应小于 0.1mm。每个图样，应根据复杂程度与比例大小，先选定基本线宽 b，再依据 b 的大小确定其他线宽。各种线型和线宽的规定与用途见表 6-1 和图 6-1。

表 6-1 建筑制图的线型及用途

名称		线型	线宽	用途
实线	粗	————————	b	主要可见轮廓线
	中粗	————————	$0.7b$	可见轮廓线
	中	————————	$0.5b$	可见轮廓线、尺寸线、变更云线
	细	————————	$0.25b$	图例填充线、家具线、纹样线等
虚线	粗	-------------	b	特殊不可见轮廓线
	中粗	-------------	$0.7b$	主要不可见轮廓线
	中	-------------	$0.5b$	不可见轮廓线
	细	-------------	$0.25b$	不可见图例填充线、家具线等

续表

名称		线型	线宽	用途
单点长画线	粗		b	见各有关专业制图标准
	中		$0.5b$	见各有关专业制图标准
	细		$0.25b$	中心线、对称线、定位轴线等
双点长画线	粗		b	见各有关专业制图标准
	中		$0.5b$	见各有关专业制图标准
	细		$0.25b$	假想轮廓线、成型前原始轮廓线
折断线	细		$0.25b$	断开界线
波浪线	细		$0.25b$	断开界线

注：1. 折断线为“Z”型，每条倾斜线与铅垂线的夹角为15°。

2. 各图线更详细的用途参见建筑制图标准 GB/T 50104—2010。

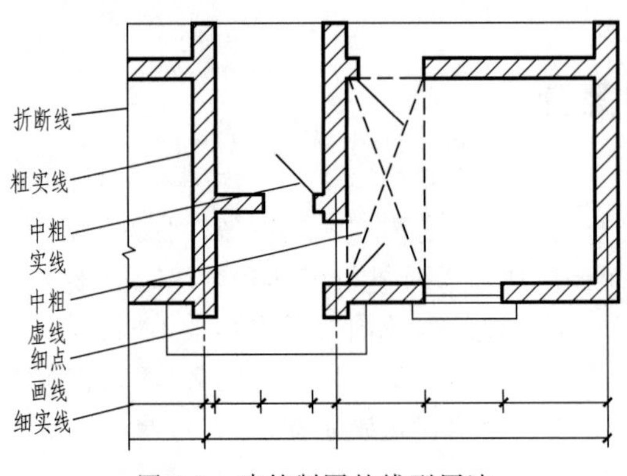

图 6-1　建筑制图的线型用法

2. 比例

建筑制图的比例按表 6-2 进行选用，使用者应优先选用常用比例。

表 6-2　建筑制图的比例

建筑或构筑物的平面图、立面图、剖视图	1∶50、1∶100、1∶150、1∶200、1∶300
建筑或构筑物的局部放大图	1∶10、1∶20、1∶25、1∶30、1∶50
配件及构造详图	1∶1、1∶2、1∶5、1∶10、1∶15、1∶20、1∶25、1∶30、1∶50

3. 尺寸标注

如图 6-2 所示，尺寸界线用细实线表示，首离不小于 2mm，尾出 2～3mm；尺寸线用细实线，首尾与尺寸界线相接；尺寸起止符号用中粗短斜线段，长 2～3mm；尺寸数字同前面的规定。

4. 定位轴线及编号

在施工图中通常将房屋的基础、墙、柱等承重结构的轴线画出，并进行编号，以便施工时定位放线和查阅图纸。这些轴线称为定位轴线，见图 6-3。定位轴线是施工图中定位、放线的重要依据。凡是承重墙、柱子、梁或屋架等主要承重构件均应画上定位轴线以确定其位置。非承重的分隔墙、次要的承重结构，一般不画定位轴线，而是注明它们与附近定位轴线的相关尺寸来确定其位置，但有时也可用分轴线来确定其位置。

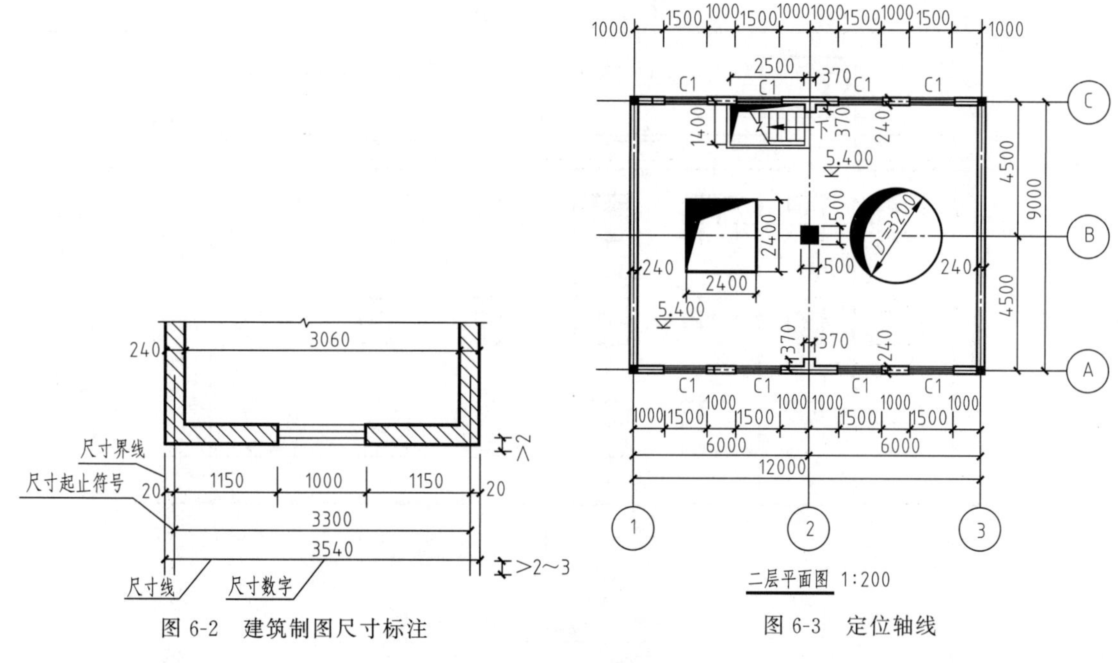

图 6-2　建筑制图尺寸标注

图 6-3　定位轴线

定位轴线用细单点长画线画出，轴线编号用圆圈及编号表示。圆圈用细实线，直径大小为 8mm；编号水平方向用阿拉伯数字从左向右依次编写；垂直方向用大写拉丁字母由下而上依次编写（I、O、Z 除外，字母不够用时，可以使用双字母或字母加数字下标表示）。两根轴线间的附加轴线，应用分母表示前一轴线的编号，分子表示附加轴线的编号，编号宜用阿拉伯数字顺序编号。

5. 符号

(1) 详图索引符号

在图样中的某一局部或构件，如需另见详图时，常常用索引符号注明详图的位置、编号以及详图所在的图纸编号。

用一引出线指出要画详图的地方，在线的另一端画一细实线的圆，直径 10mm，内部细实线分割的半圆上方填写详图序号，下方半圆内填写详图所在的图纸编号，格式如下：

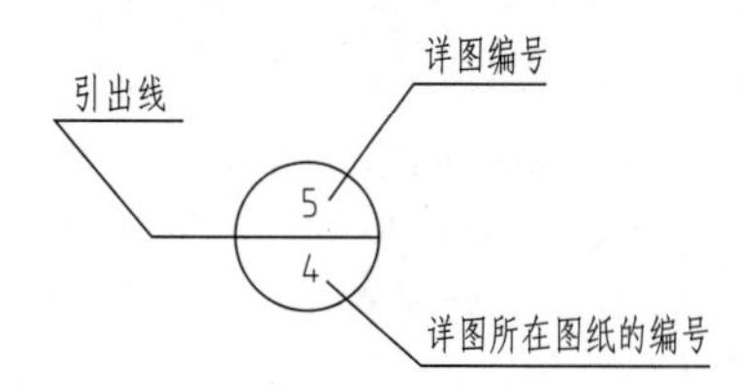

索引符号的应用示例见图 6-4。

(2) 详图符号

在详图中，表示详图的索引图纸和编号。用粗实线绘制直径 14mm 的圆。

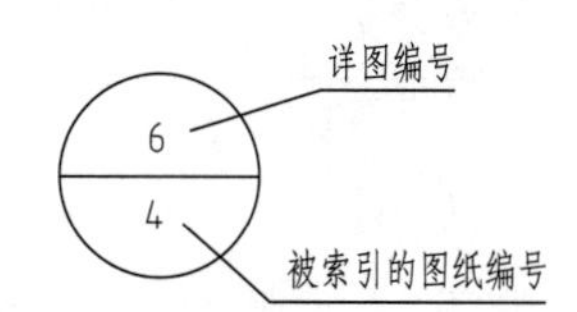

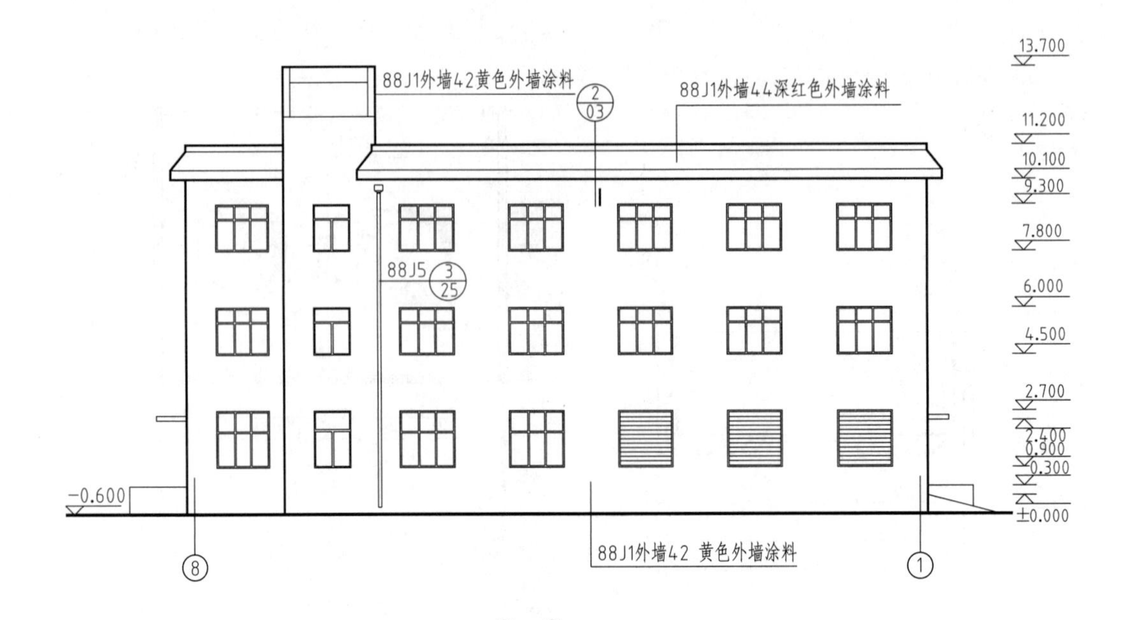

图 6-4 详图索引符号示例

(3) 指北针及风向频率玫瑰图

指北针（在总平面图或首层平面图中使用）指示了平面方向，是平面制图的组成要素。

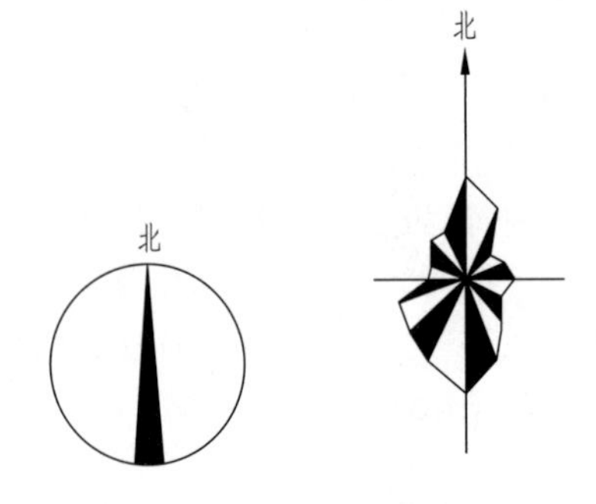

图 6-5 指北针及风向频率玫瑰图

指北针的形状符合图 6-5（a）的规定，其圆的直径宜为 24mm，用细实线绘制；指针尾部的宽度宜为 3mm，指针头部应注“北”或“N”字样。需用较大直径绘制指北针时，指针尾部的宽度宜为直径的 1/8。

风向频率玫瑰图表示一年中的风向频率，一般在总平面图中使用，见图 6-5（b）。

(4) 标高符号

在总平面图、平面图、立面图和剖视图上，经常用标高符号表示某一部位的高度。标高符号为细实线等腰直角三角形，高度为 3mm 左右，在平行引出线上标注高度尺寸，数值单位为米，在总平面图中小数点后留两位数；平面图、立面图、剖视图中小数点后留三位数［图 6-6（a）］。符号的尖端对齐标注部位，尖端可向上也可向下，在上方或下方标注相应尺寸，见图 6-6（b）。右端空间不足时可采用图 6-6（c）格式，总平面图室外标高符号内部涂黑如图 6-6（d）所示。

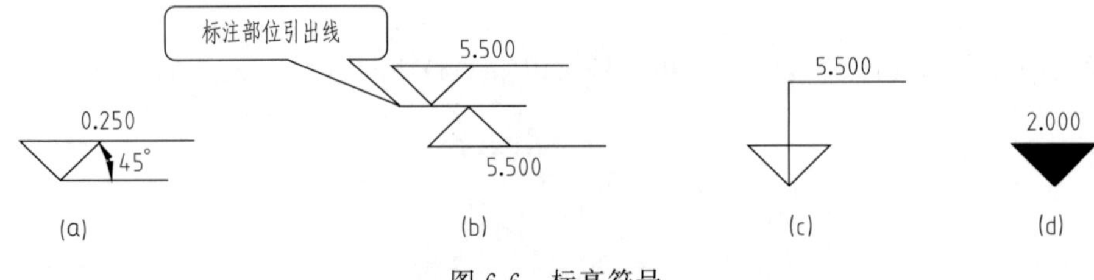

图 6-6 标高符号

6. 图例

由于房屋建筑的材料和构造、配件种类较多，为作图简便，国家标准规定了一系列的图形符号来代表建筑物的材料和构造及配件等，见表 6-3 和表 6-4。

表 6-3　常用建筑材料图例（摘选于 GB/T 50001—2017）

名称	图例	名称	图例	名称	图例
自然土壤		普通砖	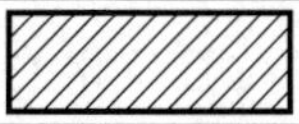	毛石	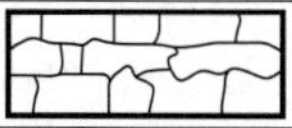
夯实土壤		混凝土	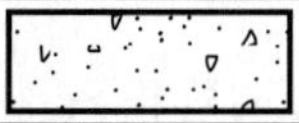	钢筋混凝土	

表 6-4　常用建筑构造及配件图例（GB/T 50104—2010）

名称	图　例	画法说明或补充图例
墙体	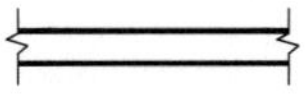	可以表示外墙或内墙，表示外墙时，外面可加细实线表示保温层或幕墙，墙体内应该加注文字说明或填充图案表示不同材料，各层平面图中的防火墙宜着重以特殊图案填充表示
窗①	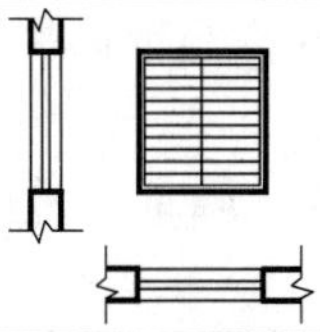	窗的名称代号为 C，分为固定窗、悬窗、立转窗、推拉窗、百叶窗、高窗等，在剖视图中的画法多用中间双细实线表示。在立面图中应表示窗的开启方向
门②	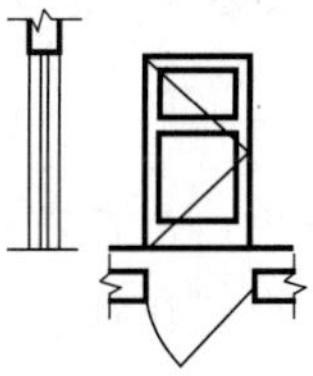	门的符号为 M，分单扇、双扇、折叠、推拉等各种类型。在立面图画法中，用两条相交线表示开启方向，实线向车间外打开，虚线则向内打开。剖视图中的开启线角度可画为 90°、60°、45°，开启弧线宜绘出
楼梯	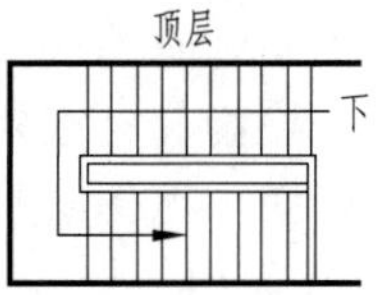 顶层　下	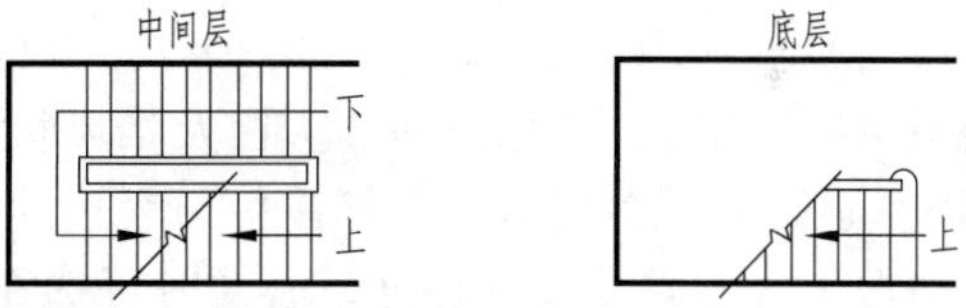 中间层　下　上 底层　上
其他	可见与不可见检查孔 	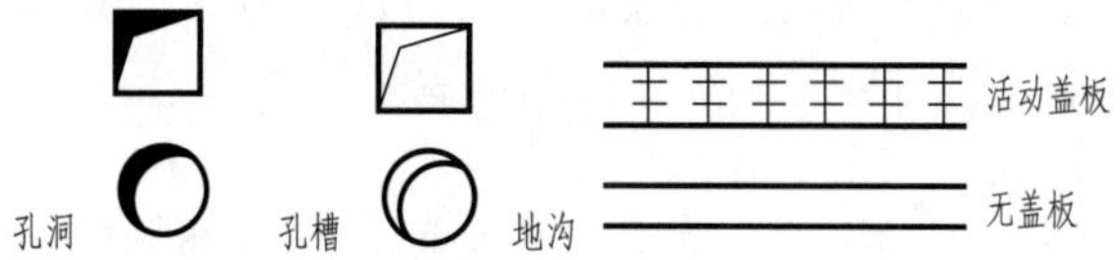 孔洞　孔槽　地沟　活动盖板　无盖板

① 所示图例为百叶窗；
② 所示图例为单扇门。

二、建筑施工图的基本内容

建筑施工图包括建筑总平面图、平面图、立面图、剖视图和详图等，在建筑总平面图中表达平面图的数量，平面图包括两种：屋顶平面图（屋顶的水平正投影图）、楼层平面图（楼层的水平剖视图），其数量根据实际需要确定。

1. 平面图基本内容

① 承重墙、柱及其定位轴线和轴线编号，内外门窗位置、编号及定位尺寸，门的开启方向，注明房间名称或编号，库房（储藏）注明储存物品的火灾危险性类别。

② 轴线总尺寸（或外包总尺寸）、轴线间尺寸（柱距、跨度）、门窗洞口尺寸、分段尺寸。

③ 墙身厚度（包括承重墙和非承重墙），柱与壁柱截面尺寸（必要时）及其与轴线关系尺寸；当围护结构为幕墙时，标明幕墙与主体结构的定位关系；玻璃幕墙部分标注立面分格间距的中心尺寸。

④ 变形缝位置、尺寸及做法索引。

⑤ 主要建筑设备和固定家具的位置及相关做法索引，如卫生器具、雨水管、水池、台、橱、柜、隔断等。

⑥ 电梯、自动扶梯及步道（注明规格）、楼梯（爬梯）位置和楼梯上下方向示意和编号索引。

⑦ 主要结构和建筑构造部件的位置、尺寸和做法索引，如中庭、天窗、地沟、地坑、重要设备或设备机座的位置尺寸、各种平台、夹层、人孔、阳台、雨篷、台阶、坡道、散水、明沟等。

⑧ 楼地面预留孔洞和通气管道、管线竖井、烟囱、垃圾道等位置、尺寸和做法索引，以及墙体（主要为填充墙、承重砌体墙）预留洞的位置、尺寸与标高或高度等。

⑨ 车库的停车位（无障碍车位）和通行路线。

⑩ 特殊工艺要求的土建配合尺寸及工业建筑中的地面荷载、起重设备的起重量、行车轨距和轨顶标高等。

⑪ 室外地面标高、底层地面标高、各楼层标高、地下室各层标高。

⑫ 底层平面标注剖切线位置、编号及指北针。

⑬ 有关平面节点详图或详图索引号。

⑭ 每层建筑平面中防火分区面积和防火分区分隔位置及安全出口位置示意（宜单独成图，如为一个防火分区，可不注防火分区面积），或以示意图（简图）形式在各层平面中表示。

⑮ 住宅平面图中标注各房间使用面积、阳台面积。

⑯ 屋面平面应有女儿墙、檐口、天沟、坡度、坡向、雨水口、屋脊（分水线）、变形缝、楼梯间、水箱间、电梯机房、天窗及挡风板、屋面上人孔、检修梯、室外消防楼梯及其他构筑物、必要的详图索引号、标高等；表述内容单一的屋面可缩小比例绘制。

⑰ 根据工程性质及复杂程度，必要时可选择绘制局部放大平面图。

⑱ 建筑平面较长较大时，可分区绘制，但须在各分区平面图适当位置上绘出分区组合示意图，并明显表示本分区部位编号。

⑲ 图纸名称、比例。

⑳ 图纸的省略：如系对称平面，对称部分的内部尺寸可省略，对称轴部位用对称符号表示，但轴线号不得省略；楼层平面除轴线间等主要尺寸及轴线编号外，与底层相同的尺寸可省略；楼层标准层可共用同一平面，但需注明层次范围及各层的标高。

2. 立面图基本内容

① 两端轴线编号，立面转折较复杂时可用展开立面表示，但应准确注明转角处的轴线编号。

② 立面外轮廓及主要结构和建筑构造部件的位置，如女儿墙顶、檐口、柱、变形缝、室外楼梯和垂直爬梯、室外空调机搁板、外遮阳构件、阳台、栏杆、台阶、坡道、花台、雨篷、烟囱、勒脚、门窗、幕墙、洞口、门头、雨水管，以及其他装饰构件、线脚和粉刷分格线等。

③ 建筑的总高度、楼层位置辅助线、楼层数和标高以及关键控制标高的标注，如女儿

墙或檐口标高等；外墙的留洞应标注尺寸与标高或高度尺寸（宽×高×深及定位关系尺寸）。

④ 平面图、剖视图未能表示出来的屋顶、檐口、女儿墙、窗台以及其他装饰构件、线脚等的标高或尺寸。

⑤ 在平面图上表达不清的窗编号。

⑥ 各部分装饰用料名称或代号，剖视图上无法表达的构造节点详图索引。

⑦ 图纸名称、比例。

⑧ 各个方向的立面应绘齐全，但差异小、左右对称的立面或部分不难推定的立面可简略；内部院落或看不到的局部立面，可在相关剖视图上表示，若剖视图未能表示完全时，则需单独绘出。

3. 剖视图基本内容

① 剖视位置应选在层高不同、层数不同、内外部空间比较复杂、具有代表性的部位；建筑空间局部不同处以及平面、立面均表达不清的部位，可绘制局部剖面。

② 墙、柱、轴线和轴线编号。

③ 剖切到或可见的主要结构和建筑构造部件，如室外地面、底层地（楼）面、地坑、地沟、各层楼板、夹层、平台、吊顶、屋架、屋顶、出屋顶烟囱、天窗、挡风板、檐口、女儿墙、爬梯、门、窗、外遮阳构件、楼梯、台阶、坡道、散水、平台、阳台、雨篷、洞口及其他装修等可见的内容。

④ 高度尺寸。外部尺寸——门、窗、洞口高度、层间高度、室内外高差、女儿墙高度、阳台栏杆高度、总高度；内部尺寸——地坑（沟）深度、隔断、内窗、洞口、平台、吊顶等。

⑤ 标高。主要结构和建筑构造部件的标高，如室内地面、楼面（含地下室）、平台、雨篷、吊顶、屋面板、屋面檐口、女儿墙顶、高出屋面的建筑物、构筑物及其他屋面特殊构件等的标高，室外地面标高。

⑥ 节点构造详图索引号。

⑦ 图纸名称、比例。

4. 详图基本内容

① 内外墙、屋面等节点，绘出不同构造层次，表达节能设计内容，标注各材料名称及具体技术要求，注明细部和厚度尺寸等。

② 楼梯、电梯、厨房、卫生间等局部平面放大和构造详图，注明相关的轴线和轴线编号以及细部尺寸、设施的布置和定位、相互的构造关系及具体技术要求等。

③ 室内外装饰方面的构造、线脚、图案等；标注材料及细部尺寸、与主体结构的连接构造等。

④ 门、窗、幕墙绘制立面图，对开启面积大小和开启方式、与主体结构的连接方式、用料材质、颜色等作出规定。

⑤ 对另行委托的幕墙、特殊门窗，应提出相应的技术要求。

⑥ 其他凡在平面图、立面图、剖视图或文字说明中无法交代或交代不清的建筑构配件和建筑构造。

第二节　设备布置图的内容与图示特点

设备布置图是用来表示设备与建筑物、设备与设备之间的相对位置，并能直接指导设备安装的重要技术文件。设备布置图应以管道及仪表流程图、土建图、设备表、设备图、管道走向和管道图及制造厂提供的有关产品资料为依据绘制。绘制时，设备布置图的内容表达及画法应遵守化工设备布置设计的有关规定 HG/T 20546—2009 和 HG/T 20519—2009。

一、设备布置图的内容

如图 6-7 所示，设备布置图包含的主要内容如下：

- 一组视图：表示厂房建筑的基本结构和设备在厂房内外的布置情况
- 尺寸和标注：平面图和剖视图中要标注的内容及一些必要说明
- 安装方位标：确定设备安装方位的基准，一般画在图纸的右上方
- 标题栏：注写图名、图号、比例、设计者等

这些内容要表达清楚：①设备之间的相互关系；②界区范围的总尺寸和装置内关键尺寸，如建、构筑物的楼层标高及设备的相对位置；③土建结构的基本轮廓线；④装置内管廊、道路的布置。

从图 6-7 可见，设备布置图标题栏样式简单，上方有签署栏和设备明细表，正上方有附注说明，左侧有盖章栏。在学生作业阶段，可以采用第一章简化的标题栏格式。

二、设备布置图的图示方法

1. 分区

设备布置图一般按工艺主项绘制，当其中需要布置的设备较多时，可以分成若干个小区绘制。但各区的相对位置应该在装置总图中表明，因此，用双点画线表示分区范围线的分区索引图，成为设备布置图的设计文件之一。

(1) 分区原则

应将装置划分为若干小区，小区的大小应以能在一张图纸上绘制完成管道平面布置图为原则；另外，小区数不得超过 90 个。

(2) 分区索引图画法

① 分区索引图以设备布置图方式添加分区界线，注明各区编号，如图 6-8 所示。

② 未分大区而只分小区的分区索引图，分区界线用粗双点画线（线宽 0.6～0.9mm）表示；大区与小区相结合的分区索引图，大区分界线用粗双点画线（线宽 0.6～0.9mm）、小区分界线用中粗双点画线（线宽 0.3～0.5mm）表示。

③ 小区用两位数（11～99）编号并写在分区界线右下角 16mm×6mm 矩形框内（4mm 字高）。

(3) 管道布置图上所在区位置的表示法

在布置图标题栏的上方用缩小的加阴影线的索引图，表示该图所在区的位置。

2. 图幅、比例及线宽

一般采用 A1 图幅、不加长加宽绘制设备布置图，特殊情况下也可采用其他图幅。绘图比例的确定，应依据设备布置的疏密情况、界区的大小和规模而定，常采用 1∶100，也可

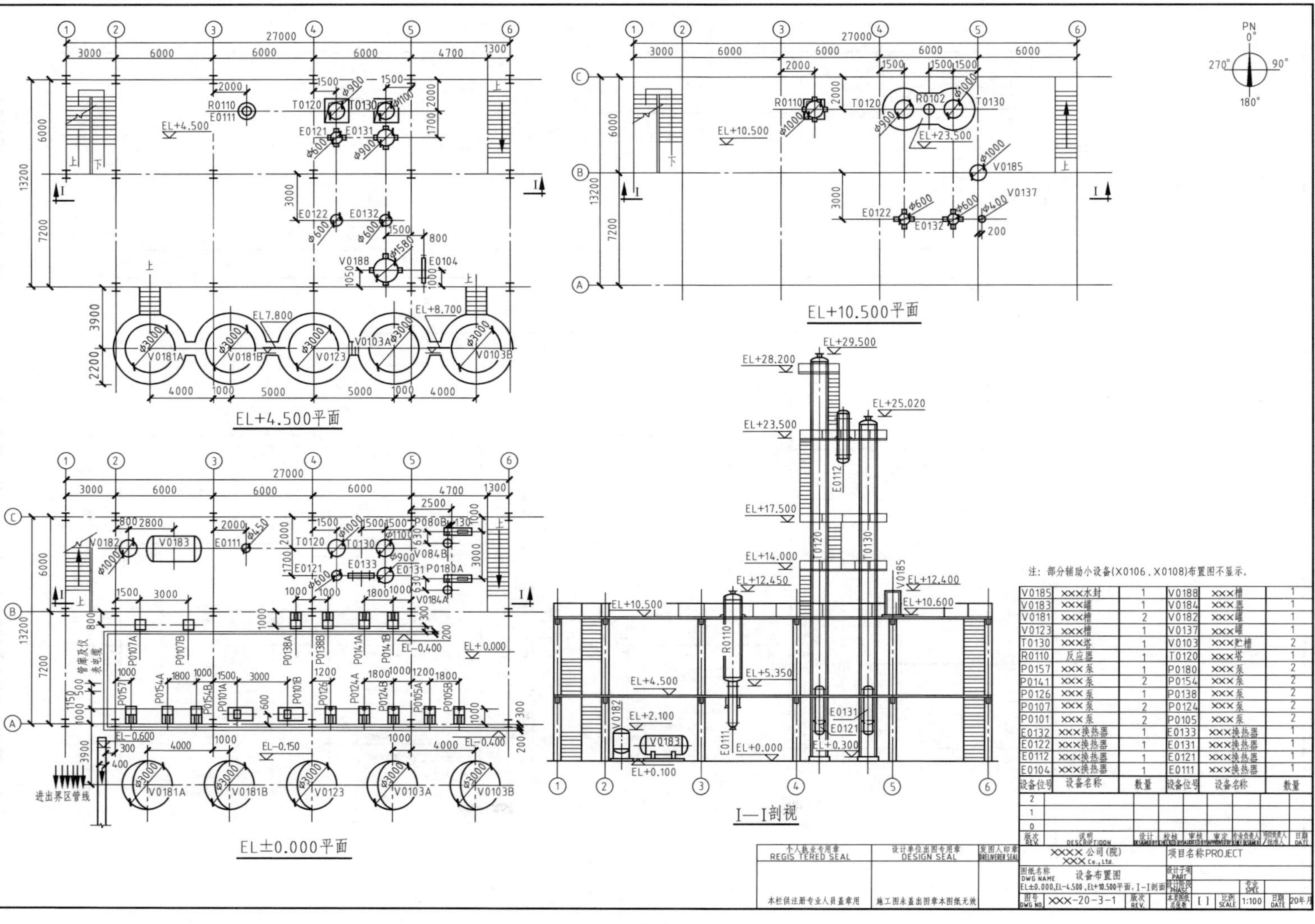
EL+4.500平面
EL+10.500平面
EL±0.000平面
I—I剖视
注：部分辅助小设备(X0106、X0108)布置图不显示。
进出界区管线
项目名称PROJECT
设备布置图
XXX-20-3-1

图 6-7　设备布置图示例

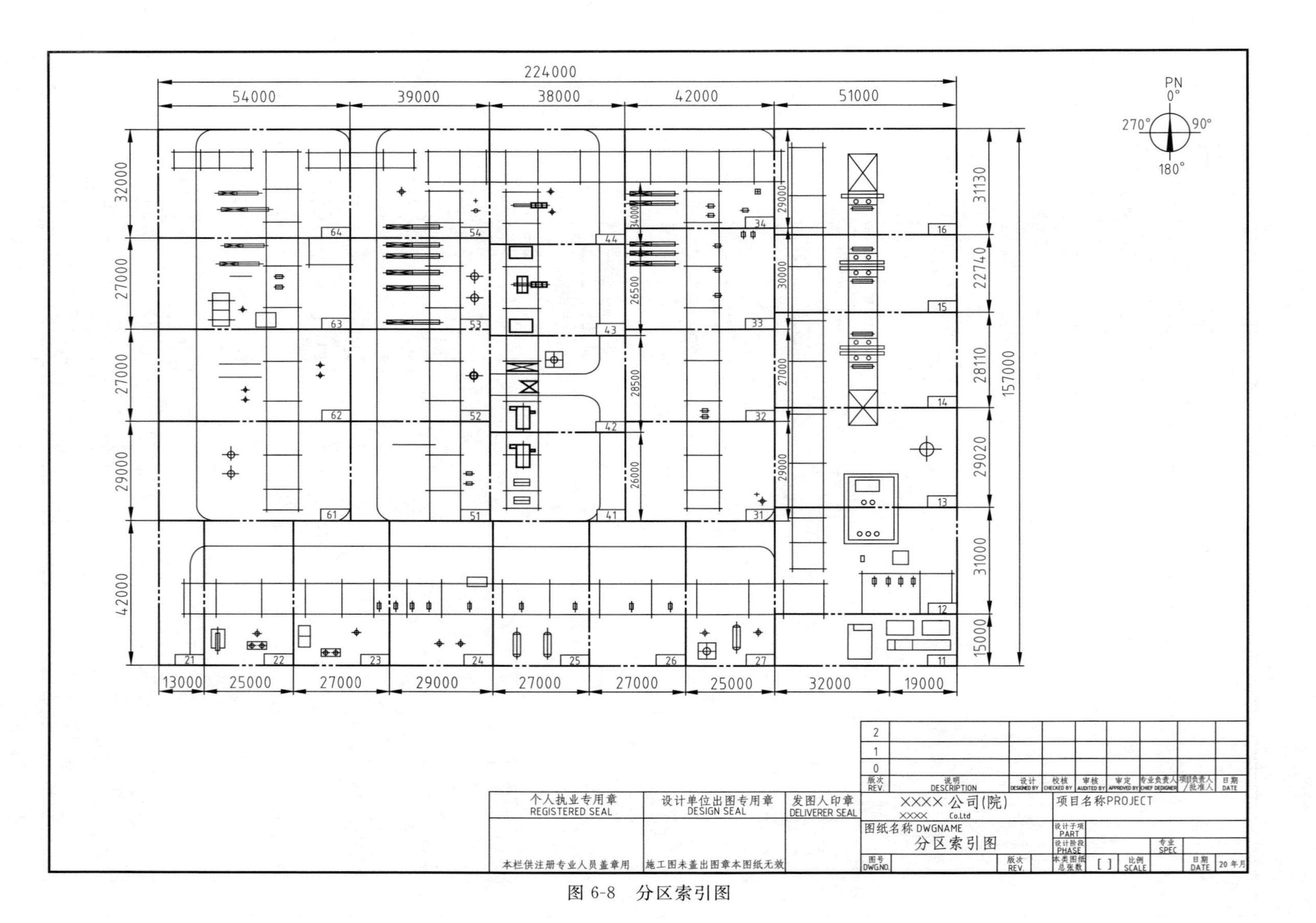
224000
54000
39000
38000
42000
51000
PN
0°
90°
180°
270°
32000
27000
27000
29000
42000
31130
22740
28110
29020
31000
15000
157000
13000
25000
27000
29000
27000
27000
25000
32000
19000
版次 REV.
说明 DESCRIPTION
设计 DESIGNED BY
校核 CHECKED BY
审核 AUDITED BY
审定 APPROVED BY
专业负责人 CHIEF DESIGNER
项目负责人/批准人
日期 DATE
个人执业专用章 REGISTERED SEAL
设计单位出图专用章 DESIGN SEAL
发图人印章 DELIVERER SEAL
XXXX 公司(院)
XXXX Co.Ltd
项目名称PROJECT
图纸名称 DWGNAME
分区索引图
设计子项 PART
设计阶段 PHASE
专业 SPEC
本栏供注册专业人员盖章用
施工图未盖出图章本图纸无效
图号 DWGNO.
版次 REV.
本类图纸总张数
比例 SCALE
日期 DATE
20 年 月
图 6-8 分区索引图

采用 1∶200 或 1∶50。布置图的线宽要符合第五章工艺类图纸的规定。

3. 尺寸单位和标高表示方法

设备布置图中安装高度、高度坐标均以米（m）为单位，保留到小数点后第三位即毫米（mm），其余的尺寸（平面上的定位、定形尺寸等）一律以毫米（mm）为单位，只注数字，不注单位。若采用其他单位标注尺寸，则必须在图纸中注明。

不论对于建筑物还是设备，标高的表示方法宜用“EL±0.000”“EL＋××.×××”格式，对于“EL＋××.×××”，也可将“＋”省略，表示为“EL××.×××”；一层地面的标高宜选用 EL±0.000；采用 EL 标注时，其下方一般用一条横线与标注的位置对齐（立面图），而平面图上使用 EL 时，前面附加基准前缀如¢（此符号在 AutoCAD 中很难实现，一般使用Φ代替）、POS 等说明基准的位置，见后面的设备标注规定。

曾用标高格式：①一层地面基准标注为 EL100.000。该格式使图中的标高一般不带负号，即低于一层地面的安装位置仍为正数（很少出现低于地面 100m 安装的设备）。例如某设备需要安装在地面以上 3.5m 处，则可标注为 EL103.500；若某设备需要安装在地面以下 3.5m 处，则可标注为 EL96.500。而按照一层地面为 EL±0.000 时，此处应该注写为 EL－3.500。②带有标高符号▽。采用建筑物制图中的标高符号，上方注明高度数值（米为单位）。读图时应注意地面基准的标注方式。

4. 标题栏、图名和图号

标题栏样式如图 6-9 所示，长度为 180mm，小格高 6～8mm。左上角写单位名称，右上角填写项目名称。标题栏上方为签署栏，格式和设备装配图相同（参见第四章）。

<table>
<tr><td colspan="4">×××公司(院)
×××Co.Ltd</td><td colspan="6">项目名称</td></tr>
<tr><td colspan="4" rowspan="2">设备布置图
EL±0.000、EL±4.500平面</td><td>设计子项</td><td colspan="5"></td></tr>
<tr><td>设计阶段</td><td colspan="2"></td><td>专业</td><td colspan="2"></td></tr>
<tr><td>图号</td><td>×××-20-2-2</td><td>版次</td><td></td><td>本类图纸总张数</td><td>[ ]</td><td>比例</td><td>1:×</td><td>日期</td><td>20 年 月</td></tr>
</table>

图 6-9　设备布置图标题栏

单位名称下方为图名，一般分为两行注写：上行写“××××设备布置图”，下行写“EL±0.000 平面”“EL＋××.×××平面”“×—×剖视”等，应注写图形区绘制的各平面和立面图情况。

设备布置图的图纸均单独编号，不再分张，在标题栏中注明本类图纸的总张数。

5. 视图的配置

① 界区。设备布置图一般以联合布置的装置或独立主项为绘制单元，界区用粗双点画线表示。

② 平面图和剖视图。平面图为俯视图，其实也是从顶部（上层楼板下沿）向下的一种剖视图，它不但能够表示设备的定位，还能表示出厂房建筑的方位、占地大小、分隔情况以及与设备安装、定位有关的建筑物、构筑物的结构形状和相对位置，因此每一层都需要绘制平面图。有操作台时，一般绘制台子下方的部分，台子上方可以另画局部平面图。剖视图专指立面图，是假想用一平面将厂房建筑物沿垂直方向剖开后投影得到的立面剖视图，用来表达设备沿高度方向的布置安装情况，显然，剖视图是平面布置的补充。

③ 视图配置。图纸可以只绘制平面图，平面图表达不清楚时（如较复杂的装置或多层

建筑物内的装置），应该绘制多张剖视图或局部视图，剖视符号用字母 A—A、B—B、C—C……或罗马数字Ⅰ—Ⅰ、Ⅱ—Ⅱ、Ⅲ—Ⅲ……表示。剖视图可以单独绘制，也可以和平面图一起布置在同一张图纸上。当一张图纸上需要布置多个平面图或立面图时，应该将第一层平面图安排在左下方，然后向上向右沿顺时针方向安排第二层平面图、第三层平面图……、立面图，并在每个平面图下方标注地面标高，在每个立面图的上方标注剖视符号。

6. 图面布置

充分利用图纸空间，使图纸清晰，详图放在平面图右侧或周围空间。但图形不可占用过满，与图纸左侧及顶部边框线应留有 70mm 净空距离，标题栏的上方不宜绘制图形，应依次布置缩制的分区索引图、设计说明、设备一览表等。

7. 设备、建筑物及其构件的图示方法

(1) 建筑物及其构件

① 一般只需用细实线画出厂房建筑的空间大小、内部分隔及与设备安装定位有关的基本结构，包括：门、窗、墙、柱、楼梯、操作台、下水箅子、吊篮、栏杆、安装孔、管廊架、管沟、围堰、道路、通道等。当有控制室、配电室、生活及辅助间时，用细实线按比例绘制。

② 与设备定位关系不大的门、窗等构件，一般只在平面图上画出它们的位置、门的开启方向等，如图 6-10 所示。这些构件在剖视图上一般不予表示。

③ 用细实线绘制承重墙、柱等结构的轮廓，并用细点画线画出其建筑定位轴线。

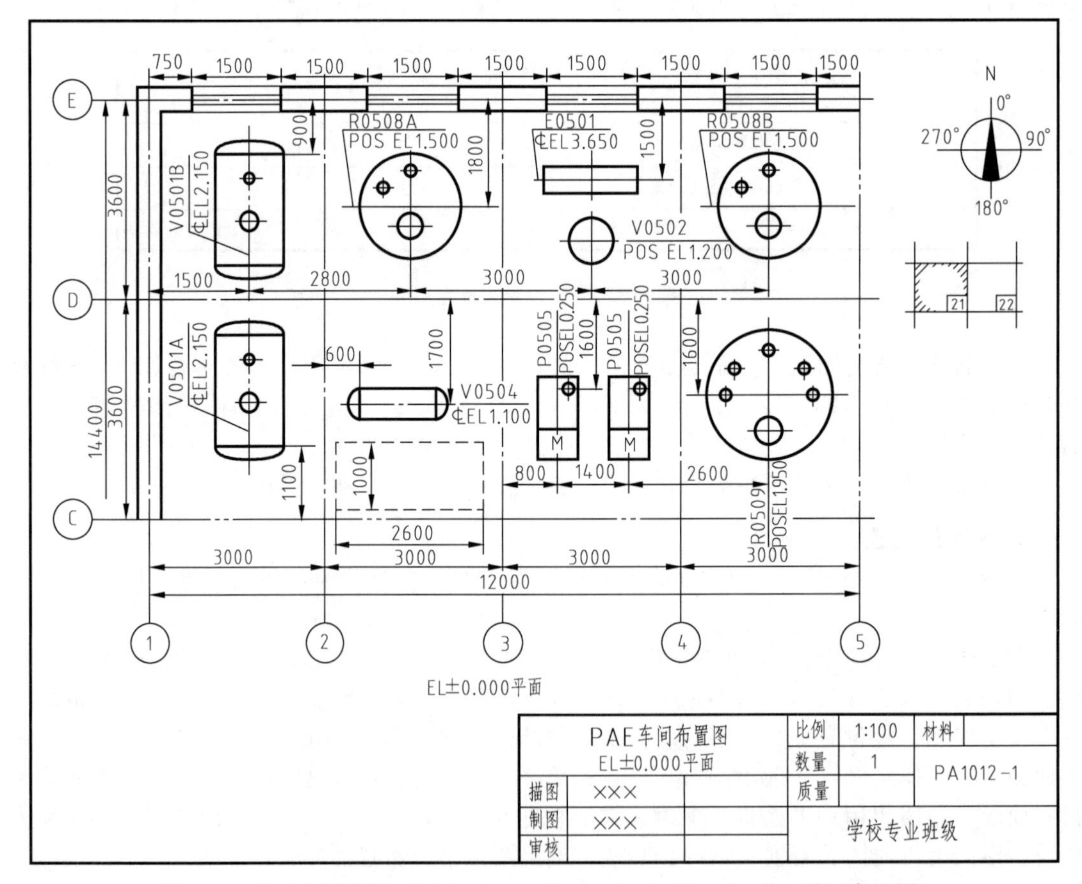

图 6-10 设备布置图例（EL±0.000，EL+4.500，EL+10.500 平面布置图）

④ 用粗虚线表示起重、吊装、抽管束需要的预留空间。

⑤ 装置区需要槽车进出时，宜在槽车停车位置上示意出其外形。

(2) 设备

① 用粗实线绘制设备的外形轮廓及其安装基础，其中支架、安装基础用中粗实线。

② 可以只绘制外形较复杂设备的基础外形。

③ 对于多于三台的同一位号设备，可以只画出首末两台设备的外形，中间的只画基础或用双点画线方框表示。

④ 可适当简化非定型设备的外形，包括其附属的操作台、梯子和支架（注出支架图号）。无管口方位图的设备，应画出其特征管口（如人孔）并表示方位角，卧式设备应画出其特征管口或标注固定端支座。

⑤ 一个设备穿过多层建、构筑物时，在每层平面上均需画出设备的平面位置，并标注设备位号。各层平面应是以上一层的楼板底面水平剖切的俯视图。

⑥ 动设备可只画基础，表示出特征管口和驱动机的位置，如图 6-11 所示。

⑦ 在需要时，在平面图的右下方可以列一个包括设备位号、设备名称、设备数量的设备表。

三、设备布置图的标注

设备布置图的标注内容，可以分为图形区和表格文字区，图形区的标注包括厂房建筑、设备、构筑物等。在进行尺寸标注时，标高、坐标要以米为单位标注，保留到小数点后第 3 位，而平面尺寸以毫米为单位，一般保留到个位。下面具体说明各种标注内容。

（一）建（构）筑物及其构件的标注

① 标注建筑物定位轴线的编号。

② 标注建（构）筑物及其构件水平面方向的尺寸，包括轴线间距离、建筑物总长和总宽、各构筑物的定位和定形尺寸。

③ 标注建（构）筑物高度方向的尺寸、室内外地坪的标高。

（二）设备标注

1. 平面图中设备的标注

在不绘制剖视图时，设备在平面和高度方向的定位都要表示在平面图上，因此，设备上有四个要素，即设备位号、南北向定位尺寸、东西向定位尺寸、高度方向定位尺寸，需要明确标注。一般不需要标注设备的定形尺寸。

(1) 平面定位尺寸

对于反应器、塔、槽、罐、换热器等设备，一般标注建筑定位轴线管架、管廊的柱中心线或与设备定位基准线之间的距离。设备上的定位基准，尽量利用中心线如中心轴线、泵缸中心线、机轴中心线、特征管口中心线。具体如下。

① 卧式设备和换热器以设备中心线和固定端或滑动端中心线为基准线，如图 6-12（a）。

② 立式反应器、塔、槽、罐和换热器以设备中心线为基准线，见图 6-12（b）。

③ 离心式泵、压缩机、鼓风机、蒸汽透平以中心线和出口管中心线为基准线。

④ 往复式泵、活塞式压缩机以缸中心线和曲轴（或电动机轴）中心线为基准线。

⑤ 板式换热器以中心线和某一出口法兰端面为基准线。

⑥ 与主要设备密切相关的附属设备，如再沸器、喷射器、回流冷凝器等，应以主要设

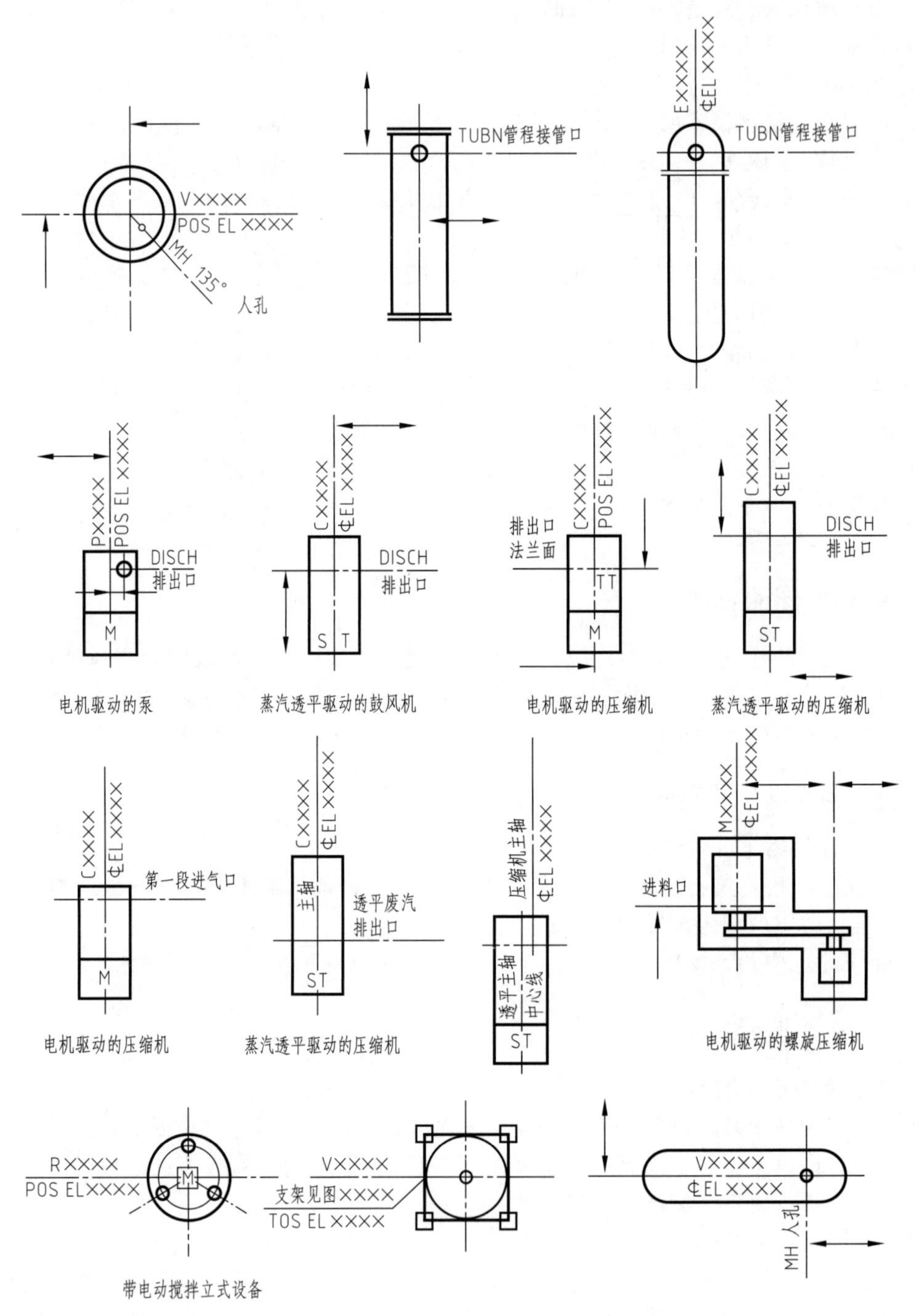

图 6-11 典型设备的标注

备的中心线为基准予以标注。

(2) 高度方向定位尺寸

如图 6-12 所示，在设备中心线的上方标注设备位号，下方标注支撑点标高（如 POS EL＋××.×××）或主轴中心线的标高（如℄ EL＋××.×××）或其他标高。对于不同的设备，标高选择如下。

① 卧式换热器、槽、罐以中心线标高表示（如℄ EL＋××.×××）；也可以安装基础

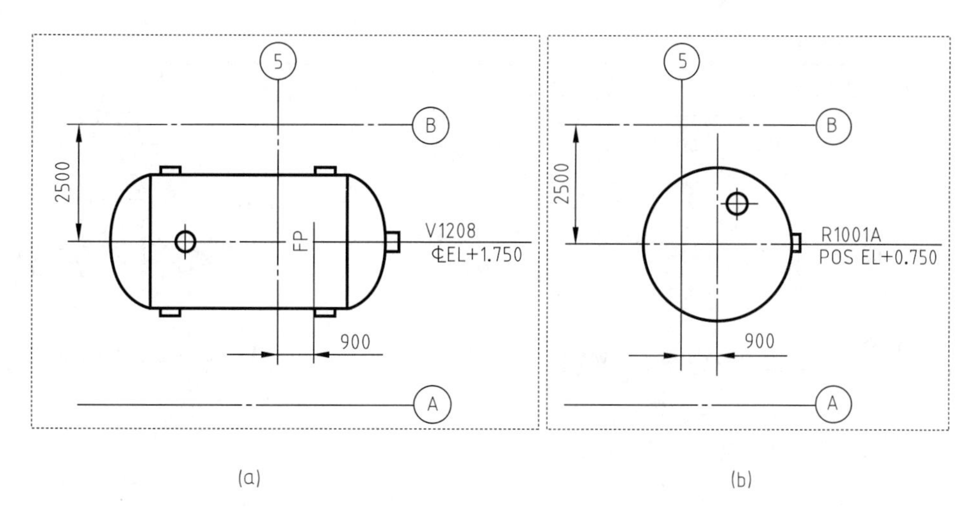

图 6-12　设备定位尺寸的标注

表示（如 POS EL＋××.×××）。

② 立式、板式换热器以支承点标高表示（如 POS EL＋××.×××）。

③ 反应器、塔和立式槽、罐以支承点标高表示（如 POS EL＋××.×××）。

④ 泵、压缩机以主轴中心线标高（℄ EL＋××.×××）或以基础顶面标高（POS EL＋××.×××）或以底盘底面标高（BBP EL＋××.×××）表示。

⑤ 管廊、管架标注出架顶的标高（如 TOS EL＋××.×××）。

2. 剖视图中设备的标注

在剖视图（立面图）中，应注明设备的位号，并用 EL××.×××方式标注高度位置，此时 EL 下方画一条横线，该线正对的位置为标高标注的位置。

3. 特殊情况的标注

对有坡度要求的地沟等构筑物，在其较高一段进行标注（包括标高、坡向及坡度）；将平台的顶面标高、栏杆、外形尺寸标注在平面图上。

（三）安装方位标

安装方位标也称设计北向标志（见表 6-5 图例），是确定设备安装方位的基准。一般将其画在图纸的右上方。方位标的画法目前各部门无统一的规定，有的设备布置图中有方位标，有的因在建筑图中或供审批的初步设计中已确定了方位，设备布置图中则不再标注。

表 6-5　设备布置图图例

名　称	图　例	名　称	图　例
方向标(圆直径为 20mm)	N 0° φ20 270° 90° 3mm 180°	砾石（碎石）地面	
素土地面		混凝土地面	
钢筋混凝土		安装孔、地坑(剖面涂红色或填充灰色)	

续表

名称	图例	名称	图例
电动机	M	圆形地漏	
仪表盘、配电箱		双扇门（剖面涂红色或填充灰色）	
单扇门（剖面涂红色或填充灰色）		空洞门（剖面涂红色或填充灰色）	
窗（剖面涂红色或填充灰色）		栏杆	平面 立面
花纹钢板	局部表示网格线	箅子板	局部表示箅子
楼板及混凝土梁（剖面涂红色或填充灰色）		钢梁（混凝土楼板涂红色）	
楼梯	下 上 上 下	直梯	平面 立面
地沟混凝土盖板		柱子（剖面涂红色或填充灰色）	混凝土柱 钢柱
管廊（按柱子截面形状表示）		单轨吊车	平面 立面
桥式起重机	平面 立面	悬臂起重机	H 平面 立面
旋臂起重机	平面 立面	铁路（线宽0.6mm）	平面
吊车轨道及安装梁	平面 T.B.	平台和其标高	ELxxxx
地沟坡度与标高	i=xxxx ELxxxx		

方位标可用细实线画出直径为20mm的圆，画出水平、垂直两轴线，并分别注以0°、90°、180°、270°等字样。一般采用建筑北向（以“N”表示）作为零度方向基准。该方位一经确定，凡必须表示方位的图样均应统一。

（四）附注

在标题栏的上方空间，可以附加一些注释性说明，如：
剖视图见图号××××。
地面设计标高为EL±0.000。
图纸中的尺寸除标高、坐标以米（m）为单位以外，其余的以毫米（mm）计。
说明某种图形表示的含义。

（五）修改栏

应按设计管理规定加修改栏，在每次修改版中按设计管理的统一要求，填写修改标记、内容、日期及签署。

（六）分区索引图

对大型装置（有分区），需要在设备布置图EL±0.000平面图的标题栏上方，绘制缩小的分区索引图，并用阴影线表示出该设备布置图在整个装置中的位置。

第三节　设备布置图的绘制和阅读

一、绘图前的准备工作

设备布置设计是化工工程设计的一个重要阶段。绘制图纸前应首先了解有关图纸和资料，应以工艺施工流程图、厂房建筑图、设备设计条件单等为依据，充分了解工艺过程的特点和要求、厂房建筑的基本结构等。其次，应充分考虑设备布置的合理可行性，必须满足工艺、经济及用户要求，还有操作、维修、安装、安全、外观等方面的要求。设备的位置应依据流程图中物料的流动顺序、位差要求、置换内容物要求及流程图中注明的特殊高度要求；在满足规范要求下要尽量占地小，避免管道不必要的往返，减少能耗及操作费用；在空间上要考虑操作及检修通道，应有必要的平台、楼梯和安全出入口等；用于易燃、易爆、高温、有毒物质的设备应符合安全生产规范的要求。最后，在保证合理可行的前提下，设备布置应尽可能整齐、美观、协调，如将同样设备或人孔整齐排列、容器按大小分组排列等。

二、绘图方法与步骤

无论手工绘制还是计算机绘图，步骤具有相似性，一般过程如下：

(1) 确定视图配置。确定视图的类型和数量，如平面图、立面图的个数，要不要绘制分区索引图，等。

(2) 选定比例与图幅。按照实际要求选择合适的比例和幅面，常用1∶100比例和A1图纸。采用CAD制图时，首先在模型空间按1∶1作图，然后在布局中确定图幅和比例。

(3) 绘制设备平面布置图。①用细点画线画出建筑定位轴线；②细实线画出厂房平面图，表示厂房的基本结构并注写厂房定位轴线编号；③用细点画线画出设备的中心线；④用粗实线画出设备、支架、基础、操作平台等的基本轮廓；⑤注写设备位号与名称；⑥标注厂房定位轴线间的尺寸；⑦标注设备基础的定形和定位尺寸。

绘制设备布置剖视图。立面图依据需要而定，复杂的工艺可以多绘制一些立面图。

绘制立面图时，应遵循：①用细实线画出厂房立面（剖面）图；②与设备安装定位关系不大的门窗等构件和表示墙体材料的图例，在剖视图上则一概不予表示；③注写厂房定位轴线编号；④用粗实线按比例画出带管口的设备立面示意图，被遮挡的设备轮廓一般不予画出，并加注位号及名称（应与工艺流程图一致）；⑤标注厂房定位轴线间的尺寸、厂房室内外地面标高、厂房各层标高、设备基础标高。

(4) 绘制方位标。

(5) 制作设备一览表（需要时）。

(6) 完成图样。填写附注、标题栏；检查、校核，最后完成图样。

〈基于CAD的三维仿真与智能化〉将AutoCAD平面图导入SketchUp中，通过拉伸、缩放、阵列、复制等命令即可快速地将二维平面图纸转化为三维可视化模型，这样可以评估布局方案的可行性以及优化生产工艺流程。利用SketchUp的动画插件，可以生成AVI或MP4格式的视频动画，进行厂房内生产场地漫游、物资周转、生产装配节奏演示。同样，也可以利用3D-Max配合AutoCAD达到以上目的。未来，基于人工智能的生成式设计与模拟将极大提高车间布置设计的效率。

三、设备布置图的阅读

设备布置图主要是确定设备与建筑物结构、设备间的定位问题。阅读时首先要具备厂房建筑图的知识、与化工设备布置有关的知识。与化工设备图不同，阅读设备布置图不需要对设备的零部件投影进行分析，也不需要对设备定形尺寸进行分析。

1. 明确视图关系

设备布置图由一组平面图和剖视图组成，这些图样不一定在一张图纸上，看图时要首先清点设备布置图的张数，明确各张图上平面图和立面图的配置，进一步分析各立面剖视图在平面上的剖切位置，弄清各个视图之间的关系。

2. 看懂建筑结构

建筑结构的分析，主要通过平面图和立面图的信息结合，了解各层厂房建筑的标高，每层中的楼板、墙、柱、梁、楼梯、门、窗及操作平台、坑、沟等结构情况，以及它们之间的相对位置。由厂房的定位轴线间距可得厂房大小，包括厂房的总长度和宽度。

3. 分析设备的位置

对布置图中设备的排列方式、间距和定位尺寸进行分析，得出设备的安装信息。

分析示例：

如图6-13所示为某分区平面布置图（一层地面基准为EL±0.000），可见如下信息：①该图是3.5m高处的平面布置图，未提供立面图信息，车间东西向定位轴间的距离是4m，南北向定位轴间的距离是3.6m。②在这个分区共布置了4个设备，它们的设备位号分别是R0301、E0305、V0304A、V0304B。③设备R0301属于立式设备，安装高度以支座为基准，安装在距该层地面0.500m高度处（距离一层地面4.0m）；设备E0305是换热器，安装在距该层地面2.300m高度处；设备V0304A和V0304B属于同样规格的卧式设备，安装高度以设备中心轴线为基准，距离本层地面2.150m。④设备R0301的定位尺寸以截面中心线为基准，东西方向设备中心距离车间定位轴①为1.600m，南北方向设备中心距离定位轴Ⓒ为1.500m；换热器是以出口法兰端面的对称线为基准进行定位，其中东西向定位的参考点是

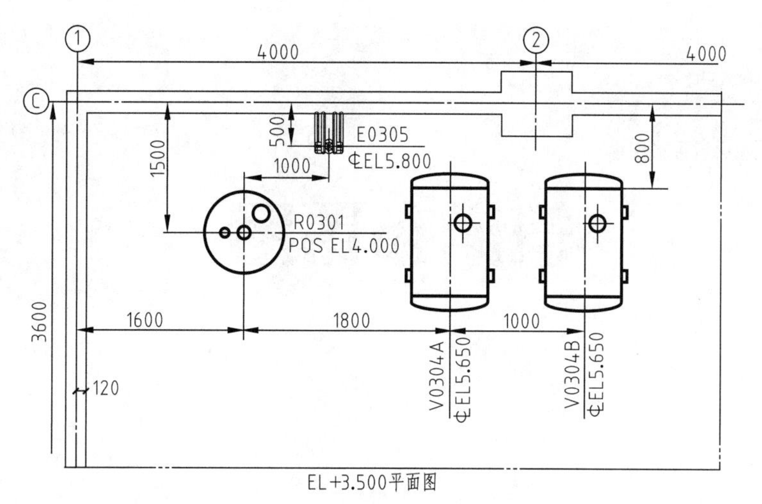

图 6-13　平面布置图实例

邻近的设备；设备 V0304A 和 V0304B 的东西向定位是以中心轴线为基准，南北向的定位是以封头焊缝为基准，两设备间的距离是 1.000m。

习　题　六

扫码获取习题答案

1. 说明下列图标的含义：

2. 解释下列设备标高的含义：

（1）EL5.300　EL+5.300　EL−5.300　（一楼地面 EL±0.000）

（2）EL5.650　EL105.650　POS EL105.650　℄ EL105.650（一楼地面 EL100.000）

3. 依据完成的工艺流程图作业（习题五第 2 题），自拟设备间距和安装高度，设计并绘制一个平面的设备布置图，可依据图形尺寸，自选图纸幅面出图打印为 PDF 格式文件。注：①图形区的标注要全面；②图纸中除了图形区，应该有方位标、标题栏，不需要设备一览表。

4. 自行设计并绘制一个简单蒸馏车间的设备平面布置图。具体如下：

① 包含的设备为：原料储罐 V1101；预热器 E1101；冷却器 E1102；冷凝器 E1103；接收罐 V1102；产品储罐 V1103；蒸馏釜 R1101；原料泵 P1101；产品泵 P1102。

② 工艺流程为：采用原料泵将原料储罐中的液体输送到预热器中，预热到一定温度后，靠自重进入蒸馏釜，釜内产生的蒸汽相继进入冷凝器、冷却器，成为液体流入接收罐，最后用产品泵将物料输送到产品储罐。

③ 具体要求：a. 设备尺寸自拟，但储罐类应不小于 $10m^3$，并放在建筑物外部北侧；b. 蒸馏采用釜式装置，内径范围为 500～1600mm，不设塔板；c. 预热器、冷凝器、冷却器皆为换热器，采用列管式（卧式），泵采用离心式，尺寸自拟；d. 除有必要外，不必标注设备的定形尺寸；e. 设备间隔应合理，在完成设备布置后，确定厂房建筑物的尺寸，并标注轴线编号和间隔尺寸，轴线间隔不应小于 3000；f. 正确标注设备位号和定位尺寸，填写标题栏，在 A1 幅面出图打印为 PDF 格式文件。

第七章

管道布置图

第一节　管道布置图的内容

一、一般规定

1. 图幅

管道布置图图幅应尽量采用A1，较简单的也可采用A2，较复杂的可采用A0，同区的图应采用同一种图幅。图幅不宜加长或加宽。

2. 比例

常用比例为1∶50，也可采用1∶25或1∶30，但同区的或各分层的平面图，应采用同一比例。

3. 尺寸单位

管道布置图中标注的标高、坐标以米（m）为单位，小数点后取三位数，至毫米（mm）为止；其余的尺寸一律以毫米（mm）为单位，只注数字，不注单位。管子公称直径一律用毫米（mm）表示。

4. 地面基准

地面设计标高为EL±0.000。

5. 图名

标题栏中的图名一般分成两行书写，上行写“管道布置图”，下行写“EL××.×××平面”或“A—A、B—B……剖视等”。

6. 尺寸线

尺寸线的始末应标绘箭头（打箭头或打杠）。不按比例画图的尺寸应在其下面画一道横线（轴测图除外）。

7. 尺寸注写位置

尺寸应写在尺寸线的上方中间，并且平行于尺寸线。

8. 图线、字体、标题栏

图线和字体应符合第五章第一节的有关规定，选用时也应参考图纸的尺寸（见第一章相关规定)，其标题栏格式见图 7-1（小栏格高可以选择 6mm 或 7mm，视图纸大小确定)。

(单位名称)						(项目名称)	
设计 PRE'D	(签名)	(年月日)	管道布置图 EL××× ~ EL×××平面			分项名称	×区
制图 DRAWING						设计阶段	
校核 CHKD						(图号)×-×-×	
审核 APPR							
审定 AUTH'D							
项目负责人 PROJMANAGER			专业: SPECI	比例: SCALE	版次: REV	第　张	共　张
20	25	15	20	20	20	30	30

图 7-1　管道布置图的标题栏格式

二、图面基本内容和要求

管道布置图由视图、尺寸、标题栏等组成，主要用平面图表达整个车间（主项）的设备、建筑物的简单轮廓以及管道、管件、阀门、仪表控制点等布置安装情况。和车间布置图一样，要求表达建筑物的尺寸，注明管道及管件、阀门、控制点等的平面位置和标高尺寸，标注建筑物轴线编号、设备位号、管段序号、控制点代号等；在标题栏中填写清楚图名、图号、比例、责任者等，在平面图上要有方位标。

1. 分区绘制

管道布置图应按设备布置图或按分区索引图所划分的区域（以小区为基本单位）绘制。区域分界线用粗双点画线表示，在区域分界线的外侧标注分界线的代号、坐标、与该图标高相同的相邻部分的管道布置图图号，见图 7-2。

图 7-2　区域分界线及外侧标注

B. L—装置边界；M. L—接续线；COD—接续图

2. 视图配制

管道布置图以平面图为主，当平面图中局部表示不够清楚时，可绘制剖视图或轴测图，该剖视图或轴测图可画在管道平面布置图边界线以外的空白处（不允许在管道平面布置图内的空白处再画小的剖视图或轴测图)，或绘在单独的图纸上，见图 7-3 示例。绘制剖视图时要按比例画，可根据需要标注尺寸。

3. 局部轴测图

在局部轴测图的下方应注明详图编号及该详图所表示的原图图纸尾号及网格号，以便查找所在的位置，如“10”(06-E3) 表示第 10 个样图，原图图纸尾号 06，网格号 E3。

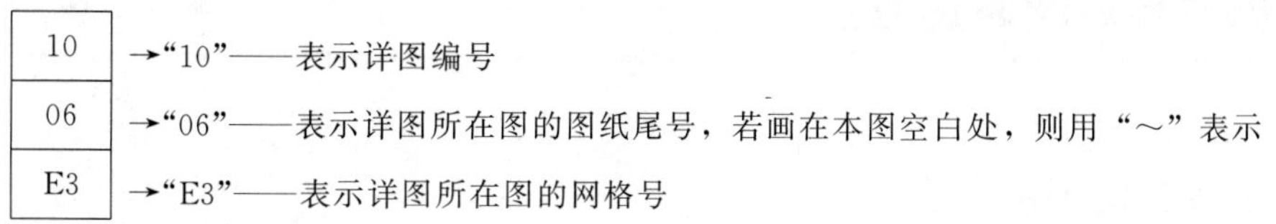

方框尺寸为 12mm×15mm，字高为 3mm。

轴测图可不按比例，但应标注尺寸，且相对尺寸正确。剖视符号规定用 A—A、B—B……

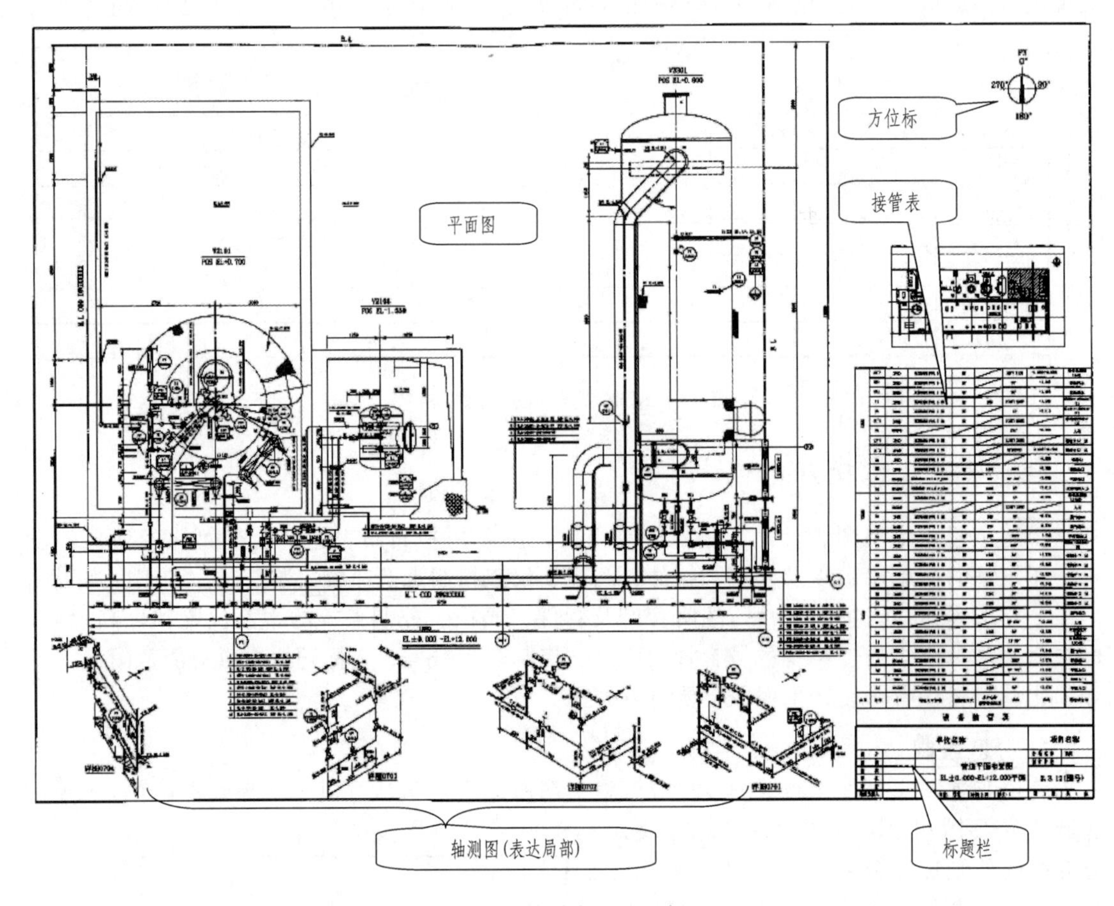

图 7-3　管道布置图示例

等大写英文字母表示，在同一小区内符号不得重复。平面图上要表示所剖截面的剖切位置、方向及编号，必要时标注网格号。轴测图的表示方法见最后部分。

4. 绘制顺序

对于多层建筑物、构筑物的管道平面布置图应按层次绘制，如在同一张图纸上绘制几层平面图时，应从最低层起，在图纸上由下至上或由左至右依次排列，并于各平面图下注明“EL±0.000 平面”，或“EL××.×××平面”。

5. 方位标

在绘有平面图的图纸右上角，管口表的左边，应画出与设备布置图的工厂北向一致的方向标。

第二节　管道布置图表达方法

一、管道及其配件的图示方法

管道布置图又称配管图，主要表达管道及其附件在厂房建筑物内外的空间位置、尺寸和规格，以及与有关机器、设备的连接关系，是管道安装施工的重要技术文件。

（一）管道的规定画法

1. 管道的表示法

① 在管道布置图中应该依据管道公称直径（*DN*）的大小决定绘制单线还是双线管道。一般地，*DN*≥400mm（或16in）时，画成双线；*DN*≤350mm（或14in）时，画成单线；介于两者之间的管道依据视图的清晰程度决定。当大口径的管道不多时，可以将*DN*≥250mm（或10in）的管道画成双线，如图7-4所示为管道的单双线画法。

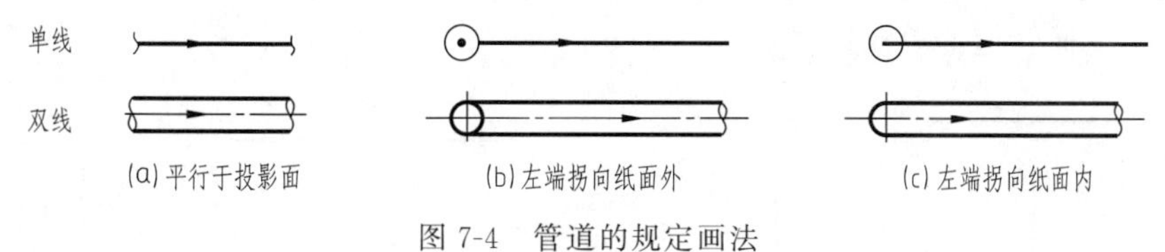

图7-4 管道的规定画法

② 在适当位置画上表示流向的箭头，双线管的箭头应画在中心线上。

2. 管道弯折的表示法

按照管道的规定画法，管道发生弯折时包括直角拐弯和非直角两种，其画法如图7-5所示，非直角情况，将弯折处画成圆弧，不标注径向对称线。

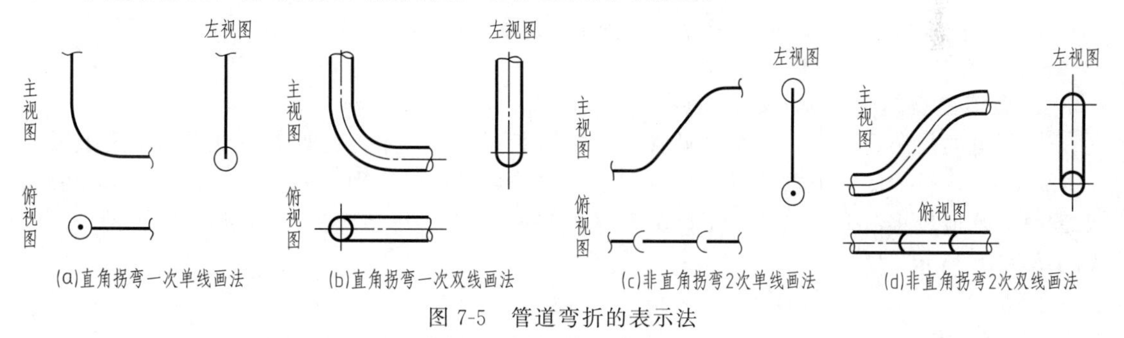

图7-5 管道弯折的表示法

3. 管道交叉的表示法

当管道交叉但不相通时，可以采用遮挡画法，如图7-6（a）所示。这种画法实际上是将

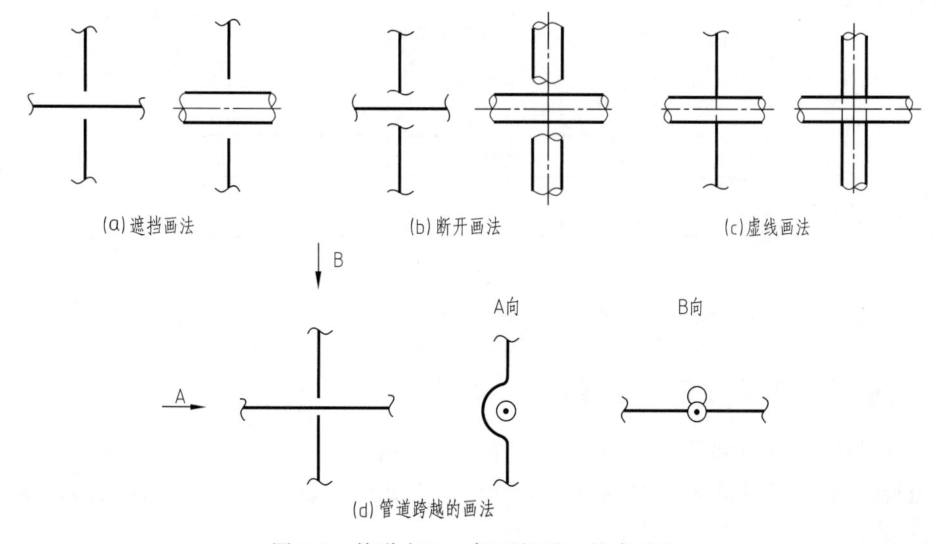

图7-6 管道交叉（但不相通）的表示法

后面的管道断开表达，不画断裂处的波浪线。也可以将遮挡住的管道画成虚线的形式，如图 7-6（c）所示，但此方法不适用于单线管道遮挡住双线管道的情况。图 7-6（b）给出了另一种画法——断开画法。这种画法一般是断开前面的管道，类似于前面所讲的重叠管道画法。对于绕弯与另一管道交叉的情况，其主视图可采用断开画法，可用向视图表达交叉处的结构，见图 7-6（d）。

4. 管道相通的表示法

二通管道属于弯折情况，在此不再赘述。三通、四通管道直接画成中心线相交形式，如图 7-7 所示为三通管道的单双线画法。

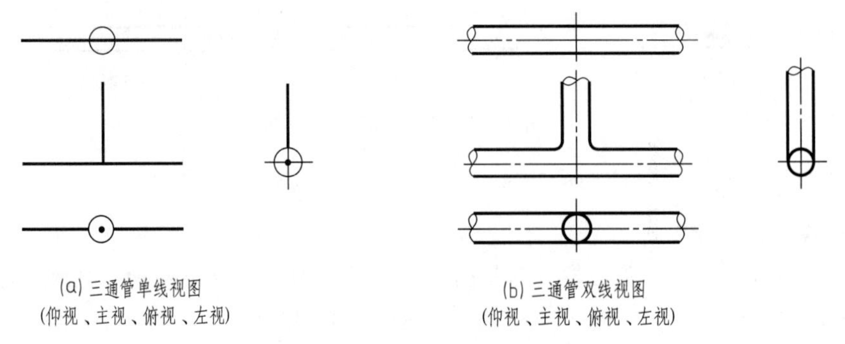

(a) 三通管单线视图（仰视、主视、俯视、左视）　(b) 三通管双线视图（仰视、主视、俯视、左视）

图 7-7　三通管道的单双线画法

5. 管道重叠的表示法

当管道的投影重合时，可将可见管道的投影断裂表示，不可见管道的投影则画至重影处（稍留间隙）。较少的管道重叠时，可以用断裂符号数量加以区别，如图 7-8（a）所示。但如果重叠的管道较多（超过 4 条），应在管道投影断裂处注写相应的小写字母加以区分，如图 7-8（b）所示。

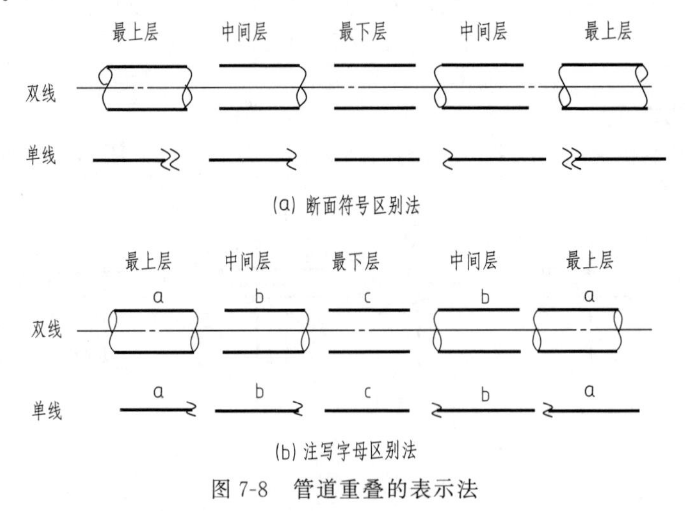

(a) 断面符号区别法

(b) 注写字母区别法

图 7-8　管道重叠的表示法

（二）管件、管件与管道连接的表示法

① 按比例画出管道和管道上的阀门、管件（包括弯头、三通、法兰、异径管、软管接头等管道连接件）、管道附件、特殊管件等（注：按比例指的是管道长度和阀门、管件、附件等的位置尺寸）。

② 应该表达出各种管件连接形式，焊点位置应按管件长度比例绘制。

管道与管件连接的表示法，见 HG/T 20519.4—2009，两段直管常见的四种连接形式及画法见表 7-1。其中连接符号之间的是管件，如图 7-9 所示。附录给出了管道布置图上的管子、管件、阀门及管道特殊件图例。

表 7-1 不同管道连接形式的画法

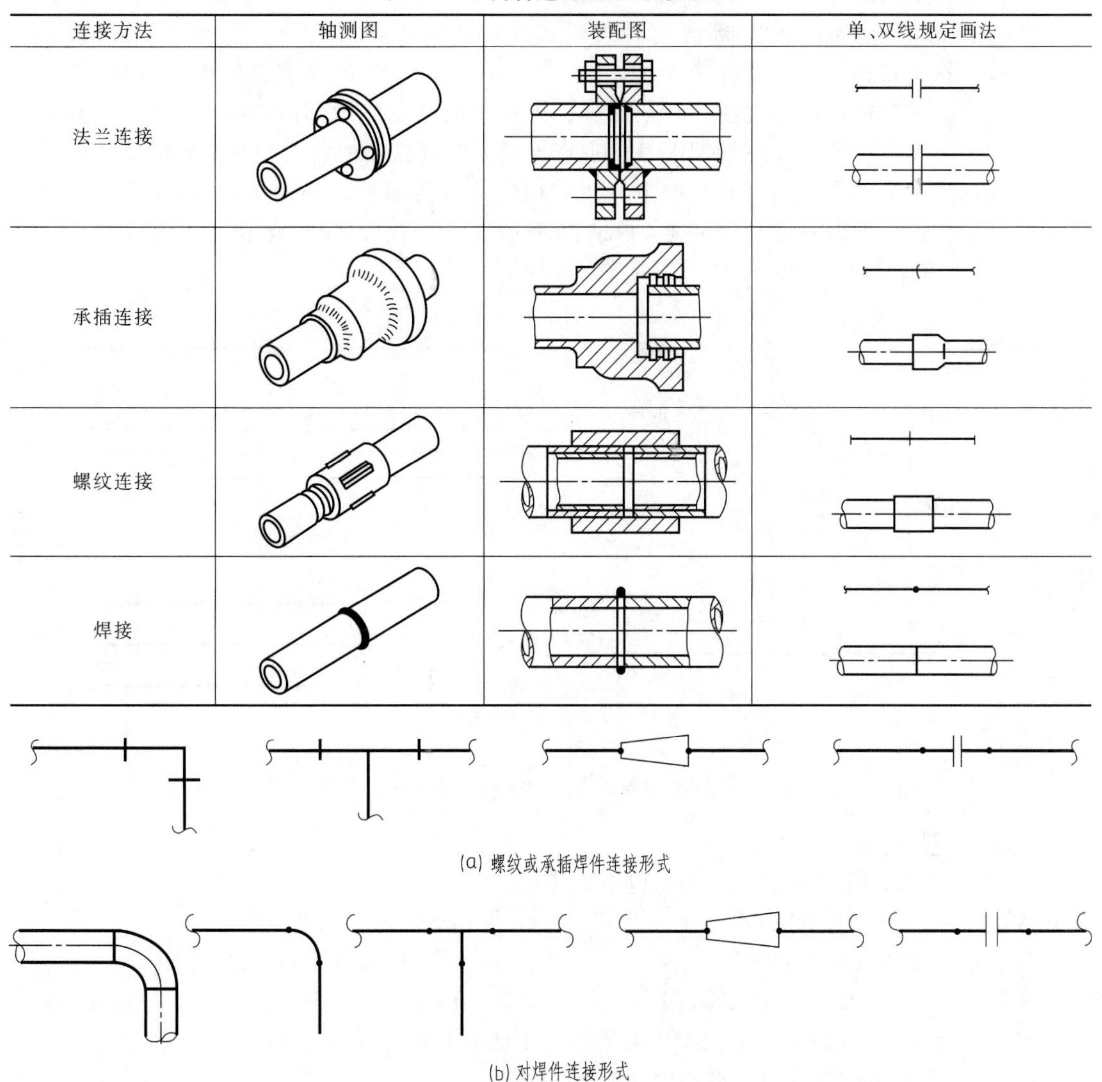

连接方法	轴测图	装配图	单、双线规定画法
法兰连接			
承插连接			
螺纹连接			
焊接			

(a) 螺纹或承插焊件连接形式

(b) 对焊件连接形式

图 7-9 管道与管件连接的表示法

③ 检测元件用 ϕ10mm 的圆圈表示，圆圈内的标注与管道工艺流程图的规定一致。

④ 用细点画线按比例绘制就地仪表盘、电气盘的外轮廓和位置，但不必标注尺寸。

⑤ 取样阀要绘制到阀门根部，并引出标注取样点符号，如图 7-10（a）所

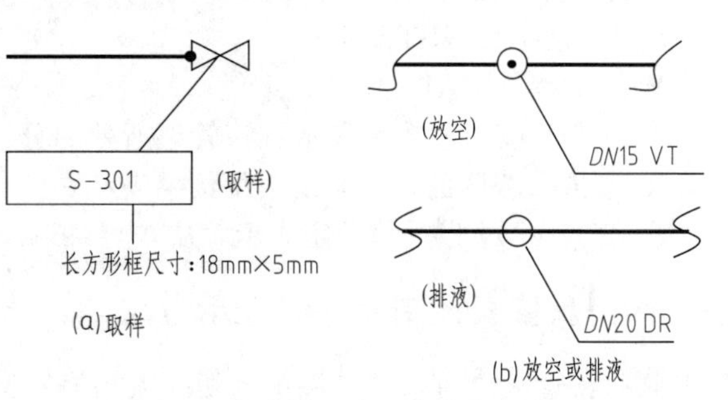

(a) 取样

(b) 放空或排液

图 7-10 取样、放空或排液表示法

示。对于排液或放空管道，除了表达拐弯处管道走向外，应使用引线样式标注管道的公称尺寸，见图 7-10（b）。

二、管架的编号和管架的表示方法

管架是用来固定和支撑管道的构件，在平面图上在其位置用符号和编号来表示。如图 7-11（a）所示，管架编号由五部分内容组成，分别是管架类别代号、生根部位结构代号、所在区号、管道布置图尾号及管架序号。图 7-11（b）为管架在管道上的表示方法，其中，无管托的用“×”标记，旁边注写管架编号；有管托的用细实线圆圈（一般为 5mm 直径），内部用“×”标记，旁边注写管架编号。垂直于纸面的管道上的管架或弯头处的支架，其符号标记应标注在细实线表示的对称线上，注写相应的管架编号，如图 7-11（c）所示。若一排管的管架相同，可以只用一个编号，用连线表示，如图 7-11（d）所示。

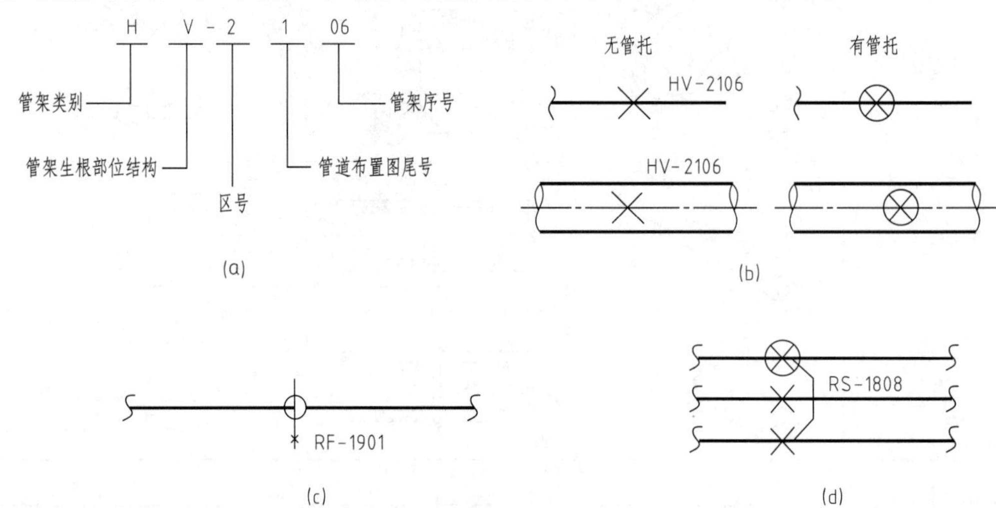

图 7-11 管架的表示方法和编号（圆直径为 5mm）

管架编号各部分说明如下。

① 管架类别。管架类别代号表示以下内容：

A 表示固定架（ANCHOR） G 表示导向架（GUIDE）

R 表示滑动架（RESTING） H 表示吊架（RIGID HANGER）

S 表示弹吊（SPRING HANGER） P 表示弹簧支座（SPRING PEDESTAL）

E 表示特殊架（ESPECIAL SUPPORT） T 表示轴向限位架（停止架）

② 管架生根部位的结构 符号含义如下：

C 表示混凝土结构（CONCRETE） F 表示地面基础（FOUNDATION）

S 表示钢结构（STEEL） V 表示设备（VESSEL）

W 表示墙（WALL）

③ 区号：以一位数字表示（该管架所处的分区号）。

④ 管道布置图的尾号：以一位数字表示。

⑤ 管架序号：以两位数字表示，从 01～99（应按管架类别及生根部位的结构分别编写）。

三、阀门及仪表控制元件的表示方法

阀门在管道中用来调节流量、切断或切换管道，从而对管道起安全和控制作用。常用的阀门图形符号见 HG/T 20519.2—2009。表 7-2 中给出了常见执行机构的表示方法。

表 7-2　常见执行机构的表示方法

形式	图形符号	形式	图形符号
通用的执行机构(不区别执行结构形式)		电磁执行机构	 S
带弹簧的气动薄膜执行机构		活塞执行机构	
电动机执行机构	 M	带气动阀门定位器的气动薄膜执行机构	
无弹簧的气动薄膜执行机构		执行机构与手轮组合(顶部或侧面安装)	

这些执行机构与阀门组合形成控制单元，常见画法见表 7-3。同时，表 7-3 中给出了管道布置图中常用的阀门与管道不同连接形式画法。其中，法兰连接的各类阀门的视图见表 7-4，供制图人员查阅。

表 7-3　阀门与执行机构的画法及在管道中的连接方式图例

阀门和控制元件组合画法	图例	阀门与管道连接方式画法	图例
手动阀	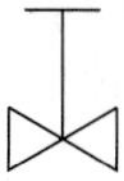	法兰连接	
电动阀	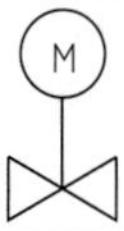 M	螺纹连接	
气动阀	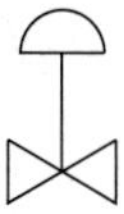	焊接	

表 7-4　常用阀门的法兰连接画法

名称	主视图	俯视图	左视图	轴测图
阀门			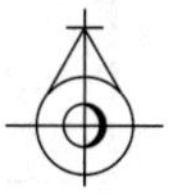	
截止阀			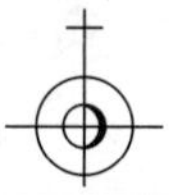	
节流阀			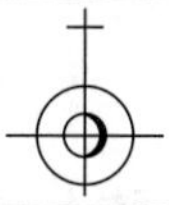	
止回阀			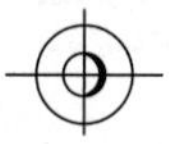	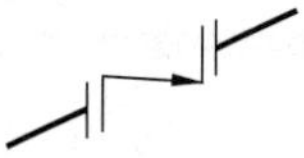
球阀	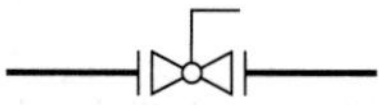		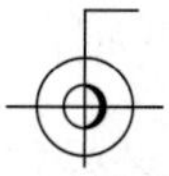	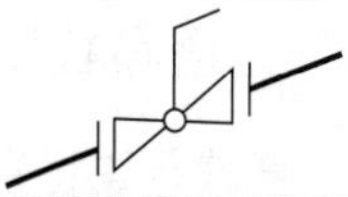

四、管道布置图上建（构）筑物的表示方法

① 建（构）筑物应按比例绘制，并画出柱、梁、楼板、门、窗、楼梯、操作台、安装孔、管沟、箅子板、散水坡、管廊架、围堰、通道等。

② 标注出建（构）筑物的轴线号和轴线间的尺寸。

③ 标注出地面、楼面、平台面、吊车、梁顶面的标高。

④ 按比例用细实线标出电缆托架、电缆沟、仪表电缆盒、架的宽度和走向，并标注底面标高。

⑤ 标出生活间及辅助间的组成和名称。

五、管道布置图上设备的表示方法

① 用细实线按比例在确定的位置绘制设备的简略外形和基础、平台、梯子（包括梯子的安全护圈）。

② 在设备中心线上方标注与流程图一致的设备位号，下方标注支承点的标高（如 POS EL××.×××）或主轴中心线的标高（如℄ EL××.×××）；剖视图上的设备位号注在设备近侧或设备内。

③ 标注设备的定位尺寸。

④ 用 5mm×5mm 的方块文字标注设备管口（包括需要表示的仪表接口及备用接口）符号，以及标注管口的定位尺寸（由设备中心至管口端面的距离），如图 7-12 所示，若已在管口表中注明，可不在图上标注。

⑤ 设备的安装基础、裙座、支座都应该按比例绘制，但可以不标注尺寸。

⑥ 当几套设备的管道连接完全相同时，可以只绘制一套设备的管道，其余的用双点画线方框表示，但在总图中应绘出每套支管的接头位置。

⑦ 重型或超限设备的吊装区、检修区、换热器抽芯的预留空地，用双点画线按比例绘制，可以不标注尺寸，如图 7-13 所示。

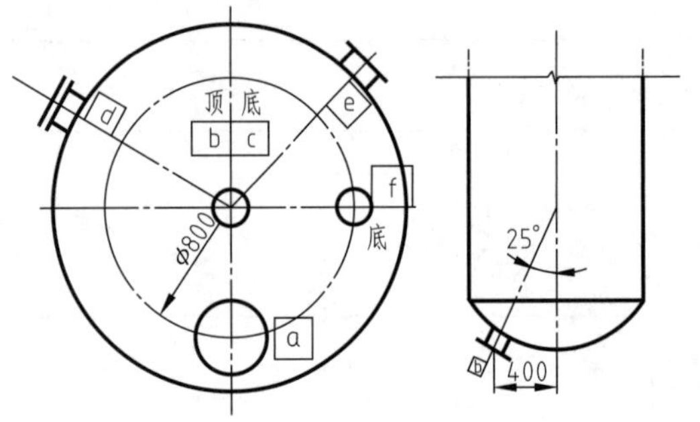

图 7-12 管口的标注方式

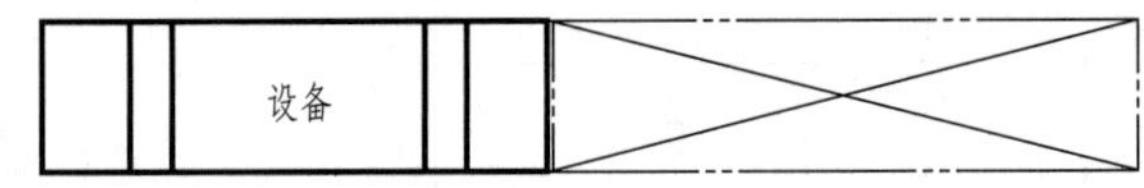

图 7-13 预留空地的表示方法

第三节 管道布置图的绘制及阅读

一、管道布置图的绘制原则

管道布置将直接影响工艺操作、安全生产、输出介质的能量损耗及管道的投资，同时也

影响车间的美观，因此许多规则需要设计制图人员去细心领会。

① 腐蚀性强的物料管道，应布置在平行管道的外侧或下方，以防泄漏时腐蚀其他管道。冷、热管道应分开布置，无法避开时，依据传热规律，热管应该安排在上，冷管在下。

② 不同物料的管道及阀门，可涂刷不同颜色的油漆加以区别。容易开错的阀门，相互要拉开布置间距，并在明显处加上明确的标记。

③ 管道和阀门的重量不应支承在设备上。

④ 距离较近的两设备之间，管道一般不应直连，如图 7-14（a）所示。因垫片不易配准，难以紧密连接，且会因热胀冷缩而损坏设备。此时应该使用波形伸缩器，或采用 45°斜角连接和 90°弯管连接，如图 7-14（b）、（c）、（d）所示。

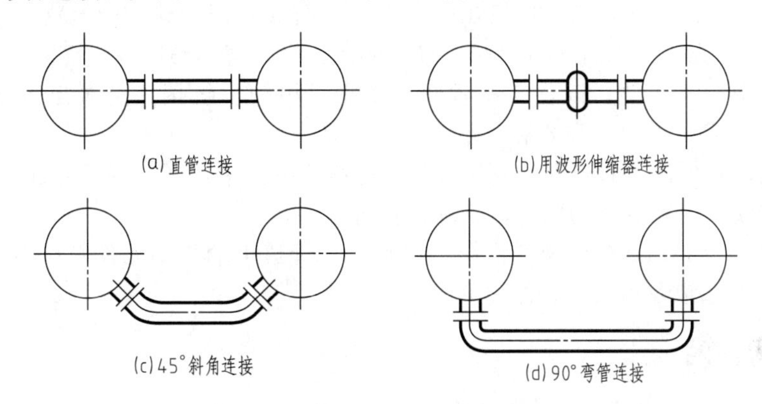

图 7-14 邻近设备的管道连接方式

⑤ 管道应避免出现“气袋”、“口袋”或“盲肠”，如图 7-15 所示。

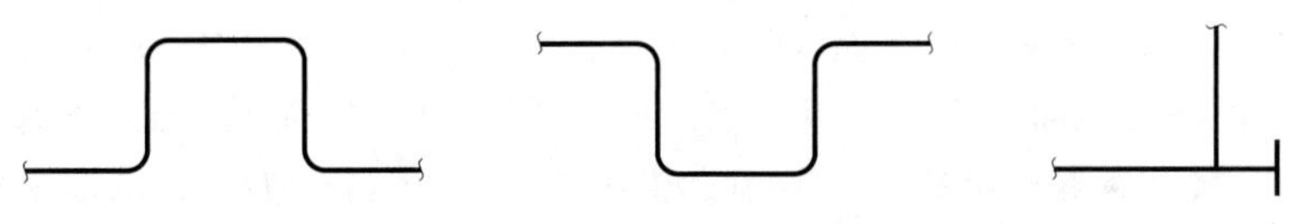

图 7-15 “气袋”、“口袋”或“盲肠”样管道

⑥ 管道的布置应集中并架空，并尽量沿厂房墙壁安装（注意管道与墙壁间应能容纳管件、阀门等），同时也要考虑方便维修。

⑦ 所有的管道，应在高点设置放空，低点处设置排液。对于液体管道的放空和排液，应装阀门及螺纹管帽，气体管道的排液也应安装阀门及螺纹管帽；用于压力试验的放空管道可以只装螺纹管帽。排液阀门尺寸一般不能小于下述尺寸：

公称直径 $DN \leqslant 40$mm 的管道，阀门尺寸为 15mm；

公称直径 $DN \geqslant 50$mm 的管道，阀门尺寸为 20mm；

公称直径 $DN \geqslant 250$mm 的管道，阀门尺寸为 25mm。

注：对于易燃、易爆、有毒的流体放空、排液，必须经处理措施后方可实施。

⑧ 按标准规定的符号标注设备上的液面计、液面报警器、放空、排液、取样点、测温点、测压点等，若其中某项有管道及阀门，也应画出（允许简化的除外），但可以不标注尺寸。

二、管道布置图图形的绘制

1. 确定表达方案

以管道及仪表流程图、设备布置图为依据，一般只绘制管道的平面布置图。当某些局部无法用平面布置图表达清楚时，用剖视图或轴测图加以补充，如图 7-16 所示，这些补充视图要画在管道平面布置图边界线以外的空白处，或者单独绘制在另一张图纸上。

2. 确定比例、选择图幅、合理布局

确定表达方案后，要确定恰当的比例和图幅，然后进行视图的布局。管道布置图常用 1∶50，可选 1∶30、1∶25；尽量采用 A1 图纸，简单时可使用 A2，复杂的使用 A0，图纸一般不加长、不加宽。采用 AutoCAD 绘制时，按 1∶1 作图，在布局中进行图幅和比例设置。

3. 绘制视图

作图步骤大致如下：

① 画厂房平面图。管道布置图突出的是管道的排布，因此建、构筑物的绘制原则是按比例、用细实线根据设备布置图画出柱、梁、楼板、门、窗、操作台、楼梯等。

② 画设备平面布置图。以设备布置图为依据，用细实线按比例画出设备的简单外形（应画出中心线和管口方位）和基础、平台、楼梯等。

③ 按工艺流程顺序、管道布置原则以及管道线型的要求，画出每根管道。

④ 用细实线画出管道上的阀门、管件、管道附件等。

⑤ 绘制直径为 10mm 的细实线圆圈，用来表达管道上的检测元件（压力、温度、取样等）。圆圈内填写管道及仪表流程图中的符号和编号。

三、管道布置图的标注

管道布置图需标注的内容包括：设备、管道的代号、标高及建筑物的尺寸。

1. 标高的标注标准

按照 HG/T 20519.4—2009 的要求，基准地面的设计为 EL±0.000（m），高于基准地面的标高为正数，低于基准地面的为负数，正数中的“＋”号可以省略。例如：EL＋2.500，即比基准地面高 2.5m；EL－1.000，即比基准地面低 1m。所有的标高均以米（m）为单位，小数点后取三位数，至 mm 为止；管子公称直径 *DN*、定形定位尺寸一律以毫米为单位，只注写数字。

2. 标注内容

(1) 建筑物

标注建、构筑物的定位轴线号和轴线间的尺寸（mm），以及地面、楼板、平台面、梁顶的标高（m）。

(2) 设备

在平面图设备中心线的上方标注与流程图一致的设备位号，下方标注设备支承点的标高（立式）或中心线标高（卧式），分别为“POS EL×××.×××”“℄ EL×××.×××”形式。若有剖视图，设备位号可注写在设备的近侧或设备内部，并标注设备的定位尺寸（主要是高度方向）。

(3) 管道

将管道代号和标高分别标注在管道的上方（双线管道指的是中心线上方）和下方；不标注管段的长度尺寸，只需标注管道、管件、阀门、过滤器、限流孔板等元件的中心定位尺寸或以一端法兰面定位的尺寸。一些具体要求包括：

① 以管道中心线为标高基准的，标高标注为“EL×××.×××”。

② 以管底为基准的，加注管底代号，标高注写为“BOP EL×××.×××”。

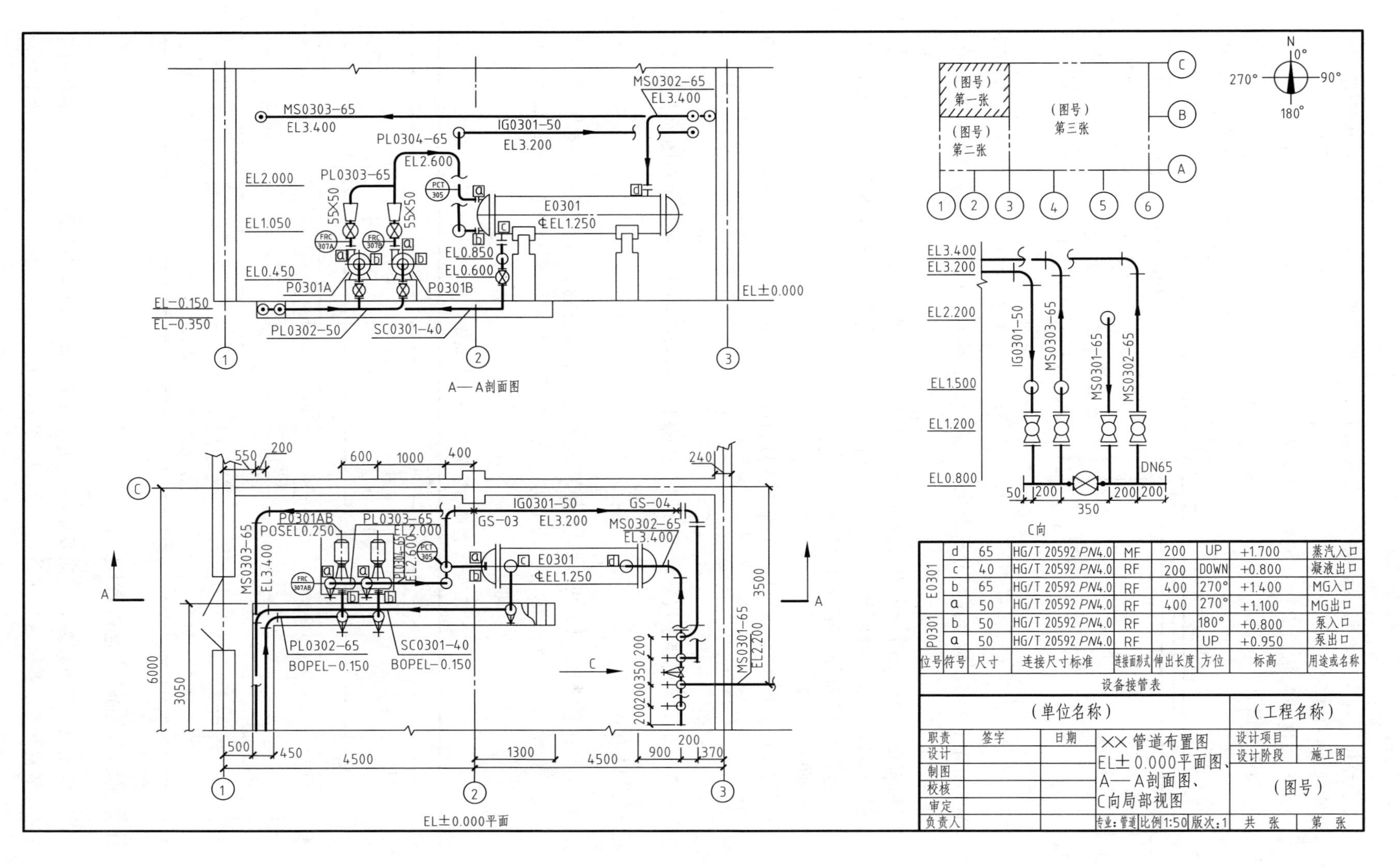

位号	符号	尺寸	连接尺寸标准	连接面形式	伸出长度	方位	标高	用途或名称
E0301	d	65	HG/T 20592 PN4.0	MF	200	UP	+1.700	蒸汽入口
	c	40	HG/T 20592 PN4.0	RF	200	DOWN	+0.800	凝液出口
	b	65	HG/T 20592 PN4.0	RF	400	270°	+1.400	MG入口
	a	50	HG/T 20592 PN4.0	RF	400	270°	+1.100	MG出口
P0301	b	50	HG/T 20592 PN4.0	RF		180°	+0.800	泵入口
	a	50	HG/T 20592 PN4.0	RF		UP	+0.950	泵出口

设备接管表

(单位名称)　(工程名称)

职责	签字	日期
设计		
制图		
校核		
审定		
负责人		

××管道布置图
EL±0.000平面图、
A—A剖面图、
C向局部视图

设计项目
设计阶段 施工图
(图号)

专业：管道 比例1:50 版次:1 共 张 第 张

图 7-16 某分区管道布置图

③ 对于异径管，应标出前后端管子的公称直径，如 $DN80/50$ 或 80×50；螺纹管件或承插焊管件则从一端定位。

④ 要求有坡度的管道，应标注坡度（代号用 i）和坡向，标注工作点标高（WP EL），并把尺寸线指向可以进行定位的地方，如图 7-17 所示。

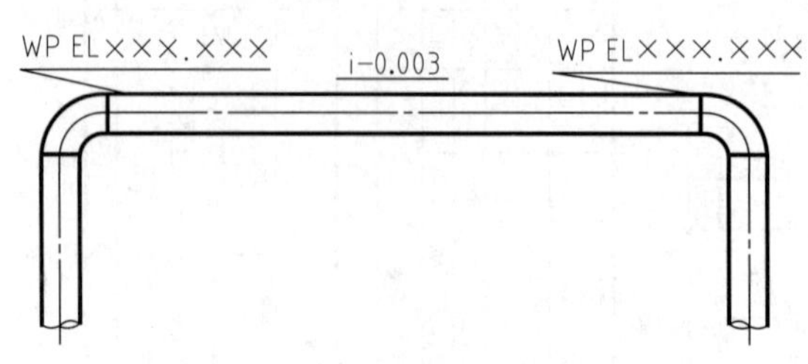

图 7-17　有坡度要求的管道标注方法

⑤ 连接的弯管或支管为非 90°时，应标注角度。

⑥ 管道在一个区域内有方向变化时，其支管和管件按设备管口或邻近管道的中心线来标注定位尺寸；当有管道跨区到另一张管道布置图时，需要对接续线定位。

⑦ 标注仪表控制点的符号及定位尺寸，另外，当安全阀、疏水阀、分析取样点、特殊管件有标记时，应在 $\phi10$mm 圆内标注其符号。

⑧ 管道附近空间很小时，可用引线引出标注标高和管道号。

⑨ 按比例画出人孔、楼面开孔、吊柱（其中用细实双线表示吊柱的长度，用点画线表示吊柱活动范围），不标注其定位尺寸。

(4) 管架

对每个管架进行独立编号，注写在管架符号的近旁，其定位尺寸标注在水平管道的管架处，标高标注在垂直部分。

(5) 分区索引图

每张管道布置图所在装置区的位置，用缩小的加有阴影线的索引图表示在图的右上方。

四、绘制管口表

管口表应绘制在标题栏上方的空间，填写该布置图中设备的管口。格式如表 7-5，在实际应用时可类似明细栏绘制在标题栏的上方，表头在下，各管口由下向上列出，如图 7-16 所示。

表 7-5　管道布置图右上角的管口表

管口表								
设备位号	管口符号	公称直径 *DN* /mm	公称压力 *PN* /MPa	密封面形式	连接法兰标准编号	长度 /mm	标高 /m	方位（水平角）/(°)
T1304	a	65	1.0	RF	HG/T 20592		4.100	
	b	100	1.0	RF	HG/T 20592	400	3.800	180
	c	50	1.0	RF	HG/T 20592	400	1.700	
V1301	a	50	1.0	RF	HG/T 20592		1.700	180
	b	65	1.0	RF	HG/T 20592	800	0.400	135
	c	65	1.0	RF	HG/T 20592		1.700	120
	d	50	1.0	RF	HG/T 20592		1.700	270

五、计算机软件绘制管道布置图

管道布置图由于管道较多，走向复杂，往往使用平面图造成识图的困难，虽然结合局部剖视或管道轴测图可以解决这些问题，但绘图工作量较大，直观性不强。因此，三维制图逐渐受到广泛关注。目前，除 AutoCAD Plant 3D 外，著名三维视图软件有 PDS（Plant Design System）、PDMS（Plant Design Management System）、PDSOFT（Plant Design Software），以及后来出现的 SmartPlant 3D、CADWorx 等。

(1) PDS

PDS 是世界上著名的 CAD 厂商之一 Intergraph 公司的主流产品，它是一个集成化的工厂设计系统，以 Windows NT 为操作系统，Microstation 为图形平台，SQL Server 关系数据库，Richwin 汉字系统，不仅具有多专业设计模块，强大的数据库，还有 SmartPlant P&ID（工艺管道及仪表流程图）、应力计算、MARIAN（材料标准化管理）、结构分析、SmartPlant Review（模型漫游）等许多功能软件接口。它适用于以管道为传输媒介的工程设计。

PDS 包括设备模型设计、管道模型设计、结构等专业模型设计、抽取图纸、截取平立面图及材料报告等功能，设计精确，智能化和自动化程度高，可进行设计碰撞检查及专业间的干扰检查，减少设计失误。SmartPlant Review 是 PDS 旗下的非常经典和著名的软件，该软件使用方便，三维漫游和检查功能非常强大。

(2) SmartPlant 3D

SmartPlant 3D 是较先进的工厂设计软件系统，这套由 Intergraph 工厂设计和信息管理软件公司推出的新一代、面向数据、规则驱动的软件主要是为了简化工程设计过程，同时更加有效地使用并重复使用现有数据。作为 Intergraph SmartPlant 软件家族的一员，SmartPlant 3D 主要提供两方面的功能：首先，它是一个完整的工厂设计软件系统；其次，它可以在整个工厂的生命周期中，对工厂进行维护。作为一个前瞻的软件，SmartPlant 将永远地改变工厂的工程化过程及设计过程。它打破了传统的设计技术带给工厂设计过程的局限。它的目标不仅局限于如何帮助用户完成工厂设计，它还能帮助用户优化设计，增加生产力，同时缩短项目周期。

(3) CADWorx

CADWorx 是美国 Intergraph 公司研发的基于 AutoCAD 平台的完全兼容 AutoCAD 命令的 3D 工厂设计软件。CADWorx 采用全新的建模模式，是继 Smart Plant 3D、PDS 后又一款具有超前革新意识的力作。可以使用自动选择布管工具，画一条简单的二维或三维多义线，然后用内设的自动布管功能增加管子或弯头，你可以在任意角度、任一方向布管。你可以用对焊、承插焊或螺纹、法兰管道，迅速而方便地建立管道模型。能够自动生成立面图和剖视图、自动生成轴测图（ISOGEN）、自动生成应力分析轴测图。

(4) PDMS

PDMS 由英国 AVEVA 公司开发，为三维工厂设计系统。它基本涵盖了工厂设计中的各个专业，包括配管、设备、结构、暖通、电气、仪表、给排水等，使得各专业在同一软件系统中，实现协同设计，实时进行碰撞检查。PDMS 是以配管为主体专业的多专业协同工厂设计系统，在设计过程中，不仅配管专业进行三维管道设计，其他专业包括设备、结构、土建、暖通、仪表、电气、给排水专业等也可以在 PDMS 设计环境中建立三维外形实体模型，从而实现管道与管道之间、管道与钢结构之间、楼板开孔与设备之间、给排水管道与基础之间、仪表桥架与管道之间等的协同设计，解决如管道系统之间及各专业之间的碰撞、土建基础条件的校验、分区管道的连接等设计问题，从而提高设计品质，尽可能降低在现场出现设计问题的可能。目前国内大型工程公司一般都有使用 PDMS。但其缺点是因数据结构简单而使其数据安全性相对较差。

(5) PDSOFT

PDSOFT 全称为计算机辅助工厂协同设计系统软件，由北京中科辅龙计算机技术股份有限公司自主研发、自行设计，具有完全自主知识产权。该软件可以使工艺管道、建筑、暖通、设备、仪表、电缆桥架等多专业协同工作，并且包括了一系列适用于国内外大型施工单位的应用软件。

PDSOFT 3DPiping（三维管道设计与管理系统）是 PDSOFT 三维工厂管道设计的核心软件，其最新版本可运行于多版本的 Windows 操作系统，以 AutoCAD 2004～2009 为图形平台。应用领域涉及石油、化工、燃气热力、医药、核工业、纺织、轻工、钢铁、油脂工程等众多行业。

[利用 AutoCAD 绘制管道布置图的主要过程]

虽然三维软件功能越来越强大，但由于 AutoCAD 技术的普及，大量的文献和标准资料都是建立在二维图形基础上的，作为初学者，更应该学好二维制图和识图技术，为更高设计阶段的学习打好基础。当然，越来越强大的 AutoCAD 软件完全可以实现三维制图。

① 绘制前的准备工作。绘图前，应该已经确定了视图的组成（平面图和剖视图数量）和图幅，确定了建筑物的轮廓和设备管口方位，设备的相对大小，以及全部管道、管件、阀门、仪表控制点的布置安装情况。

② 设置绘图环境

a. 图层设置：除了 0 层外，应该对设置的图层进行清晰易辨的命名，以备审核修改。线宽设置时，阀门、仪表、管件、设备的主结构线尽量设置宽于其他细实线（如设置为 0.3mm）；管道线的线宽设置为粗实线（≥0.6mm），应保证打印出图后清晰显示宽于细实线；细实线和标注图层的线宽可以为 0.13mm 或 0.15mm，图层数量不应过少。

b. 标注样式和其他文字样式依据需要进行设置。

c. 按国家标准的要求选择图幅并绘制图框（大小要和图幅尺寸对应），利用 AutoCAD 制图时，可以在模型空间 1∶1 作图，图框格式和比例在布局出图时完成。

③ 画中心线。切换到中心线图层，在适当位置首先绘制厂房定位轴线，然后绘制设备的定位中心线。

④ 画主体结构。首先绘制厂房的主体、门窗等轮廓，然后绘制设备的轮廓，最后将管口表达在设备的正确位置（依据管口方位图）。

⑤ 绘制设备接管上的阀门及控制仪表（依据规定的图例和表达符号）。

⑥ 绘制管道。在管道线图层中用“line”命令进行绘制，拐弯的管道需依据实际管件外轮廓绘制（一定曲率的弧线），非必要时不必表示连接方式。拐弯处多使用“圆角”工具进行绘制。

管道上箭头的画法见第五章流向箭头部分，推荐在布局已确认比例并锁定显示比例后进行。

⑦ 标注。标注建筑物尺寸、设备定位尺寸、设备位号、标高、管道定位尺寸、管道代号和标高等，填写文字说明。注：除尺寸标注外，图形上所有的非接触式文字注释，应该在布局已确认比例并锁定显示比例后进行（见第四章的说明）。

⑧ 绘制并填写管口表和标题栏，可以在布局空间进行。

⑨ 审核图纸、输出或打印。

六、管道布置图的阅读

管道布置图表达因素较多，其读图涉及建筑物、设备、管道等相关问题，一般阅读的内容如下。

① 读懂图面布置情况，如图纸的关联性、分区情况、绘制比例、建筑物空间大小等等。如图 7-16 所示，为某分区管道布置图，区域在东西向定位轴 1、2、3 和南北向定位轴 B、C 之间，绘图比例为 1∶50，东西向相邻定位轴之间的距离是 4.5m。

② 理清设备间管道的排布方式和走向，认清管道的尺寸、连接方式以及与阀门、管件、各种检测元件的连接方式和种类。如图 7-16 所示，两台输送泵的进料管道的代号是 PL0302-65，泵的输出管道的代号为 PL0303-65，该管道的安装高度是距离地面 2.0m，管道上有流量指示仪表和控制阀；换热器的位号是 E0301，以其中心轴线为基准，安装在距离地面 1.25m 处；该设备的 c 管口为冷凝水出口，d 管口与蒸汽管道连接。

③ 认识图中的各种标注的含义。如图 7-15 所示，在靠近 C 轴线墙壁处，管道 IG0301 安有两处管架，旁边注有管架编号 GS-03 和 GS-04。

第四节　管道轴测图

管道轴测图是用来表达一个设备至另一设备或某区间一段管道的空间走向，以及管道上所附管件、阀门、仪表控制点等安装布置情况的立体图样，如图 7-18 所示。

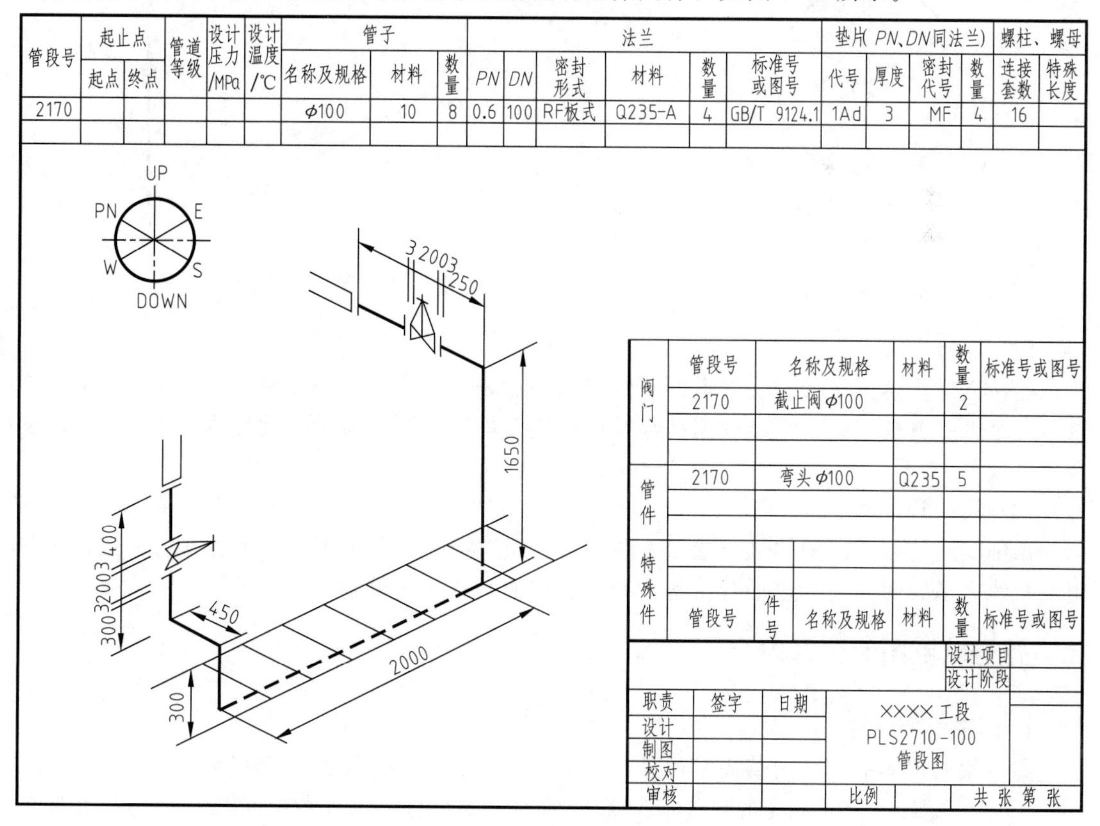

图 7-18　管道轴测图示例

一、管道轴测图的图形画法

1. 轴测图类型和绘图工具

按正等轴测投影绘制管道轴测图，管道的走向按方向标（画法见图 7-19）的规定，而且该方向标的北（N）向应和管道布置图方向标的北向一致。一般用计算机绘制管道轴测图。

2. 绘制原则

一般管道应绘制轴测图，对于小于和等于 $DN50$ 的中、低压碳钢管道，小于和等于 $DN20$ 的中、低压不锈钢管道，小于和等于 $DN6$ 的高压管道，一般可不绘制轴测图，但同一管道有两种管径的如控制阀组、排液管、放空管等，或布置图上管件连接位置表示不清楚，或带有扩大的孔板直管段时，应绘管道轴测图。

3. 轴测图的图形表达

(1) 线型和绘图比例

管道一律用单粗实线表示，并在适当位置上绘制流向箭头；不必按比例绘制管道尺寸，但各种阀门、管件之间比例要协调，它们在管段中应保持位置的相对比例，如图 7-20 中的阀门，应清楚地表示它是紧接弯头而离三通较远。注：利用计算机制图时，推荐按 1∶1 绘制，便于标注长度尺寸和定位尺寸。

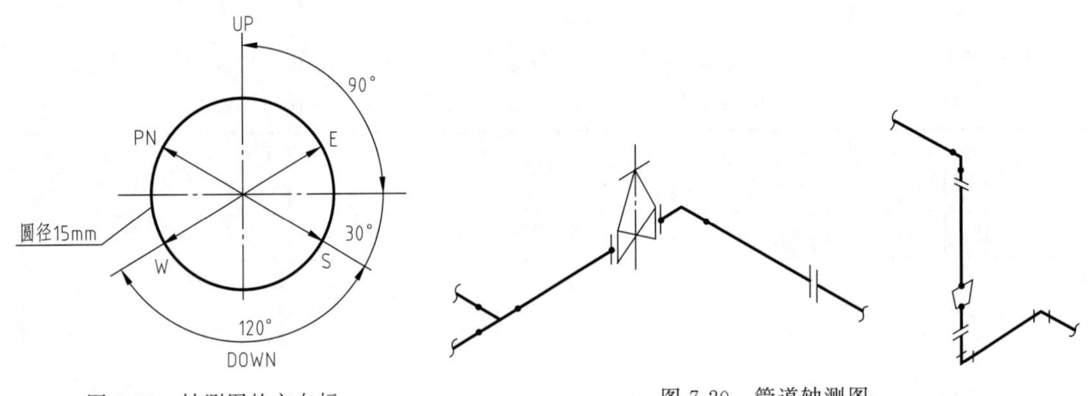

图 7-19　轴测图的方向标

图 7-20　管道轴测图

(2) 连接方式表达

连接方式表达要点为：①管道的环焊缝以圆点表示；②法兰用双平行短线表示，方向应该与一个轴测方位一致；③螺纹连接与承插焊连接均用一短线表示，此短线应该与一个轴测方位一致。

(3) 阀门管件画法

用细实线绘制阀门图样（见表 7-4 图例），阀杆的中心线应与所设计的方向一致，手轮用一短线表示，短线与管道平行。各种阀门管件的画法图例见附录。

二、管道轴测图的注释内容

1. 图形中的注释

图中除规定的缩写词用英文字母外，其他用中文文字。一般性注释包括：

① 尺寸标注。尺寸标注的界线应与某坐标轴方向平行，尺寸数字应表达出与尺寸线的三维空间垂直关系（如字体方向与另一坐标轴平行，或字体方向与尺寸界线平行，都能保证

与尺寸线垂直），倾斜时，字头应尽可能朝上。

标注时，除标高以米为单位外，其他尺寸均以毫米（mm）为单位。一般支管处、管道改变走向处、图形的接续处，均需标注尺寸，如图 7-21（a）所示的尺寸 A、B、C，基准点应尽可能与管道布置图上的一致；另外，各个独立的管道元件如孔板法兰、异径管、拆卸用的法兰、仪表接口、不等径支管的尺寸也要一一标注，如图 7-21（a）中的尺寸 D、E、F（但尺寸不要封闭）；此外，需要标注管道上带法兰的阀门、管道元件的重要定位尺寸。

对管廊上的管道，应标注从主项的边界线、图形的接续分界线、管道改变走向处、管帽或其他形式的管端点到管道各端的管廊支柱轴线的尺寸，以及用来确定支管线或管道配件位置的管廊其他支柱轴线的尺寸，如图 7-21（b）中的尺寸 A～F；另外，从最近的管廊支柱轴线到支管或各个独立的管道元件的尺寸也应注明，如图 7-21（b）中的尺寸 G、H、K（但尺寸不要封闭）；不必标注与上述尺寸无关的管廊支柱轴线及其编号。

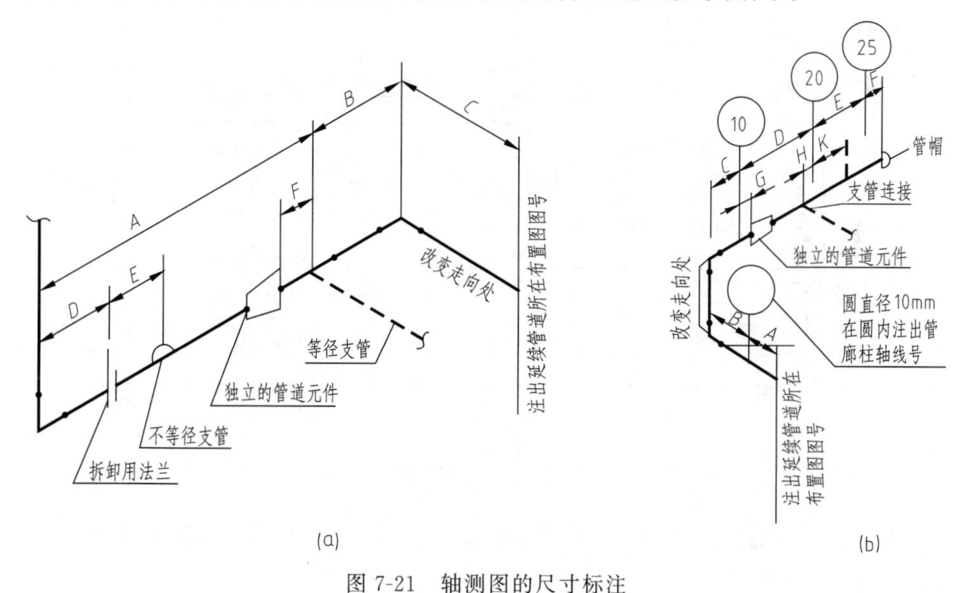

图 7-21　轴测图的尺寸标注

② 管道代号和标高。水平面方向的管道，将管道代号标注在管道的上方，标高用“EL ×××.×××”标注在管道的下方，如图 7-22 所示，当不需要标注管道代号时，可将标高标注在管道的上方或下方。字体方向可以和管道方向垂直或与某坐标轴平行，但应保证字头倾斜向上以便于读图。

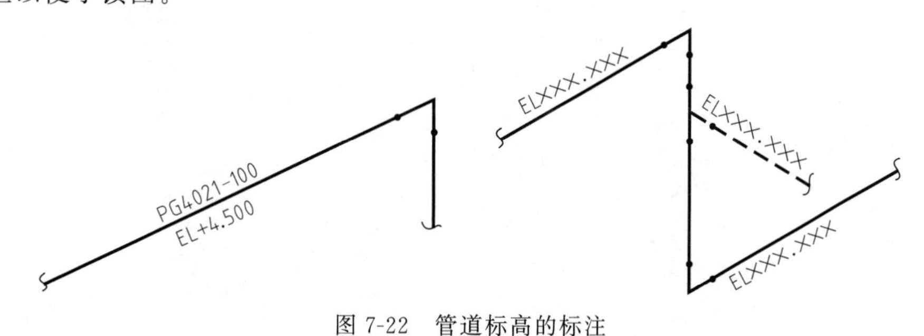

图 7-22　管道标高的标注

2. 标题栏和相关表格

每张轴测图都要填写标题栏，注明图名、图号；在标题栏上方附材料表，材料选用应符合管道等级和材料的规定。

习 题 七

1. 如图 7-23 所示为部分管道布置图。

(1) 回答以下问题：

布置图显示的区域内对几种设备进行了布管？图中用 EL100.000 表示什么？按新的规定，此处可标注的格式是什么？卧式设备 E0812 的安装高度是多少米？GS-02、CWS0805-75 等是对什么的标注？含义是什么？

(2) 应用 AutoCAD 学画此部分管道布置图。要求：①选用 A4 图幅和恰当的比例；②要有图框和标题栏；③使用 PDF 打印输出图形。

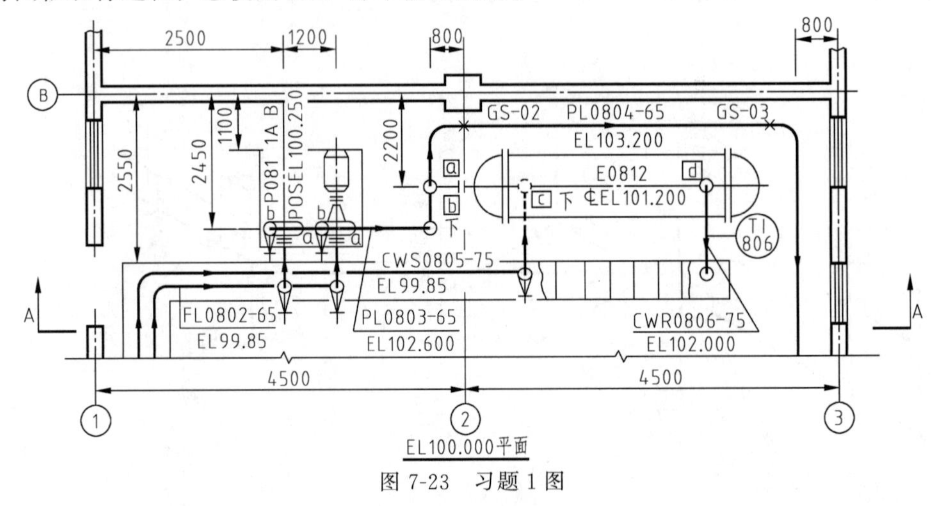

图 7-23 习题 1 图

2. 在 A4 图幅绘制图 7-24 所示的管道轴测视图及 A、B、C 三个方向的投影视图。

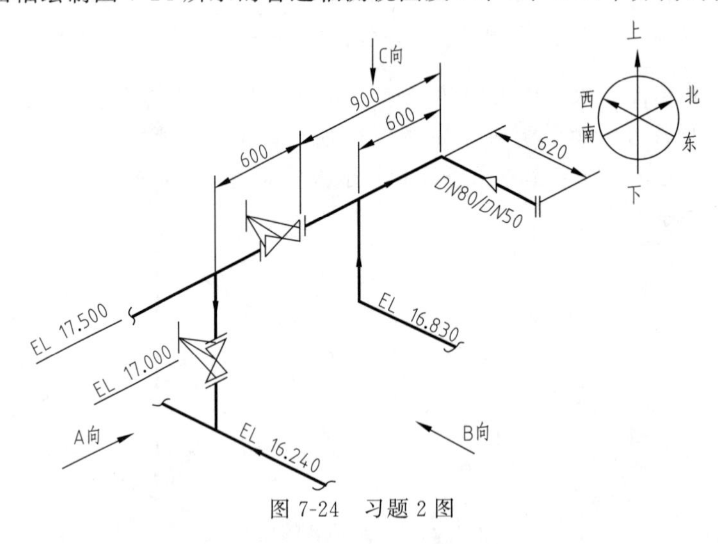

图 7-24 习题 2 图

3. 将习题六第 3 题的设备布置图，修改为管道布置图，具体要求：①可以只绘制主要工艺管道，不表达辅助物料管道；②在管道适当位置绘制阀门，阀门形式不限；③按布置图要求进行完整标注，填写标题栏（不需要管口表），以 A1 图幅（在表达清晰为前提下，也可以选择其他图幅）打印为 PDF 格式文件。

参考文献

[1] 季阳萍. 化工制图. 北京：化学工业出版社，2022.

[2] 赵惠清. 化工制图. 北京：人民卫生出版社，2019.

[3] 孙安荣，董振珂. 化工制图. 北京：化学工业出版社，2020.

[4] 董振珂，路大勇. 化工制图. 北京：化学工业出版社，2013.

[5] 林大均，于传浩，杨静. 化工制图. 北京：高等教育出版社，2021.

[6] GB/T 14689—2008 技术制图 图纸幅面和格式.

[7] GB/T 14665—2012 机械工程 CAD 制图规则.

[8] GB/T 4458.4—2003 机械制图 尺寸注法.

[9] GB/T 4458.3—2013 机械制图 轴测图.

[10] GB/T 4458.5—2003 机械制图 尺寸公差与配合注法.

[11] GB/T 1800.1—2020 产品几何技术规范（GPS）线性尺寸公差 ISO 代号体系 第 1 部分：公差、偏差和配合的基础.

[12] GB/T 131—2006 产品几何技术规范（GPS）技术产品文件中表面结构的表示法.

[13] GB/T 1031—2009 产品几何技术规范（GPS）表面结构 轮廓法 表面粗糙度参数及其数值.

[14] GB/T 12212—2012 技术制图 焊缝符号的尺寸、比例及简化表示法.

[15] GB/T 9019—2015 压力容器公称直径.

[16] GB/T 3106—2016 紧固件 螺栓、螺钉和螺柱 公称长度和螺纹长度.

[17] GB/T 32537—2016 梯形和锯齿形螺纹收尾、肩距、退刀槽和倒角.

[18] GB/T 9124.1—2019 钢制管法兰 第 1 部分：PN 系列.

[19] GB/T 43079.1—2023 钢制管法兰、垫片及紧固件选用规定 第 1 部分：PN 系列.

[20] HG/T 21514—2014 钢制人孔和手孔的类型与技术条件.

[21] HG/T 20668—2000 化工设备设计文件编制规定.

[22] GB/T 24742—2009 技术产品文件 工艺流程图表用图形符号的表示法.

[23] HG/T 20519—2009 化工工艺设计施工图内容和深度统一规定.